国家级一流本科课程建设成果教材

化学工业出版社"十四五"普通高等教育规划教材

高分子材料
Polymer Materials

杨晓莉　叶原丰　主编
张小敏　李世云　尹苏娜　郭　丹　刘旭明　副主编

化学工业出版社

·北京·

内 容 简 介

《高分子材料》共九章，主要介绍高分子材料及其发展、高分子材料结构与性能、通用塑料、工程塑料、合成纤维、涂料、橡胶、功能高分子材料以及高分子共混材料和复合材料。本书将高分子材料所涉及的基本概念、理论体系、实际应用及发展趋势按照材料特点进行整合，构建了"理化基础—结构性能—应用改性—创新发展"的知识体系。在确保教学内容科学性、逻辑性的同时，注重思政元素的挖掘及导入，着力培养学生的家国情怀、工程伦理、工匠精神、创新精神。

《高分子材料》可作为应用型本科院校高分子材料专业的教材，也可供相关专业人员参考使用。

图书在版编目（CIP）数据

高分子材料 / 杨晓莉，叶原丰主编. -- 北京 ：化学工业出版社, 2024.12. -- （化学工业出版社"十四五"普通高等教育规划教材）. -- ISBN 978-7-122-47131-4

Ⅰ.TB324

中国国家版本馆 CIP 数据核字第 2024TQ1658 号

责任编辑：汪 靓　宋林青　　文字编辑：高 琼
装帧设计：史利平　　　　　　责任校对：宋 玮

出版发行：化学工业出版社
　　　　　（北京市东城区青年湖南街 13 号　邮政编码 100011）
印　　装：河北鑫兆源印刷有限公司
787mm×1092mm　1/16　印张 21　字数 520 千字
2024 年 12 月北京第 1 版第 1 次印刷

购书咨询：010-64518888　　售后服务：010-64518899
网　　址：http://www.cip.com.cn
凡购买本书，如有缺损质量问题，本社销售中心负责调换。

定　　价：58.00 元　　　　　　　版权所有　违者必究

《高分子材料》编写人员名单

主　编：杨晓莉　金陵科技学院
　　　　叶原丰　金陵科技学院
副主编：张小敏　金陵科技学院
　　　　李世云　江苏科技大学
　　　　尹苏娜　扬州大学
　　　　郭　丹　成都工业学院
　　　　刘旭明　金陵科技学院
参　编：杨玮民　深圳职业技术大学
　　　　王昆彦　金陵科技学院
　　　　焦欣洋　宿迁学院
　　　　张文妍　金陵科技学院
　　　　胡林童　江苏科技大学
　　　　冯志强　金陵科技学院
　　　　林晓霞　金陵科技学院
　　　　朱永新　苏州鑫宇表面技术有限公司
　　　　郑敏毅　苏州鑫宇表面技术有限公司
　　　　陈玲娟　江苏长顺集团有限公司
　　　　王莉玮　闽江学院

前言

高分子材料是材料科学的一个重要分支，广泛应用于载人航天、飞机制造、电动汽车、深海深地探测等创新领域，对尖端科学技术的发展起到了重要作用。同时，在材料行业发展、专业建设及人才培养等方面占有重要的地位。

本教材通过对各种高分子材料共性的理化基础和各自的特殊科学原理进行深入浅出的阐释，使学生既能从普遍的科学原理的高度去认识各种高分子材料，也能从合成条件、微观结构的角度分析高分子材料结构与性能关系的基本规律。同时使学生掌握主要品种高分子材料的结构与性能特点、应用领域和改性方式及思路，具备根据应用目标正确选用高分子材料的基本能力；促进学生构建完整的高分子材料理论及应用的知识体系，为学生在步入社会后、尽快将基础理论知识应用于生产、科研工作实践奠定基础。

本教材将党的理论创新成果，特别是习近平新时代中国特色社会主义思想贯穿教材始终，在确保教学内容科学性、逻辑性的同时，强化学生工程伦理教育，培养学生精益求精的大国工匠精神，激发学生科技报国的家国情怀和使命担当。本教材以具体高分子材料为切入点，突出"1+1+1"的应用型特色，即以"应用—结构与性能—创新与改性"为 1 条主线，每章内含 1 个典型的课程思政点，每节内含 1 个高分子物理或化学相关的重要知识点解析，充分反映了中国特色社会主义的伟大实践。本书对应国家级一流本科课程可通过中国大学 MOOC 进行学习。

参加本书编写的人员有：金陵科技学院叶原丰（第一章）；深圳职业技术大学杨玮民和宿迁学院的焦欣洋（第二章）；金陵科技学院杨晓莉（第三章）；江苏科技大学李世云、胡林童（第四章）；金陵科技学院张文妍（第五章）；扬州大学尹苏娜（第六章）；金陵科技学院王昆彦（第七章）；金陵科技学院张小敏（第八章）；成都工业学院郭丹（第九章）。

此外，全书课程思政内容由金陵科技学院刘旭明指导；行业数据由江苏省复合材料学会审核；统稿由金陵科技学院张小敏完成；金陵科技学院冯志强，江苏长顺集团有限公司陈玲娟，苏州鑫宇表面技术有限公司朱永新、郑敏毅，闽江学院王莉玮为教材提供了部分产教融合、科教融合、创教融合案例；金陵科技学院林晓霞在图片处理方面付出了辛勤的劳动，在此表示深深的谢意。

本书的出版得到了苏州鑫宇表面技术有限公司产教融合项目、江苏省一流本科专业

（复合材料与工程）建设经费的资助，在此深表谢意。同时，感谢金陵科技学院网络思想政治工作中心网络育人名师工作室的支持与帮助。

  由于本书涉及的内容较为广泛，限于编者的编写水平，书中的疏漏在所难免，敬请读者批评指正。

编者
2024.9

关注易读书坊
扫描封底授权码
学习线上资源

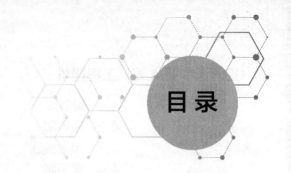

目录

001　第1章　高分子材料及其发展

1.1　高分子材料的发展历史　001
1.2　高分子材料的展望　005
1.3　高分子与高分子材料　006
1.4　高分子材料的制备　012
拓展阅读　018
参考文献　018
思考题　018

020　第2章　高分子材料结构与性能

2.1　高分子的链结构（化学结构）　020
2.2　高分子的聚集态结构　025
2.3　高分子材料的力学性能　028
2.4　高分子材料的物理性能　033
2.5　高分子材料的化学性能　038
拓展阅读　043
参考文献　044
思考题　044

045　第3章　通用塑料

3.1　聚乙烯　045
3.2　聚丙烯　060
3.3　聚氯乙烯　067
3.4　聚苯乙烯　072
3.5　酚醛树脂　076
3.6　环氧树脂　078
3.7　不饱和聚酯　081
3.8　聚氨酯　083
拓展阅读　089
参考文献　089
思考题　090

第 4 章 工程塑料 091

- 4.1 聚酰胺 091
- 4.2 聚甲醛 097
- 4.3 聚碳酸酯 098
- 4.4 聚苯醚 099
- 4.5 热塑性聚酯 101
- 4.6 聚酰亚胺 104
- 4.7 氟塑料 107
- 4.8 聚芳醚酮 112
- 4.9 聚砜 115
- 拓展阅读 119
- 参考文献 119
- 思考题 120

第 5 章 合成纤维 121

- 5.1 纤维概述 121
- 5.2 发展高性能纤维复合材料产业的战略意义 123
- 5.3 通用合成纤维 124
- 5.4 高性能合成纤维 130
- 5.5 功能合成纤维 148
- 参考文献 153
- 思考题 153

第 6 章 涂料 154

- 6.1 涂料概述 154
- 6.2 涂料的应用 157
- 6.3 涂料的组成 158
- 6.4 溶剂型涂料 160
- 6.5 水性涂料 173
- 6.6 粉末涂料 181
- 6.7 涂料的涂装技术 193
- 6.8 涂料与绿色可持续发展 195
- 参考文献 195
- 思考题 196

第 7 章 橡胶 197

- 7.1 橡胶概述 197
- 7.2 通用橡胶 202
- 7.3 特种橡胶 220

7.4　橡胶的硫化（交联）反应　　232
　　7.5　橡胶的新发展　　239
　　拓展阅读一　　245
　　拓展阅读二　　245
　　参考文献　　245
　　思考题　　246

第8章　功能高分子材料　　248

　　8.1　功能高分子材料概述　　248
　　8.2　光敏型功能高分子材料　　255
　　8.3　电功能高分子材料　　258
　　8.4　分离功能高分子材料　　265
　　8.5　吸附功能高分子材料　　268
　　8.6　智能高分子材料　　273
　　8.7　医药用高分子材料　　277
　　8.8　反应型高分子材料　　283
　　拓展阅读　　285
　　参考文献　　286
　　思考题　　286

第9章　高分子共混材料和复合材料　　287

　　9.1　高分子共混材料概述　　287
　　9.2　高分子共混材料的相容性　　289
　　9.3　高分子共混材料的形态结构　　294
　　9.4　高分子共混材料的性能　　300
　　9.5　高分子共混材料的制造工艺　　304
　　9.6　高分子复合材料概述　　307
　　9.7　高分子复合材料的基体与增强体　　312
　　9.8　高分子复合材料的复合原理　　313
　　9.9　高分子复合材料的性能　　315
　　9.10　高分子复合材料的制造工艺　　319
　　拓展阅读一　　323
　　拓展阅读二　　324
　　拓展阅读三　　324
　　参考文献　　325
　　思考题　　325

第 1 章
高分子材料及其发展

学习目标

(1) 理解高分子材料的发展对环境和生产进步的意义(重点)。
(2) 掌握高分子材料的命名及分类方法。
(3) 掌握高分子材料的制备方法。

1.1 高分子材料的发展历史

1.1.1 天然高分子材料的利用及改性

1.1.1.1 大漆涂饰

天然高分子材料的使用可以追溯到远古时期,人们很早就已经认识并开始利用大漆。我国浙江余姚河姆渡新石器时代遗址就出土了涂有生漆的红色木碗。

古人的生活用具中,木器占据了相当大的比例,故木器的保存是一项很重要的任务,而使用大漆涂饰则是最方便、最经济的方法。大漆是漆树新陈代谢的分泌物,主要的化学成分是漆酚,占40%~70%;其次是漆酶,俗称氧化酵素,约占10%。漆树是一种阔叶乔木,一般生长在气温较高、雨量丰富的暖湿地区。漆树汁经过过滤处理即是生漆,生漆经低温加热,除去水分即成熟漆。在一定的温度、湿度条件下,漆酶能催化漆酚氧化而生成半醌,再经过半醌的催聚,使漆酚多聚成链,又经交联作用形成片状薄膜。因此将漆涂饰在木器、车辆、房屋上,干燥后其表面会形成一层坚牢、光亮的薄膜。这层薄膜既使表面明亮美观,又有一定的耐热、耐酸碱腐蚀功能。

在我国商代,贵族拥有大量漆器已不是稀罕之事。从出土的漆器可以看到,西周时期的漆器不仅数量明显增多,而且漆工已掌握了晒漆、兑色、髹漆等多种技术。在春秋战国时期,漆器已遍布饮食器具、日用器具、家具、乐器、兵器、交通工具等诸多领域,并形成了楚地、巴蜀、中原三大漆器产地。此时的漆器也由商周的朱红色、黑色发展出红、黄、绿、蓝、白、金黄等多种色彩,颜料与漆及某些油(主要是桐油)的配合,不仅改善了油漆的使用性能,还明显地提高了漆器的观赏效果。漆工还利用油漆黏合性能较强的特点,将金银珠玉镶嵌在漆器上而成为工艺品,镶嵌工艺的进一步发展将金属构件与漆器黏结为一体,成为更方便使用且坚固耐用的金属扣器。在汉代之后，我国的髹漆工艺进一步发展，产生了脱胎漆器、雕红漆器、犀皮漆器、百宝嵌漆器等许多精致美观的工艺品。

我国的漆器和髹漆工艺很早就传到了国外，朝鲜、蒙古国、日本、越南、缅甸、柬埔寨、泰国、印度等地区先后在我国汉、唐、宋时期掌握了油漆技术，并生产出具有各自特点的漆器，使漆器生产成为亚洲各国独特的手工技艺。后来我国漆器又经波斯人、阿拉伯人传向欧洲，作为来自东方的珍贵工艺品而深受欢迎。直到18世纪欧洲人才仿制出中国式的漆器，由此可见，世界的漆器生产也曾受惠于中国。

1.1.1.2　造纸术

纸作为具有传递信息、传承文化等功能的重要材料，两千年来一直在人类历史的记录、科学技术和文化的发展、社会文明的进步等方面发挥着不可替代的作用。我国先民发明的造纸术对人类文明所做的卓越贡献是有目共睹的。按传统的说法，纸主要指那些以植物纤维为原料，经过一系列加工处理，去掉某些无用组分的纤维，再经过重组最后抄成平滑的薄片，适用于书写、印刷、包装的材料。手工造纸的生产过程主要包括：将原料（麻、树皮、稻草、竹木等）洗净切碎，然后在碱性溶液中脱胶，除去色素和木素，再捣成呈棉絮状的浆，最后用竹或丝制的网筛抄出一层纤维薄片，晾干或晒干、烘干即成纸张。这一生产过程的关键工序是制浆，这是一个化学加工程序，纸张的漂白或染色及上胶等也都涉及化学变化，因此可把造纸术视为古老化学工艺的一部分，从中可以认识许多物质的化学性质及其变化。

据考古资料记载，我国在西汉时期已有原始的纸，后来经过蔡伦的改革和创新，不仅纸和造纸术发展到一个新水平，而且纸张的使用和造纸术也得到了推广。对西汉古纸的研究表明，人们从古代蚕丝漂絮中获得了启示，进而在沤麻、漂絮中发明了造纸术。蔡伦总结提炼了民间造纸技术并得到了社会的认同。后来随着技术的提高，造纸原料也由麻类扩展到树皮、稻草、麦秆、竹木等。经济文化的需求又使纸张的应用深入到生活的许多领域，发挥了广泛的作用。同时随着文化的交流，纸和造纸术在世界范围内传播开来。

1.1.1.3　天然橡胶

在11世纪左右，中美洲与南美洲人用天然橡胶（natural rubber，NR）做生活用品，如容器与雨具等。18世纪法国人发现南美洲亚马孙河附近有野生橡胶树。橡胶用当地印第安语翻译为"树的眼泪"。割开橡胶树皮流出的乳液，即为天然橡胶。19世纪中叶，英国人取橡胶树的种子在锡兰（现斯里兰卡）种植成功，并逐渐扩大到马来西亚与印尼等地。

1823年，英国建立了世界上第一个橡胶工厂，生产防水胶布。该厂采用的是溶解法，将橡胶溶于有机溶剂中，然后涂到布上。当时，橡胶制品受温度影响大，遇冷变硬，遇热则发黏。

1839年，美国科学家发现橡胶与硫黄一起加热可以消除上述变硬发黏的缺点，并可以大大增加橡胶的弹性和强度。这种加工过程在化学上称作天然橡胶的化学改性，在工艺上叫橡胶的硫化处理。硫化胶（vulcanized rubber）的性能比生胶优异得多，橡胶的硫化处理有力地推动了橡胶工业的发展，从而开辟了橡胶制品的广泛应用。同时，橡胶的加工方法也在逐渐完善，形成了塑炼、混炼、压延、压出、成型这一完整的加工过程。天然橡胶硫化工艺的推广促使橡胶工业有了长足的发展，部分满足了当时军事工业和民用企业对轮胎等橡胶制品的迫切需求。

1.1.1.4 天然纤维素

基于对蚕虫吐丝奥秘的探索，科学家在19世纪下半叶，试用桑树枝为原料制成纤维素硝酸酯，再将纤维素硝酸酯溶于乙醚-乙醇混合液，得到的黏液再通过毛细针管挤到空气中，当其中的溶剂蒸发后，就可以得到光亮、柔软的丝，这就是世界上第一根人造丝。这种丝经过脱硝处理后很像蚕丝，在1889年的巴黎博览会上引起了轰动，一些国家据此开始建立生产人造丝的工厂。另外，19世纪中叶，科学家还曾利用硝酸-硫酸混合液来加工棉花一类的纤维素，然后纺丝或制成膜，并利用其易燃的特性制成了无烟炸药。但是硝化纤维素难以加工成型，因此人们又在其中加入樟脑，做成了柔韧、便于加工成型的赛璐珞（celluloid），赛璐珞是最早使用的塑料制品，可制作照相底片或电影胶片，还可以制成汽车车身的喷漆，但也易燃。

依照相同的思路，人们用木材生产了黏胶人造丝，用短棉绒生产了铜氨人造丝。在20世纪50年代，黏胶纤维的世界产量曾超过天然羊毛的产量。在赛璐珞之后，人们用醋酸纤维素生产了性能优于赛璐珞的赛立特，可以制备照相底片和电影胶片。由于仍然是以天然纤维素（natural cellulose）为原料，故上述的人造丝和塑料都属于天然高分子材料的化学改性产品。

1.1.2 合成高分子及高分子科学的建立

随着对天然高分子材料化学改性研究的深入，化学家一方面急切地想要了解高分子的本性，另一方面试图用化学的方法直接合成高分子。这项研究很快以合成橡胶为目标而展开。在19世纪，化学家通过将天然橡胶干馏的研究，才知道构成天然橡胶的基体是异戊二烯。异戊二烯在其他地方很难寻找到，化学家们只好试着对异戊二烯的同系物二甲基丁二烯和丁二烯进行聚合实验。终于发现，这两种物质能聚合成类似橡胶一样的物质，只是性能差很多。急需橡胶这类战略物资的德国率先采用乙炔路线，由丙酮合成二甲基丁二烯，再聚合成甲基橡胶，实现了合成橡胶的工业生产。在1916~1918年间，德国用这种方法合成了2350吨甲基橡胶。后因产品质量较差、生产效率低、成本高，第一次世界大战结束后就停止了生产，取而代之的是质量稍好的丁钠橡胶。合成橡胶的一个焦点是如何获得廉价易得的单体原料。在1913年前后，经研究可用于合成橡胶的单体有20多种，其中以丁二烯较为经济。当时能将丁二烯合成为橡胶的方法有多种，其中以金属钠为催化剂合成的丁钠橡胶较为优越，故丁钠橡胶的生产获得了较快的发展。在研究合成橡胶的同时，人们发现在加热、加压的条件下，用苯酚和甲醛可以合成酚醛树脂，这是最早的合成塑料。酚醛树脂固定成型后具有类似于金属管材的硬度，又可作为电的绝缘体，是制造电器零件的好材料，故俗称"电木"。

合成橡胶和合成塑料的早期研究和生产，不仅开创了化工生产的新领域，同时也为高分子科学的建立提供了研究的资料和丰富的经验。从当时高分子材料的研究过程中可以明显地看出存在理论滞后于实践的问题，这使得人们在探索中走了许多弯路。1861年，胶体化学的奠基人——化学家格雷阿姆（Thomas Graham）提出了高分子胶体理论，该理论在一定程度上解释了某些高分子的特性。1920年，德国化学家赫尔曼·施陶丁格（Hermann Staudinger）发表了具有划时代意义的论文——《论聚合》，提出了关于高分子的大分子理论。1930年施陶丁格进一步阐明了高分子的稀溶液黏度与分子量的定量关系，并在1932年出版了一部关于高分子有机物的论著——*The High-Molecular Organic Compounds, Rubber and Cellulose*，被公认为是高分子化学（macromolecular chemistry）作为一门新兴学科建立的标志。他在1953年以72岁的高龄获得诺贝尔化学奖（Nobel Prize in Chemistry），被后人称为"高分子科学之父"。

对大分子概念的一个有力证实是 1935 年美国杜邦公司发明了己二胺与己二酸缩聚而成的高分子聚酰胺，即尼龙 66，并于 1938 年实现工业化生产。尼龙 66 被用作尼龙袜，以及第二次世界大战后期美军使用的降落伞材料。20 世纪 40 年代以后，乙烯类单体的自由基引发聚合反应的发展很快，实现了聚氯乙烯、聚苯乙烯（polystyrene，PS）和有机玻璃（聚甲基丙烯酸甲酯，polymethyl methacrylate）等的工业化。进入 20 世纪 50 年代后，从石油裂解而获得的 α-烯烃主要包括乙烯与丙烯。德国的齐格勒与意大利的纳塔分别用金属络合催化剂制备得到聚乙烯与聚丙烯，二者分别在 1952 年和 1957 年实现工业化。这是高分子化学的历史性发展，聚乙烯和聚丙烯以石油为原料，产量大、价格低廉，可以建立年产 10 万吨的大厂。齐格勒与纳塔也因此获得了诺贝尔化学奖。

进入 20 世纪 60 年代，耐高温高分子的研究逐步。耐高温的定义是材料能够在 500℃氮气中使用一个月；或能够在 300℃空气中使用一个月。耐高温材料主要分为两大类：①芳香聚酰胺，例如对苯二胺（p-phenylenediamine）与间苯二酰氯（isophthaloyl chloride）缩聚得到的聚间苯二甲酰间苯二胺（Nomex）是太空服的原料，对苯二胺与对苯二酰氯（terephthaloyl chloride）缩聚得到的聚对苯二甲酰对苯二胺是耐高温的高分子液晶材料，用于超音速飞机的复合材料中；②杂环高分子，例如聚芳酰亚胺和作为高温黏合剂的聚苯并咪唑（polybenzimidazole，PBI），为现在的宇航飞行所需的材料打下了基础。

1.1.3 高分子材料生产的规模化、工业化

近年来，高分子材料工业得到了突飞猛进的发展。高分子材料已经不再是金属、木、棉、麻、天然橡胶等传统材料的代用品，而是国民经济和国防建设中的基础材料之一。

高分子材料主要包括塑料、橡胶与纤维三大合成材料。其中通用高分子在塑中占 80%，包括高压聚乙烯、低压聚乙烯、聚丙烯、聚氯乙烯和聚苯乙烯。工程塑料家族在一些要求更为苛刻的领域起着重要的作用。通用工程塑料包括耐高温（100~160℃）的尼龙、聚碳酸酯、聚酯及聚苯醚（polyphenylene oxide，PPO）等。特种工程塑料包括 20 世纪 90 年代发展起来的耐热（200~240℃）的聚醚砜（polyether sulfone，PES）、聚苯硫醚（polyphenylene sulfide，PPS）、聚醚醚酮（polyether ether ketone，PEEK）及聚酰亚胺（polyimide，PI）等。

另外，复合材料的研究也逐渐开始并得到了迅猛的发展，例如用玻璃纤维的复合材料发展到用碳纤维的耐高温复合材料。20 世纪 80 年代以来，高分子黏合剂与油漆涂料也都向耐高温方向发展，也就是工程高分子从结构向非结构材料方向发展。

功能高分子材料是 20 世纪 60 年代发展起来的新兴领域，是高分子材料渗透到电子、生物、能源等领域后涌现出的新材料。功能高分子材料除具有力学性能、绝缘性能和热性能外，还具有物质、能量和信息之间的转换、传递和贮存等特殊功能。功能高分子材料主要包括化学功能高分子、光功能高分子、电功能高分子和生物医用功能高分子等。

（1）化学功能高分子材料

化学功能高分子材料具有化学反应和吸附分离功能。化学反应功能高分子包括高分子试剂、高分子催化剂和高分子药物、高分子固相合成试剂和固定化酶试剂等。高分子吸附分离材料包括各种分离膜、缓释膜和其他半透性膜材料、离子交换树脂、高分子整合剂、高吸水性高分子、高吸油性高分子等。

（2）光电功能高分子材料

此类高分子材料在半导体器件、光电池、传感器、质子电导膜中起着重要作用，包括光功能、电功能及光电转化高分子材料。光功能高分子材料包括各种光稳定剂、光刻胶、感光材料、非线性光学材料、光导材料、光伏材料和光致变色材料等。电功能高分子材料包括导电高分子材料、超导高分子材料等。光电转化高分子材料包括压电性高分子、热电性高分子、电致发光和电致变色材料及其他电敏性材料等。

（3）生物医用高分子材料

生物医用高分子材料包括医用高分子材料、药用高分子材料、医药用辅助高分子材料、仿生高分子材料等。

1.2 高分子材料的展望

1.2.1 高分子材料的可降解化

高分子材料有利于经济技术的发展，其应用普及是必然趋势。全球内，仅2014年就产生了3.11亿吨塑料，据估计，到2034年塑料年产量将翻一番，而到2050年，塑料年产量将达到11.24亿吨。然而，高分子材料有一个很严重的问题，这些合成的塑料产品很大一部分都被应用到包装领域上，而且这些塑料包装材料大部分都是一次性的，用完怎么处理它们是一大难题。塑料具有耐酸碱、抗氧化、难腐蚀、难降解的特性，如果采用土埋处理的方法，会对土壤及土壤中的微生物产生很大污染；如果采用燃烧处理，燃烧时产生的二氧化碳会加重温室效应，另外还会产生大量有毒气体，如氯化氢、硫化物、一氧化碳等，对空气污染严重；采用回收再利用的方法也比较困难，塑料制品种类多，填料、颜料多种多样，回收再利用成本较高，甚至很多塑料难以分拣回收再利用。而随意丢弃这些塑料制品，经过长期的积累会产生严重的"白色污染"。开发生产生物可降解高分子材料来代替不可降解的塑料制品是缓解"白色污染"的办法之一。这是适应时代发展的方法，在不影响社会生产发展的同时缓解环境污染问题，能有效地调节生态与经济的基本关系，实现人类社会的可持续发展。

1.2.2 高分子材料的复合化

新型复合材料的发展已经越来越重要，在进行高分子材料设计研发时，可运用多种技术对高分子材料进行实验，激发出更强的复合性能，使其在各领域中能够被更好地应用。例如，采用新的聚合方法也可以得到新结构、新性能的高分子材料。再例如，近些年发展迅速的原子转移自由基活性聚合（atom transfer radical polymerization，ATRP）技术，可以通过分子设计制得多种具有不同拓扑结构（线形、梳状、网状、星形、树枝状大分子等）、不同组成和不同功能化、结构明确的高分子材料及有机/无机杂化材料。通过超分子聚合（supramolecular polymerization），即分子单元通过分子间非共价作用（氢键、静电作用、范德华力、疏水效应等）缔合在一起，形成超分子材料（supramolecular polymer）。超分子材料对外部条件的变化具有高度的响应性能，使材料的各种可逆性能变为可能。正是这种可逆性能使超分子材料在分子器件、传感器、药物缓释、细胞识别、膜传递等方面有着重要作用。

1.2.3 高分子材料的智能化

随着我国经济技术的不断进步，高分子材料的运用也将朝着智能化的方向发展。高分子材料具有可以随着环境变化而变化的特点，结合智能化能够为实际生活带来很大的提升。例如，高分子材料在加工和使用过程中会产生各种损伤，导致机械性能降低，使用寿命缩短。而自我修复型高分子材料具有自我诊断的功能，能自动对内部的微小裂纹进行自我修复。形状记忆高分子材料具有记忆编程特性，能够被拉伸成任意二维、三维的形状，当材料遇到适应条件时，又能够恢复到最初的形状。智能变色高分子材料利用变色龙皮肤变色的原理，可以在军事上制备有变色性能的迷彩服。此外智能化高分子材料还可应用于医学监测、强辐射环境安全保护等多个领域。

1.3 高分子与高分子材料

1.3.1 基本概念

高分子材料是以高分子化合物为基材的一大类材料的总称。

高分子化合物（high molecular weight compound）常简称高分子或大分子（macromolecule），又称高分子材料（polymer）或高聚物。通常情况下，人们并不严格区分这些概念的微细差别，认为它们是同一类材料的不同称谓。

高分子化合物的最大特点是分子巨大，是由一种或多种小分子通过共价键连接而成，其形状主要为链状或网状。小分子化合物和高分子化合物之间并无严格界限，分子量（molecular weight）小者称为小分子化合物，分子量大者称为高分子化合物。高分子的许多独特和优异性能，如高弹性、黏弹性、物理松弛行为等都与高分子的巨大分子量相关。构成高分子的最小重复结构单元，简称结构单元（structural unit）或链节；构成结构单元的小分子称为单体（monomer）。例如由乙烯单体通过聚合反应而成的聚乙烯大分子 $\sim\sim CH_2-CH_2-CH_2-CH_2-CH_2-CH_2\sim\sim$，可以简写为 $\pm CH_2-CH_2\pm_n$，这是聚乙烯大分子的一种结构表示式。其中 $-CH_2-CH_2-$ 为结构单元；式中下标 n 代表重复结构单元数，又称聚合度，是衡量分子量大小的一个指标。

高分子化合物按照重复结构单元的多少，或者按聚合度的大小又分为低聚物（oligomer）和高聚物（eupolymer）。例如，不同于传统的线形高分子（linear polymer），树枝状高分子（dendrimer）和超支化高分子（hyperbranched polymer）均为高度支化的高分子（图1-1）。树枝状高分子由三部分构成：一个引发核，一个重复单元组成的内体以及一个具有多个尾端官能团的外层表面。它是一种三维结构，结构形状像树枝，也有一些树枝状高分子的结构像球形。超支化高分子的分子中只含一个未反应的 A 基团和多个未反应的 B 基团。其分子接近球形，且分子周边具有大量活性端基。与树枝状高分子相比，超支化高分子的分支是不完全的。

(a) 超支化高分子　　　　(b) 树枝状高分子　　　　(c) 线形高分子

图 1-1　高度支化的高分子结构

由一种单体聚合而成的高分子材料称为均聚物（homopolymer），如聚乙烯、聚丙烯、聚苯乙烯、聚丁二烯（polybutadiene，PB）等；由两种或两种以上单体共聚（copolymerization）而成的高分子材料称为共聚物（copolymer），如丁二烯与苯乙烯（styrene）共聚而成丁苯橡胶，丁烯（butene）与辛烯（octylene）等共聚而成聚烯烃热塑性弹性体（thermoplastic elastomer）等。共聚物又可以根据结构单元的排列方式不同而分为接枝共聚物（graft copolymer）、嵌段共聚物（block copolymer）、交替共聚物（alternate copolymer）、无规共聚物（random copolymer）等（表1-1）。有一类高分子材料是两种单体通过缩聚反应连接而成的，其重复单元是由两种结构单元合并组成。这类高分子材料称为缩聚物（condensation polymer），如聚酰胺、环氧树脂、聚酯等。

表1-1 常见共聚物的类型

共聚物类型	结构简式
无规共聚物	~~$M_1M_2M_2M_1M_2M_2M_2M_1M_1M_2M_1M_1M_2M_2$~~
交替共聚物	~~$M_1M_2M_1M_2M_1M_2M_1M_2$~~
嵌段共聚物	~~$M_1M_1M_1M_1 \cdot M_1M_1 \cdot M_2M_2M_2$~~~~$M_2M_2$~~
接枝共聚物	~~$M_1M_1M_1$~~~~M_1M_1~~~~$M_1M_1M_1$~~M_1~~ 支链: M_2M_2~~$M_2M_2M_2$, M_2M_2~~M_2, $M_2M_2M_2$~~M_2

要将高聚物加工成有用的材料，往往需要在原料中加入填料、颜料、增塑剂、稳定剂等。当用两种以上高聚物共混改性时，又存在这些添加物与高聚物之间以及不同高聚物之间如何堆砌成整块高分子材料的问题。

1.3.2 高分子材料的命名

1.3.2.1 系统命名法

迄今已有约几百万种高分子材料，其命名比较复杂，主要根据大分子链的化学组成与结构而确定。1972年，国际纯粹化学和应用化学联合会（IUPAC）对线型有机高分子材料提出系统命名法：先确定重复单元结构，再排好其中次级单元的次序，给重复单元命名，最后冠以"聚"字，就成为高分子材料的名称。

命名重复单元时应先写有取代基的部分，如：$\{CH-CH_2\}_n$，命名为聚（1-氯代乙烯），习惯上称为聚氯乙烯。另一个原则是先写与其他元素连接最少的元素，例如用$H_2C=CH-CH=CH_2$合成的橡胶，根据习惯一般都写成$\{CH_2-CH=CH-CH_2\}_n$，但这不符合规定，应写成$\{HC=CH-CH_2-CH_2\}_n$。

系统命名法与通常习惯不一致，名字叫起来也较为复杂，故较少使用。

1.3.2.2 习惯命名法

习惯命名法又称通俗命名法，大致有下述几个原则：

① 在单体或假想单体前加一个"聚"字，这是最常见、也是用得最多的命名法，大多数烯烃类单体高分子材料均采用此法命名，如聚苯乙烯：

$$\vphantom{}-\!\!\!-CH_2-CH\!\!\!-\vphantom{}_n$$
$$|$$
$$C_6H_5$$

② 两种或两种以上不同单体聚合，常取单体名称于前，后缀"树脂""橡胶"等词，不用"聚"字。有些高分子材料取生产该材料的原料名称来命名。如生产酚醛树脂的原料为苯酚和甲醛，生产脲醛树脂（urea-formaldehyde resin，UF）的原料为尿素（urea）和甲醛，取其原料简称，后面再加上"树脂"二字，从而构成高分子材料名称。

共聚物的名称多从其共聚单体的名称中各取一字组成，有些共聚物为树脂，则再加上"树脂"二字构成其新名，如 ABS 树脂，A、B、S 三字母分别取自其共聚单体丙烯腈（acrylonitrile）、丁二烯（butadiene）、苯乙烯（styrene）的英文名首字母。有些共聚物为橡胶，则从共聚单体中各取一字，再加上"橡胶"二字构成新名，如丁苯橡胶的丁、苯二字取自共聚单体"丁二烯""苯乙烯"，乙丙橡胶的乙、丙二字取自共聚单体"乙烯""丙烯"等。

③ 以高分子的结构特征命名，常常是一大类高分子材料的统称。如环氧树脂是一大类材料的统称，该类材料都具有特征化学单元——环氧基，故统称环氧树脂。聚酰胺、聚酯、聚氨酯等杂链高分子材料也均以此法命名，它们分别含有特征化学单元——酰胺基、酯基、氨基甲酸酯基。各类材料中的某一具体品种往往还有更具体的名称以示区别，如聚酯中有聚对苯二甲酸乙二醇酯、聚对苯二甲酸丁二醇酯等。

④ 以商业习惯名称命名。如聚酰胺在商业习惯称"尼龙"，后面加上数字，表示二胺和二酸的碳数；其中胺的碳数在前，酸的碳数在后。如尼龙 66 表示聚己二胺己二酸酰胺，尼龙 910 表示聚壬二胺癸二酸酰胺，尼龙 11 表示聚十一酰胺。

合成纤维商品名通常后缀一个"纶"字，如氯纶，表示聚氯乙烯纤维；腈纶，表示聚丙烯腈纤维；氨纶，表示聚氨基甲酸酯纤维；丙纶，表示聚丙烯纤维。

1.3.2.3　商品俗名

除了化学结构名称和习惯名称外，许多高分子材料还有商品名称、专利商标名称等，多由材料制造商自行命名。许多厂家制订了形形色色的企业标准，由商品名不仅能了解到主要的高分子材料基材品质，有些还包括了配方、添加剂、工艺及材料性能等信息。如聚四氟乙烯习惯叫特氟龙（teflon），聚对苯二甲酰对苯二胺习惯叫凯芙拉（Kevlar），聚甲基丙烯酸甲酯俗称有机玻璃，氯磺化聚乙烯称为海帕伦（Hypalon）。此外，还有赛璐珞（以樟脑作增塑剂的硝酸纤维塑料）、电玉（脲醛塑料）、太空塑料（聚碳酸酯）等。

此外，还有一些介于商品俗名和习惯名称之间的，如尼龙 6 纤维又叫锦纶、卡普纶（Caprone），聚乙烯醇缩甲醛纤维叫维纶。

1.3.2.4　外文字母缩写法

外文字母缩写法又叫外文代号法。高分子材料化学名称的标准英文名缩写因其简洁方便的特点在国内外被广泛采用。英文名缩写采用印刷体、大写、不加标点，如表 1-2 所示。

表 1-2　几种常见的高分子材料英文缩写

高分子材料	缩写	高分子材料	缩写	高分子材料	缩写
聚乙烯	PE	聚甲醛	POM	天然橡胶	NR
聚丙烯	PP	聚碳酸酯	PC	顺丁橡胶	BR
聚苯乙烯	PS	聚酰胺	PA	丁苯橡胶	SBR
聚氯乙烯	PVC	ABS 树脂①	ABS	氯丁橡胶	CR
聚丙烯腈	PAN	聚氨酯	PU	丁基橡胶	IIR
聚甲基丙烯酸甲酯	PMMA	醋酸纤维素	CA	乙丙橡胶	EPR

① ABS 树脂为丙烯腈-丁二烯-苯乙烯共聚物。

1.3.3　高分子材料的分类

大多数高分子材料，除基本组分之外，为了获得具有各种实用性能或改善其成型加工性能，一般还会添加各种添加剂。因此严格地说，高分子化合物与高分子材料的含义是不同的。材料的组成及各成分之间的配比从根本上保证了制品的性能，作为主要成分的高分子化合物对制品的性能起主导作用。

不同类型的高分子材料需要不同类型的添加成分，比如塑料需要增塑剂、稳定剂、填料、润滑剂、增韧剂等；橡胶需要硫化剂、促进剂、补强剂、软化剂、防老剂等；涂料需要催干剂、悬浮剂、增塑剂、颜料等。高分子材料是一个比较复杂的体系，其分类方法有很多。

1.3.3.1　按高分子材料的来源分类

按高分子材料的来源可以分为天然高分子材料、半合成高分子材料（改性天然高分子材料）和合成高分子材料。

（1）天然高分子材料

天然高分子材料是生命起源和进化的基础。人类社会最初利用天然高分子材料作为生活和生产资料，并掌握了其加工技术。比如利用蚕丝、棉、毛织成织物，用木材、棉、麻造纸等。

（2）改性天然高分子材料

许多天然高分子材料经过人工改性可获得新的高分子材料。主要经过化学改性，例如用化学反应的方法将纤维素改性，获得了硝酸纤维素、醋酸纤维素、羧甲基纤维素、再生纤维素等。

（3）合成高分子材料

合成高分子材料是指从结构和分子量都已知的小分子原料出发，通过一定的化学反应和聚合方法合成的高分子材料。如聚乙烯、聚丙烯、聚氯乙烯、涤纶、腈纶、丁苯橡胶、氯丁橡胶、顺丁橡胶等。

将从小分子单体合成的高分子材料再经过化学反应方法加以改性，可获得新的高分子材料。例如，将聚醋酸乙烯酯进行醇解，则获得聚乙烯醇；通过化学反应使原有的合成高分子的性能和用途改变，如氯化聚乙烯、强酸性阳离子交换树脂、ABS 树脂等。

1.3.3.2　按高分子化合物主链上的化学组成分类

按高分子化合物主链上的化学组成可分为碳链高分子材料、杂链高分子材料、元素有机高分子材料、无机高分子材料等。

(1) 碳链高分子材料

碳链高分子材料指高分子化合物的主链完全由碳原子组成。绝大部分烯类和二烯类高分子材料都属于碳链高分子材料，如聚氯乙烯、聚乙烯、聚丙烯、聚苯乙烯、聚丙烯腈（polyacrylonitrile，PAN）、聚丁二烯等。

(2) 杂链高分子材料

杂链高分子材料是指大分子主链中除了碳原子外，还有氧、氮、硫等杂原子。常见的杂链高分子材料有聚醚、聚酯、聚酰胺、聚脲、聚硫橡胶、聚砜等。

(3) 元素有机高分子材料

元素有机高分子材料是指大分子主链中没有碳原子，但侧链上含有碳原子。主链由硅、硼、铝、氧、氮、硫、磷等原子组成，例如有机硅橡胶。

(4) 无机高分子材料

无机高分子材料是指主链和侧链中均不含有碳元素的高分子材料，如聚硅烷、链状硫、硅酸盐类、聚氮化硫、聚二卤磷氮烯等。

1.3.3.3 按高分子材料的用途分类

按高分子材料的用途可以分为塑料、橡胶、纤维、高分子基复合材料、胶黏剂、涂料、功能高分子等。

(1) 塑料

塑料是以合成树脂或化学改性的高分子为主要成分，再加入填料、增塑剂和其他添加剂制得的。其分子间次价力、模量和形变量等介于橡胶和纤维之间。通常按合成树脂的特性将塑料分为热固性塑料和热塑性塑料；按用途又分为通用塑料和工程塑料。作为塑料基础性成分的高分子材料，决定着塑料的主要性能。同一种高分子材料，由于制备方法、制备条件、加工方法不同，可以作为塑料，也可以作为纤维或橡胶。例如，聚氯乙烯是典型的通用塑料，也可作为纤维，即氯纶。同合成橡胶和合成纤维相比，虽都为高分子材料，但塑料因分子结构和聚集态不同，其物理性质也不相同。塑料具有柔韧性和刚性，而不具备橡胶的高弹性，一般也不具有纤维分子链的双向排列和晶相结构。塑料的主要优点有：

① 密度小、比强度高，可代替木材、水泥、砖瓦等，大量用于房屋建筑、装修、装饰及桥梁、道路工程等。

② 耐化学腐蚀性优良，可用于制造化工设备。

③ 电绝缘性和隔热性好，可用作电工绝缘材料和电子绝缘材料，如制造电缆、印刷线路板、集成电路、电容器薄膜等。

④ 摩擦系数小、耐磨性好，有消声减振作用，可代替金属制造轴承和齿轮。

⑤ 易加工成型，易于着色，采用不同的原料和不同的加工方法可制得性能不同的各种制品，广泛用于日常生活和工业生产中。

此外，各种纤维增强的塑料基复合材料，可代替铝、钛合金用于航空领域和军事工业中；耐瞬时高温、耐辐射的塑料可用于火箭、导弹、人造卫星和原子核反应堆上。

(2) 橡胶

橡胶是一类柔性高分子材料，其分子间次价力小，分子链柔性好，在外力作用下可产生较大形变，除去外力后能迅速恢复原状。其特点是在很宽的温度范围内具有优异的弹性，所以又称为弹性体。橡胶可分为天然橡胶和合成橡胶，天然橡胶是从自然界含胶植物中提取的一种高弹性物质；合成橡胶是人工合成的高分子弹性体。

(3) 纤维

纤维是指长度远远大于直径，并具有一定柔韧性的纤细物质。纤维分子间的次价力大、形变能力小、模量高，一般为结晶高分子材料。纤维可分为天然纤维和化学纤维两大类。天然纤维有棉花、羊毛、麻、蚕丝等；化学纤维指用天然化合物的或合成的高分子化合物经过化学加工制得的纤维，前者称人造纤维，后者称合成纤维。

(4) 高分子基复合材料

高分子基复合材料是复合材料的一种。复合材料是由两种或两种以上物理和化学性质不同的物质，用适当的工艺方法组合起来，得到的具有复合效应的多相固体材料。根据构成的原料在复合材料中的形态，可分为基体材料和分散材料。基体材料是连续相的材料，可将分散材料固结成一体。高分子基复合材料是以高分子化合物为基体，添加各种增强材料制得的一种复合材料，综合了原有材料的性能特点，并可根据需要进行材料设计。

(5) 胶黏剂

胶黏剂也称黏合剂，是一种将各种材料紧密地黏合在一起的物质。胶黏剂分为天然的、合成的，有机的、无机的，其中具有代表性的是以高分子材料为基本组成、多组分体系的高分子胶黏剂。高分子胶黏剂是以高分子化合物为主体制成的胶黏材料，分为天然和合成胶黏剂两种，应用较多的是合成胶黏剂。除主要成分高分子材料外，还根据配方和用途添加辅助成分。辅助成分有增塑剂或增韧剂、固化剂、填料、溶剂、稳定剂、稀释剂等。

(6) 涂料

涂料是指涂布在物体表面形成的具有保护和装饰作用的膜层材料，也是多组分体系。体系中主要成分是成膜物质，是高分子材料或者能形成高分子材料的物质，决定了涂料的基本性能。涂料所用的高分子材料与塑料、纤维和橡胶等所用高分子材料的主要差别是平均分子量较低。根据不同的高分子材料品种和使用要求需要添加各种不同的辅助成分，如颜料、溶剂、催干剂等。根据成膜物质不同，涂料分为油脂涂料、天然树脂涂料和合成树脂涂料。

此外，高分子材料按用途又分为普通高分子材料和功能高分子材料。功能高分子材料除具有高分子材料的一般力学性能、绝缘性能和热性能外，还具有物质、能量和信息之间的转换、传递和储存等特殊功能。典型的功能高分子材料包括高分子信息转换材料、高分子透明材料、高分子模拟酶、生物降解高分子材料、高分子形状记忆材料和医用、药用高分子材料等。

1.3.4 高分子材料和高分子化学与物理的关系

化学与物理等学科研究的是某一现象的规律以及机理。这两个学科追求共性科学规律，相对比较抽象。例如，化学合成的某个高分子材料，或发现的某种现象和机理，不一定有用，但这些合成方法或现象及机理可能用于多种高分子材料的合成，以及解释各类现象，也可为其他学科所借鉴和引用。

高分子材料则有非常明确的应用目标。高分子材料研究的内容包括材料的制备过程、材料的结构与性能以及材料的应用。在高分子材料的研究中，科学与工程并重。材料科学旨在阐明规律，建立方法等；而材料工程旨在实现材料的工程化，如材料的加工与制造等。作为一种化合物，不一定要求具有良好的综合性能；但作为一种材料，所关注的性能都需要满足使用要求，不能有明显的缺陷。

1.4 高分子材料的制备

高分子材料的制备可以分为合成和成型加工两部分，其中高分子材料的合成主要通过聚合反应和高分子材料的化学反应两种方法来实施。

1.4.1 聚合反应

高分子材料主要是通过可反应的小分子（通常称之为单体）聚合得到的，按照反应机理不同，可将聚合反应分为逐步聚合（stepwise polymerization）反应和连锁聚合（chain polymerization）反应两大类。

1.4.1.1 逐步聚合反应

逐步聚合反应是通过单体所带的两种不同官能团之间反应而进行，例如聚酰胺就是通过氨基（—NH_2）和羧基（—COOH）之间的缩聚反应而获得的。顾名思义，逐步聚合反应的特征就是在单体转化为高分子的过程中，反应是逐步进行的。在反应初期，绝大部分单体很快转化为二聚体、三聚体等低聚物，再通过低聚物间的聚合，使其分子量不断增大。

逐步聚合反应按照其反应机理又可分为逐步缩聚反应和逐步加聚反应。逐步缩聚反应因为有官能团之间的缩聚，反应中会有小分子副产物产生，如：

$$n\text{OH}-\text{R}-\text{COOH} \rightleftharpoons \text{H}\pmb{+}\text{O}-\text{R}-\text{CO}\pmb{\}}_n\text{OH}+(n-1)\text{H}_2\text{O}$$

对于一般缩聚反应，反应通式如下：

$$n\text{a}-\text{R}-\text{a}+n\text{b}-\text{R}'-\text{b} \rightleftharpoons \text{a}\pmb{\{}\text{R}-\text{R}'\pmb{\}}_n\text{b}+(2n-1)\text{ab}$$

而逐步加聚反应是通过官能团之间的加成而进行的，反应过程中没有小分子副产物的产生，如：

$$n\text{HO}-\text{R}-\text{OH}+n\text{OCN}-\text{R}'-\text{NCO} \rightleftharpoons \text{HO}\pmb{\{}\text{R}-\text{O}-\overset{\overset{\text{O}}{\|}}{\text{C}}-\text{NH}-\text{R}'-\text{NH}-\overset{\overset{\text{O}}{\|}}{\text{C}}-\text{O}\pmb{\}}_{n-1}\text{R}-\text{O}-\overset{\overset{\text{O}}{\|}}{\text{C}}-\text{NH}-\text{R}'-\text{NCO}$$

逐步聚合反应的实施方法有溶液缩聚（solution polycondensation）、熔融缩聚（melting polycondensation）、界面缩聚（interfacial polycondensation）和固相缩聚（solid phase polycondensation）等。人们所熟知的涤纶、尼龙、聚氨酯、酚醛树脂等高分子材料都是通过逐步聚合反应得到的。而近年来逐步聚合反应在理论和实践中都取得了新的发展，制备出多种超强力学性能和高耐热性能的高分子材料，如聚碳酸酯、聚砜、聚苯醚等。

1.4.1.2 连锁聚合反应

连锁聚合反应指活性中心形成之后立即通过链式反应加上众多单体单元，迅速成长为大分子。整个反应可以划分为连续的几步基元反应，如链引发（chain initiation）、链增长（chain propagation）、链终止（chain termination）等。在连锁聚合反应中，大分子的形成是瞬间的，而且任何时刻反应体系中只存在单体和高分子材料，单体的总转化率随反应时间延长而增加。烯类单体的加聚反应一般属于连锁聚合反应。

连锁聚合反应一般是由引发剂产生一个活性种，再引发链式聚合。根据活性种的不同，可以分为自由基聚合（free radical polymerization）、阴离子聚合（anionic polymerization）、阳离子聚合（cationic polymerization）和配位聚合（coordination polymerization）等。烯类单体对不同的聚合机理有一定的选择性，主要由单体取代基的电子效应和空间位阻效应所决定。

(1) 自由基聚合

自由基聚合指化合物的价键以均裂的方式断裂，即 R:R⟶2R·，产生的自由基可以和单体结合成单体自由基，进而进行链增长反应。最后在一定条件下，增长链自由基经过歧化或双分子间反应而消失，反应终止。

自由基聚合反应常用的引发剂有：偶氮类引发剂如偶氮二异丁腈（AIBN）、偶氮二异庚腈（ABVN）；过氧化物类引发剂如过氧化二苯甲酰（BPO）；氧化还原体系；等等。还可经过光化学、电离辐射等引发聚合反应。

经自由基聚合而商品化的高分子材料有聚乙烯、聚苯乙烯、乙烯基类［聚氯乙烯、聚偏氯乙烯（PVDC）、聚乙酸乙烯酯（PVAC）及其共聚物和衍生物］、丙烯酸类高分子材料（丙烯酸、甲基丙烯酸及其酯类高分子材料、丙烯酰胺等均聚物及其共聚物）、含氟高分子材料［聚四氟乙烯（PTFE）、聚三氟氯乙烯（PTFCE）］等。

自由基聚合的实施方法有本体聚合（bulk polymerization）、溶液聚合（solution polymerization）、悬浮聚合（suspension polymerization）、乳液聚合（emulsion polymerization）等。

(2) 离子聚合

离子聚合指化合物的价键以异裂的方式断裂，即 R:R'⟶R$^+$+R'$^-$，增长链活性中心都带相同电荷，不能进行双分子终止反应，只能通过单分子终止或向溶剂等的转移反应而终止增长，有的甚至不能发生链终止而以活性聚合链的形式长期存在于溶剂中。

阳离子聚合反应常用的引发剂有路易斯酸、质子酸等，还可以通过电子转移或高能辐射引发；阴离子聚合反应通常有亲核引发和电子转移引发两类。

需要强调的是，离子聚合反应对单体有高度的选择性，阳离子只能引发那些含有给电子取代基如烷氧基、苯基和乙烯基等烯类单体的聚合，如异丁烯和烷基乙烯基醚等。阴离子只能引发那些含有强吸电子基团如硝基、氰基、酯基、苯基和乙烯基等烯类单体的聚合。

近年来，高分子材料新的聚合方法也有很大发展，如基团转移聚合反应（group transfer polymerization，GTP）、开环异位聚合反应（ring-opening metathesis polymerization，ROMP）、原子转移自由基聚合反应（atom transfer radical polymerization，ATRP）、可逆加成-断裂链转移聚合（reversible addition-fragmentation chain transfer polymerization，RAFT）等，有兴趣的同学可以查找相关文献或专著进行学习。

(3) 配位聚合

配位聚合是指单体与带有非金属配位体的过渡金属活性中心配位，构成配位键后再活化，按离子聚合机理进行增长。活性链按阴离子聚合机理增长称为配位阴离子聚合，活性链按阳离子聚合机理增长称为配位阳离子聚合。重要的配位催化剂按阴离子聚合机理进行。

Ziegler-Natta 引发剂是配位聚合中最常用的一类催化剂，可使难以进行自由基聚合或离子聚合的烯类单体聚合，并形成立构规整的高分子材料，赋予特殊的性能，如高密度聚乙烯、线型低密度聚乙烯、等规聚丙烯、间规聚苯乙烯、等规聚 4-甲基-1-戊烯等合成树脂和塑料，以及顺-1,4-聚丁二烯、顺-1,4-聚异戊二烯、乙丙共聚物等合成橡胶。

1.4.2 高分子材料的化学反应

高分子材料大分子链上官能团的性质与相应小分子上相应官能团的性质并无区别,根据等活性理论,官能团的反应活性并不受所在分子链长短的影响,因此可以利用大分子上官能团的化学反应,进行高分子材料改性,制备新的高分子材料,还可以利用等离子体改性高分子材料表面。几种常用的高分子材料的化学反应如表1-3所示。

表1-3 高分子材料的化学反应

初始高分子材料	最终高分子材料	高分子材料化学反应类型
聚乙酸乙酯	聚乙烯醇	醇解反应
聚乙烯	氯化聚乙烯、氯磺化聚乙烯	氯化、氯磺化反应
聚氯乙烯	氯化聚氯乙烯	氯化反应
交联聚苯乙烯	阳离子、阴离子交换树脂	苯环侧基的取代反应
聚丙烯酸甲酯、聚丙烯腈、聚丙烯酰胺	聚苯烯酸	聚丙烯酸酯类基团反应
纤维素	硝化纤维素、醋酸纤维素	纤维素酯化反应
纤维素	甲基、乙基、羟乙基、羟丙基、甲基羟丙基、羧甲基纤维素	纤维素醚化反应
聚丁二烯	高抗冲聚苯乙烯	接枝

1.4.3 高分子材料成型加工

成型加工是使高分子材料成为具有实用价值产品的重要途径。高分子材料具有多种成型加工方法,如注射、挤出、压制、压延、缠绕、烧结、吹塑等。也可以采用喷涂、黏结、浸渍等方法将高分子材料覆盖在金属或非金属基体上。还可以采用车、磨、刨、刮及抛光等方法进行二次加工。下面简单介绍几种主要的成型方法。

1.4.3.1 塑料成型

塑料制品通常由高分子材料或高分子材料与其他组分的混合物,在受热条件下塑制成一定外形,并经过冷却固化、修正而成,整个过程就是塑料的成型与加工。热塑性塑料和热固性塑料的成型加工方法不同。热塑性塑料主要采用挤出、注射、模压、压延、吹塑,热固性塑料则采用模压、注塑及传递模塑。

(1)挤出成型

挤出成型(extrusion molding)是使高聚物的熔体(或黏性流体)在挤出机的螺杆或柱塞的挤压作用下,通过一定形状的口模而连续成型,所得的制品为具有恒定断口形状的连续型材。

挤出成型是塑料最重要的成型方法。塑料挤出成型又称挤压模塑或挤塑,挤出成型法几乎能使所有的热塑性塑料成型,有50%左右的热塑性塑料制品是通过挤出成型制得的:热塑性高分子材料与各种助剂混合均匀后,在挤出机料筒内受到机械剪切力、摩擦热和外热的作用而塑化熔融,再在螺杆的推送下,通过过滤板进入成型模具被挤塑成制品。塑料挤出的制品有管材、板材、型材、薄膜、电线包覆以及各种异形制品、中空吹塑和双轴拉伸薄膜等制品。挤出工艺还可用于热塑性塑料的塑化造粒、着色和共混等。

（2）注射成型

注射成型（injection molding）是高分子材料成型加工中一种重要的方法，可使热塑性塑料、热固性塑料及橡胶制品成型。

塑料的注射成型又称注射模塑或注塑，此种成型方法是将塑料粒料在注射成型机料筒内加热熔化，当呈流动状态时，在柱塞或螺杆加压下，塑料熔体被压缩并向前移动，进而通过料筒前端的喷嘴以很快速度注入温度较低的闭合模具内，经过冷却定型，开启模具后可得制品。注射成型主要应用于热塑性塑料。近年来，热固性塑料也采用了注射成型，即将热固性塑料在料筒内加热软化时应保持在热塑性阶段，将此流动物料通过喷嘴注入模具中，经高温加热固化而成型。这种方法又称喷射成型。如果料筒中的热固性塑料软化后用螺杆一次全部推出，无物料残存于料筒中，则称之为传递模塑或铸压成型。

除了很大的管、棒、板等型材不能用注射成型生产外，其他各种形状、尺寸的塑料制品都可以用这种方法生产。注射成型常用于树脂的直接注射，也可用于复合材料、增强塑料及泡沫塑料的成型，也可同其他工艺结合起来，如与吹胀相互配合而组成注射-吹塑成型。

（3）压延成型

压延成型（calendering molding）是生产高分子材料薄膜和片材的主要方法，是将接近黏流温度的物料通过一系列相向旋转的平行辊筒的间隙，使其受到挤压和延展作用，成为具有一定厚度和宽度的薄片状制品。

压延成型主要用于热塑性塑料，其中以非晶态聚氯乙烯及其共聚物最多，其次是ABS、乙烯-醋酸乙烯共聚物以及改性聚苯乙烯等，近年来也有压延聚丙烯、聚乙烯等结晶型塑料。

压延成型产品除了薄膜和片材外，还有人造革和其他涂层制品。

（4）吹塑成型

吹塑成型是（blow molding）二次成型，是指在一定条件下将一次成型所得的型材进行再次成型加工，以获得制品最终型样的技术，常用于热塑性塑料。目前吹塑成型技术主要有中空吹塑成型、拉幅薄膜成型等。

① 中空吹塑成型。中空吹塑是空心塑料制品的成型方法，是借助气体压力使闭合在模具型腔中的处于类橡胶态的型坯吹胀成为中空制品的二次成型技术。

用于中空吹塑成型的热塑性塑料品种很多，最常用的是聚乙烯、聚丙烯、聚氯乙烯和热塑聚酯等，也有用聚酰胺、纤维素塑料和聚碳酸酯。生产的吹塑制品主要是用作各种液态货品的包装容器，如各种瓶、壶、桶等。吹塑制品要求具有优良的耐环境应力开裂性以及良好的阻透性和抗冲击性，有些还要求有耐化学药品性、抗静电性和耐挤压性等。

中空吹塑工艺按型坯制造方法的不同，可分为注坯吹塑和挤坯吹塑两种。若将所制得的型坯直接在热状态下立即送入吹塑模内吹胀成型，称为热坯吹塑；若不直接吹胀热的型坯，而是将挤出所制得的管坯和注射所制得的型坯重新加热到类橡胶态后再放到吹塑模内吹胀成型，称为冷坯吹塑。目前工业上以热坯吹塑为多。

注坯吹塑是用注射成型法先将塑料制成有底型坯，再把型坯移入吹塑模内进行吹塑成型。注坯吹塑又有拉伸—注坯—吹塑和注坯—拉伸—吹塑两种方法。

② 拉幅薄膜成型。拉幅薄膜成型是在挤出成型的基础上发展起来的，将1~3mm的挤出厚片或管坯重新加热到材料的高弹态，再大幅度拉伸成薄膜。

目前用于生产拉幅薄膜的高分子材料主要有聚酯（PET）、聚丙烯、聚苯乙烯、聚氯乙烯、聚乙烯、聚酰胺、聚偏氯乙烯及其共聚物等。

（5）压制成型

压制成型（press moulding）是指主要依靠外压的作用，实现成型物料造型的一次成型技术。按成型物料的性能、形状和加工工艺特征，压制成型可以分为模压成型和层压成型。

① 模压成型是将模压粉（粉料、粒料纤维）加入模具中加压，使物料熔融流动并均匀地充满模腔，在加热和加压的条件下经过一定的时间成型的方法。该法常用于热固性塑料、部分热塑性塑料（聚酰亚胺、氟塑料和高分子量聚乙烯）和橡胶制品的成型。在模压成型过程中，热固性塑料和橡胶都发生了化学交联反应，而热塑性塑料不会发生交联反应。适用于模压成型的热固性塑料主要有酚醛塑料、氨基塑料、环氧树脂、有机硅树脂、聚酯树脂等；热塑性塑料主要有聚酰亚胺、氟塑料和高分子量聚乙烯等流动性较差的高分子材料。

② 层压成型是指在压力和温度的作用下将多层相同或不同材料的片状物通过树脂的黏结和融合，压制成层压塑料的成型方法。对于热塑性塑料可将压延成型所得的片材通过层压成型工艺制成板材。

层压成型是制造增强热固性塑料制品的重要方法。增强热固性层压塑料是以片状连续材料为骨架材料，浸渍热固性树脂溶液，经干燥后成为附胶材料，通过裁剪、层叠或卷制，在加热、加压作用下使热固性树脂交联固化成为板、管、棒状层压制品。

层压制品所用的热固性树脂主要有酚醛树脂、环氧树脂、有机硅树脂、不饱和聚酯树脂、呋喃及环氧-酚醛树脂等。所用的骨架材料包括棉布、绝缘纸、玻璃纤维布、合成纤维布、石棉布等，在层压制品中起增强作用。不同类型树脂和骨架材料制成的层压制品，其强度、耐水性和电性能等都有所不同。

（6）滚塑成型

将定量粉状或糊状塑料原料装入滚塑模中，通过滚塑模的加热和纵横向的滚动旋转，使高分子材料塑化成流动态并均匀地布满滚塑模，然后冷却定型、脱模即得制品。这种成型方法称为滚型成型（roll molding）法或旋转模塑法。

（7）流延成型

流延成型（tape casting）是将热塑性或热固性塑料配制成一定黏度的胶液，经过滤后以一定的速度流延到卧式连续运转的基材（一般为不锈钢带）上，然后通过加热干燥脱去溶剂，成膜后从基材上剥离就得到了流延薄膜。流延薄膜的最大优点是清洁度高，特别适合作光学用塑料薄膜；缺点是成本高、强度低。

（8）浇铸成型

浇铸成型（casting molding）是将液态高分子材料倒入一定形状的模具中，常压下烘焙、固化、脱模即得制品。流动性很好的热塑性及热固性塑料都可应用浇铸成型。

（9）固相成型

在低于熔融温度的条件下使塑料成型的方法称为固相成型（solid molding）。其中，在高弹态时成型称为热成型，例如真空成型等；在玻璃化转变温度以下成型则称为冷成型。固相成型属于二次加工，所采用的工艺和设备类似于金属加工。

塑料制品的二次加工一般都可采用类似于金属或木材加工的方法进行，例如切、削、钻、割、刨、钉等加工处理。此外，尚可进行焊接（黏接）、金属镀饰、喷涂、染色等处理，以适应各种特殊需要。

1.4.3.2 橡胶成型

橡胶制品的制造包括生胶的塑炼、混炼、压延、成型、硫化等工序。其中，成型方法有以下几种。

（1）挤出成型

橡胶的挤出成型通常叫压出。橡胶压出成型是使混炼胶（生胶与各种配合剂混合均匀后的胶料）通过压出机连续地制成各种不同形状半成品的工艺过程，广泛用于制造轮胎胎面、内胎、胶管及各种断面形状复杂或空心、实心的半成品，也可用于包胶操作，是橡胶工业生产中的一个重要工艺过程。

（2）注射成型

橡胶的注射成型叫注压，所用的设备和工艺原理同塑料的注射成型有相似之处。但橡胶的注压是以条状或块状的混炼胶加入注压机，注压入模后须在加热的模具中停留一段时间，使橡胶进行硫化反应，才能得到最终制品。橡胶的注压类似于橡胶制品的模型硫化，只是压力传递方式不一样，注压时压力大、速度快，比模压生产能力大、劳动强度高、易自动化，是橡胶加工未来发展的方向。

（3）压延成型

橡胶的压延是橡胶制品生产的基本工艺过程之一，是制成胶片或由骨架材料制成胶片半成品的工艺过程，包括压片、压型、贴胶和擦胶等作业。

1.4.3.3 合成纤维的加工

纤维加工过程包括纺丝液的制备、纺丝及初生纤维的后加工等过程。一般是先将成纤高聚物溶解或熔融成黏稠液体，即纺丝液，然后用纺丝泵将纺丝液连续、定量而均匀地从喷丝头小孔压出，形成的黏液细流经凝固或冷凝而成纤维，最后根据不同的要求进行再加工。

工业上常用的纺丝方法主要是熔融纺丝法和溶液纺丝法。熔融纺丝法是将高聚物加热熔融成融体，并经喷丝头喷成细流，在空气或水中冷却而凝固成纤维的方法。溶液纺丝法是将高聚物溶解于溶剂中以制得黏稠的纺丝液，由喷丝头喷成细流，通过凝固介质使之凝固而形成纤维的方法。以液体作凝固介质时称为湿法纺丝，以干态的气相物质为凝固介质时称为干法纺丝。

纺丝成形后得到的初生纤维结构还不够完善，物理机械性能较差，如拉伸大、强度低、尺寸稳定性差，还不能直接用于纺织加工，必须经过一系列的后加工，如拉伸和热定型。拉伸的目的是使纤维的断裂强度提高，断裂伸长率降低，耐磨性和耐疲劳性提高。热定型的目的是消除纤维的内应力，提高纤维的尺寸稳定性，进一步改善其物理机械性能。

除上述工序外，在用溶液纺丝法生产纤维和用直接纺丝法生产锦纶的后处理过程中，都要有水洗工序，以萃取附着在纤维上的凝固剂和溶剂，或混在纤维中的单体和低聚物。在黏胶纤维的后处理工序中，还需设置脱硫、漂白和酸洗工序；在生产短纤维时，需要进行卷曲和切断；在生产长丝时，需要进行加捻和络丝。为了赋予纤维某些特殊性能，还可在后加工过程中进行某些特殊处理，如提高纤维的抗皱性、耐热水性、阻燃性等。

1.4.3.4 高分子基复合材料的制备

高分子基复合材料的制造大体包括预浸料的制造、制件的铺层、固化及制件的后处理与机械加工等过程。复合材料制品的成型方法多样，各方法之间既存在着共性又有着不同点，详见 9.10 部分。

拓展阅读

徐僖，"中国塑料之父"，1921 年出生于江苏南京，1937 年日寇侵占南京时，他立下坚定志向，一定要学好本领，建设国家，使国家富强，不再受列强欺侮。

1947 年赴美留学时，徐僖将 30 多千克五倍子夹在行李中带到美国，利用美国实验室的设备继续开展研究。一年后，他用理论和实验结果证实了自己的设想，通过缩聚反应制得可与苯酚-甲醛塑料媲美的五倍子塑料。徐僖念念不忘创建我国的塑料工业，他放弃了继续攻读博士学位的机会，到纽约州罗切斯特市柯达公司精细药品车间工作，学习设备和工艺流程。中华人民共和国成立前夕，徐僖乘美国"威尔逊总统号"邮轮回国。其间受到刁难和阻挠，最后舍弃所有行李，只带一小箱笔记资料及一台小打字机回到祖国。1951 年，他提出申请开发五倍子塑料，得到批准后，徐僖建立了一个规模较大的棓酸（没食子酸）塑料研究小组，采用自己设计的设备和工艺流程，以五倍子和一些农副产品为原料进行塑料中试研究。仅用了一年多时间，重庆棓酸塑料厂便顺利正式投产。这是由我国工程技术人员自主设计、完全采用国产设备和国产原料的第一个塑料工厂，结束了我国塑料原材料纯靠进口的历史。此外，徐僖院士还创建了我国第一个塑料专业，撰写了我国第一本高分子专业教科书。

参考文献

高分子材料在汽车中的应用

［1］高长有. 高分子材料概论［M］. 北京：化学工业出版社，2018.
［2］温变英. 高分子材料与加工［M］. 北京：中国轻工业出版社，2011.
［3］黄丽. 高分子材料［M］. 北京：化学工业出版社，2009.
［4］李亚情，赵勋，王焕霞. 高分子材料的应用现状与发展趋势［J］. 化工设计通讯，2022，48（10）：46-48.
［5］Lamberti F M, Roman-Ramirez L A, Wood J. Recycling of bioplastics: routes and benefits［J］. Journal of Polymers and the Environment, 2020, 28（10）: 2551-2571.
［6］李然. 浅析高分子化工材料的现状［J］. 信息记录材料，2019，20（4）：24-25.
［7］成沛艺. 自修复高分子材料的研究进展［J］. 化学反应工程与工艺，2021，37（3）：281-288.
［8］车梦瑶，刘茜，楼焕，等. 变色材料在智能纺织品中的应用［J］. 轻纺工业与技术，2023，52（2）：50-53.
［9］朱颖，颜辛茹，杨亚. 变色材料在智能纺织服装上的应用与发展趋势［J］. 纺织报告，2021，40（10）：21-22.
［10］常晓华，朱雨田. 思政元素融入课程教学的探索与实践——以"高分子材料进展"课程为例［J］. 教育教学论坛，2023（7）：105-108.

思考题

1. 简要说明高分子材料的发展历程。
2. 简要说明高分子材料的应用与资源环境的关系。

3. 查阅文献，举例说明高分子材料的复合化发展。
4. 查阅文献，举例说明高分子材料的智能化发展。
5. 简要说明高分子材料的定义及分类方法。
6. 高分子材料系统命名法的命名规则是什么？
7. 高分子材料习惯命名法的命名规则是什么？
8. 简要说明高分子材料与高分子化学和物理的关系。
9. 简要说明高分子材料的主要制备方法。
10. 简要说明高分子材料的成型加工方法。

第 2 章 高分子材料结构与性能

  学习目标

（1）了解高分子材料的结构特点及研究体系。
（2）理解高分子链的结构层次、构型与构象、结晶与取向（重点）。
（3）掌握高分子材料常见的性能及表征方法。
（4）能够利用高分子材料结构与性能的相关知识，在工程实践中选择并评估所需的高分子材料。

结构与性能是高分子材料的两种基本属性，充分反映了材料内部微观分子运动方式和外部宏观性能表现。在自然界中，材料的结构与性能总是不可分割的。利用唯物辩证法哲学理论中的科学认识方法和思维方式，逻辑推理结构与性能之间复杂且多样的联系，执着专注、精益求精、一丝不苟、追求卓越，就能从源头和底层解决高分子材料的关键技术问题。

聚合物的结构包括高分子的链结构（chain structure）和聚集态结构（aggregation structure）。高分子的链结构是指聚合物分子链中原子或基团之间的几何排布，包括构造、构型、构象等。聚集态结构指的是大分子间的相互作用达到平衡时，单位体积内分子链之间的几何排布，包括结晶和取向。

2.1 高分子的链结构（化学结构）

高分子的链结构可分为近程结构（一级结构）和远程结构（二级结构）。近程结构属于化学结构，与单个高分子的基本结构单元有关，由高分子最基本的化学链结构组成，包括高分子结构单元的化学组成、键接方式、空间构型、骨架与序列结构等。

2.1.1 一级结构

2.1.1.1 高分子链的化学组成与键接方式

高分子材料中最完整的分子单元是高分子链（或大分子链，本节统称为高分子链），如果从分子的角度去看高分子链，可以先从主链的化学组成和键接方式分析。

(1) 化学组成

当主链主要由碳原子构成时，如果主链全部由碳原子组成，则称之为全同链高分子。聚乙烯 [式(2-1)] 就是一种典型的全同链高分子，其主链全部由碳原子组成，所以可以直接使用主链的原子类型对其进行命名，称为碳链高分子（碳链大分子）。

$$\text{—}[H_2C\text{—}CH_2]_n\text{—} \tag{2-1}$$

如果高分子链由两种或两种以上的原子组成，则称为杂链高分子。例如聚碳酸酯 [式(2-2)]、聚氨酯等。

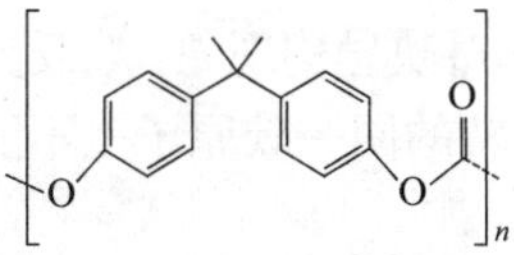

$$\tag{2-2}$$

如果主链中不含碳原子，而含有硅、硼、铝、氧、氮、磷和硫等无机元素，侧链又含有有机基团，则称为元素有机高分子（元素有机大分子），例如聚二甲基硅氧烷 [式(2-3)]。

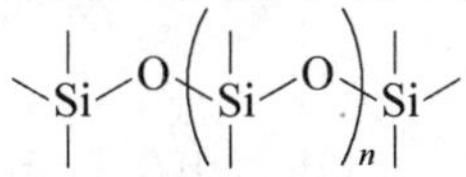

$$\tag{2-3}$$

(2) 键接方式

对于氯乙烯 [式(2-4)]，其两个碳连接的基团不相同，②号碳上连接了一个取代基（—Cl），而①号碳上则没有。将没有取代基的位置（①号碳）称为"头"，取代基所在的位置（②号碳）称为"尾"。

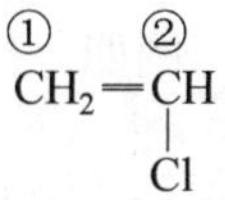

$$\underset{CH_2}{\overset{①}{}}=\underset{\underset{Cl}{|}}{\overset{②}{CH}} \tag{2-4}$$

如果合成聚氯乙烯，两个氯乙烯之间可能出现两种键接方式"头-头""尾-尾" [式(2-5)] 和"头-尾" [式(2-6)]。

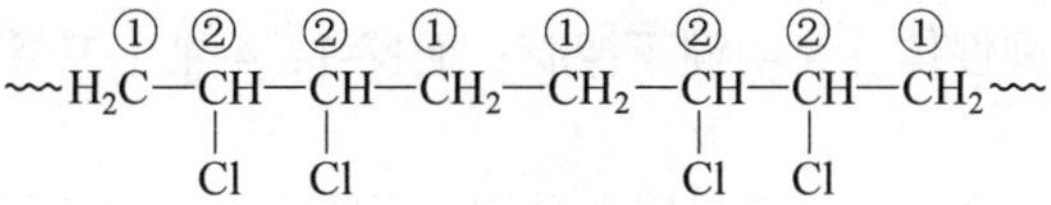

$$\tag{2-5}$$

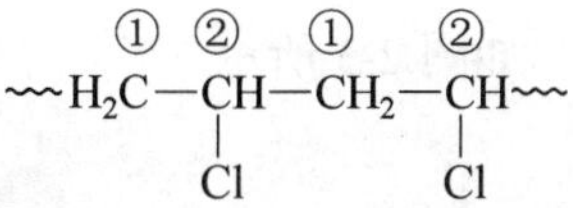

$$\tag{2-6}$$

通过"头-尾"方式键接的聚乙烯醇 [式(2-7)] 可以和甲醛缩合，生成聚乙烯醇缩甲醛 [式(2-8)]。而通过"头-头""尾-尾"方式键接的聚乙烯醇中，两个羟基相邻太近，会剩下很多羟基无法与甲醛缩合，导致材料亲水性较大，强度也较低。

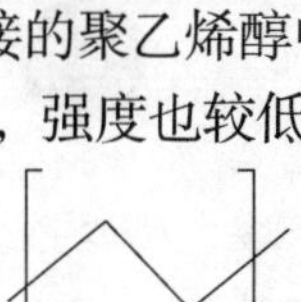

$$\tag{2-7}$$

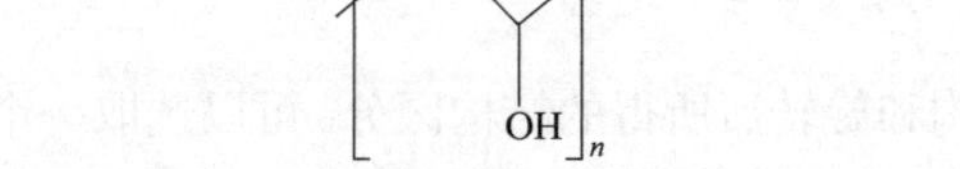

$$\tag{2-8}$$

通过"头-尾"方式键接的聚乙烯醇与甲醛缩合制得的聚乙烯醇缩甲醛可作为纺织纤维（维纶纤维，又称维纶），如果亲水性过大，不仅会缩水，还有可能溶于水。水溶性的聚乙烯醇缩甲醛也可以用作手术缝线、胶黏剂等。

在实际应用中，一方面可以根据使用场景选择合适的高分子链键接方式；另一方面也可以为具有特殊性能的高分子材料选择合适的使用场景。

2.1.1.2 高分子链的空间构型

（1）顺反异构

顺反异构（cis-trans isomerism）是指化合物分子中由于具有自由旋转的限制因素，各个基团在空间的排列方式不同而出现的非对映异构现象。顺反异构的产生条件为：分子中至少有一个键不能自由旋转；每个不能自由旋转的同一碳原子上不能有相同的基团，必须连有两个不同原子或原子团。

2-丁烯的顺反异构如图 2-1 所示，由于双键不能旋转，C═C 双键所接的 4 个基团处在同一平面，而且双键左右的两个 C 分别都接了不同的基团。所以，2-丁烯有顺-2-丁烯和反-2-丁烯两种不同的结构。

(a) 顺-2-丁烯　(b) 反-2-丁烯

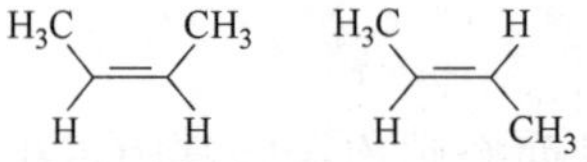

图 2-1　2-丁烯的顺反异构

在高分子链中也存在顺反异构的现象。例如，1,3-丁二烯发生 1,4-加成后可以获得聚丁二烯，其反应方程式见式（2-9）。

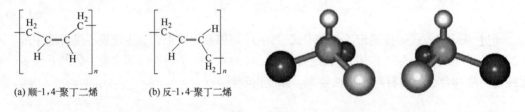

$$nCH_2{=}CH-CH{=}CH_2 \longrightarrow \left[CH_2-CH{=}CH-CH_2 \right]_n \qquad (2\text{-}9)$$

1，4-加成获得的聚丁二烯满足顺反异构的产生条件，所以有顺-1,4-聚丁二烯和反-1,4-聚丁二烯两种结构，如图 2-2 所示。

顺-1，4-聚丁二烯为弹性体，又叫顺丁橡胶；而反-1，4-聚丁二烯则只能作为塑料使用。

（2）手性异构

手性异构（chirality isomerism）又叫旋光异构，当四个不同的原子或基团连接在碳原子上时，形成的化合物存在手性异构体，如图 2-3 所示。

(a) 顺-1，4-聚丁二烯　(b) 反-1，4-聚丁二烯

图 2-2　1,4-聚丁二烯的顺反异构

图 2-3　手性异构

这里要注意将手性异构和旋转后所得的结构区分，可以选取一个基团（或原子）作为顶点，从上往下看另外三个基团（或原子）沿顺时针方向的排列顺序是否相同。例如图 2-3 中，左图为红—紫—黄—红，右图为红—黄—紫—红，所以二者互为手性异构体。

在高分子链中也存在手性异构，如聚乙烯醇，其手性异构如图 2-4 所示。标*号的碳原子为不对称碳原子，虽然 N 分子式上看，这个碳原子的左右连接了两个—CH_2—，好像是同一种

基团。但是要注意，这是高分子链，不能仅仅将一个—CH₂—作为基团，而应该把左右一直延续到主链的端基作为整体，所以在标*碳原子左右的基团都不相同，这类高分子链也就有了手性异构。

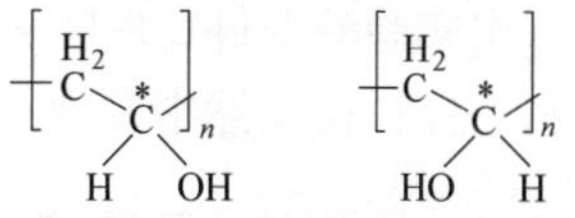

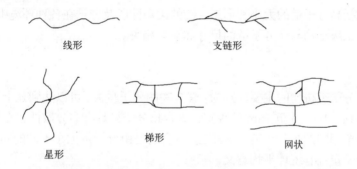

图 2-4 聚乙烯醇的手性异构

对于小分子，手性异构会带来旋光性，这一特性在制药领域有较多应用。而对于高分子链，由于存在内消旋或外消旋，通常对外不显现旋光性。

那么有没有高分子链不具有手性异构的呢？这也是有的，比如聚乙烯，每个碳上都接了 2 个相同的氢原子，也就不具有手性异构。

由于每个不对称碳原子都有 2 种可能构型（简称为 D-型和 L-型），如果一个高分子链中有 n 个不对称碳原子，这 n 个不对称碳原子也互不干扰，依据数学上对独立事件的分析可以知道，这个高分子链可以有 2^n 种可能的排列方式。这种原子或原子团互相连接的次序相同，但在空间的排列方式不同的异构，称为立体异构。

结合高分子物理的相关知识，高分子链的立构通常有等规立构、间规立构和无规立构。其中，等规立构的高分子链空间排列有序，结晶度、强度和软化点都较高。

2.1.1.3 高分子链骨架

高分子链的骨架结构是由高分子的支化和交联形成的，主要可以分为线形、支链形、星形、网状和梯形，如图 2-5 所示。

图 2-5 高分子链骨架结构

多数高分子链都是线形的，整个分子如同一根长链，可以卷曲，也可以伸展成直线。如果主链上因为支化形成了长短不一的支链，就会形成支链形高分子链。支链受单体种类、聚合反应机理和反应条件影响。大部分情况下，支链会破坏聚合物的规整性，从而降低密度、熔点、力学性能等，这类聚合物可以用来制作薄膜材料；而支链很少的聚合物，则具有较高的结晶度、密度、熔点等，可以用作结构材料。星形高分子链可以看作一种特殊的支链形。支化形成的高分子仍保持着链结构为主的结构，因此可以溶解。

当高分子之间通过支链在三维空间内形成网状大分子时，就可以形成交联结构。其中，形状类似梯子的高分子称为梯形高分子，这类高分子由双链构成。交联后的高分子不溶不熔，只有在交联度不高时，才可以溶胀在适当的溶剂中。对于某些高分子材料，交联度越高，硬度越大，弹性越小。硫化橡胶就是一种典型的交联高分子。

硫化橡胶是查尔斯·古德伊尔在偶然的操作失误中发现的,所以在实验过程中要严格记录每一次实验的条件,并且认真分析实验结果,这既是一种诚信的学术态度,也有可能会像古德伊尔一样,在偶然中发现了突破性的成果。

2.1.1.4 共聚高分子链的序列结构

由两种或两种以上的结构单元构成的高分子称为共聚高分子,与 2.1.2.2 节中所提到的立构类似,共聚高分子的结构单元在高分子链中也可以具有不同顺序的排列方式,这就是共聚高分子链的序列结构。以 M_1、M_2 两种结构单元组成的共聚物为例:

① 交替型:若 M_1 和 M_2 交替排列,即—$M_1M_2M_1M_2M_1M_2M_1M_2$—,称为交替型。

② 嵌段型:若 M_1 和 M_2 分别形成较大的链段,并有规律地一段接另一段排列,如—$M_1M_1M_1M_1M_2M_2M_2M_2$—,称为嵌段型。

③ 接枝型:若 M_1 为主链,M_2 为支链,则称为接枝型,如图 2-6 所示。

④ 无规型:若 M_1 和 M_2 无规律地排列,则称为无规型,例如:—$M_1M_1M_2M_1\ M_2M_1M_2M_2M_2M_2M_1M_1M_1$—。

图 2-6 接枝型

共聚高分子链的序列结构也会影响聚合物的性能,因此在合成过程中,需要选择合适的工艺获得对应的结构,从而获得实际使用中所需要的性能。

2.1.2 二级结构

二级结构包括高分子链的大小和形态,链的柔顺性以及分子在各种环境中所采取的构象,又称远程结构。二级结构与高分子链的尺寸和形态相关。

2.1.2.1 分子量

聚合物与小分子有机物的主要区别为:聚合物的分子量大,可以达到几十万甚至几百万,分子长度可以达到 0.1μm 甚至 1μm 的级别;聚合物分子量具有多分散性,在聚合物中,几乎不存在聚合度完全相同的高分子链,换言之,聚合物是由分子量大小不同的同系物组成的。所以,聚合物的分子量只有统计平均意义。

在日常生产、使用过程中,会使用平均分子量描述聚合物的分子量。当其他条件固定时,聚合物的性质与其分子量相关,所以也可以通过测试聚合物的性质,获得其平均分子量。例如:根据与溶液依数性有关的性质测得的数均分子量;根据与大分子尺寸有关的性质测得的重均分子量;根据聚合物溶液黏度性质测得的黏均分子量;根据聚合物溶液沉降性质测得的平均分子量。

2.1.2.2 聚合物的构象及形态

2.1.1 节中介绍的结构与排列方式都是在高分子链层面上的,属于化学结构,其中顺反异构和手性异构称为构型,构型不同的分子属于两种分子,如果想改变高分子的构型,就需要破坏其化学键。

高分子链骨架的碳原子通常通过单键,也就是 σ 键,与周围的原子相连,在空间上形成正四面体,碳原子位于正四面体的体心,而与之相连的四个原子位于顶点,如图 2-7 的 2 号碳所示。σ 键连接的两个原子可以相对旋转,产生分子内旋转。同一个碳原子上的两根单键所成的键角关系受到限制，但是相隔较远的单键上连接的原子发生旋转时，影响就很小了。如图2-7所示，聚乙二醇-400中，3号碳与2号碳相连，较难随意地相对旋转，但是1号碳与2号碳有一定的间距，在空间上就可以较自由地旋转。

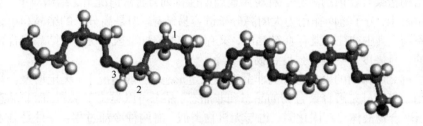

图2-7　聚乙二醇-400

假设这种旋转不发生能量变化，为自由内旋转，那么高分子链在空间上就具有了柔性，也就可以形成各种卷曲形态，称为构象（conformation）。同一分子，不同构象的化学组成完全相同，其中不涉及化学键的变化，仅仅是内部热运动引起的分子内旋转，所以是一种物理结构。这里所讲的构象与化学中环己烷分子的椅式构象和船式构象类似。

换言之，当分子链中某个单键发生内旋转时，会带动与其相邻的化学键一起运动，化学键不是独立运动的单元。当分子链长度足够大时，相隔较远的第 $n+1$ 个键的运动就与第1个化学键的运动无关了，从而在主链上形成由若干个化学键组成的独立运动的小单元，也就是链段。

依据形状，可以将高分子链的构象分为伸直链、折叠链、螺旋链、锯齿形链和无规线团等基本类型。

2.1.2.3　聚合物分子的运动特点

聚合物分子的运动需要有能量来激发，不同类型的运动具有不同的临界温度，高于临界温度才可以激发对应的运动。

从运动单元看，高分子链中的侧基、支链、链节、链段、高分子链以及整个聚合物都可以成为运动的对象。

不同的运动单元也对应不同种类的运动：对于化学键，有键长、键角的扭曲和振动；对于侧基、支链或链节，有摇摆、旋转运动；对于链段和高分子链，有分子内旋转运动；对于结晶的聚合物，还有与晶体相关的缺陷、晶型转变等运动。

聚合物分子的运动也具有依赖时间的松弛过程。当外界条件改变，聚合物从一个状态达到新的平衡状态前，经过的一系列随时间改变的中间状态就是松弛状态。当运动单元较大时，松弛时间较长，松弛特性较明显。

与化学反应动力学类似，聚合物分子运动和物理状态的改变，基本上都符合时-温等效原理，也就是提高温度和延长时间具有相同的效果，这就可以在研究或测试时减少性能表征的时长。

2.2　高分子的聚集态结构

2.2.1　三级结构

聚合物的聚集态结构是指材料整体的内部结构，是一种尺度比高分子链还要大的结构，又称为三级结构。三级结构主要有晶态和非晶态结构、液晶态结构、取向态结构。

2.2.1.1 晶态和非晶态结构

晶态结构指聚合物内的高分子有规律地周期性排列，通常情况下，结构简单、规则，取代基团空间位阻小，分子链间作用力大的高分子链容易结晶。但是高分子的结晶和小分子或无机物的结晶不同，其中往往会既存在结晶区，又存在非晶区。一般情况下，结晶聚合物是不透明或半透明的，且硬度、刚度、强度，韧性下降。

高分子链无序排列的聚集态称为非晶态或无定形态，一般情况下，无定形聚合物是透明的。

这里用二氧化硅来解释聚合物的晶态和非晶态。晶态可以类比于水晶，而非晶态可以类比于玻璃。当聚合物液体冷却固化时，也与无机物类似，有两种冷却过程：一种是分子作规则排列，也就是结晶；另一种则是由于体系黏度较大，高分子无法作规则排列，最终形成无定形态固体，也就是非晶态。这种形成非晶态的过程，又叫做玻璃化过程，这个过程中，热力学性质没有突变，取其折中温度，就是玻璃化转变温度（T_g）。

高分子晶态总是包含一定量的非晶区，因此结晶程度很难达到100%。除了聚合物结晶中的非晶区，高聚物的玻璃态（glassy state）、高弹态（high elastic state）以及黏流态（viscous state）（也称为非晶态），统称为非晶态聚合物的力学三态，如图2-8所示。

玻璃态（glassy state）为温度较低时的状态，此时温度较低，链段的运动处于"冻结"状态，只有侧基、链节、键长、键角等可以局部运动。所以在力学上有模量高、形变小的特点，表现出符合胡克定律的弹性行为。

高弹态（high elastic state）是指当温度达到玻璃化转变温度（T_g）以上时，链段可以充分运动。此时，聚合物在较小的应力下就可以迅速发生很大的形变，除去外力后，形变又可以迅速恢复，聚合物对外表现出较高的弹性。

黏流态（viscous state）是指当温度高于黏流温度（T_f）时，链段剧烈运动，在外力作用下，聚合物会发生不可逆形变，也就是黏性流动。需要注意，交联聚合物没有黏流态。

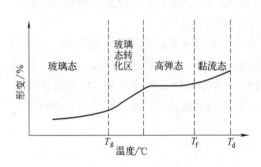

图2-8　非晶态聚合物的力学三态

2.2.1.2 液晶态结构

液晶态结构则是介于非晶态和晶态之间的一种结构，物理状态为液体，但是具有和晶体类似的有序性。高分子液晶的特点主要有：高浓度、低黏度和低剪切速率下的高取向度。

2.2.1.3 取向态结构

聚合物中形成的高分子链段、整个分子链以及晶粒在外场作用下沿一定方向排列的结构，称为取向态结构。取向态聚合物呈各向异性，其力学性能沿取向方向大大增强，垂直于取向方向则大大减弱。合成纤维就是一种典型的取向态聚合物。

2.2.2 结晶聚合物的力学状态

在结晶聚合物中，由于有结晶部分的存在，链段的运动受到限制，所以当温度在玻璃化转变温度（T_g）和熔点（T_m）之间时，不会出现高弹态。而当温度高于熔点时，聚合物的模量迅速下降。

若聚合物的分子量很大，且熔点低于黏流温度（T_f），当温度处于熔点和黏流温度之间时，聚合物会出现高弹态；与之相对，聚合物在熔融后立刻会转变为黏流态。图 2-9 为不同聚合物的温度-形变曲线。

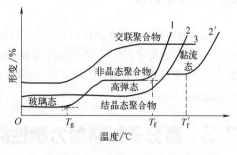

图 2-9　不同聚合物的温度-形变曲线
1—非晶态聚合物；2—结晶态聚合物，$T_m>T_f$；
2′—结晶态聚合物，$T_m<T_f$；3—交联聚合物

2.2.3 玻璃化转变

聚合物从玻璃态到高弹态之间的转变叫做玻璃化转变，当温度高于玻璃化转变温度时，大分子的链段开始运动，所以聚合物的模量、膨胀系数、折射率、热导率、介电常数、比热容等物理性质都会发生急剧的变化。所以，也可以通过表征这些性能随温度的变化来测定聚合物的玻璃化转变温度。

在研究材料的过程中，常常会出现材料的某个（或某些）性质会随某一条件（如温度）而改变，其本质原因是材料的结构或组成等发生变化。这个问题可以辩证地看待。一方面，可以依据使用需求，选择合适的使用条件；另一方面，也可以通过表征这个性质来确定使材料发生变化的条件。

玻璃化转变的过程是一个松弛过程，所以测定玻璃化转变温度时，必须固定时间尺度，如升温速率。

2.2.4 熔体的流动

高分子材料的加工过程中常常使用聚合物熔体，因此，掌握聚合物熔体流动的特点也非常重要。

处于黏流态或熔融态（结晶聚合物，温度高于熔点）的聚合物，统称为聚合物熔体。聚合物熔体可以进行黏性流动，但是由于高分子与小分子的区别，聚合物熔体的流动与小分子液体有所区别。

聚合物熔体在挤出机、注塑机等常用的横截面管道成型设备中的流动大多数为剪切流动，这种流动会产生横向速度梯度场。而当管道或模具中的横截面突然缩小时，流体的流动会变成拉伸流动或包含拉伸流动，这种流动称为纵向速度梯度场，如图 2-10。

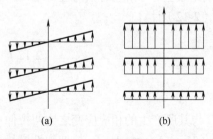

图 2-10　横向（a）和纵向（b）速度梯度场

聚合物熔体流动的特点主要有：①黏度大，流动性差；②黏度随剪切速率的增加而下降；③流动时会表现出弹性行为。

聚合物的分子量增加、分子量分布变宽、分子链的刚性增加以及分子间作用力增加一般都会增大聚合物熔体的黏度。生产中常用毛细管黏度计和旋转黏度计测定聚合物熔体的黏度。

2.2.5 四级结构

四级结构是指高分子在材料中的堆砌方式。将高分子加工成材料时，往往在其中添加填料、助剂、颜料等成分，有时为了提高高分子材料的综合性能，会将两种或两种以上的高分子进行混合，使得高分子材料形成更复杂的结构。通常，将这一层次结构称为织态结构（texture structure）。

2.3 高分子材料的力学性能

力学性能是决定高分子材料能否合理应用的主导因素，所以高分子材料在使用时通常需要具备一定的力学强度，例如在容器、外壳、建筑等材料中，高分子材料在受力后会表现出不同的响应，这些响应可以通过一些基本指标来表征，比如拉伸强度、弯曲强度、冲击强度、硬度、抗蠕变性等。

2.3.1 拉伸强度

在实际的检测过程中，测量拉伸应力-应变特征是研究高分子材料强度和材料破坏的重要实验手段，常用来评价高聚物的力学性能。具体是指在规定的实验温度、湿度与施力速度下，沿试样轴向方向施加拉伸载荷，直至试样断裂。试样断裂时所受的最大拉伸应力称为拉伸强度（tensile strength），又可称为抗张强度。拉伸强度（σ_t，单位为 Pa）按式（2-10）计算：

$$\sigma_t = \frac{F}{bd} \tag{2-10}$$

式中，F 为最大破坏载荷，N；b 为试样初始宽度，m；d 为试样初始厚度，m。

试样断裂时，其增加的长度与原始长度的百分比称为断裂伸长率（elongation at break）。断裂伸长率（ε_t）按式（2-11）计算：

$$\varepsilon_t = \frac{L - L_0}{L} \times 100\% \tag{2-11}$$

式中，L_0 为试样原始有效长度，mm；L 为试样断裂时的有效长度，mm。

在材料的比例极限内，由均匀分布的纵向应力引起的横向应变与相应的纵向应变之比的绝对值叫做泊松比（Poisson's ratio）。泊松比（v）可由式（2-12）计算：

$$v = \left| \frac{\varepsilon_x}{\varepsilon_y} \right| \tag{2-12}$$

式中，ε_x 为横向应变；ε_y 为纵向应变。

在比例极限内，材料所受的拉伸应力（tensile strength）与其所产生的相应应变之比叫拉伸弹性模量（tensile modulus of elasticity），亦称为杨氏模量（Young's modulus）。拉伸弹性模量（E_t，单位为 Pa）根据试验结果按式（2-13）计算：

$$E_t = \frac{\sigma_t}{\varepsilon_t} \tag{2-13}$$

式中，σ_t 为拉伸应力，Pa；ε_t 为拉伸应变。

测试标准参考 GB/T 1040.2—2022《塑料　拉伸性能的测定　第 2 部分：模塑和挤塑塑料的试验条件》、GB/T 1040.1—2018《塑料　拉伸性能的测定　第 1 部分：总则》、GB/T 1040.3—2006《塑料　拉伸性能的测定　第 3 部分：薄膜和薄片的试验条件》。

2.3.2　压缩强度

在试样两端施加压缩载荷，直至试样破裂（脆性材料）或产生屈服（韧性材料）时所承受的最大压缩应力，称为压缩强度（compression strength）。压缩强度（σ_c，单位为 Pa）按式（2-14）计算：

$$\sigma_c = \frac{F}{A} \tag{2-14}$$

式中，F 为破坏或屈服载荷，N；A 为试样的原始横截面积，m²。

在比例极限内，压缩强度与相应应变之比叫压缩弹性模量（compressive modulus），简称压缩模量（E_c，单位为 Pa）。压缩模量由式（2-15）计算：

$$E_c = \frac{\sigma_c}{\varepsilon_c} \tag{2-15}$$

式中，σ_c 为压缩应力，Pa；ε_c 为压缩应变。

测试标准参考 GB/T 1041—2008《塑料　压缩性能的测定》。

2.3.3　弯曲强度

材料在承受弯曲负荷下破坏或达规定挠度（指材料承受荷载时会产生弯曲，当弯曲达到一定程度时被认定为破坏，这种弯曲程度称为挠度）时所产生的最大应力，叫做弯曲强度（flexural strength），也可称为抗弯强度或挠曲强度。弯曲强度（σ_f，单位为 Pa）按式（2-16）计算：

$$\sigma_f = \frac{3PL}{2bd^2} \tag{2-16}$$

式中，P 为试样所承受的弯曲负荷，N；L 为试样跨度，m；b 为试样原始宽度，m；d 为试样原始厚度，m。

塑料在比例极限内的弯曲应力与其相应的应变之比叫做弯曲弹性模量（flexural modulus of elasticity），简称弯曲模量。弯曲模量（E_f，单位为 Pa）由式（2-17）计算：

$$E_f = \frac{\sigma_f}{\varepsilon_f} \tag{2-17}$$

式中，σ_f 为弯曲应力，Pa；ε_f 为弯曲应变。

测试标准参考 GB/T 9341—2008《塑料　弯曲性能的测定》。

2.3.4　冲击强度

冲击强度（impact strength），亦称抗冲强度，表示材料承受冲击载荷的最大能力，也称为韧性（toughness），即在冲击载荷作用下，材料破坏时所消耗的功与试样的横截面积之比。材料冲击强度的测试方法很多，如摆锤法、落重法、高速拉伸法等，不同方法常测出不同的冲击强度。最常用的冲击试验方法是摆锤法，按试样的安放方式又可分为两种：简支梁冲击试验

（Charpy）和悬臂梁冲击试验（Izod）。

对于简支梁冲击试验方法，无缺口冲击强度（α_n，单位为 J/m²）和缺口冲击强度（α_k，单位为 J/m²）分别按式（2-18）和式（2-19）计算：

$$\alpha_n = \frac{A_n}{bd} \tag{2-18}$$

$$\alpha_k = \frac{A_k}{bd_k} \tag{2-19}$$

式中，A_n 为无缺口试样所消耗的功，J；A_k 为带缺口试样所消耗的功，J；b 为试样宽度，m；d 为无缺口试样厚度，m；d_k 为带缺口试样缺口处剩余厚度，m。

对于悬臂梁冲击试验方法，使用带缺口试样，其冲击强度（α_k，单位为 J/m²）按式（2-20）计算：

$$\alpha_k = \frac{A_k - \Delta E}{bd} \tag{2-20}$$

式中，A_k 为试样断裂时消耗的功，J；ΔE 为抛弃断裂试样自由端所消耗的功，J；b 为缺口处试样宽度，m；d 为无缺口试样厚度，m。

测试标准参考 GB/T 1043.1—2008《塑料　简支梁冲击性能的测定　第 1 部分：非仪器化冲击试验》和 GB/T 1843—2008《塑料　悬臂梁冲击强度的测定》。

2.3.5　剪切强度

材料试样在剪切力作用下断裂时，单位面积所承受的最大应力称为剪切强度（sheer strength）。剪切强度（σ_s，单位为 Pa）按式（2-21）计算：

$$\sigma_s = \frac{F}{nbl} \tag{2-21}$$

式中，F 为试样破坏时的最大剪切载荷，N；b 为试样剪切宽度，m；l 为试样剪切长度，m。对于单面剪切强度，$n=1$；双面剪切强度，$n=2$。

测试标准参考 HG/T 3839—2006《塑料剪切强度试验方法　穿孔法》。

2.3.6　硬度

硬度（hardness）是指聚合物材料对压印、刮痕的抵抗能力。硬度的大小与材料的拉伸强度和弹性模量有关，所以有时用硬度作为拉伸强度和弹性模量的一种近似估计。根据测试方法，硬度有以下四种常用表示值。

① 布氏硬度（Brinell hardness，HB）。将一定直径的钢球在规定的负荷作用下，压入试样并保持一定时间后，以试样上压痕深度或压痕直径来计算单位面积上承受的力，即为布氏硬度。布氏硬度（HB，单位为 Pa）可按式（2-22）或式（2-23）计算：

$$HB = \frac{P}{\pi Dh} \tag{2-22}$$

$$HB = \frac{2P}{\pi D\left[D - (D^2 - d^2)^{1/2}\right]} \tag{2-23}$$

式中，P 为所施加的负荷，N；D 为钢球直径，m；d 为压痕直径，m；h 为压痕深度，m。布氏硬度测定结果比较准确可靠，但一般适用于较软的金属材料。

② 邵氏硬度（Shore hardness）。在施加规定负荷的标准压痕器作用下，经规定时间，以压痕器的压针压入试样的深度作为邵氏硬度值的量度。邵氏硬度分为邵氏 A（HA）和邵氏 D（HD），前者适用于较软的材料，后者适用于较硬的材料。

③ 洛氏硬度（Rockwell hardness）。当材料的 HB>450Pa 或者试样过小时，不能采用布氏硬度测试，但可用洛氏硬度测试。洛氏硬度的测试过程与布氏硬度相似，以一定直径的钢球，在规定的负荷作用下，以压入试样的深度为洛氏硬度的量度，用 H 表示。二者区别在于洛氏硬度是一个顶角为 120°的金刚石圆锥体或小尺寸钢球（1.59mm）作为测试头，在一定载荷下压入被测材料表面，由压痕的深度求出材料的硬度。锥形或小尺寸的球形测试头与样品的接触面积较小且易于压入，适用于小尺寸或硬度较高的样品。布氏硬度试验压痕面积大，数据稳定，精度高；若被测金属表面有明显凹痕或突起等，会影响压痕直径的测量，造成测试结果的不准确；布氏硬度的测试头体积较大，可压入样品的深度大且会大面积破坏样品，不适用于较薄的样品或成品检测。洛氏硬度压痕小，对工件损伤小，归于无损检测一类，可对成品直接进行测试；测试范围广，可测试各种软硬不同、厚薄不同的材料。洛氏硬度的缺点为测试结果有局部性，对每一个工件测试点数一般应不少于 3 个点。

④ 巴氏硬度（Barcol hardness）。又称巴柯尔硬度，是将特定压头在标准弹簧的压力作用下压入试样，以其压痕深度来表征该试样材料的硬度。本方法适用于测试纤维增强塑料及其制品的硬度，也适用于测试其他硬塑料的硬度。

测试标准参考 GB/T 3398.1—2008《塑料 硬度测定 第 1 部分：球压痕法》、GB/T 3398.2—2008《塑料 硬度测定 第 2 部分：洛氏硬度》、GB/T 2411—2008《塑料和硬橡胶 使用硬度计测定压痕硬度（邵氏硬度）》、GB/T 3854—2017《增强塑料巴柯尔硬度试验方法》。

2.3.7 抗蠕变性

蠕变（creep）是指在低于材料屈服强度的应力长时间作用下材料发生的永久性变形。蠕变的大小反映了材料尺寸的稳定性和长期负载能力，因而蠕变是工程塑料非常重要的力学性能。在现实生活中有很多蠕变的现象，比如晾衣服的塑料绳转动、压力容器内部变化、坐久的沙发形状发生改变等。许多材料如金属、塑料、岩石等在一定条件下都会表现出蠕变性。

高分子材料的抗蠕变性是指材料在长期受力下，抵抗发生缓慢而持续的塑性变形的能力。因外力性质不同，蠕变常分为拉伸蠕变、压缩蠕变、剪切蠕变和弯曲蠕变。因此，了解蠕变现象对高分子材料的应用有很大意义，如制备齿轮和机械零件不能使用蠕变性较大的材料，否则不能保证一些特性尺寸零件的稳定性。要想提高材料的抗蠕变性，顾名思义就是不要在负载条件下使材料发生大尺寸的变形，也就是避免高弹形变和黏性流动的发生。

高分子材料的抗蠕变性能测试标准参考 GB/T 11546.1—2008《塑料 蠕变性能的测定 第 1 部分：拉伸蠕变》。

2.3.8 持久强度

材料长时间经受静载荷的能力称为持久强度（long-term strength）。持久强度随外力作用时

间的延长及温度升高而降低,也称为蠕变断裂强度。材料的持久强度按式(2-24)计算:

$$\tau = \exp\left(\frac{U_0 - r\sigma}{kT}\right) \quad (2\text{-}24)$$

式中,τ 为持久时间,h;U_0 为聚合物的流动活化能;r 为聚合物的应力集中系数;σ 为应力,Pa;k 为玻尔兹曼常数(Boltzmann constant),$k=1.4\times10^{-23}$;T 为热力学温度,K。

2.3.9 疲劳强度

疲劳(fatigue)是材料承受交变循环应力或应变时所引起的局部结构变化和内部缺陷发展的过程。此过程中材料的力学性能显著下降,最终龟裂或完全断裂。材料的疲劳强度 σ_a 可按式(2-25)计算:

$$\sigma_a = \sigma_u - k\lg N \quad (2\text{-}25)$$

式中,σ_u 为材料的初始静态拉伸强度;N 为反复应力的次数;k 为常数。

实验表明,许多聚合物都存在疲劳极限 σ_e,当 $\sigma_a<\sigma_e$ 时,材料的疲劳寿命为无限长,不会断裂,即 $N\to\infty$。对于热塑性材料,疲劳极限与静态抗拉强度的比值约为 1/4;对于增强聚合物材料,此比值稍大一些;而对于某些聚合物该比值可达 0.4~0.5。一般而言,该比值随分子量的增大及温度的提高而有所增加。

2.3.10 摩擦与磨损

两个相互接触的物体,彼此之间有相对位移或有相对位移趋势时,相互间产生阻碍位移的机械作用力,统称摩擦力。表示材料摩擦特性的有摩擦系数和磨损。

摩擦系数 μ 可根据阿蒙东定律按式(2-26)计算:

$$\mu = \frac{f}{F} \quad (2\text{-}26)$$

式中,f 为摩擦力,N;F 为正力,N。

由式(2-26)可知,μ 与接触面积无关。

阿蒙东定律对金属材料近似成立,而对高分子材料是不适用的。看起来是平滑的表面,实际在微观上并不平滑,而是凹凸不平的。因此两个表面之间的实际接触面积远小于表观面积,整个负荷产生的法向力由表面上凹凸不平的顶端承受。在这些接触点上,局部应力很大,以致产生很大的变形,每个顶端都被压成一个小平面。在这个小范围内,两个表面之间存在紧密的原子接触,产生了黏合力。要使两个表面间产生滑动必须破坏这种黏合力,在靠近界面处发生剪切形变,这就是摩擦黏合机理的基本思想。据此得出修正后的摩擦力(F,单位为N),由式(2-27)计算:

$$F = A\sigma_s \quad (2\text{-}27)$$

式中,A 为接触面的实际面积,m²;σ_s 为材料的剪切强度,Pa。

两种硬度差别很大的材料相对滑动时,较硬材料的凹凸不平处会嵌入到软质材料的表面,形成凹槽,例如聚合物在金属表面的情况。当嵌入的尖端移动时,凹处复原或者软质材料被刮下来。材料在规定的试验条件下,经一定时间摩擦后,材料损失量称为磨损(abrasion)。耐磨损性越好的材料，其磨损量越小。

测试标准参考 GB/T 5478—2008《塑料 滚动磨损试验方法》。

2.4 高分子材料的物理性能

物理性能是高分子材料的重要性能之一，对其加工过程、性能及应用有着很大的影响。高分子材料的物理性能包括其基本物性和结构敏感性能。前者如密度、比热容、折光指数、介电常数等，是由材料的基本性能决定的，为结构不敏感参数；后者包括导电性、介电损耗、塑性、脆性等，对材料的结构缺陷十分敏感。

2.4.1 热性能

2.4.1.1 热导率

热导率（thermal conductivity）是衡量热量扩散快慢的一种量度，是指在稳定传热条件下，垂直于导热方向单位面积、单位时间的热传导速度，也称导热系数。可理解为垂直于导热方向取两个相距 1m、面积为 $1m^2$ 的平行平面，若两个平面的温度相差 1K，则在 1s 内从一个平面传导至另一个平面的热量就称为该物质的热导率。热导率 $[\lambda,$ 单位为 $W/(m\cdot K)]$ 按式（2-28）计算：

$$\lambda = \frac{QS}{A\Delta Z\Delta t} \tag{2-28}$$

式中，Q 为恒定时试样的导热量，J；S 为试样厚度，m；A 为试样有效传热面积，m^2；ΔZ 为测定时间间隔，s；Δt 为冷热板间平均温差，K。

物理学上，可以根据材料的结构参数通过式（2-29）计算得到 λ：

$$\lambda = c_p(\rho B)^{1/2} L \tag{2-29}$$

式中，c_p 为比热容；ρ 为密度；B 为体积模量（本体模量，均匀压缩时的模量）；L 为热振动的平均自由程，也就是原子或分子间的距离。

高分子材料主要靠分子间力结合，所以热导率一般较差，高分子材料的热导率是金属的 1/600~1/500，一般具有绝热性，这个性能使得高分子材料在航空航天领域得到了广泛的应用。例如，导弹和宇宙飞船等飞行器在返回地面时，其头锥部位在几秒至几分钟之内将经受 10000~16700℃的高温，此时任何金属都将被熔化。如果使用高分子材料，尽管外部温度高达上万摄氏度，涂覆在外层的聚合物被烧蚀乃至分解，但高分子材料具有绝热性，因此可以保护内部的材料在短时间内不会受到任何影响。

一般来说，固体聚合物的热导率一般在 $0.22W/(m\cdot K)$ 左右，结晶聚合物的热导率稍高一些。另外，温度的变化也会影响聚合物热导率。微孔聚合物的热导率非常低，一般为 $0.03W/(m\cdot K)$ 左右，且随密度的下降而减小。

2.4.1.2 比热容

热容是材料的温度提高 1℃（或 1K）所需的能量，单位为 J/℃（或 J/K）。比热容（specific heat capacity）是在规定条件下，将单位质量聚合物的温度提高 1℃所需的热量。比热容 $[c,$

单位为 kJ/(kg·K)]按式(2-30)计算：

$$c = \frac{\Delta Q}{m\Delta t} \tag{2-30}$$

式中，ΔQ 为试样所吸收的热量，J；m 为试样的质量，kg；Δt 为试样吸收热量前后的温度差，K。

聚合物的比热容主要是由化学结构决定的，一般在 1~3kJ/(kg·K)之间，比金属及无机材料的大。水的比热容为 4.2kJ/(kg·K)，远大于常见的聚合物。

2.4.1.3 线膨胀系数

线膨胀系数（coefficient of linear thermal expansion）指温度每变化1℃材料的长度变化，用以衡量聚合物在热的作用下体积发生改变的能力大小。平均线膨胀系数表示材料在某一温度区间的线膨胀特性。测试时要求试样只能在一维方向上发生变化。平均线膨胀系数（α，单位为 K^{-1}）按式（2-31）计算：

$$\alpha = \frac{\Delta l}{l\Delta t} \tag{2-31}$$

式中，Δl 为试样在膨胀或收缩时，长度变化的算术平均值，mm；l 为试样在室温时的长度，mm；Δt 为试样在高低温恒温器内的温度差，K。

2.4.1.4 玻璃化转变温度

无定形或半结晶聚合物从黏流态或高弹态向玻璃态的转变称为玻璃化转变。在发生玻璃化转变的较窄温度范围内，其近似中点的温度称为玻璃化转变温度（glass transition temperature），用 T 表示。玻璃化转变温度可用膨胀计法或温度-形变曲线法来测定，也可用差热分析法（DTA）、差示扫描量热法（DSC）等方法测试。

2.4.1.5 低温力学性能

低温力学性能表示材料在低温条件下的力学行为，常用的测试方法有低温对折、冲压和伸长等。而脆化温度（brittle temperature）是聚合物低温力学性能的一种重要量度。以具有一定能量的冲锤冲击试样，试样开裂的概率达50%时的温度称为脆化温度。

2.4.1.6 马丁温度

马丁温度（Marten's temperature）是指在加热炉内，使试样承受一定的弯曲应力，并按一定速率升温，试样受热在自由端产生规定偏斜量的温度。马丁温度是表示塑料耐热性的重要指标之一，是表示塑料制品使用时可能达到的最高温度，在该温度以下，塑料的物理机械不会发生任何实质上的变化。马丁温度不能反映塑料的长期工作温度，长期工作温度要比马丁温度低。

2.4.1.7 热变形温度

将材料试样浸在一种等速升温的适宜传热介质中，在简支梁式弯曲负荷作用下，测出试样弯曲变形达到规定值时的温度，该温度即为热变形温度（thermal deformation temperature）。热变形温度也是衡量聚合物或高分子材料耐热性优劣的指标之一。

2.4.2 电性能

聚合物的电学性能主要由其化学结构所决定，受显微结构影响较小。

2.4.2.1 绝缘电阻

绝缘材料电阻（insulation material resistance）是将被测材料置于标准电极中，在给定时间后，电极两端所加电压值与电极间总电流的比值，单位为 Ω。

体积电阻率（volume resistivity）是平行于通过材料中电流方向的电位梯度与电流密度的比值，简称体积电阻，单位为 Ω·m。聚合物的体积电阻率常随充电时间的延长而增加，因此常规定采用充电 1min 后的体积电阻率数值。一般聚合物是体积电阻率很高的绝缘体，为 $10^8 \sim 10^{16}$ Ω·m。常见材料的体积电阻率见图 2-11。

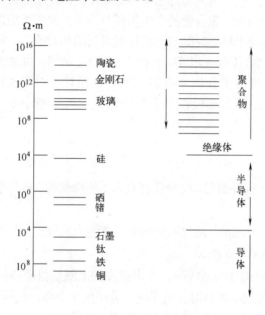

图 2-11 常见材料的体积电阻率

表面电阻率（surface resistivity）则是平行于通过材料表面电流方向的电位梯度与表面单位宽度上的电流的比值，简称表面电阻，单位为 Ω。表面电阻与两电极间距（表面长度）成正比，与表面宽度成反比。如果电流是稳定的，表面电阻率在数值上等于正方形材料两边的两个电极间的表面电阻，与该正方形大小无关。

2.4.2.2 介电常数

以绝缘材料为介质与以真空为介质制成的同尺寸电容器的电容量之比，称为介电常数（dielectric constant），以 ε 表示，按式（2-32）和式（2-33）计算。

$$\varepsilon = \varepsilon / \varepsilon_0 = C/C_0 \tag{2-32}$$

$$C = Q/U = \varepsilon S/d \tag{2-33}$$

式中，C 为电容；Q 为电量；U 为电压；S 为极板面积；d 为极板间距离；C_0 和 ε_0 分别代表极板间为真空时的电容和介电常数，ε_0 定义为 1。

产生介电现象的原因是分子极化。在外电场作用下，分子中电荷分布的变化称为极化。分子极化包括电子极化、原子极化及取向极化，此外还有界面极化。材料的介电常数是以上几种因素所产生介电常数分量的总和。

高分子材料的介电常数通常在1~10之间。介电常数大于3.6的物质为极性物质，在2.8~3.6范围内的物质为弱极性物质，小于2.8为非极性物质。

2.4.2.3 介电损耗

对电介质施以正弦波电压时，外加电压与相同频率的电流间的相位角的余角 δ 的正切值 $\tan\delta$，称为介电损耗角正切（tanget of dielectric loss angle），简称介电损耗（dielectric loss）。

产生介电损耗的原因有两个：一是电介质中含有微量杂质而引起的漏导电流；二是电介质在电场中发生极化取向时，极化取向与外加电场有相位差而产生的极化电流损耗。极化电流损耗是产生介电损耗的主要原因。聚合物的介电损耗与力学上的松弛原理是一样的，是在交变电场刺激下的极化响应，取决于松弛时间与电场作用时间的相对值。当电场频率与某种分子极化运动的单位松弛时间的倒数接近或相等时，相位差最大，产生的共振吸收峰即介电损耗峰。

通常情况下，只有极性聚合物才有明显的介电损耗。对于非极性聚合物，极性杂质常常是介电损耗的主要原因。非极性聚合物的介电损耗一般小于 10^{-4}，而极性聚合物在 $5\times(10^{-3}~10^{-1})$ 之间。

2.4.2.4 介电强度

当电场强度超过某一临界值时，电介质就丧失了绝缘性能，称为电击穿。发生电击穿的电压称为击穿电压。

介电强度（dielectric strength）是材料抵抗电击穿能力的量度，以试样的击穿电压值与试样厚度之比表示，单位为kV/mm或MV/m。

聚合物的介电强度可达1000MV/m，介电强度的上限是由聚合物结构内共价键的电离能决定的。当电场强度增加到临界值时，电子撞击分子发生电离，使聚合物击穿。

温度升高会使击穿变得更容易，击穿电压下降，称为热击穿。

2.4.2.5 耐电弧性

耐电弧性（arc resistance）是指高分子材料抵抗由高压电弧作用引起变质的能力。通常用电弧焰在材料表面引起的碳化至表面导电所需的时间（s）表示。

2.4.2.6 静电现象

两种物体相互接触和摩擦时，会发生电子的转移而使一个物体带正电，另一个带负电，这种现象称为静电现象。聚合物的高电阻率会使自身积累大量静电荷，如聚丙烯腈纤维因摩擦可产生高达1500V的静电压，可能带来严重的后果。

可通过体积传导、表面传导等不同途径来消除静电现象，其中以表面传导为主。目前工业上广泛采用的抗静电剂都是用来提高聚合物的表面导电性的。

两种物体摩擦，带正负电的顺序如图2-12所示。

负电荷　聚四氟乙烯　聚丙烯　聚乙烯　聚碳酸酯　聚氯乙烯　聚丙烯腈　涤纶　聚乙烯醇缩醛　聚甲基丙烯酸甲酯　纤维素（棉花）　皮肤　蚕丝　羊毛　尼龙66　聚酰胺　正电荷

图 2-12 两种聚合物摩擦带电顺序

2.4.3 光性能

2.4.3.1 折射率

光线从一个介质进入另一个介质（除垂直入射外）时，任一入射角的正弦和折射角的正弦之比称为折射率（refractive index）。同一介质对不同波长的光具有不同的折射率。

塑料的折射率数通常是对钠黄光（589.3nm）而言的。聚合物的折射率通常在 1.34~2.2 之间；常见的有机玻璃折射率为 1.5，聚苯乙烯为 1.59~1.60，聚碳酸酯为 1.58 左右。折射率可以用阿贝折射仪或 V 棱镜折射仪来测定。

2.4.3.2 透光性

聚合物的透光性可用透光率（light transmittance）或雾度（haze）表示。

透光率是指通过透明或半透明聚合物的光通量和入射光光通量之比的百分率。透光率用以表征材料的透明性，可通过式（2-34）进行计算（过程见图 2-13）。

$$T=(1-R)^2 e^{-al} \tag{2-34}$$

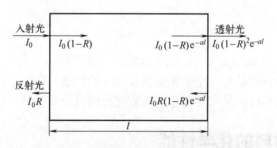

图 2-13 考虑反射和吸收后的透射光强

I_0—入射光强；R—反射系数；a—吸收系数；l—介质长度

多数纯的聚合物不吸收可见光谱范围内（380~760nm）的辐射，无生色团，透明，a 近似为 0，其透光率按式（2-35）计算。

$$T=(1-R)^2 \tag{2-35}$$

当 R 很小时，式（2-35）可简化为式（2-36）

$$T=1-2R \tag{2-36}$$

聚合物有结晶、杂质、疵痕、裂纹、填料时，其透光性下降或不透光。

雾度则是指透明或半透明聚合物的内部或表面，由光散射造成的云雾状或浑浊的外观。常用向前散射的光通量与透过材料的光通量之比的百分率表示，可用积分球式雾度计测量。

2.4.3.3 光泽度

光泽度（glossiness）指材料表面反射光的能力。越平滑的表面，越光泽。通常说的光泽指的是"镜向光泽"，也就是反射光占入射光的比例，可用光泽度计测量光泽度。

2.4.3.4 渗透性

液体分子或气体分子从聚合物膜的一侧扩散到浓度较低的另外一侧，这种现象称为渗透或渗析。渗透过程包括物质溶解于聚合物膜中、在膜中扩散、在另外一侧逸出三部分。扩散过程遵从菲克第一定律，见式（2-37）。

$$q=-D(dc/dz)At \tag{2-37}$$

式中，q 为透过量；A 为面积；t 为时间；D 为扩散系数；dc/dz 为浓度梯度。

渗透达到稳态时，渗透速率（J）按式（2-38）计算。

$$J=q/At=D/L(c_1-c_2)=P(c_1-c_2) \tag{2-38}$$

式中，$P(=D/L)$ 为渗透系数（osmotic coefficient）；c_1 和 c_2 为膜两侧物质的浓度。

塑料薄膜气体渗透系数或透过量的测定可参照 GB/T 1038.1—2022《塑料制品　薄膜和薄片　气体透过性试验方法　第1部分：差压法》进行。

2.4.4 其他物理性能

2.4.4.1 吸水性

吸水性（water absorption）是指将规定尺寸的试样浸入一定温度的蒸馏水中，经过24h后所吸收的水量。

2.4.4.2 模塑收缩率

模塑收缩率（mold shrinkage）常以成型收缩量或成型收缩率表示。

成型收缩量是指塑件制品尺寸小于相应模腔尺寸的程度，通常以 mm/mm 表示。成型收缩率也称计量收缩率，指塑件制品尺寸与相应模腔之比的百分率。

2.5　高分子材料的化学性能

高分子材料的化学性能包括在化学因素和物理因素作用下所发生的化学反应。

2.5.1 高分子材料的老化

聚合物及其制品在使用或贮存过程中由于环境（光、热、氧、潮湿、应力、化学侵蚀等）的影响，性能（强度、弹性、硬度、颜色等）逐渐变差的现象称为老化，这种情况与金属的腐蚀是相似的。老化是不可逆的化学反应，包括光氧化、热氧化、化学侵蚀、生物侵蚀等。

2.5.1.1 光氧化

在光的照射下，聚合物分子链断裂的难易程度取决于光的波长与聚合物的键能。各种键的离解能为 167~586kJ/mol，紫外线的能量为 250~580kJ/mol。在可见光的范围内，聚合物一般不会被离解，但会呈激发状态。因此，在氧存在下，聚合物易于发生光氧化过程。例如聚烯烃 RH，处于激发态的 C—H 键容易与氧作用：

$$RH+O_2 \longrightarrow R\cdot + \cdot O—OH$$
$$R\cdot +O_2 \longrightarrow R—O—O\cdot \longrightarrow R—O—OH+R\cdot$$

此后开始连锁式的自动氧化降解过程。

水、微量的金属元素，特别是过渡金属及其化合物都能加速光氧化过程。

为延缓或防止聚合物的光氧化过程，需加入光稳定剂、光屏蔽剂、能量转换剂等。常用的光稳定剂有紫外线吸收剂，如邻羟基二苯甲酮衍生物、水杨酸酯类等。光屏蔽剂，如炭黑金属减活性剂（又称猝灭剂），其原理是与加速光氧化的微量金属杂质起螯合作用，从而使金属杂质失去催化活性。能量转移剂可以吸收被激发聚合物中的能量以消除聚合物分子的激发状态，如镍、钴的络合物。

2.5.1.2 热氧化

聚合物的热氧化是热和氧综合作用的结果。热加速了聚合物的氧化，而氧化物的分解导致了主链断裂的自动氧化过程。氧化过程是首先形成氢过氧化物，再进一步分解而产生活性中心（自由基）。形成自由基之后，即开始链式氧化反应。

为获得对热、氧稳定的高分子材料制品，常采取加入抗氧剂和热稳定剂的措施。常用的抗氧剂有芳香仲胺、受阻酚类、苯醌类、叔胺类以及硫醇、二烷基二硫代氨基甲酸盐、亚磷酸酯等。热稳定剂有金属皂类、有机锡等。

2.5.1.3 化学侵蚀

由于受到化学物质的作用，聚合物链发生化学变化而使性能降低的现象称为化学侵蚀。如聚酯、聚酰胺的水解等。上述的氧化作用也可视为化学侵蚀。化学侵蚀所涉及的问题就是聚合物的化学性质。因此，在考虑高分子材料的老化以及环境影响时，要充分考虑聚合物可能发生的化学变化。

2.5.1.4 生物侵蚀

合成高分子材料一般具有极好的耐微生物侵蚀性。软质聚氯乙烯制品因含有大量增塑剂会遭受微生物的侵蚀。某些来源于动物、植物的天然高分子材料，如酪蛋白纤维素以及含有天然油的醇酸树脂涂料等，亦会受细菌和霉菌的侵蚀。

高分子材料的老化可发生两种相反的作用，即降解和交联。降解指高分子链断裂，导致分子量下降，材料的物理力学性能变差。交联是通过化学反应使分子链之间发生化学键的连接。适度的交联可以改善高聚物的力学性能和耐热性，但过度交联会使高分子材料发硬和变脆，导致性能下降。因此，可以通过向高分子材料中添加稳定剂，对高分子材料进行表面处理，以及改进聚合和加工工艺，最大程度地降低高分子材料的氧化现象。

2.5.2 高分子材料的燃烧特性

大多数聚合物都是可以燃烧的,尤其是目前大量生产和使用的高分子材料,如聚乙烯、聚苯乙烯、聚丙烯、有机玻璃、环氧树脂、丁苯橡胶、丁腈橡胶、乙丙橡胶等都是很容易燃烧的材料。因此了解聚合物的燃烧过程和高分子材料的阻燃方法是十分重要的。

2.5.2.1 燃烧过程及机理

燃烧通常是指在较高温度下物质与空气中的氧剧烈反应并发出热和光的现象。物质产生燃烧的必要条件是可燃以及周围存在空气和热源。使材料着火的最低温度称为燃点或着火点。材料着火后产生的热量有可能使其周围的可燃物质或自身未燃部分受热而燃烧,这种燃烧的传播和扩展现象称为火焰的传播或延燃。若材料着火后产生的燃烧热不足以使未燃部分继续燃烧则称为阻燃、自熄或不延燃。

聚合物的燃烧过程包括加热、热解、氧化和着火等步骤,如图 2-14 所示。

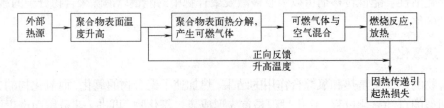

图 2-14 聚合物燃烧过程

在加热阶段,聚合物受热而变软、熔融进而发生分解,产生可燃性气体和不燃性气体。当产生的可燃性气体与空气混合达到可燃浓度范围时即发生着火,着火燃烧后产生的燃烧热使气、液及固相的温度上升,燃烧得以维持。在这一阶段,主要的影响因素是可燃气体与空气中氧的扩散速率和聚合物的燃烧热。延燃与聚合物的燃烧热有关,也会受到聚合物表面状况、暴露程度等因素的影响。

不同的聚合物燃烧的传播速度也不同。燃烧速度是聚合物燃烧性能的一个重要指标,一般是指在有外部辐射源存在下水平方向火焰的传播速度。一般而言,烃类聚合物的燃烧热最大,含氧聚合物的燃烧热则较小。

烃类聚合物的燃烧机理与烃类燃料相似。燃烧过程是一种复杂的自由基连锁反应过程。聚合物首先热分解产生碳氢物片段—RH_2,—RH_2 与氧反应产生自由基:

$$—RH_2+O_2 \longrightarrow RH\cdot +HO_2\cdot$$

形成自由基后即开始链式反应:

$$RH\cdot +O_2 \longrightarrow RHO_2\cdot$$
$$RHO_2\cdot \longrightarrow RO+\cdot OH$$
$$\cdot OH+RH_2 \longrightarrow H_2O+RH\cdot$$
$$\cdots\cdots$$

这里需要指出的是,聚合物的燃烧速率与高反应活性的 ·OH 自由基密切相关。若抑制 ·OH 的产生,就能达到阻燃的效果。目前使用的许多阻燃剂就是基于这一原理。

在火灾中燃烧往往是不完全的,会不同程度地产生挥发性化合物和烟雾。许多聚合物在燃烧时会产生有毒的挥发性物质:含氮聚合物如聚氨酯、聚酰胺、聚丙烯腈,燃烧时会产生氰化氢；氯代聚合物如聚氯乙烯（PVC）等，则会产生氯化氢。

2.5.2.2 氧指数

所谓氧指数就是在规定的条件下，试样在氮气和氧气的混合气流中维持稳定燃烧所需的最低氧气浓度，用混合气流中氧气所占的体积分数表示。氧指数是衡量聚合物燃烧难易的重要指标，氧指数越小越易燃。

空气中含21%左右的氧，所以氧指数在22%以下的属于易燃材料，在22%~27%的为难燃材料，具有自熄性；27%以上的为高难燃材料。然而这种划分只有相对意义，因为高分子材料的阻燃性能尚与其他物理性能如比热容、热导率、分解温度以及燃烧热等有关。

2.5.2.3 聚合物的阻燃

聚合物的阻燃性就是对早期火灾的阻抗特性。含有卤素、磷原子等的聚合物一般具有较好的阻燃性；但大多数聚合物是易燃的，常需加入阻燃剂、无机填料等来提高聚合物的阻燃性。

阻燃剂是指能保护材料不着火或使火焰难以蔓延的助剂。阻燃剂的作用原理是在聚合物燃烧过程中阻止或抑制其物理变化或氧化反应速率。具有以下一种或多种效应的物质都可用作阻燃剂。

① 吸热效应：使聚合物的温度难以上升。例如具有10个分子结晶水的硼砂，当受热释放出结晶水时需吸收142kJ/mol的热量，因而可抑制聚合物温度的上升，产生阻燃效果。氢氧化铝也具有类似的作用。

② 覆盖效应：在较高温度下生成稳定的覆盖层或分解生成泡沫状物质覆盖于聚合物表面，阻止聚合物热分解出的可燃气体逸出并起到隔热和隔绝空气的作用，从而产生阻燃效果。如磷酸酯类化合物和防火发泡涂料。

③ 稀释效应：如磷酸铵、氯化铵、碳酸铵等。受热时产生的不燃性气体 CO_2、NH_3、HCl、H_2O 等，可起到稀释可燃性气体的作用，使其达不到继续燃烧的浓度。

④ 转移效应：如氯化铵、磷酸铵等可改变高分子材料热分解的模式，抑制可燃性气体的产生，从而起到阻燃效果。

⑤ 抑制效应（捕捉自由基）：如溴、氯的有机化合物，能与燃烧产生的自由基·OH作用生成水，起到连锁反应抑制剂的作用。

⑥ 协同效应：有些物质单独使用并不阻燃或阻燃效果不大，但与其他物质配合使用就可起到显著的阻燃效果。三氧化二锑与卤素化合物的共用就是典型的例子。

目前使用的添加型阻燃剂可分为无机阻燃剂（包括填充剂）和有机阻燃剂，其中无机阻燃剂的使用量占60%以上。常用的无机阻燃剂有氢氧化铝、三氧化二锑、硼化物、氢氧化镁等。有机阻燃剂主要有磷系阻燃剂，如磷酸三辛酯、三（氯乙基）磷酸酯等；有机卤系阻燃剂如氯化石蜡、氯化聚乙烯、全氯环戊癸烷以及四溴双酚A和十溴二苯醚等。

2.5.3 高分子材料的力化学性能

聚合物的力化学性能是指在机械力作用下所产生的力化学过程。聚合物在塑炼、挤出、破碎、粉碎、摩擦、磨损、拉伸等过程中，在机械力的作用下均会发生一系列的力化学过程，甚至在测试、溶胀过程中也会产生力化学过程。力化学过程对聚合物的加工、使用、制备等方面具有十分重要的作用和意义。

2.5.3.1 力化学过程

聚合物在外力的作用下，由于内应力分布不均匀或冲击能量集中在个别链段上，当达到临界应力时，化学键断裂而形成自由基、离子、离子自由基等活性粒子，多数情况下会形成大分子自由基。这种初始形成的自由基（或其他活性粒子）会引发链式反应。依反应条件（温度、介质等）和大分子链及大分子自由基（或其他活性粒子）结构的不同，链增长反应可朝不同的方向进行，例如力降解、力结构化、力合成、力化学流动等。最后通过歧化或偶合发生链终止，生成稳定的力化学过程产物。

大分子链在应力作用下的形变直至破坏可看作是一系列形变状态的连续过程，这些状态都受键长、键角的变化支配。随着形变的发展，形变段上的势能增加，键能减弱，因而进行化学反应的活化能下降。这就是力活化的原因所在。

应当指出，外力作用于聚合物时还常伴有一系列的物理现象。如发光、发射电子、产生声及超声波、辐射红外线等。这些物理过程会对力化学过程及其进行的方向有不同程度的影响。因此聚合物力化学过程是十分复杂的，目前尚处于研究的初期。力化学过程可按转化方向和结果分为力降解、力结构化、力合成、力化学流动等不同类型。以下以力降解和力合成为主线做简要阐述。

2.5.3.2 力降解

聚合物在塑炼、破碎、挤出、磨碎、抛光、一次或多次变形以及聚合物溶液的强力搅拌中，由于受到机械力的作用，大分子链断裂、分子量下降的力化学现象称为力降解。力降解的结果是聚合物性能发生显著变化。

① 聚合物分子量下降，分子量分布变窄。在力降解过程中，聚合物分子量按一定规律下降。当降解到某一分子量范围后，分子量基本不再变化。此极限分子量依聚合物的不同而异。例如：聚苯乙烯为 7000；PVC 为 4000；有机玻璃（PMMA）为 9000；聚乙酸乙烯酯为 11000 等。

聚合物分子量越大对力降解越敏感，降解速率越大，其结果是使分子量分布变窄。

② 产生新的端基及极性基团。力降解后分子的端基常发生变化：非极性聚合物中可能生成极性基团、碱性端基可能变成酸性、饱和聚合物可能生成双键等。例如聚乙烯拉伸时甚至能生成大量含氧基团。

③ 溶解度发生改变。例如高分子明胶仅能溶于 40℃ 以上的水，而力降解后能完全溶于冷水。溶解度的变化是分子量下降、端基变化及主链结构改变所致。

④ 可塑性改变。例如橡胶经过塑炼可改善与各种配合剂的混炼性以便于成型加工，这是分子量下降引起的。

其他如大分子构型、力学强度、物理化学性质都可能改变。另外，某些聚合物如 PMMA，在一定条件下还会降解产生单体和低聚物。

⑤ 力结构化。某些含有双键、α-亚甲基等的线型聚合物在机械力作用下会形成交联网络，称为力结构化作用。根据条件的不同，可能发生交联或者力降解和力交联同时进行。例如聚氯乙烯在 180℃ 塑炼时，同时发生力降解和力结构化。

⑥ 力化学流动。由于力降解，不溶的交联聚合物可变成可溶状态并能发生流动，生成

分散体，分散粒子为交联网络的片段。这些片段可在新状态下重新结合成交联网络，在宏观上产生不可逆流动。此种现象称为力化学流动。马来酸树脂、酚醛树脂、硫化橡胶等都能出现这种现象。

力降解的程度、速度及结果与聚合物的化学特性、链的构象、分子量以及存在的自由基接受体特性、介质性质、机械力的类型等都有密切关系。聚合物处于玻璃态时，力降解温度系数为零；处于高弹态时，力降解温度系数为负值。随着温度升高，热降解开始发挥作用，温度系数按热反应的规律增大。温度系数为零或负值并不能证明力降解的活化能为零，只能表明活化机理的特殊性，这与光化学过程是相似的。

2.5.3.3 力化学合成

力化学合成是指聚合物-聚合物、聚合物-单体、聚合物-填料等体系在机械力作用下生成均聚物及共聚物的化学合成过程。

当一种聚合物遭受力裂解时，生成的大分子自由基与其中的反应中心发生链增长反应，产生支化或交联。两种以上的不同聚合物在一起发生力裂解时，可形成不同类型的共聚物，如嵌段共聚物、接枝共聚物或共聚物网络。这种力化学合成过程对聚合物共混体系十分重要，例如聚氯乙烯与聚苯乙烯共混生成的共聚物可改进加工性能。而像聚乙烯和聚乙烯醇这类亲水性相差很大的聚合物，在力化学共聚时能生成亲水的、透气的组分。

聚合物在一种或几种单体存在下，力裂解时可生成一系列嵌段或接枝的共聚物。例如马来酸酐与天然橡胶、丁苯橡胶等的力化学共聚物有十分重要的实用意义。

用机械力将固体破碎时，依固体的不同，在新生成的表面上可产生不同特性的活性中心。在有单体或聚合物存在时，可在固体表面上与活性中心结合，制得聚合物-填料体系。例如聚丙烯与磺化碱木质素在 25~250℃共同加工时可生成支化、接枝体系，具有高强度及其他宝贵性质，是很贵重的薄膜材料。又如在球磨中或振动磨中，将丁苯橡胶或丁腈橡胶与温石棉一起加工时，橡胶在石棉粒子上接枝。在水分存在下，将甲基丙烯酸甲酯与 SiO_2 一起进行力分散时，可生成如图 2-15 结构的共聚物。

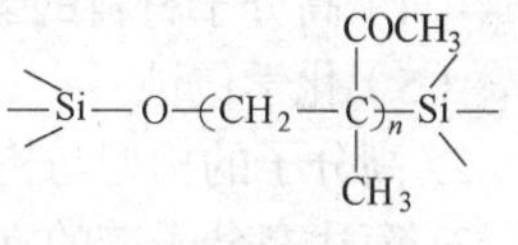

图 2-15 共聚物的结构式

2.5.3.4 力化学过程的应用前景

聚合物的力化学性能是具有很大应用前景的一个领域。力化学过程是聚合物疲劳过程的起因，是橡胶及树脂塑炼等加工过程的基础。交联聚合物经力化学过程可生成具有新特性的成膜物质，力化学过程可用于交联聚合物的再生。聚合物与无机物的共聚及其在固体表面的接枝，可制得无机-有机共聚物，在未来，这将是一个意义重大的应用领域。总之，聚合物力化学过程在聚合物加工、合成、改性、共混、复合等方面都具有十分重要的实际意义和应用前景。

拓展阅读

科学巨匠，后辈楷模——钱人元

钱人元先生，1917 年 9 月 19 日出生于江苏省常熟市，是我国高分子物理化学与高分子物理研究及教育的创始者和奠基人。

钱人元从小就立志勤奋学习，走振兴中华之路。在美国留学的几年间，他为自己安排了独具一格的道路，博采诸家之长，为后来从事边缘学科研究打下了坚实的基础。1948 年中华人民共和国成立前夕，钱人元毅然回到祖国，满腔热情地投身到创建祖国科学事业中。1953~1956 年担任中国科学院上海有机化学研究所研究员。1953 年开始创建高分子物理研究领域。钱人元自力更生进行研制，仅仅 4 年时间，就建立起当时国际上正在使用的各种仪器和方法，其测试结果达到当时的国际先进水平。根据国家经济建设的需要，钱人元不断开拓新领域；同时注重理论联系实际，解决生产中的难题，为聚丙烯纤维的开发做出了重大贡献。

参考文献

[1] 张留成, 瞿雄伟, 丁会利. 高分子材料基础. 3 版. 北京：化学工业出版社, 2012.
[2] 高长有. 高分子材料概论. 北京：化学工业出版社, 2018.
[3] 王霞, 邹华. 高分子材料概论. 北京：化学工业出版社, 2022.
[4] 张德庆, 张东兴, 刘立柱. 高分子材料科学导论. 哈尔滨：哈尔滨工业大学出版社, 2017.
[5] 徐应林, 王加龙. 高分子材料基本加工工艺. 北京：化学工业出版社, 2019.
[6] 高炜斌, 徐亮成. 高分子材料分析与测试. 北京：化学工业出版社, 2022.

思考题

1. 名词解释：
   （1）玻璃化转变温度
   （2）蠕变
   （3）马丁温度
   （4）高分子材料的老化
   （5）化学侵蚀
2. 高分子的构型与构象有什么区别？
3. 简述高分子链的立构种类和特点。
4. 绘制不同聚合物的温度-形变曲线，并分别讨论所适用的加工成型工艺。
5. 简述对聚合物熔体黏度的影响因素。
6. 简述聚合物的聚集态结构及其特点。
7. 请阐述聚合物力学性能的两个最大特点。
8. 请分析生产用作饮料瓶的高分子材料时需要表征哪些性能。
9. 请分析生产用作纺织纤维的高分子材料时需要表征哪些性能。
10. 请查阅资料，寻找一种其他高分子材料的应用场景，并分析这种应用场景需要重点表征哪些性能。
11. 如何提高聚合物的耐热性能？
12. 请查阅相关资料，寻找生产高分子材料过程中对环境产生危害的案例，并结合所学知识分析如何避免此类危害的发生。
13. 请查阅相关资料，寻找高分子材料应用过程中发生事故的案例，并结合高分子物理、化学性能的相关知识，分析事故发生的原因，以及如何避免此类事故的发生。

第 3 章 通用塑料

学习目标

（1）了解通用塑料的应用及发展历程。
（2）理解通用塑料结构与性能的关系（重点）。
（3）掌握通用塑料的加工成型特点。
（4）掌握通用塑料的改性方法。

3.1 聚乙烯

3.1.1 聚乙烯的概述

聚乙烯（polyethylene，PE）是由乙烯单体聚合而成的聚合物，是结构非常简单的高分子材料，见式（3-1）：

$$\text{--}\!\!\left[\text{CH}_2\text{--CH}_2\right]\!\!_n\text{--} \tag{3-1}$$

聚乙烯没有天然来源，只能通过人工合成的方法获得，最早出现的聚乙烯是英国帝国化学工业有限公司（Imperial Chemical Industries Ltd，ICI）采用高压法合成的低密度聚乙烯（low density polyethylene，LDPE）。20 世纪 30 年代初期，该公司就提出了一个在高压下研究有机化合物反应的计划。在研究乙烯与苯甲醛高压合成反应时失败了，但发现在反应器内衬上有少量蜡状固体，经鉴定是乙烯聚合物。这是最早关于高压合成聚乙烯的报道。高压反应不能重复，有时会发生不可控制的放热反应，导致压力骤增甚至使设备损坏。直到 20 世纪 30 年代中期，终于找出实现重复性的关键——使乙烯中含有痕量（化学上指物质中含量在百万分之一以下的组分）的氧。氧与乙烯反应生成过氧化物，然后分解成自由基，引发了聚合反应。ICI 也因此取得了合成聚乙烯的第一个专利。

1953 年，德国化学家卡尔·齐格勒（Karl Ziegler）用锆络合催化剂制得聚乙烯，通过红外光谱分析发现该材料仅含少许末端甲基，表明产物是由线型分子组成的，最终成功地用钛络合物在温和的温度和压力下合成了聚乙烯。新的聚乙烯比此前的聚乙烯有更好的性能，其中最重要的改进是熔点升高了 30℃，这使聚乙烯的刚性和强度都提高了。因其高结晶度和相伴随的高密度，新的聚乙烯被命名为高密度聚乙烯（high density polyethylene，HDPE）。

在齐格勒从事上述工作的同时，美国菲利普斯石油公司（Phillips Petroleum Company）用载有各种过渡金属氧化物的载体催化剂研究催化反应。当他们试图用氧化铬载体催化剂，以乙烯为原料合成润滑油时，生成了高分子量乙烯聚合物，并证明其结构类似于齐格勒在低压低温聚合工艺下制得的 HDPE。与 LDPE 的工艺相比，菲利普斯工艺是在较温和的温度和压力下，在热的烃溶剂中合成聚乙烯的。随后继续研究发现，采用菲利普斯工艺制得的聚乙烯比用齐格勒工艺制得的 HDPE 密度稍高，表明有较高的线型结构。

此后，聚乙烯家族不断有新品种问世，如线型低密度聚乙烯（linear low density polyethylene，LLDPE）、超高分子量聚乙烯（ultra-high molecular weight polyethylene，UHMWPE）、交联聚乙烯（crosslinked polyethylene，CPE）等，已经得到不同程度的开发和应用。

线型低密度聚乙烯（LLDPE）是在 20 世纪 70 年代出现的品种，是乙烯与少量的 α-烯烃（丙烯、1-丁烯、2-己烯、1-辛烯等）在复合催化剂（以 CrO_3+TiCl_4+无机氧化物为载体）存在下，在 75~90℃ 及 1.4~2.1MPa 条件下进行配位聚合得到的共聚物。共聚物中 α-烯烃的含量较少，一般为 7%~9%。

美国杜邦（DuPont）公司在 1960 年首先制得 LLDPE，但没有申请专利。美国联合碳化物公司（Union Carbide Corporation，UCC）接着就用所开发的独特气相聚合法制得 LLDPE，由于采用低压工艺，无需溶剂，所以生产装置占地小，投资操作费用低，有利于环保。自 20 世纪 70 年代中期大规模工业化生产以来，LLDPE 为工业界所欣赏，其生产能力与产量迅猛增长。

聚乙烯品种的合成条件不同，在性能和应用方面具有明显的差别，表 3-1 列出了制备聚乙烯常用的方法。

表 3-1 制备聚乙烯常用方法

项目	高压法	中压法		低压法
聚合压力/MPa	150~300	1.8~8.0		1.0~1.3
聚合温度/℃	180~200	130~270		50~100
引发催化体系	O_2 和有机过氧化物	过渡金属氧化物		$Al(C_2H_5)_3+TiCl_4$
聚合机理	自由基	离子		离子
产物品种	LDPE	MDPE、HDPE		HDPE
产物密度/（g/cm³）	0.91~0.93	中密度聚乙烯（MDPE）	0.94~0.97	0.93~0.97
		HDPE	0.93~0.97	

3.1.2 聚乙烯的应用

聚乙烯是通用塑料中产量最大的品种，具有优良的柔韧性、耐化学腐蚀性、电绝缘性以及耐低温性等特点，易于加工成型，而且价格便宜，因此被广泛地应用于电气工业、化学工业、食品工业、机器制造业及农业等方面，在塑料工业中占有举足轻重的地位。常用聚乙烯的应用领域见表 3-2。

表 3-2 常用聚乙烯的应用领域

材料	应用领域
LDPE	一半以上用于薄膜制品，其次是管材、注射成型制品、电线包覆层等；与其他材料复合后，可应用于食品包装、磁带和纸产品的涂覆等。在军工方面，主要是制造复合薄膜防潮包装及军用特种包装，如弹药包装、大型武器封装包装，还可包装高级军事仪表和导弹，以防空间电磁辐射的损害等
HDPE	主要用途为膜料、压力管、大型中空容器和挤压板材等，包括各种中空容器、各种薄膜与高强度超薄薄膜、拉伸带与单丝、各种管材、注塑制品等。目前 HDPE 注塑制品正向大型、微型、精密和结构泡沫方向发展。其他用途包括建筑业中的装饰板、百叶窗、合成板材与合成纸、泡沫板、复合膜与货箱及钙塑制品等；还有军工方面的弹道、弹托外壳、弹带，军用武器和车辆的零部件等应用
LLDPE	用作薄膜，其冲击强度、撕裂强度、刚性和断裂伸长率都比 LDPE 薄膜好，而且 LLDPE 薄膜的热合强度高，但透明性和光泽性较差。用作管材，其脆裂强度比 LDPE 高 25%。用作电缆护套，其耐环境应力开裂性优异。LLDPE 可吹塑或挤出流延成薄膜，可作农膜、重包装膜、复合薄膜及一般包装膜，占其使用总量的 65%~70%。但吹塑薄膜时，成型困难，膜泡稳定性差，要用专门设备或在原有基础上进行改进。LLDPE 挤出制品有各种工业用、农业用管材，电线、电缆包覆物，保护盒绝缘涂层等；滚塑成型制品主要用作各种工业用储槽，化学、化工容器等

3.1.3 聚乙烯的结构与性能

3.1.3.1 聚乙烯的结构

聚乙烯的聚集态结构

聚乙烯为线型聚合物，具有同烷烃相似的结构，属于高分子长链脂肪烃；由于—C—C—链是柔性链，且是线型长链，所以聚乙烯是柔性很好的热塑性聚合物。聚乙烯分子对称且无极性基团存在，所以分子间作用力比较小；分子链的空间排列呈平面锯齿形，键角为 109.3°，齿距为 $2.534×10^{-10}$m。分子链良好的柔顺性与规整性，使得聚乙烯的分子链可以反复折叠并整齐堆砌排列形成结晶。

根据红外光谱的研究发现，聚乙烯的分子链中含有支链，用不同的聚合方法所得到的聚乙烯含支链的多少有较大的不同。含支链的多少是用红外光谱法测得的聚乙烯分子链上所含甲基的多少来表征的。研究结果表明，高压法得到的低密度聚乙烯每 1000 个碳原子中含有 20~30 个侧甲基，而低压法制得的高密度聚乙烯每 1000 个碳原子中约含 5 个侧甲基。以上结果说明，高压法制得的低密度聚乙烯比低压法制得的高密度聚乙烯含有更多的支链。研究结果还表明，除了分子主链的两端含有侧甲基外，还有一部分侧甲基是连在乙基支链、丁基支链或更长的支链末端上。这些支链是自由基聚合过程中发生多次链转移而产生的。从研究结果中还可以知道，低密度聚乙烯不仅含有乙基、丁基这样的短支链，还含有长支链，这些长支链有时可能与主链一样长，分布也广，从而使得低密度聚乙烯比高密度聚乙烯有更宽的分子量分布。

支链的存在会影响分子链的反复折叠和堆砌密度，限制聚乙烯的结晶，LDPE 的结晶度为 55%~65%，密度较低（0.91~0.93g/cm³）。由于低密度聚乙烯含有较多的长支链，所以其熔点、屈服点、表面硬度和拉伸模量都比较低，而透气性却较高。聚乙烯中长支链的存在会影响其流动性，未支化的聚合物与相同分子量的长链支化的聚合物相比，后者的熔体黏度比前者低。因此，与高密度聚乙烯相比，低密度聚乙烯的熔融温度低、流动性好。

LLDPE 也是带有支链的结构,但支链很规整,支链长度由共聚 α-烯烃的分子链长度决定。与 HDPE 相比，LLDPE 短支链多；与 LDPE 相比，长支链少（图 3-1）。LLDPE 支链较短，堆积较为紧密，所以与 LDPE 相比，其分子量分布窄，结晶度高，软化点和熔融温度提高了 5~15℃，耐脆折温度则降低了 20~30℃，因而热变形温度高，具有较好的耐热性和耐低温性；拉伸强度和冲击强度增加近 3 倍，耐环境应力开裂性能提高了 100~1000 倍，还具有优良的弯曲强度、刚性和电绝缘性。LLDPE 与 LDPE 的最大差别是：在相同剪切速率条件下，LLDPE 熔体黏度较高，挤出时转矩大，熔融速率快；熔体弹性小，强度较低，但拉伸比大，其熔体仍为强塑性流体；温度对熔体黏度的影响小于剪切速率对黏度的影响。

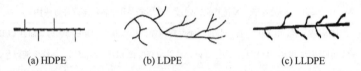

(a) HDPE　　　　(b) LDPE　　　　(c) LLDPE

图 3-1　三种常见聚乙烯的结构

此外，在低密度聚乙烯分子链上还存在少量的羰基与醚键。

从 X 射线及电子显微镜的观察中可以知道，在聚乙烯分子中，既有结晶结构，又有无定形结构，两者相互穿插。这对其力学性能有着重大的影响。当晶相含量降低时，聚乙烯呈现较大的柔性和弹性，有利于在较低温度下加工成型；但其密度、硬度、拉伸强度、软化点、耐溶剂性等则会降低。而当晶相含量增加时，情况则与上述相反。聚乙烯的结晶度大小，除因聚合方法不同而不同外，还受温度、冷却速度等的影响。

聚乙烯分子链规整柔顺，易于结晶。其熔体一经冷却即可出现结晶，冷却速率快，结晶度低。这在成型加工制品时值得注意，因为模具的温度不同（如模具温度低，则冷却速率快）会导致聚乙烯制品的结晶度不同，最后影响制品收缩率（结晶快，收缩率小）。相反，模具温度高，因结晶时间长而使收缩率增大。

另外，聚乙烯分子量的不同也会影响其性能。分子量越高，大分子间的缠结点和吸引点也就越多，其拉伸强度、表面硬度、耐磨性、耐蠕变性、耐老化和耐溶剂性都会有所提高，耐断裂伸长率则会降低。

聚乙烯分子量的大小常用熔体流动速率（MFR）来表示。其定义为：加热到 190℃ 的聚乙烯熔体在 21.2N 的压力下每 10min 从一定孔径模孔中挤出的质量（g），单位为 g/10min。聚乙烯的 MFR 越大，其流动性越好。表 3-3 为密度、MFR 及分子量对 PE 性能的影响。

表 3-3　密度、熔体流动速率、分子量对 PE 性能的影响

性能	密度上升	分子量分布变宽	熔体流动速率增加
拉伸强度	↑		↓（稍）
拉伸断裂强度	↑		↓
拉伸模量	↑		↓（稍）
断裂伸长率	↓		↓
刚性	↑		↓（稍）
冲击强度	↓	↓	
硬度	↑		↓（稍）
耐磨性	↑		

续表

性能	密度上升	分子量分布变宽	熔体流动速率增加
破碎的临界剪切应力		↓	↑
耐环境应力开裂性	↓	↓	↓
耐脆性	↓	↓	↓
脆化温度	↓	↓	↑
软化温度	↑		
耐冷流性	↑	↑	↓
阻渗性	↑		
渗透性	↓		↑（稍）
抗粘连性	↑		↓
光泽	↑		↑
透明性	↓		
雾度	↓		
耐化学药品性	↑		↓
热导率	↑		
热膨胀率	↓		
介电常数			↑（稍）
成型收缩率	↓		
长期承载能力	↑	↑	↓

注："↑"表示提高，"↓"表示下降。

3.1.3.2 聚乙烯的性能

聚乙烯是无臭、无味、无毒，外观呈乳白色的蜡状固体。其密度随聚合方法不同而异，约为 0.91~0.97g/cm³。聚乙烯块状料是半透明或不透明状，薄膜是透明的，其透明性随结晶度的提高而下降。聚乙烯膜的透水率低但透气性较大，适用于防潮包装。聚乙烯是最易燃烧的塑料品种之一，氧指数值仅为 17.4%；燃烧时低烟，有少量熔融物滴落，有石蜡气味。

（1）力学性能

聚乙烯的力学性能一般，从其拉伸时的应力-应变曲线来看，聚乙烯属于一种典型的软而韧的聚合物材料。聚乙烯拉伸强度比较低，表面硬度也不高，抗蠕变性差，只有抗冲击性能比较好。这是由于聚乙烯分子链是柔性链，且无极性基团存在，分子链间吸引力较小，但是聚乙烯的结晶度较高，其结晶结构，即分子链的紧密堆砌，赋予材料一定的承载能力，所以聚乙烯的强度主要是结晶时分子的紧密堆砌程度所决定的。

PE 的力学性能受密度、结晶度和分子量的影响较大，随着这些指标的提高，其力学性能增大。聚乙烯的密度增大时，除冲击强度以外的力学性能都会提高；其密度取决于结晶度，结晶度提高，密度就会增大，而结晶度又与大分子链的支化程度密切相关，而支化程度又取决于聚合方法。高密度聚乙烯的支化程度低，因此其结晶度高、密度大，各项力学性能均较高，但韧性较差。而低密度聚乙烯则正好相反，由于分子链支化程度大，其结晶度低、密度小，各项力学性能较差，但冲击性能较好。影响聚乙烯力学性能的另一个结构因素就是聚合物的分子量。分子量增大，分子链间作用力就相应增大，所有的力学性能，包括冲击性能都会有所提高。

（2）热性能

聚乙烯的耐热性不高，其热变形温度在塑料材料中是很低的，不同种类的聚乙烯热变形温度是有差异的，会随分子量和结晶度的提高而改善。聚乙烯制品的使用温度不高，低密度聚乙烯的使用温度为80℃左右。而高密度聚乙烯在无载荷的情况下，长期使用温度也不超过121℃；在受力的条件下，即使很小的载荷，其变形温度也很低。聚乙烯的耐低温性很好，脆化温度可达-50℃以下，随分子量的增大，最低可达-140℃。聚乙烯的分子量越高，支化程度越大，其脆化温度越低，见表3-4。

表3-4 聚乙烯分子量与脆化温度的关系

聚乙烯分子量	脆化温度/℃
5000	20
30000	-20
100000	-100
500000	-140
1000000	-140

聚乙烯的热导率在塑料中属于较高的，其大小顺序为 HDPE>LLDPE>LDPE，因此，其不宜作为良好的绝热材料。另外，聚乙烯的线膨胀系数比较大，最高可达 $(20\sim30)\times10^{-5}\mathrm{K}^{-1}$，其制品尺寸随温度改变而变化较大，不同品种的聚乙烯线膨胀系数的大小顺序为 LDPE>LLDPE>HDPE。

表3-5为不同聚合方法制得的聚乙烯的一般力学性能及热性能，从该表中可以看出，密度以及分子量对力学性能、热性能的影响。

表3-5 聚乙烯的一般力学性能及热性能

性能	高压法						低压法			中压法
密度/(g/cm³)	0.92					0.94	0.95			0.96
—CH₃/1000 碳原子	20	23	28	31	33	—	5~7	5~7	5~7	<1.5
数均分子量/(×10³)	48	23	28	24	20	—	—	—	—	—
拉伸强度/MPa	15.5	12.6	10.5	9.0	—	21	25.5	23.6	23.6	约28
冲击强度/(kJ/m²)	约54	约54	约54	约54	约54	—	17.4	10.8	8	27
断裂伸长率/%	620	600	500	300	150	—	>800	>380	20	500
结晶熔点/℃	约108	约108	约108	约108	约108	125	约130	约130	约130	约28
熔体流动速度/(g/10min)	0.3	2	7	20	70	0.7	0.02	0.02	2.0	1.5
维卡软化点/℃	98	90	85	81	77	116	124	122	121	—

（3）耐化学药品性

聚乙烯属于烷烃类惰性聚合物，具有良好的化学稳定性，在常温下不溶于溶剂。聚乙烯在常温下不受稀硫酸和稀硝酸的侵蚀，盐酸、氢氟酸、磷酸、甲酸、乙酸、氨及胺类、过氧化氢、氢氧化钠、氢氧化钾等对聚乙烯均无化学作用；但不耐强氧化剂，如发烟硫酸、浓硫酸和铬酸等。

聚乙烯在 60℃以下不溶于一般溶剂，但与脂肪烃、芳香烃、卤代烃等长期接触会溶胀或龟裂；温度超过 60℃后，可少量溶于甲苯、乙酸戊酯、三氯乙烯、矿物油及石蜡中；温度超过 100℃后，可溶于四氢化萘以及十氢化萘。

聚乙烯具有惰性的低能表面，黏附性很差，所以聚乙烯制品之间、聚乙烯制品与其他材质制品之间的胶接就比较困难。

（4）电性能

聚乙烯无极性，而且吸湿性很低（吸湿率<0.01%），因此其电性能十分优异。聚乙烯的介电损耗很低，而且介电损耗和介电常数几乎与温度、频率无关，因此聚乙烯可用于高频绝缘。聚乙烯是少数耐电晕性好的塑料品种，介电强度又高，因而可用作高压绝缘材料。但是，聚乙烯在氧化时会产生羰基，使其介电损耗有所提高，作为电气材料使用时，在聚乙烯中必须加入抗氧剂。表 3-6 列出了不同类型聚乙烯的电性能。

表 3-6　不同类型聚乙烯的电性能

性能	ASTM 标准	HDPE	LDPE	LLDPE
体积电阻率/（Ω·cm）	D257	>10^{16}	>10^{16}	>10^{16}
介电常数（10^6Hz）	D150	2.34	2.34	2.27
介电损耗角正切（10^6Hz）/×10^{-4}	D150	<5	<5	<5
吸湿率（24h）/%	D570	<0.01	<0.01	<0.01

注：ASTM 标准是美国材料与试验协会制定的一系列标准，涵盖多领域。

（5）环境性能

聚乙烯在聚合反应或加工过程中分子链上会产生少量羰基，当制品受到日光照射时，这些羰基会吸收波长范围为 290~300nm 的光波，使制品变脆。某些高能射线照射聚乙烯时，可使聚乙烯释放出 H_2 及低分子烃，导致聚乙烯内产生不饱和键并逐渐增多，从而引起聚乙烯交联，改变聚乙烯的结晶度，长期照射会引起变色并形成橡胶状产物。高能射线照射也会引起聚乙烯降解、表面氧化，降低力学性能，但可以改善聚乙烯的耐环境应力开裂性。向聚乙烯中加入炭黑，再进行高能射线照射，可以提高聚乙烯的力学性能；仅加入炭黑而不照射，只能使它变脆。

聚乙烯在许多活性物质作用下会产生应力开裂现象，称为环境应力开裂，这是聚烯烃类塑料，特别是聚乙烯的特有现象。引起环境应力开裂的活性物质包括酯类、金属皂类、硫化或磺化醇类、有机硅液体、潮湿土壤等。产生这种现象的原因可能是这些物质在与聚乙烯接触并向内部扩散时会降低聚乙烯的内聚能。因此，聚乙烯不宜用来制备盛装这些物质的容器，也不宜单独用于制备埋入地下的电缆包皮。在耐环境应力开裂性方面，低密度聚乙烯比高密度聚乙烯要好些，这是由于低密度聚乙烯结晶度较小。显然，结晶结构对耐环境应力开裂性是不利的。因此，改善聚乙烯乃至聚烯烃塑料的耐环境应力开裂性的方法之一是设法降低材料的结晶度。提高聚乙烯的分子量，降低分子量的分散性，使分子链间产生交联，都可以改善聚乙烯的耐环境应力开裂性。

3.1.4　聚乙烯的加工特性

聚乙烯的成型绝大多数都是在熔融状态下进行的，比如采用注射、挤出、吹塑、压制等方法进行成型加工。加工时应注意以下几点。

① 聚乙烯的吸湿性很低（<0.01%），除了加入吸湿性添加剂外，在成型加工前，原料不必干燥。

② 在聚乙烯的加工中，选择合适的熔体流动速率相当重要。由于聚乙烯的品级、牌号很多，所以应根据熔体流动速率的大小来选取适当的成型工艺。对于注射成型的聚乙烯制品，聚乙烯熔体流动速率要高，分子量分布要窄，长支链要相当小，这样才能提高聚乙烯制品的力学性能。而对于吹塑成型的聚乙烯制品，则要求熔体流动速率要低，分子量分布要宽些，以便有好的流动性，这样所得制品的表面才很光滑。

③ 聚乙烯的结晶能力高会使制品在冷却后的收缩率增大。成型时的工艺条件，特别是模具温度及其分布对制品结晶度的影响很大，如高模温有可能使聚乙烯结晶时间长而使收缩率增大，这样对制品性能的影响就很大。因此，为了保证聚乙烯制品的性能，就要选择合适的操作条件。

④ 聚乙烯的熔体在空气中容易被氧化，而且温度越高氧化越严重，因此在加工中应尽量避免熔体和氧直接接触，以免发生聚乙烯大分子降解。

⑤ 由于聚乙烯具有环境应力开裂性，所以在原料存放或成型加工时应避免与脂肪烃、芳香烃、矿物油、醇类等化学药品接触。

3.1.5 聚乙烯的挤出成型

聚乙烯是一种典型的热塑性塑料，因此聚乙烯的加工都是在熔融状态下进行的，不同工艺对流动性能有不同的要求。一般来说，注塑和薄膜吹塑应选用熔体流动速率较大的材料，型材的挤出和中空吹塑应选用熔体流动速率较小的材料。聚乙烯可以挤出成型为板材、管材、棒材及各种型材，最常用于管材挤出。

挤出成型也称为挤塑，是在挤出成型机中通过加热、加压而使物料以流动状态连续通过口模成型的方法。

挤出过程中，从原料到产品需要经历三个阶段：第一阶段是塑化，就是经过加热或加入溶剂使固体物料变成黏性流体；第二阶段是成型，就是在压力的作用下使黏性流体经过口模而得到连续的型材；第三阶段是定型，就是用冷却或溶剂脱除的方法使型材由塑性状态变为固体状态。

近年来，随着塑料工业的发展，对成型设备也提出了更多的要求。在挤出成型设备方面，目前单螺杆挤出成型机应用最广泛。单螺杆挤出成型机主要由以下五个部分组成。

（1）传动装置

传动装置是带动螺杆传动的装置，通常由电动机、减速箱和轴承等组成。在挤出过程中，要求螺杆转速稳定，不随螺杆负荷的变化而改变，因为螺杆转速变化将会引起料流压力的波动，造成供料速度不均匀而出现废品。因而在正常操作情况下，无论螺杆负荷是否变化，螺杆转速都应该保持稳定。但是在有些场合又要求螺杆能变速，以便使同一台挤出机能挤出不同的制品或不同的物料。为此，传动装置一般采用交流整流子电动机、直流电动机等装置，以达到无级变速。一般螺杆转速为 10~100r/min。

（2）加料装置

供给挤出机的物料多采用粒料，也可采用带状料或粉料。装料设备通常使用锥形加料斗，加料斗底部有截断装置，侧面有视孔和计量装置。在挤出成型时，一般对物料的要求是料粒均匀和含水量达到最低标准。因此，加料斗容量不宜过大，以免烘干的物料在加料斗中停留时间过长而吸收空气中的水分。一般加料斗的容量以能容纳1h的用料较好。现在有的加料斗还带有真空装置、加热装置和搅拌器。

（3）料筒

料筒也可称为机筒，由于物料在料筒内要经受高温、高压，所以料筒一般由耐温、耐压、强度高、坚固耐磨、耐腐蚀的合金钢或内衬合金钢的复合钢管制成。料筒的外部设有分区加热和冷却装置，而且还附有热电偶和自动仪表等。料筒冷却系统的主要作用是防止物料过热或者在停车时使物料快速冷却，以免物料降解。料筒的长度一般为其直径的15~30倍，以便使物料受到充分加热从而塑化均匀。有的料筒刻有各种沟槽以增大与物料间的摩擦力。

（4）螺杆

螺杆是挤出机最主要的部件，被称为挤出机的"心脏"，通常由耐热、耐腐蚀、高强度的合金钢制成。通过螺杆的转动，料筒内的物料才能发生移动。表示螺杆结构特征的基本参数有直径、压缩比、长径比、螺旋角、螺距、螺槽深度等，一般螺杆的结构如图3-2所示。

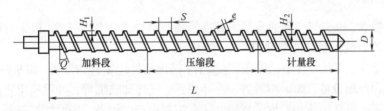

图 3-2 螺杆的结构

H_1—加料段螺槽深度；D—螺杆直径；H_2—计量段螺槽深度；Q—螺旋角；L—螺杆长度；e—螺棱宽度；S—螺距

螺杆结构按压缩比（螺杆尾部螺槽的容积和螺杆头部螺槽的容积之比）的大小和压缩方式的不同，可分为渐变型和突变型两种。渐变型的螺槽深度是逐渐增加的，而突变型的螺槽深度往往会在一个螺距内完成所要求的变化。螺杆的直径决定挤出机生产能力的大小，直径越大，则加工能力越高。螺杆的长径比（L/D）即螺杆的有效长度与直径之比决定挤出机的塑化效率。长径比大，则能够改善物料温度的分布，有利于物料的混合和塑化，并能够减少漏流和逆流，提高挤出机的生产能力。而且长径比大的螺杆适应性强，用于多种物料的挤出。

物料沿螺杆向前移动时，经历着温度、压力和黏度等的变化，这种变化在螺杆全长范围内是不相同的，根据物料的变化特征可将螺杆分为加料段、压缩段和均化段。加料段的作用是将料斗供给的物料送往压缩段，物料一般保持固体状态，但由于受热也会部分熔融。加料段长度随工程塑料的品种而异，一般挤出结晶性品种为最长，硬性非结晶性品种次之，软性非结晶性品种最短。压缩段（又称迁移段）的作用是压实物料，螺杆会对物料产生较大的剪切作用和压缩作用，使物料由固体转化为熔融体，并排除物料中的空气。压缩段长度主要与物料的熔点有关。均化段（又称计量段）的作用是将熔融物料定量定压地送入机头，使其在口模中成型。均化段的螺槽容积与加料段一样恒定不变。为避免物料因滞留在螺杆头端面死角处引起分解，螺杆头部常设计成锥形或半圆形；有些均化段是表面光滑的杆体，称为鱼雷头。均化段长度一般为螺杆全长的20%~25%。

（5）机头

机头是挤出成型机的成型部件，由机头体和机颈组成，是料筒和口模之间的过渡部分，其长度和形状随所用塑料的种类、制品的形状、加热方法及挤压速度等而定。

口模和模芯的定型部分决定制品横截面的形状，是用螺栓或其他方法固定在机头上的。机头和口模有时是一个整体，这时就没有区分的必要了。不过在习惯上，即使它们不是一个整体，往往也统称机头。机头设计的好坏，对制品的产量和质量影响很大。设计机头时，大致应考虑以下几方面的问题。

① 熔融物料的通道应光滑，呈流线型，不能存在死角；物料的黏度越大，流道变化的角度应越小；通常机头的扩张角与收缩角均不能小于90°，而收缩角一般又比扩张角小。

② 机头定型部分横截面积的大小，必须保证物料有足够的压力，以使制品密实，压缩比（指分流器支架出口处流道截面积与口模和模芯间形成的环隙面积之比）取 5~10。若压缩比过小，不仅会使产品不密实，而且不易消除熔融物料通过分流器支架时的接缝痕迹，会使制品的内表面出现纵向条纹，导致此处力学强度极低；若压缩比过大，则料流阻力增加，产量降低，机头尺寸也势必增大，加热也不易均匀。

③ 在满足强度的条件下，机头的结构应该紧凑，与料筒衔接应严密，易于装卸；连接部分应尽量设计成规则的对称形状。机头与料筒的连接多用急启式，以便定时清理滤网、螺杆和料筒。

由于磨损较大，机头与口模通常都由硬度较高的钢材或合金钢制成。机头与口模的外部一般附有电热装置、校正制品外型装置、冷却装置等。

在挤出成型中，还有一些辅助设备。主要有：挤出前处理物料的设备，如原料输送、预热、干燥等；定型和冷却设备，如定型装置、冷却槽、空气冷却喷嘴等；处理挤出物的设备，如可调速的牵引装置、成品切断和卷取装置等；还有控制生产的设备，如温度控制器、电动机启动装置、电流表、螺杆转速表等。

表3-7所列出的是聚乙烯管材挤出的典型工艺条件。高密度聚乙烯与低密度聚乙烯挤出时，型材在离开口模时的冷却速率应有所不同。低密度聚乙烯型材应缓冷，若骤冷会使制品表面失去光泽，并产生较大内应力，使强度下降。高密度聚乙烯则需要迅速冷却才能保证型材的良好外观和强度。

表3-7 聚乙烯管材挤出的典型工艺条件

工艺参数		低密度聚乙烯	高密度聚乙烯	工艺参数	低密度聚乙烯	高密度聚乙烯
料筒温度/℃	后部	90~100	100~110	机头温度/℃	130~135	155~165
	中部	110~120	120~140	口模温度/℃	130~140	150~160
	前部	120~135	150~170	螺杆转速/(r/min)	16	22

3.1.6 其他种类的聚乙烯

3.1.6.1 超高分子量聚乙烯

超高分子量聚乙烯（ultra-high molecular weight polyethylene，UHMWPE）最早由德国赫斯特（Hoechst）公司于1958年研制成功，并实现工业化生产，型号为GUR、VP9255。其后美国赫拉克勒斯（Hercules）公司、日本三井石油化学工业株式会社、荷兰DSM公司等相继实现较大规模的工业化生产。目前这几家公司是世界上超高分子量聚乙烯原料的主要生产商。

超高分子量聚乙烯的平均分子量在百万以上，通常在 100 万~300 万之间，最高可达 600 万~700 万。日本、德国生产的超高分子量聚乙烯分子量高达 600 万以上。

UHMWPE 具有线型分子结构。虽然分子结构排列与普通聚乙烯完全相同，但其非常高的分子量（普通聚乙烯的分子量仅为 2 万~30 万）赋予它许多普通聚乙烯所没有的优异性能：

① 冲击强度高：UHMWPE 的冲击强度是现有塑料中最好的，比聚甲醛（POM）高 14 倍，比 ABS 高 6 倍；即使在-70℃时仍有相当高的冲击强度。

② 耐摩擦磨损性能好：具有很好的自润滑性能，摩擦系数小，可以和聚四氟乙烯相媲美，与钢、铜配对使用时不易产生黏着磨损，并且对配件磨损小。其耐磨性在已知塑料中第一，比 PTFE 高 6 倍，是碳钢的 10 倍。

③ 表面吸附力很小：在塑料中，其抗黏附能力仅次于聚四氟乙烯。

④ 吸水率小：在工程塑料中是最小的，这是由于 UHMWPE 的分子链仅由碳氢元素组成，分子中无极性基团，即使是在潮湿环境中制品也不会因吸水而使尺寸发生变化，同时也不会影响制品的精度和耐磨性等机械性能，并且在成型加工前原料不需要干燥处理。

⑤ 耐腐蚀介质性好：在一定温度、浓度范围内，耐许多腐蚀性介质（酸、碱、盐）及有机溶剂，但在浓硫酸、浓盐酸、浓硝酸、卤代烃以及芳香烃等溶剂中不稳定，并且随着温度升高氧化速度加快。

⑥ 耐低温性能好：工作温度范围为-265~100℃，-195℃时仍能保持很好的韧性和强度，不致脆裂。

⑦ 无毒无害，能够直接接触食品和药品。

此外，UHMWPE 还具有优良的电绝缘性能、减震吸收冲击性能、应力集中小等优点。

UHMWPE 和普通的 HDPE 类似，多采用 Ziegler-Natta 催化剂，在一定的条件下聚合而成。UHMWPE 的分子量极高，熔体黏度极大，熔体流动性非常差，熔体流动速率几乎为零，因此给加工成型增加了很大的困难。

UHMWPE 主要用作耐摩擦和抗冲击的机械零部件，代替部分钢材和其他耐磨材料，如纺织工业中的投梭器、梭子，机械工业中的传动部件、齿轮、泵部件、轴承衬瓦、轴套、导轨、滑道衬垫、压缩机气管活接头、栓塞等，化学、造纸、食品、采矿等工业中也都有应用。此外还可制造人体关节、体育器械、特种薄膜、大型容器罐、异形管材板材，在宇航、原子能、船舶、军工及低温工程等方面的应用也受到了重视。近年来还开发了 UHMWPE 纤维，与碳纤维、芳纶纤维三者并称为世界三大高性能纤维材料，2019 年全球超高分子量聚乙烯纤维的产能达到 6.46 万 t，需求量达到约 8.6 万 t。我国超高分子量聚乙烯纤维产业化时间较晚，但是发展速度很快，已成为生产大国。2019 年，我国超高分子量聚乙烯纤维行业总产能约 4.10 万 t，占全球总产能的 60%以上，需求量为 4.15 万 t。

UHMWPE 纤维的分子量通常在 150 万以上，分子主链为亚甲基相连的 C—C 结构，不含侧基，支链较少，对称性和规整性好。经过超倍拉伸之后，纤维内部的大分子链充分伸展排列，形成高度结晶和高度取向的超分子结构，这种特殊的结构赋予了 UHMWPE 纤维众多特殊性能，如超高的强度和模量、优异的化学稳定性等。凭借这些优异的性能，UHMWPE 纤维已在医学、工业、航天航空、军用及民用五大领域中开展了许多应用。例如：在医学领域，UHMWPE 纤维材料已经被应用到医学材料中，如牙线、医用缝合线、人造肢体、人造关节等；在工业领域，UHMWPE 纤维经常应用于建筑的墙体、过滤材料、汽车缓冲板、传送带等方面，水泥中使用 UHMWPE 纤维可以改善其韧性，提高水泥的抗冲击性；在航天航空领域，UHMWPE 纤维经常被用来制作各种飞机的机翼、直升机的外壳材料、飞机上用来悬挂重物的绳子等；在军用领域，防弹衣、作战头盔、雷达的外罩以及装甲车的防护板材等皆使用了 UHMWPE 纤维；在民用领域，海洋作业中使用的缆绳、绳索、船帆等皆使用了 UHMWPE 纤维，UHMWPE 纤维也可以用来制备滑雪板、钓竿、安全帽、钓鱼线或球拍弦等体育用品。

3.1.6.2 低分子量聚乙烯

低分子量聚乙烯（low molecular weight polyethylene，LMPE）的平均分子量约为 500~5000。LMPE 是一种无毒、无味、无腐蚀性的白色或淡黄色粉末或片形蜡状物，因此又称为聚乙烯蜡、合成蜡。按照其密度分为低分子量低密度聚乙烯（密度为 $0.90g/cm^3$）和低分子量高密度聚乙烯（密度为 $0.95g/cm^3$），前者软化温度为 80~95℃，后者软化温度为 100~110℃。LMPE 的分子量很低，因而力学性能很差，一般不能承受载荷，只适宜作为塑料材料加工时的助剂。

低分子量聚乙烯具有良好的化学稳定性、热稳定性和耐湿性，熔体黏度低（$0.1~0.2Pa·s$），电性能优良，因而作为一种良好的加工用助剂广泛应用于橡胶、塑料、纤维、涂料、油墨、制药、食品加工的添加剂以及精密仪器的铸造等方面。低分子量聚乙烯与烯烃类高聚物的混溶性良好，而且可以与石蜡、蜂蜡等很好地混溶，因此 LMPE 与烯烃类高聚物的混合物可用来代替石蜡作为纸张涂层及制造包装用的蜡纸，可以提高石蜡的硬度、光洁度、耐热、耐化学腐蚀以及力学强度等性能。低分子量聚乙烯还可用于蜡烛硬化剂、色母料分散剂、塑料润滑剂、油墨和涂料。

近年来对低分子量聚乙烯进行共聚、氧化、接枝改性的研究越来越多，在低分子量聚乙烯上引入—COOH、C=O、—CO—NH—、—COOR 等极性基团，使其溶解、乳化分散、润滑等性能产生变化，拓宽了低分子量聚乙烯的应用。

此外，还可以通过化学处理法引入双键和金属元素，得到改性低分子量聚乙烯，这种改性的低分子量聚乙烯具有软化点高、硬度大的物理机械性能，作为制品的添加剂能使表面更加平滑、光亮、坚硬。

3.1.6.3 交联聚乙烯

交联聚乙烯是通过化学或辐射的方法使聚乙烯分子链相互交联，形成网状结构的热固性塑料。

聚乙烯交联后，其物理性能和化学性能发生了明显的变化，力学性能和燃烧的滴落现象得到了很大的改善，耐环境应力开裂现象减少甚至消失，因此，交联聚乙烯现已成为日益重要且普遍使用的工业聚合物材料，广泛应用于生产电线、电缆、热水管材、热收缩管和泡沫塑料等。

3.1.6.4 茂金属聚乙烯

合成茂金属聚乙烯（m-PE）的聚合反应所用的催化剂不是齐格勒-纳塔型而是茂金属型，因而其性能独特。

由茂金属催化剂与甲基铝氧烷助催化剂组成的催化体系用于乙烯的聚合，所得的聚烯烃产物获得许多传统聚乙烯从未有过的特性，如分子量高且分布窄、支链短而少、密度低、纯度高、拉伸强度高、透明性高、冲击性高、耐穿刺性好、热封温度低等。这是由于茂金属催化剂有理想的单活性位点，能精密控制分子量、分子量分布、共聚单体含量及其在主链上的分布和结晶结构。

茂金属聚乙烯具有高立构规整性、分子量分布窄的特点,用茂金属聚乙烯制成的薄膜具有优异的薄膜强度和热封性。茂金属聚乙烯的相对密度一般为 0.865~0.935,熔体流动速率约为 1~100g/10min。其中,相对密度为 0.880~0.895 的茂金属聚乙烯具有超常规的透明性和柔软性,集中了橡胶的柔性和塑料的加工性,可在医用试管和电线、电缆中取代乙丙橡胶。表 3-8 为茂金属聚乙烯与线型低密度聚乙烯薄膜的性能比较。

表 3-8 茂金属聚乙烯和线型低密度聚乙烯薄膜性能比较

性能	线型低密度聚乙烯	茂金属聚乙烯	性能	线型低密度聚乙烯	茂金属聚乙烯
熔体流动速率/(g/10min)	1.0	0.9	横向撕裂/g	475	419
相对密度	0.920	0.918	光泽度/%	63	133
落球冲击/g	120	>810	雾度/%	18.4	4.0
纵向撕裂/g	277	209			

茂金属聚乙烯的主要应用为膜类产品,但其加工性能差,需要与低密度聚乙烯共混加以改善。

3.1.6.5 氯化聚乙烯

氯化聚乙烯(chlorinated polyethylene,CPE)为高密度聚乙烯与氯气通过取代反应而制得的一种高分子聚合物。氯化聚乙烯与聚乙烯具有相同的主链结构,只是主链碳原子上的部分氢原子被氯原子取代,不存在不饱和键。从化学结构上看,可视为乙烯、氯乙烯、二氯乙烯的三元共聚物。高密度聚乙烯大分子侧链上的部分氢(H)原子被体积庞大、极性又强的氯(Cl)原子取代后,结晶区(硬相)会明显缩小,甚至消失,无定形区(软相)大大增加,甚至最高可达到 100%。所以,氯含量和结晶区的大小与分布是决定氯化聚乙烯弹性和柔软度的两个最重要的参数。当氯含量低于 20% 时,弹性消失,其性能与聚乙烯(氯含量为 0)接近;当氯含量高于 45% 时,极性增强,弹性也会消失,其性能接近氯乙烯(氯含量 57%)。所以一般将氯化聚乙烯中氯含量控制在 25%~45%,目前市场广泛应用的氯化聚乙烯氯含量为 30%~42%。

在光或自由基引发下,用 Cl_2 与聚乙烯反应,放出氯化氢,可得到氯化聚乙烯,其氯化机理见式(3-2)。

$$Cl_2 \xrightarrow{\text{光或引发剂}} 2Cl\cdot$$

$$\sim\sim CH_2-CH_2-CH_2-CH_2\sim\sim + Cl\cdot \longrightarrow \sim\sim CH_2-\overset{\cdot}{C}H-CH_2-CH_2\sim\sim + HCl\uparrow$$

$$\sim\sim CH_2-\overset{\cdot}{C}H-CH_2-CH_2\sim\sim + Cl_2 \longrightarrow \sim\sim CH_2-\underset{Cl}{C}H-CH_2-CH_2\sim\sim + Cl\cdot$$

$$(3-2)$$

氯化聚乙烯的加工方法可分为直接加工法和硫化加工法两种。直接加工法可不加交联剂,但需要加入稳定剂、增塑剂和填料等。直接加工可用注塑、挤出、压延等方法成型。硫化加工法需要加入交联剂、稳定剂、增塑剂和填料等。交联剂的品种有很多,大致可分为五大类,分别为过氧化物类、胺类、硫黄类、硫脲类和三嗪类。

氯原子的引入使得 CPE 分子极性增强,宏观上表现为 CPE 具有良好的阻燃、耐火、着色和耐老化性能，广泛应用于塑料改性剂、防水卷材、电线电缆护套、汽车用胶管等。其中 CPE 在塑料改性剂中的应用最为广泛，国内 90%以上的 CPE 都用于塑料改性，主要原因是：①PE 是乙烯的聚合物，CPE 具有与 PE 相同的主链结构，PE 分子链的柔顺性成就了 CPE 分子在常温下具有良好的韧性；②CPE 分子链中含有未氯化的聚乙烯链段，使得 CPE 分子结构中的极性和非极性链段与各类高分子材料具有良好的相容性。在阻燃制品中，CPE 常用来对 PVC 和 PE 进行改性。CPE 与 PVC 并用，可提高 PVC 的耐寒性，改善低温冲击强度和加工性；与 PE 并用，可赋予基材耐燃性，改善其印刷性和柔韧性。

3.1.6.6 氯磺化聚乙烯

在 SO_2 存在的条件下对聚乙烯进行氯化就可以制得氯磺化聚乙烯（chlorosulfonated polyethylene，CSM）。适当地控制反应时间，就可以得到氯磺化程度不同的氯磺化聚乙烯。氯磺化聚乙烯的氯含量一般为 27%~45%，硫含量为 1%~5%。分子链上的侧基氯原子和体积较大的氯磺酰基使分子链柔曲性变差，韧性及耐寒性变差。

氯磺化聚乙烯是白色海绵状弹性固体，具有优良的耐氧、耐臭氧性，耐大气老化性与聚乙烯相比有明显的提高，其耐热性、耐油性、阻燃性也有明显改善，有限氧指数提高到 30%~36%。氯磺化聚乙烯具有良好的耐磨性和抗挠曲性，是优良的橡胶材料。氯磺化聚乙烯的耐化学腐蚀性也优于聚乙烯。

作为橡胶材料，氯磺化聚乙烯分子链中无不饱和键，不能用硫黄硫化，但由于氯磺酰基的存在，可以用氧化铅、氧化镁或氧化锌等进行硫化。

氯磺化聚乙烯可用于天然橡胶或合成橡胶的改性，还可用于耐油、耐臭氧、耐腐蚀和防老化的衬垫、输送带、电缆绝缘层等。

3.1.6.7 乙烯共聚物

（1）乙烯-丙烯酸乙酯共聚物

乙烯-丙烯酸乙酯共聚物（ethylene ethyl acrylate conpolymer，EEA）是由乙烯与丙烯酸乙酯（EA）在高压下通过自由基聚合而得到的共聚物，是一种柔性较大的热塑性树脂，其分子结构见式（3-3）。

$$\mathrm{+CH_2-CH_2-CH-CH_2-CH_2+_{\mathit{n}}} \atop \mathrm{O=C-OC_2H_5} \tag{3-3}$$

丙烯酸乙酯部分为共聚物提供了柔度和极性，通常占聚合物的 15%~30%（质量分数）。同样由于在乙烯支链中引入了丙烯酸酯的基团所组成的短支链，干扰了 PE 的结晶状态，使 EEA 具有很好的韧性、热稳定性和加工性。

EEA 可采用一般热塑性塑料的成型方法。在注射成型中，脱模问题应得到重视，模具应进行冷却并采用润滑剂以帮助其脱模。

EEA 因其优异性能而获得广泛应用：易弯、耐折、弹性好，多用在真空扫除器、搬运机械的连接部件；具有柔软性及皮革般的手感，又可快速成型，适于制玩具、低温用密封圈、通信电缆用的半导体套件、手术用袋、包装薄膜及容器、胶黏剂等。

（2）乙烯-醋酸乙烯酯共聚物

乙烯-醋酸乙烯酯共聚物（ethylene-vinylacetate copolymer，EVA）是乙烯和醋酸乙烯酯

（VA）的无规共聚物，其聚合方式主要是在高压下由自由基聚合而得到的热塑性树脂，结构见式（3-4）。

$$\begin{array}{c} -\!\!\!\!\!-\!\!\text{CH}_2-\text{CH}_2-\text{CH}-\text{CH}_2-\text{CH}_2-\!\!\!\!\!-_n \\ | \\ \text{O} \\ | \\ \text{O}=\text{C}-\text{CH}_3 \end{array} \quad (3\text{-}4)$$

由于在分子结构中引入了极性的醋酸酯基团所形成的短支链，干扰了原来的结晶状态，使结晶度降低，同时还增加了聚合物链之间的距离，使得 EVA 比聚乙烯更富有柔软性和弹性。

随着 EVA 中 VA 含量的增加，其结晶度呈线性下降，同时密度和对水蒸气的渗透性增加，刚性和维卡软化点下降，耐环境应力开裂性提高。

此外，EVA 的性能与其 VA 含量和分子量（或熔体流动速率）关系很大。当熔体流动速率一定，VA 含量增高时，其弹性、断裂伸长率、柔软性、相容性、透明性等均有所提高；VA 含量降低时，则性能接近聚乙烯，结晶度提高，刚性增大，强度、硬度、耐磨性、耐热性及电绝缘性能提高。若 VA 含量一定，熔体流动速率增加时，则分子量降低，维卡软化点下降，加工性和表面光泽改善，但强度有所降低；反之，随着熔体流动速率降低则分子量增大，冲击性能和耐环境应力开裂性能提高。

低密度聚乙烯的各种成型方法及设备都适用于 EVA 的加工，而且 EVA 的加工温度比低密度聚乙烯低 20~30℃。EVA 的热分解温度为 250℃以上，成型加工应以此为限，也可观察有无乙酸气味和产品颜色变化加以判断。

EVA 的用途很广，VA 含量为 10%~20% 的 EVA 透明性良好，宜作农业和收缩包装薄膜。VA 含量为 20%~30% 的 EVA 可用作黏合剂和纤维的涂层、涂料，也可制成 EVA 泡沫塑料。EVA 可作食品和药物的包装材料，还宜作温室的覆盖材料、玩具等。EVA 在很多地方可代替聚氨酯橡胶和软质聚氯乙烯，用作各种管道、软管、门窗、建筑和土木工程用的防水板，具有弹性的防震零件、防水密封材料、自行车鞍座、刷子、服装装饰品等。此外，由于 EVA 具有良好的挠曲性、韧性、耐环境应力开裂性和黏结性能，常常作为改性剂与其他的塑料材料共混改性。

（3）乙烯-丙烯酸甲酯共聚物

乙烯与丙烯酸甲酯（MA）的共聚物（EMA）的分子结构见式（3-5）：

$$\begin{array}{c} -\!\!\!\!\!-\!\!\text{CH}_2-\text{CH}_2-\text{CH}-\text{CH}_2-\text{CH}_2-\!\!\!\!\!-_n \\ | \\ \text{O}=\text{C}-\text{OCH}_3 \end{array} \quad (3\text{-}5)$$

这类共聚物的最大特点是有很高的热稳定性。EMA 中丙烯酸甲酯的含量一般为 18%~24%，与 LDPE 相比，MA 的加入使共聚物的维卡软化点降低到大约 60℃，弯曲模量降低，耐环境应力开裂性明显改善，介电性能提高。这种共聚物耐大多数化学药品，但不适合在有机溶剂和硝酸中长期浸泡。

EMA 易于用标准的 LDPE 吹膜生产线制成薄膜，EMA 薄膜具有特别高的急落冲击强度，易于通过普通的热封合设备或通过射频方法进行热封合，也可通过共挤贴合、铸膜、注塑和中空成型的方法加工成各种产品。

EMA 为无毒材料，可用作热封合，制成可接触食品表面的薄膜。EMA 制成的薄膜表面雾度较高，而且像乳胶那样柔软，适于制一次性手套和医用设备。EMA 树脂当前常用于薄膜的共挤出，在基材上形成热封合层，也可以作为连接层改善与聚烯烃、离子型聚合物、聚酯、聚碳酸酯、EVA、聚偏二氯乙烯和拉伸聚丙烯等的黏合作用。用 EMA 制成的软管和型材具有优异的耐环境应力开裂性和低温冲击性能，发泡片材可用于肉类或食品的包装。EMA 可与 LDPE、聚丙烯、聚酯、聚酰胺和聚碳酸酯共混以改进这些材料的冲击强度和韧性，提高热封合效果，促进黏合作用，降低刚性和增大表面摩擦系数。

（4）乙烯-丙烯酸类共聚物

乙烯与丙烯酸（AA）或甲基丙烯酸（MAA）共聚可生成含有羧酸基团的共聚物（EAA 或 EMAA），羧酸基团沿着分子的主链和侧链分布。随着羧酸基团含量的增加，聚合物的结晶度降低，并因此提高了光学透明性，增强了熔体强度和密度，降低了热封合温度，有利于与极性基材的黏结。共聚单体的含量可在 3%~20% 内变化，MFR 的范围可低至 1.5g/10min，高达 1300g/10min。

EAA 是柔软的热塑性塑料，具有和 LDPE 类似的耐化学药品性和阻隔性能，其强度、光学性能、韧性、热黏性和黏结力都优于 LDPE。

EAA 薄膜用于表面层和黏结层，可用作肉类、乳酪、休闲食品和医用产品的软包装。挤出、涂覆的应用有涂覆纸板、消毒桶、复合容器、牙膏管、食品包装和作为铝箔与其他聚合物之间的黏合层。

3.2 聚丙烯

3.2.1 聚丙烯的概述

聚丙烯注塑成型

聚丙烯（polypropylene，PP）是由丙烯单体聚合而成的聚合物［式（3-6）］。

$$\mathrm{\mathop{\vphantom{\big|}\!\!\!-\!\!\!}\!CH_2\!-\!\!\!\mathop{CH}\limits_{\underset{\displaystyle CH_3}{|}}\!\!\mathop{\vphantom{\big|}\!\!\!-\!\!\!}\!\!}_n \tag{3-6}$$

聚丙烯最早于 1957 年由意大利蒙特卡蒂尼（Montecatini）公司实现工业化生产，目前美国的 Amoco、Exxon、Shell，日本的三菱、三井、住友，英国的 ICI 以及德国的 BASF 等知名公司都在生产，我国也有 80 多家聚丙烯生产企业。聚丙烯目前已成为发展速度最快的塑料品种，与聚乙烯、聚氯乙烯、聚苯乙烯同列为四大通用塑料。聚丙烯的电绝缘性和耐化学腐蚀性优良，力学性能和耐热性在通用热塑性塑料中最高，耐疲劳性好，其价格在所有树脂中最低。经过玻璃纤维增强的聚丙烯具有很高的强度，性能接近工程塑料，常用作工程塑料。聚丙烯的缺点为低温脆性大，耐老化性不好。

聚丙烯生产均采用 Ziegler-Natta 催化剂，其聚合工艺基本上与低压聚乙烯相同。

聚丙烯可以用注塑、挤塑、吹塑、热成型、滚塑、涂塑、发泡等方法进行加工，以生产不同用途的制品。各种加工方法对聚丙烯的熔融性能有不同的要求，因而形成了注级、挤塑级、吹塑级、涂覆级、纤维级、薄膜级、滚塑级等适应不同加工要求的品级。

3.2.2 聚丙烯的应用

聚丙烯的注塑制品用量很大，一般的日用品以普通聚丙烯为主，其他用途的以增强或增韧聚丙烯为主。如汽车保险杠、轮壳罩用增韧聚丙烯，而仪表盘、方向盘、风扇叶、手柄等用增强聚丙烯。

聚丙烯的挤出成型制品也很多，其中用量最大的是纺织用的纤维和丝，这主要是由于聚丙烯具有很好的着色性、耐磨性、耐化学腐蚀性，且价格低廉。聚丙烯的丝及纤维制品主要包括单丝、扁丝和纤维三类。单丝的密度小、韧性好、耐磨性好，适于生产绳索和渔网等。扁丝拉伸强度高，适于生产编织袋，可用于包装化肥、水泥、粮食及化工原料等，还可用于生产编织布，制作宣传品及防雨布。纤维广泛用于生产地毯、毛毯、衣料、人造草坪、滤布、无纺布及窗帘等。聚丙烯的挤出制品还可用来生产薄膜。经过双向拉伸的薄膜可改善聚丙烯的强度及透明性，可用于打字机带、香烟包装膜、食品袋等。另外，聚丙烯挤出制品还可用于管材、片材等。聚丙烯的中空制品具有很好的透明性、力学性能及混气阻隔性，可用于洗涤剂、化妆品、药品、液体燃料及化学试剂等的包装容器。

3.2.3　聚丙烯的结构与性能

3.2.3.1　聚丙烯的结构

按照聚丙烯大分子链上侧甲基的空间位置的不同，聚丙烯可分为等规聚丙烯（isotactic polypropylene，又名全同立构聚丙烯）、间规聚丙烯（isotactic polypropylene，又名间同立构聚丙烯）及无规聚丙烯（atactic polypropylene，又名无规立构聚丙烯）三类。三种聚丙烯的结构如图 3-3 所示，假定把主链延伸在平面上成为锯齿状的模型，保持键距和键角不变而把分子尽量拉长，则主链形成平面"之"字形，主链上的 H 原子或 R 基则位于主链平面的两侧。聚丙烯的 R 基就是甲基（CH_3—）。等规聚合物所有结晶性 R 基都在平面的一侧，间规聚合物结晶性 R 基交互在平面的两侧，无规聚合物中无定形 R 基无秩序地分布在平面的两侧。

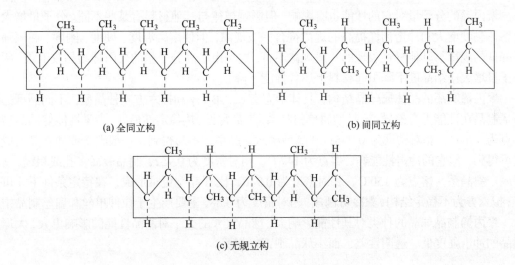

图 3-3　聚丙烯的立体构型

侧甲基的位阻效应使得聚丙烯分子链形成以三个单体单元为一个螺旋周期的螺旋形结构。由于侧甲基空间排列方式不同，其性能也就有所不同。等规聚丙烯的结构规整性好，具有高度结晶性，熔点高，硬度和刚度大，力学性能好；无规聚丙烯为无定形材料，是生产等规聚丙烯的副产物，强度很低，其单独使用价值不大，但作为填充母料的载体效果很好，还可作为聚丙烯的增韧改性剂等。间规聚丙烯的性能介于前两者之间，结晶能力较差，硬度与刚度小，但冲击性能较好。

聚丙烯中侧甲基的存在使分子链上交替出现叔碳原子，而叔碳原子在热和紫外线以及其他高能射线的作用下，极易发生断裂形成自由基，并进一步生成烷氧自由基和过氧自由基，导致发生链式氧化反应，造成聚丙烯材料降解，使材料性能显著下降。

聚丙烯中，等规聚合物所占比例称为等规指数（或等规度，isotacticity）。一般是由正庚烷回流萃取去掉无规体和低分子量聚合物后的剩余物，用质量分数（%）表示。这仅仅是一种粗略的量度，因为某些高分子量的无规异构体以及高分子量的等规、无规、间规嵌段分子链在正庚烷中也可能不会溶解。目前生产的聚丙烯中 95%为等规聚丙烯。间规聚丙烯可以以整个分子的形态存在，也可以是在等规结构的分子链上以不同长度的嵌段物形式存在。

等规指数大小影响着聚丙烯的一系列性能。等规指数越大，聚合物的结晶度越高，熔融温度和耐热性也越高，弹性模量、硬度、拉伸强度、弯曲强度、压缩强度等皆提高，但韧性下降。图 3-4 是等规指数对聚丙烯性能的影响。

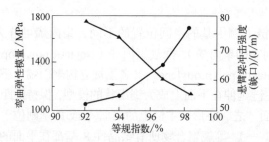

图 3-4 弯曲弹性模量、冲击强度与等规指数的关系

聚丙烯的分子量对它的性能也有影响，但影响规律与其他材料有某些不同。分子量增大，使熔体黏度增大和冲击韧性提高的规律符合一般规律，但使熔融温度、硬度、刚度、屈服强度等降低的规律与其他材料表现的一般规律不符。这是由于高分子量的聚丙烯结晶较困难，所以分子量增大使结晶度下降引起材料上述各性能下降。

聚丙烯制品的晶体属球晶结构，具体形态有 α、β、γ 和拟六方 4 种晶型，不同晶型的聚丙烯制品在性能上有差异。α 晶型属单斜晶系，是最常见、热稳定性最好、力学性能好的晶型，熔点为 176℃，相对密度为 0.936；β 晶型属六方晶系，不易得到，一般骤冷或加 β 晶型成核剂可得到，但它的冲击性能好，熔点为 147℃，相对密度为 0.922，制品表面多孔或粗糙；γ 晶型属三斜晶系，熔点为 150℃，相对密度为 0.946，比 β 晶型更难形成，在特定条件下才可获得；拟六方为不稳定结构，骤冷可制成，相对密度为 0.88，主要产生于拉伸单丝和扁丝制品中。

聚丙烯制品球晶的种类对其性能影响大，球晶尺寸的大小对制品性能的影响更大，大球晶制品的冲击强度低、透明性差，而小球晶则正好相反。

3.2.3.2 聚丙烯的性能

聚丙烯树脂为无毒、无味、无臭的乳白色蜡状固体，密度很低，在 0.89~0.92g/cm³ 之间，是通用塑料中密度最小的品种之一。聚丙烯综合性能良好，原料来源丰富，生产工艺简单，而且价格低廉。

（1）力学性能

聚丙烯的力学性能在 T_m 以下较稳定，其强度、刚度和硬度都比聚乙烯高，这在很大程度上是由于甲基在主链上的规则排列，但在塑料材料中仍属于偏低的。如果需要高强度聚丙烯时，可选用高结晶聚丙烯或填充、增强聚丙烯。聚丙烯的冲击强度较低，并且对温度的依赖性很大，特别是低温时冲击强度进一步降低。聚丙烯的冲击强度还与分子量、结晶度、结晶尺寸等因素有关。聚丙烯具有优良的抗弯曲疲劳性，其制品在常温下可弯折 10^6 次而不损坏。

（2）电性能

聚丙烯为一种非极性聚合物，具有优异的电绝缘性能。其电性能基本不受环境湿度及电场频率的影响，是优异的介电材料和电绝缘材料，可作为高频绝缘材料使用。聚丙烯的耐电弧性很好，在 130~180s 之间，在塑料材料中属于较高水平。聚丙烯受低温脆性的影响，其在绝缘领域的应用远不如聚乙烯和聚氯乙烯广泛。

（3）热性能

聚丙烯具有良好的耐热性，可在 100℃ 以上使用，轻载下可达 120℃，无载条件下最高连续使用温度可达 120℃，短期使用温度为 150℃。聚丙烯的耐沸水、耐蒸汽性良好。聚丙烯的热导率约为 0.15~0.24W/（m·K），要小于聚乙烯的热导率。

（4）耐化学药品性

聚丙烯是非极性结晶型的烷烃类聚合物，具有很高的耐化学腐蚀性。在室温下不溶于任何溶剂，但可在某些溶剂中发生溶胀。聚丙烯可耐除强氧化剂、浓硫酸以及浓硝酸等以外的酸、碱、盐及大多数有机溶剂（如醇、酚、醛、酮及大多数羧酸等）；同时，聚丙烯还具有很好的耐环境应力开裂性，但芳香烃、氯代烃会使其溶胀，高温时更显著。如在高温下可溶于四氢化萘、十氢化萘以及 1,2,4-三氯苯等。

（5）环境性能

聚丙烯的耐候性差，叔碳原子上的氢易氧化，对紫外线很敏感，在氧和紫外线作用下易降解。未加稳定剂的聚丙烯粉料，在室内放置 4 个月性能就会急剧下降，经 150℃、0.5~3.0h 高温老化或 12d 大气暴晒就会发脆。因此在聚丙烯生产中必须加入抗氧剂和光稳定剂。在有铜存在时，聚丙烯的氧化降解速率会成百倍加快，此时需要加入铜类抑制剂，如亚水杨基乙二胺、苯甲酰肼或苯并三唑等。

（6）其他性能

聚丙烯极易燃烧，火焰有黑烟，燃烧后滴落并有石油味，氧指数仅为 17.4%。如要阻燃需加入大量的阻燃剂才有效果，可采用磷系阻燃剂和含氮化合物并用、氢氧化铝或氢氧化镁。聚丙烯氧气透过率较大，可用表面涂覆阻隔层或多层共挤改善。聚丙烯透明性较差，可加入成核剂来提高其透明性。聚丙烯表面极性低，耐化学药品性能好，但印刷、黏结等二次加工性差，可采用表面处理、接枝及共混等方法加以改善。

3.2.4 聚丙烯的加工特性

① 吸水率很低。在水中浸泡 1 天，吸水率仅为 0.01%~0.03%，因此成型加工前不需要对粒料进行干燥处理。

② 熔体接近于非牛顿流体。黏度对剪切速率和温度都比较敏感，提高压力或增加温度都可改善聚丙烯的熔体流动性，但以提高压力较为明显。

③ 成型收缩率比较大。聚丙烯为结晶类聚合物，其成型收缩率一般为 1%~2.5%，且具有较明显的后收缩性，在加工过程中易产生取向，因此在设计模具和确定工艺参数时要充分考虑以上因素。

④ 受热时容易氧化降解。在高温下对氧特别敏感，为防止加工中发生热降解，一般在树脂合成时即加入抗氧剂。此外，还应尽量减少受热时间，并避免受热时与氧接触。

⑤ 成型加工方法多样。聚丙烯一次成型性优良，几乎所有的成型加工方法都可适用，其中最常采用的是注射成型与挤出成型。

3.2.5 聚丙烯的改性方法

聚丙烯虽然有许多优异的性能，但也有明显的缺陷，如低温脆性大、热变形温度低、成型收缩率大、厚壁制品易产生缺陷等。要克服上述缺陷，现采用了各种方法对聚丙烯进行改性，包括物理改性、化学改性、成核剂改性。

3.2.5.1 物理改性

物理改性是改变分子层面的聚集态结构，从而达到对材料特性的优化，又可细分为填充改性、增强改性和共混改性等。

（1）填充改性

填充改性是指塑料成型加工过程中加入无机或有机填料，使塑料制品的成本降低达到增量的目的，或使塑料制品的性能有明显改变。

采用粉末状的碳酸钙、陶土、滑石粉及云母等对聚丙烯进行填充，可使聚丙烯的刚度、硬度、弹性模量、热变形温度、耐蠕变性、成型收缩率及线膨胀系数等方面都有所改善。一般在填充前要对填料进行偶联剂活化处理，以提高相容性。

采用碳酸钙作为填充剂，不仅可以降低产品成本，还可改善塑料制品性能。在聚丙烯中添加碳酸钙可以提高其刚度、硬度、耐热性、尺寸稳定性，适宜添加的碳酸钙粒度为 $3\mu m$ 左右，用量一般为 30%~40%。

陶土又称高岭土，作为塑料填料，陶土具有优良的电绝缘性能，可用于制造各种电线包皮。在聚丙烯中，陶土可用作结晶成核剂，改善材料的结晶均匀程度，提高制品透明性。陶土还具有一定的阻燃作用，可用作辅助阻燃改性。

滑石粉作为填料可提高塑料制品的刚性、硬度、阻燃性、电绝缘性、尺寸稳定性，并具有润滑作用。填充了 20%~40% 滑石粉的聚丙烯复合材料，不论是在室温还是在高温下，其模量都显著增加，而拉伸强度基本保持不变，冲击强度降低也不大。

云母粉经偶联剂等表面处理后易于与聚丙烯混合，加工性能良好。云母可提高聚丙烯的模量、耐热性，减少蠕变，防止制品翘曲，降低成型收缩率。

（2）增强改性

增强改性往往是通过加入玻璃纤维、碳纤维、金属纤维以及云母、硅灰石等具有长径比或径厚比的填料实现的，对材料的力学性能和耐热性能有显著贡献。

在玻璃纤维增强聚丙烯中，玻璃纤维用量一般约为 10%~40%，不仅保留了聚丙烯原有的优良性能，还使拉伸强度、耐热性、刚性、硬度、耐蠕变性、线膨胀系数及成型收缩率等性能明显改善，如可使拉伸强度提高一倍，热变形温度提高 50~60℃，线膨胀系数降低一半，但会使熔体流动速率和断裂伸长率下降。

与玻璃纤维增强聚丙烯相比，碳纤维增强聚丙烯具有力学性能好、在湿态下的力学性能保留率好、热导率大、导电性好、蠕变小、耐磨性好等优点，因此其用量不断增长。

（3）共混改性

共混改性是指两种或两种以上聚合物材料以及助剂在一定温度下进行掺混，最终形成一种宏观上均匀且力学、热学、光学及其他性能得到改善的新材料的过程。当前聚丙烯共混改性技术主要采用相容剂技术和反应型相容剂共混技术，在大幅度提高聚丙烯耐冲击性的同时，又使共混材料具有较高的拉伸强度和弯曲强度。相容剂在共混体系中可改善两相界面的黏结状况，有利于实现微观多相体系的稳定，而宏观上是均匀的结构状态。反应型相容剂除具有一般相容剂的功效外，还能在共混过程中通过自身相容效果，显著提高共混材料的性能。

随着反应挤出技术的不断发展和完善，国外更多地利用挤出机进行就地增容共混。应用反应挤出技术进行就地增容共混，能有效地降低聚合物与聚丙烯间的界面张力，提高其黏结强度，使聚合物在聚丙烯基体中的分散效果更好，相态结构更趋于稳定。这不仅大大拓宽了聚丙烯的应用范围，而且所制备的接枝物可用作聚丙烯与极性高聚物共混的相容剂。因此，反应挤出共混技术将成为今后聚丙烯改性广泛采用的有效方法。

聚丙烯还可与热塑性弹性体共混，改善其冲击性能及耐寒性。表3-9为聚丙烯与常用的热塑性弹性体SBS（即苯乙烯-丁二烯-苯乙烯三元共聚物）合金的一般性能。

表3-9 聚丙烯/SBS合金的一般性能

项目	性能	项目	性能
拉伸断裂强度/MPa	34~44	简支梁冲击强度（缺口）/（kJ/m^2）	24~29
拉伸屈服强度/MPa	21~25	熔体流动速率/（g/10min）	1.25
伸长率/%	800~1000	热变形温度/℃	100.5
低温脆性/℃	-20		

聚丙烯与聚酰胺共混可以改善其耐热性、耐磨性、抗冲击性及染色性等。但是由于聚丙烯与聚酰胺的相容性较差，通常要在其中加入相容剂，一般为少量顺丁烯二酐与聚丙烯的接枝共聚物，因为顺丁烯二酐对聚酰胺有亲和性，酸酐基可与聚酰胺的—NH$_2$端基发生反应。此接枝聚合物增加了聚丙烯与聚酰胺的相容性，使共混物的冲击韧性得到了极大的改善。表3-10为聚丙烯/聚酰胺合金的一般性能。

表3-10 聚丙烯/聚酰胺合金的一般性能

项目	性能	项目		性能
相对密度	1.08~1.10	弯曲弹性模量/MPa		1860
熔融温度/℃	250~260	冲击强度/（kJ/m^2）	干，23℃，缺口	15.97
			干，-40℃	79.70
吸水率（50%相对湿度）/%	2.3	热变形温度/℃	1.82MPa	71
			0.45MPa	227
拉伸强度（干，23℃）/MPa	54.88	断裂伸长率/%	干	40
			50%相对湿度	210

3.2.5.2 化学改性

化学改性指改性后材料的性能随聚丙烯分子链的结构改变而变化，主要包括共聚改性、接枝改性和交联改性。

（1）共聚改性

共聚改性是指由两种或两种以上的单体通过共聚反应而获得共聚物。聚丙烯共聚物一般为丙烯与乙烯的共聚物，可分为无规共聚物和嵌段共聚物两种。

聚丙烯无规共聚物中乙烯单体的含量为1%~7%，乙烯单体无规地嵌入阻碍了聚合物的结晶，使其性能发生了变化。与均聚聚丙烯相比，无规共聚物具有较好的光学透明性、柔顺性和较低的熔融温度，从而降低了热封合温度。此外，它还具有很高的抗冲击性，温度低于0℃时仍然具有良好的冲击强度，但硬度、刚度、耐蠕变性等要比均聚聚丙烯低10%~15%。而耐化学药品性、水蒸气阻隔性等都与均聚聚丙烯相似。聚丙烯无规共聚物主要用于高透明薄膜、上下水管、供暖管材及注塑制品。由于其热封合温度低，还可在共挤膜中用作热封合层。

聚丙烯嵌段共聚物中乙烯的含量为5%~20%，既有较好的刚性，又有较好的低温韧性，主要用于大型容器、中空吹塑容器、机械零件。此外，非晶态乙烯-丙烯链段会形成非晶态微球，存在于聚丙烯的球晶中。这些微球会给聚丙烯引入深陷阱，使得电荷注入的阈值场强增加，降低载流子迁移率。载流子迁移率的下降会导致载流子迁移过程中获得的能量减少，分子链的破坏被抑制，从而提高共聚聚丙烯的电气强度，因此共聚改性聚丙烯是当前电缆绝缘材料的重要发展方向之一。

（2）交联改性

交联改性是通过交联的方式得到力学性能更佳、耐热性能更好的网状结构聚丙烯复合材料，利用硅烷交联改性聚丙烯是目前最为成熟的交联工艺之一。以硅烷为单体、苯乙烯为辅助交联剂、过氧化苯甲酰为引发剂，采用双螺杆挤出机在温水中交联聚丙烯。硅烷交联聚丙烯的拉伸强度、挠曲强度、冲击强度比纯聚丙烯有明显的提高：拉伸强度可达到41MPa以上，较原料提升9%；挠曲强度为58.87MPa，较原料提升20%以上；冲击强度是原料的1.78倍，为13.83kJ/m^2。

（3）接枝改性

接枝改性是在其分子链上引入适当极性的支链，利用支链的极性和反应性改善其性能上的不足，同时增加新的性质。因此接枝改性是扩大聚丙烯应用范围的一种简单易行的方法。聚丙烯接枝的方法主要有溶液接枝法、熔融接枝法、固相接枝法和悬浮接枝法等。溶液接枝是将聚丙烯溶解在合适的溶剂中，然后以一定的方式引发单体接枝。引发的方法可采用自由基、氧化或高能辐射等方法，但以自由基方法居多。溶液接枝的反应温度较低（100~140℃），副反应少，接枝率高，大分子降解程度小，操作简单。熔融接枝是在聚丙烯熔点以上，将单体和聚丙烯一起熔融，并在引发剂作用下进行接枝反应。该方法所用接枝单体的沸点较高，其中，马来酸酐（MAH）改性是工业化最常用的接枝改性方法之一，接枝反应以自由基机理进行。固相接枝的发展历史不长，是一种比较新的接枝反应技术。反应时将聚合物固体与适量的单体混合，在较低温度下（100~120℃）用引发剂接枝共聚。根据所接枝的聚丙烯形态可分为薄膜接枝、纤维接枝和粉末接枝。

通过对聚丙烯进行接枝改性，提高了聚丙烯与其他聚合物的相容性，并改变了聚丙烯的分子结构，使其染色性、黏结性、抗静电性、力学性能得到改善。

3.2.5.3 成核剂改性

成核剂改性主要是通过改变聚丙烯结晶的形态来改善聚丙烯的性能。聚丙烯在进行熔体结晶时，极易形成多角晶粒、树枝状晶粒和球形晶粒。聚丙烯的力学性能和光学性能都与晶粒的大小有重要联系，而成核剂恰好有促进结晶的作用。

在已知的聚丙烯晶型结构中，工业化应用最为广泛的是β晶型结构的聚丙烯。改性过程中添加不同晶体结构或晶型的成核剂直接决定了聚丙烯的晶体结构，目前行业内改性应用最多的成核剂是β成核剂，因为经β成核剂改性后的聚丙烯具有结晶颗粒小、均匀度增强、冲击强度提高、增韧效果明显及透明度增加等效果。此外，在聚丙烯中添加β成核剂可以提高材料的电老化阈值，改善空间电荷问题。

在制备β成核等规聚丙烯过程中存在成核剂不良分散、团聚限制成核效率等问题，为解决这些问题，可采用原位制备方法，该方法使用典型的β成核剂已二酸锌，使其在聚丙烯挤压过程中自分散，从而减小其颗粒尺寸。结果表明，原位制备法中的成核剂成核效果明显优于预添加成核剂，聚丙烯中β晶体含量达99%。此外，添加质量比为0.1%的成核剂的聚丙烯复合材料与纯聚丙烯原料相比，冲击强度可提升至原来的4.3倍。这种原位制备方法显著促进了β成核等规聚丙烯的生产与应用，而这一方法同样有可能应用于解决其他添加剂分散不均和聚集的问题。

3.3 聚氯乙烯

3.3.1 聚氯乙烯的概述

聚氯乙烯（polyvinyl chloride，PVC），是氯乙烯在过氧化物、偶氮化合物等引发剂的作用下，或在光、热作用下按自由基聚合反应的机理聚合而成的聚合物。PVC的重复单元主要以"头-尾"相连的方式排列［式（3-7）］。用过氧化二苯甲酰为引发剂，大分子链上会有相当数量的"头-头""尾-尾"结构

$$\leftarrow CH-CH_2\rightarrow_n$$
$$\quad\quad | $$
$$\quad\quad Cl \quad\quad\quad\quad\quad\quad (3-7)$$

PVC是仅次于聚乙烯的第二大吨位塑料品种，其发展已有百年的历史。1912年，德国人Fritz Klatte用乙炔加成氯化氢的方法合成了氯乙烯，氯乙烯聚合得到了PVC，并在德国申请了专利，但是在专利过期前没有能够开发出合适的产品。1926年，美国B.F.Goodrich公司的Waldo Semon合成了PVC并在美国申请了专利。聚氯乙烯的制备方法见二维码。

3.3.2 聚氯乙烯的应用

聚氯乙烯凭借着耐用、耐腐蚀、绝缘等高性能和低成本、原材料广泛等优点，被广泛应用于建筑、包装、农业、汽车、电子电器、医疗等各个领域。在建筑方面，可用于制作各种型材，如管材、棒材、异型材、门窗框架、室内装饰材料、下水管道等。在汽车方面，可用于制作方向盘、顶盖板、缓冲垫等。在化工设备中，可加工成各种耐化学药品的管道、容器和防腐材料。在电气绝缘材料中，可用作电线的绝缘层，目前几乎完全代替了橡胶，也可用作电气用耐热电线、电线电缆的衬套等。聚氯乙烯糊可涂附在棉布、纸张上，经140~145℃加热会很快发生凝胶而成型为薄膜；再经滚筒压紧，即可成人造革，可制成皮箱、皮包、书的封面、沙发坐垫、地板革等。由于其低廉的价格、较强的可加工性、优异的透明性以及不错的生物相容性，聚氯乙烯在

聚氯乙烯的制备方法

医疗器械领域起到了支柱作用。一次性医疗输注器械大多采用的是软质聚氯乙烯，每年的需求量甚至达到惊人的 10 万 t，广泛应用于制造血袋、导尿管、输液器、血液透析管路等各种医用导管以及手套、呼吸面具等。

3.3.3 聚氯乙烯的结构与性能

3.3.3.1 聚氯乙烯的结构

聚氯乙烯与聚乙烯是同源的，唯一的区别就在于后者的每一个分子链中的单体单元上面的氢原子被氯原子取代。在聚氯乙烯分子链中，链节绝大多数以"头-尾"方式连接，此外也有少量的"头-头"或"尾-尾"连接方式存在。聚氯乙烯的结构特点为：聚氯乙烯分子链绝大多数为无规立构，属无定形聚合物，但是存在短程的间规立构，结晶度特别低，仅约为5%~10%；聚氯乙烯是线型聚合物，且侧位的取代基是电负性较强的氯原子，增大了分子链间的相互吸引力，同时氯原子的体积较大，有明显的空间位阻效应，使得聚氯乙烯分子链刚性增大，所以聚氯乙烯的刚性、硬度、力学性能较聚乙烯都有所提高；在聚合过程中会有一定数量的不稳定结构生成，例如支链、双键、3-氯丙烯和叔氯；聚氯乙烯是质子供体（即电子受体）。

3.3.3.2 聚氯乙烯的性能

聚氯乙烯树脂是白色或淡黄色的坚硬粉末，密度为 1.35~1.45g/cm^3，纯聚合物的透气性和透湿率都较低。

聚氯乙烯制品的软硬程度可通过增塑剂的用量来调整，从而制成软硬相差悬殊的制品。聚氯乙烯塑料有硬质和软质之分。不加增塑剂或加少量增塑剂（<10%）的为硬质聚氯乙烯塑料；随着增塑剂用量增加，又可分为半硬质聚氯乙烯塑料（增塑剂为 10%~30%）和软质聚氯乙烯塑料（增塑剂用量>30%）。聚氯乙烯的结构赋予了其如下性能。

（1）力学性能

氯原子的存在导致其分子结构中含有大量的 C—Cl 键，增加了聚氯乙烯分子链的极性，增大了分子链间的作用力，在一定程度上阻碍了聚氯乙烯分子链链段的运动，宏观上呈刚性，同时也使分子链间的距离变小，敛集密度增大。测试表明，聚乙烯的平均链间距是 4.3×10^{-1}m，聚氯乙烯平均链间距是 2.8×10^{-10}m，这使得聚氯乙烯宏观上比聚乙烯具有较高的强度、刚度、硬度和较低的韧性、断裂伸长率、冲击强度。与聚乙烯相比，聚氯乙烯的拉伸强度可提高到两倍以上，断裂伸长率可下降约一个数量级。未增塑的聚氯乙烯拉伸曲线属于硬而较脆的类型。

（2）热性能

聚氯乙烯的玻璃化转变温度约为 80℃，80~85℃时开始软化，完全熔融时的温度约为 160℃，140℃时聚合物已开始分解。在现有的塑料材料中，聚氯乙烯是热稳定性特别差的材料之一，在适宜的熔融加工温度（170~180℃）下会加速分解释放出氯化氢，在富氧环境中会加剧分解。因此在生产聚氯乙烯时必须加入热稳定剂。聚氯乙烯的最高连续使用温度在 65~80℃之间。

（3）电性能

聚氯乙烯具有比较好的电性能，但由于其具有一定的极性，其电绝缘性能不如聚烯烃类塑料。聚氯乙烯的介电常数、介电损耗、体积电阻率较大，而且电性能受温度和频率的影响较大，本身的耐电晕性也不好，一般适用于中低压及低频绝缘材料。聚氯乙烯的电性能与聚合方法有关，一般悬浮树脂较乳液树脂的电性能好，另外还与加入的增塑剂、稳定剂等添加剂有关。

（4）化学性能

聚氯乙烯能耐许多化学药品，除了浓硫酸、浓硝酸对它有损害外，其他大多数的无机酸、碱，多数有机溶剂、无机盐类以及过氧化物对聚氯乙烯均无损害，因此，适合作为化工防腐材料。聚氯乙烯在酯、酮、芳烃及卤烃中会溶胀或溶解，环己酮和四氢呋喃是聚氯乙烯的良好溶剂。加入增塑剂的聚氯乙烯制品耐化学药品性一般都会变差，而且随使用温度的增高其化学稳定性也会降低。

（5）其他性能

聚氯乙烯的分子链组成中含有较多的氯原子，赋予了材料良好的阻燃性，其氧指数约为47%。

聚氯乙烯对光、氧、热及机械作用都比较敏感，在其作用下易发生降解反应，脱出HCl，使聚氯乙烯制品的颜色发生变化。因此，为改善这种状态，可加入稳定剂及采用改性的手段。

3.3.4 聚氯乙烯的加工特性

聚氯乙烯可以采用挤出、吹塑、注塑、压延、搪塑、发泡、压制、真空成型等方法进行加工。

聚氯乙烯热稳定性差，易受光和热的作用而脱去氯化氢，使产品性能下降，因此加工成型时必须添加稳定剂以减少其热分解。另外，还应在加工中尽量避免一切不必要的受热现象，严格控制成型温度，避免物料在料筒中长时间停留。

聚氯乙烯熔体黏度高，为改善其加工流动性，减少聚合物分子链间的内外摩擦力，在聚氯乙烯中应加入适量的润滑剂以改善物料的加工性能。

聚氯乙烯的熔体强度比较低，易产生熔体破裂和制品表面粗糙等现象，为避免产生此种状况，在注射挤出时宜采用中速或低速，不宜采用高速。

3.3.5 聚氯乙烯的添加剂

聚氯乙烯分子链中存在着"头-头"结构、叔氯、3-氯丙烯等不稳定结构，因而不耐热、不耐老化，在高温或阳光下会产生氯化氢分子催化聚氯乙烯裂解；而且聚氯乙烯分子链呈刚性，导致材料较硬，加工性和韧性都比较差。因此纯聚氯乙烯不能直接使用，必须加入添加剂，再加工，才能符合使用要求。

添加剂是指为改善聚合物的使用性能和加工性能而添加的物质，也称为助剂。

聚氯乙烯的添加剂分为工艺添加剂和功能添加剂两大类。

3.3.5.1 工艺添加剂

工艺添加剂是使塑料的成型加工顺利进行所必需的。

（1）稳定剂

稳定剂（stabilizer）又称为防老剂（antiager），包括抗氧剂（antioxydant）、热稳定剂（heat stabilizer）、紫外线吸收剂（UV absorber）、变价金属离子抑制剂、光屏蔽剂等。

在加工聚氯乙烯过程中，随着温度的升高，聚氯乙烯分解速率会加快，发生氧化断链、交联反应，并放出HCl。当聚氯乙烯分解量不到0.1%时，塑料的颜色就会开始变黄，最后变成黑色，所以必须加入热稳定剂以减少树脂的分解不致变色。加入的热稳定剂要能与分解放出的HCl反应，达到清除HCl的效果；能与游离基及双键反应，同时起抗氧剂的效用。

常用的聚氯乙烯热稳定剂有铅化合物及盐化合物，能和放出的 HCl 反应生成氯化铅。其中碱式碳酸铅的成本低，缺点是有毒、不透明、会变黑，加工时会放出气体，造成制品多孔性；三碱式硫酸铅的耐热性和电绝缘性好，成本低，可用于硬质制品中；二碱式亚磷酸铅的光稳定性好，但成本高。二碱式邻苯二甲酸铅耐热性特别好，可用于特殊用途，如 105℃的电线上。聚氯乙烯热稳定剂成本低，效果及电性能好；但由于遇硫有着色污染性，而且毒性大、透明度不好，适用于电气、唱片等工业。

有机锡类热稳定剂有马来酸（或二月桂酸）二丁基锡、马来酸二正辛基锡等。效率高、透明、不污染着色、光稳定性好，但成本高，适用于透明的特殊制品，如吹塑瓶子等。

钡、镉复合稳定剂耐紫外线，但有毒、透明度不够理想、容易渗析出来，多用于压延制品、农田软管、薄膜和板材，是聚氯乙烯塑料中最重要的稳定剂。这类稳定剂与钙盐配合使用会产生协同作用，可以较好地防止加热变色问题。

聚氯乙烯常用的热稳定剂见表 3-11。

表 3-11 聚氯乙烯常用的热稳定剂

种类	品种	性能	应用
铅盐类	三碱式硫酸铅	热稳定性突出、电绝缘性好、不透明、有毒	硬板、硬管、电缆护套、人造革、注塑制品
	二碱式亚磷酸铅	热稳定性和电绝缘性优良、耐候性好、不透明、有毒	硬质挤出、注塑制品、电缆、人造革
金属皂类	硬脂酸铅	光热稳定性好、润滑性好、不透明、有毒，不单用	不透明的软、硬制品
	硬脂酸钡	热稳定性好、润滑性好、毒性低，不单用	软透明制品、硬板、管材
	硬脂酸镉	耐候性好、透明、润滑性好、有毒，不单用	软透明制品、人造革、硬板、硬管
	硬脂酸钙	长期热稳定性和润滑性好、无毒，不单用	无毒膜、板材、管材、透明制品
	硬脂酸锌	防初期变色、润滑性好、透明、无毒，不单用	无毒膜、片、人造革、农膜
有机锡类	二月桂酸二丁基锡	稳定性优良、透明、润滑性好	薄膜、管、人造革
	二月桂酸二辛基锡	稳定性低些、无毒、润滑性好	食品包装容器
	马来酸二丁基锡	稳定性优、透明	透明、半透明制品

（2）润滑剂

润滑剂（lubricant）是可以防止塑料在成型加工过程中发生黏模现象的助剂，又称为脱模剂（releasing agent），可分为外润滑剂和内润滑剂两种。外润滑剂的主要作用是使聚合物熔体能顺利离开加工设备的热金属表面，利于脱模。外润滑剂分子具有较长的非极性碳链，分子极性小，与聚合物的相容性差，一般不溶于聚合物，只能在聚合物与金属界面处形成薄薄的润滑剂层。内润滑剂与聚合物具有良好的互溶性，能降低聚合物分子间的内聚力，从而有助于聚合物熔体流动并降低内摩擦所导致的升温。润滑剂的用量一般为 0.5%~1.5%。

由于聚氯乙烯的熔体黏度高以及熔体黏附金属的倾向大，熔体之间和熔体与加工设备之间的摩擦力大，所以需要加入润滑剂来克服摩擦阻力，改善聚合物的加工流动性。聚氯乙烯常用的润滑剂见表 3-12。

3.3.5.2 功能添加剂

功能添加剂可赋予塑料一定功能性或使塑料的某些性能有所改善。

表 3-12 聚氯乙烯常用的润滑剂

种类	品种	性能	应用
烃类	液体石蜡	无色、外润滑	挤出制品
	固体石蜡	外润滑、熔点为 57~63℃	通用
	聚乙烯蜡	熔点为 90~100℃、无毒	通用
金属皂类	硬脂酸钡	熔点为 200℃、兼热稳定性	通用
	硬脂酸铅	熔点为 110℃、兼热稳定性、有毒	不透明软、硬制品
	硬脂酸锌	熔点为 120℃、无毒、透明	无毒、透明膜、片
	硬脂酸钙	熔点为 150℃、无毒	无毒、透明制品
脂肪酸酯类	硬脂酸	熔点为 65℃、无毒	无毒、硬制品
	硬脂酸丁酯	熔点为 24℃、内润滑、透明	透明、硬制品
	硬脂酸单甘油酯	透明、无毒、内润滑	无毒、透明制品
脂肪酸酰胺类	硬脂酸酰胺	熔点为 100℃、透明	硬制品
	亚乙基硬脂酸酰胺	熔点为 140℃、内润滑	压延制品、透明制品

（1）增塑剂

为降低塑料的软化温度范围和提高其加工性能、柔韧性或延展性，加入的低挥发性或挥发性可忽略的物质称为增塑剂（plasticizer），这种作用称为增塑作用（plasticization）。

在塑料制品中添加增塑剂，可以削弱聚合物分子间的相互吸引力，即范德华力，从而增加聚合物分子链的运动性，降低聚合物分子链的结晶性，即增加聚合物的塑性。表现为聚合物熔体黏度下降、流动性增大，制品的硬度、模量、软化温度和脆化温度下降，而伸长率、挠曲性和柔韧性则提高。

在聚氯乙烯塑料中所选用的增塑剂要与聚氯乙烯有较好的相容性。可以选择两者溶解度参数相同的，且须在 150℃下混合才能使增塑剂扩散到聚氯乙烯中。最常用的增塑剂是邻苯二甲酸二辛酯和邻苯二甲酸二异辛酯。邻苯二甲酸二异癸酯在耐高温绝缘材料中使用，可赋予聚氯乙烯很好的电性能；它们还能和环氧油合用，有较低的水萃取性。邻苯二甲酸的正烷酯有耐寒性和高弹性的特点。

磷酸酯类增塑剂成本高，但阻燃性和耐溶剂性优于邻苯二甲酸酯类。

脂肪酸酯类增塑剂，如癸二酸二丁酯和癸二酸二辛酯具有良好的耐低温性和高弹性，但成本高。

软聚氯乙烯中增塑剂的含量为树脂中的 40%~70%，硬聚氯乙烯中常加入小于 10%或不加入增塑剂。

聚氯乙烯常用的增塑剂见表 3-13。

PVC 制品的软硬程度可通过增塑剂的用量来调整，不含增塑剂或含增塑剂不超过 10%的聚氯乙烯称为硬聚氯乙烯，含增塑剂 40%以上的聚氯乙烯称为软聚氯乙烯，介于两者之间的为半硬质聚氯乙烯。增塑剂的品种和用量对聚氯乙烯的物理机械性能影响很大。

（2）填料及其他添加剂

填料的加入可提高制品的硬度、导电性能，降低成本等，在实际应用时，应按不同的制品要求选用。常用的填料有碳酸钙、滑石粉、陶土、碳酸镁、重晶石粉等。

表 3-13 聚氯乙烯常用的增塑剂

种类	品种	性能	应用
邻苯二甲酸酯类	邻苯二甲酸二辛酯（DOP）	相容性好、光稳定性好、电绝缘性好、耐低温、低毒	薄膜、板材、电绝缘料
	邻苯二甲酸二丁酯（DBP）	相容性好、柔软性好、价廉，不单用	薄膜、板材、电绝缘料
	邻苯二甲酸二异癸酯（DIDP）	耐热性好、电绝缘性好	薄膜、板材、电绝缘料
脂肪族二元酸类	己二酸二辛酯（DOA）	耐低温性好、相容性差	薄膜、板材、塑料糊
	壬二酸二辛酯（DOZ）	耐低温性好、相容性差	薄膜、板材、塑料糊
	癸二酸二辛酯（DOS）	耐低温性好、相容性差	薄膜、板材、塑料糊
环氧酯类	环氧大豆油（ESO）	热稳定性好、挥发性低、无毒	透明制品
	环氧硬脂酸辛酯（ED$_3$）	光稳定性好、耐低温性好	农用薄膜、塑料糊
含氯类	氯化石蜡（42%）	耐燃、电性能好、价廉，不单用	电缆、板材
磷酸酯类	磷酸三甲苯酯（TCP）	相容性好、阻燃性好、耐低温性差、有毒	板材、电缆、人造革
	磷酸三苯酯（TPP）	相容性好、阻燃性好、耐寒性差	电缆
	磷酸三辛酯（TOP）	相容性好、耐候性好、无毒	薄膜、板材
其他	石油磺酸苯酯（M-50）	辅增塑剂	通用塑料制品

另外，为改善聚氯乙烯制品的其他性能，还可在其中加入抗静电剂、着色剂、防霉剂、紫外线吸收剂、荧光增白剂等。

3.3.6 改性聚氯乙烯

聚氯乙烯有许多优良的性能，应用也非常的广泛，但也存在明显的缺点，如软化点低、耐热耐寒性差、易分解、热稳定性差等。为改进其缺点，现生产了一些聚氯乙烯的改性品种，如高聚合度聚氯乙烯、氯化聚氯乙烯、聚偏二氯乙烯等。

3.4 聚苯乙烯

3.4.1 聚苯乙烯的概述

聚苯乙烯（polystyrene，PS）是由苯乙烯单体通过自由基聚合而成的，其主链为饱和碳-碳链，每个结构单元有一个较大的侧基苯环，结构单元以"头-尾"方式键接[式（3-8）]。

$$\mathrm{{+CH_2-CH+}_n} \quad | \quad C_6H_5$$

(3-8)

最早在1836年德国药剂师 E.Simon 从天然树脂中得到了一种挥发性油，这种油受热或长时间放置可以固化，这就是 PS，但当时认为是氧化物。20世纪30年代，为备战需要，德国加快了工业生产苯乙烯和苯乙烯聚合物的开发工作，1933年法本公司开发了连续本体聚合生产 PS 的工业生产技术。美国于1938年开发了苯乙烯釜式本体聚合工业生产技术。在20世纪50年代初，DOW 化学公司推出高抗冲聚苯乙烯商品（HIPS），1953年美国研发了 ABS 树脂，并于 1958 年建厂投产。

PS 的聚合方法有本体聚合、悬浮聚合、溶液聚合和乳液聚合。聚苯乙烯包括通用型聚苯乙烯（GPPS）和可发性聚苯乙烯（EPS）。可发性聚苯乙烯是苯乙烯单体通过悬浮聚合法制得的。发泡剂选用丁烷、戊烷以及石油醚等挥发性液体。发泡剂可以在聚合过程中加入，也可以在成型时加入。EPS 的发泡倍率为 50~70 倍。

3.4.2 聚苯乙烯的应用

聚苯乙烯是通用塑料中最容易加工的品种之一，其成型温度与分解温度相差大，可在很宽的温度范围内加工成型。同时，它具有成本低、刚性大、透明度好、电性能不受频率的影响等特点，因此可广泛地应用在仪表外壳、汽车灯罩、照明制品、各种容器、高频电容器、高频绝缘用品、光导纤维、包装材料等。可发性聚苯乙烯由于其质量轻、热导率低、吸水性小、抗冲击性好等优点，广泛地应用于建筑、运输、冷藏、化工设备的保温、绝热和减震材料等方面。

3.4.3 聚苯乙烯的结构与性能

3.4.3.1 聚苯乙烯的结构

聚苯乙烯的分子链上交替连接着侧苯基。侧苯基的体积较大，有较大的位阻效应，而使聚苯乙烯的分子链变得刚硬，因此，聚苯乙烯的玻璃化转变温度比聚乙烯、聚丙烯都高，且刚性、脆性较大，制品易产生内应力。由于侧苯基在空间的排列为无规结构，所以聚苯乙烯为无定形聚合物，具有很高的透明性。

侧苯基的存在使聚苯乙烯的化学活性要大一些，苯环所能进行的特征反应如氯化、硝化、磺化等，聚苯乙烯都可以进行。此外，侧苯基可以使主链上 α 氢原子活化，在空气中易氧化生成过氧化物，并引起降解，因此聚苯乙烯制品长期在户外使用易变黄、变脆。但苯环为共轭体系，使得聚合物耐辐射性较好，在较强辐射的条件下，其性能变化较小。

3.4.3.2 聚苯乙烯的性能

聚苯乙烯透光率可达 88%~90%，质轻、性脆，落地时会有金属般的响声；无毒、无臭、易燃烧，燃烧时会散发浓烟并带有松节油气味，点燃后离开火源会继续燃烧。密度为 1.04~1.07g/cm^3；尺寸稳定性好，收缩率低；分子量一般为 20 万~30 万。

（1）力学性能

聚苯乙烯常温下质硬且脆，无延伸性，拉伸至屈服点附近即断裂。聚苯乙烯的拉伸、弯曲等常规力学性能在通用塑料中是很高的，拉伸强度为 60MPa，但其冲击强度很低，难以用于工程塑料。耐磨性差、耐蠕变性一般。硬度加大，弹性模量相当高，约为 3.5×10^3MPa。聚苯乙烯的力学性能与合成方式、分子量大小、温度高低、杂质含量及测试方法有关。

（2）热性能

聚苯乙烯的耐热性能较差，T_g 约为 100℃，热变形温度约为 70~95℃，长期使用温度为 60~80℃，300℃以上发生解聚，这也是通用聚苯乙烯的突出缺点之一。聚苯乙烯的热导率较低，约为 0.10~0.13W/（m·K），基本不随温度的变化而变化，是良好的绝热保温材料。聚苯乙烯泡沫塑料热导率更小，是优良的绝热、保温、冷冻包装材料。聚苯乙烯的线膨胀系数较大，为

（6~8）×$10^{-5}K^{-1}$，与金属相差悬殊，故制品不易带有金属嵌件。此外，聚苯乙烯的许多力学性能都显著受到温度的影响，如图3-5和图3-6所示。

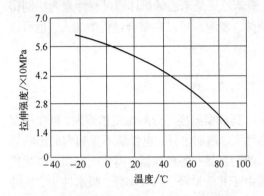

图3-5 温度升高对聚苯乙烯拉伸强度的影响

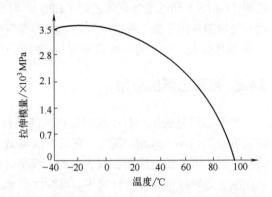

图3-6 温度升高对聚苯乙烯拉伸弹性模量的影响

（3）电学性能

聚苯乙烯是非极性聚合物，使用时也很少加入填料和助剂，因此具有良好的介电性能和绝缘性。其介电性能与频率无关，由于其吸湿率很低，电性能不受环境湿度的影响，但其表面电阻和体积电阻均较大，又不吸水，因此易产生静电，使用时需加入抗静电剂。

（4）透光性能

透明性好是聚苯乙烯的最大特点。聚苯乙烯的密度和折射率均一，可见光区内没有特殊的吸收，具有很强的透明性，透光率可达88%~92%，同聚碳酸酯和聚甲基丙烯酸甲酯一样属最优秀的透明塑料品种，称为三大透明塑料。折射率为1.59~1.60，因而其制品表面十分有光泽；但因苯环的存在，其双折射较大，不能用于高档光学仪器。

（5）化学性能

聚苯乙烯化学稳定性较好，可耐各种碱、一般的酸、盐、矿物油、低级醇及各种有机酸，但不耐氧化酸，如硝酸和氧化剂的侵蚀。聚苯乙烯还会受到许多烃类、酮类及高级脂肪酸的侵蚀，可溶于苯、甲苯、乙苯、苯乙烯、四氯化碳、氯仿、二氯甲烷以及酯类。此外，聚苯乙烯所带有的苯基可使苯基α位置上的氢活化，因此聚苯乙烯的耐气候性不好，如果长期暴露在日光下会变色、变脆；其耐光性、氧化性也都较差，使用时应加入抗氧剂。但聚苯乙烯具有较优的耐辐射性。

3.4.4 聚苯乙烯的加工特性

聚苯乙烯是一种无定形聚合物，没有明显的熔点，从开始熔融流动到分解的温度范围很宽，约在120~180℃之间，且热稳定性较好，因此，其成型加工可在很宽的范围内进行。

① 聚苯乙烯的成型温度范围宽且流动性、热稳定性好，所以可以用多种方法加工成型，如注射、挤出、发泡、吹塑、热成型等。其中，注射成型是聚苯乙烯最常用的成型方法，可采用螺杆式注塑机及柱塞式注塑机。成型时，根据制品的形状和壁厚不同，可在较宽的范围内调整熔体温度，一般温度范围为180~220℃。挤出成型可采用普通的挤出机，挤出成型的产品有板材、管材、棒材、片材、薄膜等。成型温度范围为150~200℃。

② 聚苯乙烯的吸湿率很低，约为0.02%，稍大于聚乙烯，但对制品的强度和尺寸稳定性

影响不大，制品能在潮湿环境下保持其强度和尺寸稳定性。因此加工前一般不需要干燥，透明度高的制品才需干燥。

③ 聚苯乙烯在成型过程中分子链易取向，但在制品冷却定型时，取向的分子链尚未松弛完成，易使制品产生内应力。因此，加工时除了选择合适的工艺条件及合理的模具结构外，还应对制品进行热处理，一般为 60~80℃下处理 1~2h。聚苯乙烯的成型收缩率较低，一般为 0.2%~0.7%，有利于制得成型尺寸精度较高及尺寸稳定的制品。

3.4.5　高抗冲聚苯乙烯的本体聚合

聚苯乙烯的脆性大、耐热性低等缺陷限制了其应用范围。因此，为改善这些缺陷，研制出了高抗冲聚苯乙烯（high impact polystyrene，HIPS）。高抗冲聚苯乙烯的组成为聚苯乙烯和橡胶。本体聚合是其主要的制备方法之一。

本体聚合是单体中加有少量引发剂或不加引发剂，依赖热引发而无其他反应介质存在的聚合实施方法。本体聚合的工艺流程如图 3-7 所示，其主要特点是聚合过程中无其他反应介质，因此工艺过程较简单，省去了回收工序。当单体转化率很高时，还可省去单体分离工序，直接造粒得粒状树脂。

图 3-7　聚苯乙烯本体聚合工艺流程

由于聚合反应是放热反应，且本体聚合时无其他介质存在，所以该法聚合设备内单位质量的反应物料与有反应介质存在的其他聚合方法比较，放出的热量较大。此外，单体和聚合物的比热容小，传热系数低，聚合反应中热量难以散发。因此物料温度容易升高，甚至失去控制，造成事故。工业上为了解决此难题，在设计反应器的形状、大小时会考虑传热面积等；此外还采用分段聚合，即进行预聚合达到适当转化率，或在单体中添加聚合物以降低单体含量，从而降低单位质量物料放出的热量。由于本体聚合过程中反应温度难以控制恒定，所以产品的分子量分布宽。

把顺丁橡胶或丁苯橡胶溶解在苯乙烯单体中进行本体聚合，所得的高抗冲聚苯乙烯，其分子主链是由丁二烯、苯乙烯两种单体相嵌形成的嵌段共聚物，但又含有苯乙烯侧支链。共聚物中橡胶含量较少（一般为 5%~10%），因此分子链端以苯乙烯为主。这种共聚物可以克服机械共混法橡胶相分散不均匀的缺点，且分散相粒径为 1~2μm，韧性有大幅度的提高，目前已成为高抗冲聚苯乙烯的主要生产方法。近年来，采用丙烯酸酯橡胶代替顺丁橡胶，并使分散相粒径小于 1μm，可制得高光泽、高刚性等性能更为优异的高抗冲聚苯乙烯，并在一些领域里替代了 ABS 树脂。

高抗冲聚苯乙烯的加工性能良好，与 ABS 树脂的成型性能相近，成型收缩率与 ABS 相近，因此，ABS 的成型模具也适用于高抗冲聚苯乙烯。高抗冲聚苯乙烯的加工方法有注射、挤出、热成型、吹塑、泡沫成型等。

高抗冲聚苯乙烯除了冲击性能优异外，还具有聚苯乙烯的大多数优点，如尺寸稳定性好、刚性好、易于加工、制品光泽度高、易着色等，但其拉伸强度、光稳定性、氧渗透率较差，适于制造各种电气零件、设备罩壳、仪表零件、冰箱内衬、容器、食品包装及一次性用具等。高抗冲聚苯乙烯虽然价格略高于通用型聚苯乙烯，但由于性能的改善，目前已大量生产。专用级高抗冲聚苯乙烯已在许多应用中代替工程塑料。

3.4.6 ABS 树脂

ABS（acrylonitrile butadiene styrene）树脂是丙烯腈、丁二烯、苯乙烯的三元共聚物[式（3-9）]。ABS 树脂是在对聚苯乙烯改性过程中开发出来的新型聚合物材料，具有优异的综合性能，因而成为用途极为广泛的一种工程塑料。

$$\underset{\text{丙烯腈}}{\left[\begin{array}{c}CH_2-CH\\|\\CN\end{array}\right]_x}\underset{\text{丁二烯}}{\left[CH_2-CH=CH-CH_2\right]_y}\underset{\text{苯乙烯}}{\left[CH_2-CH(C_6H_5)\right]_z} \tag{3-9}$$

ABS 树脂具有复杂的两相结构，即由苯乙烯-丙烯腈共聚物（SAN）为连续相、丁二烯橡胶弹性体为分散相以及两相的过渡层所构成。制备方法不同，所得 ABS 的形态结构也有差异。接枝型 ABS 的橡胶粒子有网状结构，接枝物多出现在相界面处，两相间结合较强；而共混型 ABS 的橡胶粒子有明显的边缘，直接影响增韧效果。一般说来，丁二烯橡胶含量增大，共聚物的冲击强度提高，但拉伸强度、刚性、耐热性、耐候性、化学稳定性、透明度和加工流动性下降；丙烯腈含量增大，其拉伸强度、刚性、透明度、加工流动性提高，但冲击强度明显下降；丙烯腈含量增大，耐热性、拉伸强度、表面硬度、刚性等提高，但冲击强度、耐候性和加工流动性下降。工业上一般控制丁二烯橡胶含量（质量分数）为 5%~30%，丙烯腈含量为 10%~30%，苯乙烯含量为 40%~70%。

ABS 由于其综合性能好、价格较低和易成型加工的优点，已成为当今销量最大、应用最广的热塑性工程塑料，广泛用于汽车工业、电子电器工业、轻工家电、纺织和建筑等行业，其中汽车方面的应用最多，包括车内、车外的一些组件，如汽车外部的散热器格栅，前灯罩和大型卡车上用热成型方法制成的各种饰带，车内的仪表面板、控制板及一些内部装饰部件，热空气调节管道、加热器，等等，甚至还可用 ABS 塑料夹层板来制作小汽车的车身和其他壳体部件。

3.5 酚醛树脂

3.5.1 酚醛树脂的概述

以酚类化合物与醛类化合物缩聚而得到的树脂称为酚醛树脂，常见的酚类化合物有苯酚、甲酚、二甲酚、间苯二酚等；醛类化合物有甲醛、乙醛、糠醛等。合成时所用的催化剂有氢氧化钠、氢氧化钡、氨水、盐酸、硫酸、对甲苯磺酸等。其中最常使用的酚醛树脂是由苯酚和甲醛缩聚而成的产物（phenol-formaldehyde resin，PF），19 世纪后期就已经成功合成了一系列的酚醛树脂，然而其缩聚反应难以控制。1909 年，L.H.Backeland 首先合成了有应用价值的酚醛树脂，从此开始了酚醛树脂的工业化生产，当前酚醛树脂世界总产量占合成聚合物的 4%~6%，居第六位。

3.5.2 酚醛树脂的应用

酚醛树脂由于其优异的性能，并且具有容易改性、工艺性好、原料易得、合成简便、价格低廉等优点，广泛用于电器、电子、仪表、机械、化工、军工、建筑等领域，主要用于制造各种塑料、涂料、胶黏剂及合成纤维等。热塑性酚醛树脂压塑粉主要用于制造开关、插座、插头等电气零件，日用品及其他工业制品；热固性酚醛树脂压塑粉常用于制造高压电绝缘制件。以玻璃纤维、石英纤维及其织物增强的酚醛塑料，主要用于制造各种制动器摩擦片和化工防腐蚀塑料；高硅氧玻璃纤维和碳纤维增强的酚醛塑料是航天工业的重要耐烧蚀材料。以松香改性的酚醛树脂、丁醇醚化的酚醛树脂以及对叔丁基酚醛树脂、对苯基酚醛树脂均与桐油、亚麻子油有良好的混溶性，是涂料工业的重要原料（前两者用于配制低、中级油漆，后两者用于配制高级油漆）。

3.5.3 酚醛树脂的性能

酚醛树脂为无定形聚合物，根据合成原料与工艺的不同，可以得到不同种类的酚醛树脂，其性能差异也比较大。总的来说，酚醛树脂有如下共同的特点：

① 强度及弹性模量都比较高。酚醛树脂长期经受高温后的强度保持率高，使用温度高，但质脆，抗冲击性能差，需加入填充增强剂。加入有机填充物的使用温度为140℃，加入无机填充物的使用温度为160℃，玻璃纤维和石棉填充的最高使用温度可达180℃。

② 耐化学药品性能优良。不含填料的纯酚醛树脂几乎不受无机酸侵蚀，不溶于大部分碳氢化合物和氯化物，也不溶于酮类和醇类；但不耐浓硫酸、硝酸、高温铬酸、发烟硫酸、碱和强氧化剂等腐蚀。同时在研究制品耐腐蚀性时，还需把填料的耐腐蚀性一并考虑进去。

③ 电绝缘性能较好。酚醛树脂有较高的绝缘电阻和介电强度，所以是一种优良的工频绝缘材料，但其介电常数和介电损耗比较大。此外，其电性能会受到温度及湿度的影响，特别是含水量大于5%时，电性能会迅速下降。

④ 存在塑件的"呼吸"现象。酚醛塑料制件在低温干燥的冬季收缩较高，在高温潮湿的夏季收缩较小，甚至膨胀，这种现象称为塑件的"呼吸"。酚醛塑件的"呼吸"同塑料中排出水分或从外部吸湿有密切关系。

此外，由于酚醛树脂结构中含有许多酚基，所以吸水性大。吸湿后制品会膨胀，产生内应力，从而出现翘曲现象。吸水量的增加会使酚醛树脂的拉伸强度和弯曲强度下降，而冲击强度上升。

3.5.4 酚醛树脂的模压成型

模压成型是酚醛树脂的主要加工成型方法之一。模压成型是在热和压力作用下，借助模具使塑料成型的工艺过程。以粉料、粒料、碎块或纤维状塑料为原料，置于加热阴模中，盖上阳模后继续加热至熔化，在压力作用下，熔融塑料充满型腔，然后再加热（热固性）或冷却（热塑性）至固化，最后脱模得到成型制品。

模压成型的主要设备是热压机（图3-8），分为手动及半自动热压机。一般热压机的吨数是指热压机的最大工作压力，即热压机的最大表压与柱塞面积的乘积。

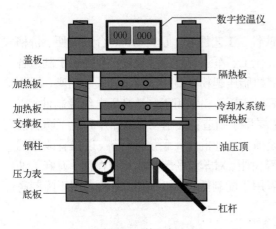

图 3-8 热压机

热固性树脂在模压成型中要经过三个阶段：开始加热的流动阶段、进一步加热后的胶凝阶段、最后交联成网的硬固阶段。前两个阶段决定了塑料的流动性，流动时间和加工的特点。上述三个阶段必须在一定的外界条件（温度、压力、时间）下才能实现。

（1）温度

温度的作用是使塑料软化流动，最后硬化成型。在成型中的物理化学变化，主要取决于温度。热固性塑料的硬化也是在一定的温度范围内进行的。低于这一温度范围，再大的压力也难使树脂固化，除非将树脂放置很长时间。在固化温度范围内，温度升高，塑料的硬化速度加快，保压的时间就可以缩短；同时由于温度升高，塑料的流动性降低得愈快，为使其在固化前充满模腔，就需要提高压力。但是温度过高或过低都是不适宜的。温度过高，硬化速度太快，制件就会呈灰黯色，其机械性能降低；而且高温使制件内部挥发物的蒸汽压很大，启模后制件表面容易肿胀或开裂，有时甚至会引起有机填充料的分解。温度过低，不仅硬化缓慢、效果差，而且也会使制件灰黯甚至表面发生肿胀。在一般的条件下，热固性酚醛模塑粉最好在（165±5）℃（不预热）下进行压制。

（2）压力

压力在模压中的作用是促进塑料在塑模中加速流动，增加塑料的密实性，避免因制件内部挥发物的蒸汽压造成制件肿胀和破裂；合紧塑模，固定制件的形状，防止制件冷却时发生变形。压力的大小，不仅取决于塑料的种类，而且与模温、制件形状以及物料是否已预热有关。

（3）模塑时间

模塑时间主要决定于模塑温度和压力。若在一定的压力下，温度升高，模塑时间要相应缩短；若在一定温度下，压力增加，则模塑时间也要相应缩短。反之，模塑时间都要相应延长，但有时候为了防止制品表面起泡、开裂、粘模等，往往需要适当延长固化和保压时间。

模压成型要求树脂对增强材料和填料要有良好的浸润性能，以提高树脂和材料、填料之间的黏接强度；树脂要有适当的黏度、良好的流动性，以便在模压过程中树脂与填充材料能同时充满整个模具型腔；树脂的固化温度低，工艺性好，要能满足模压制品的一些特定性能要求（如耐腐、耐热）等。

3.6 环氧树脂

3.6.1 环氧树脂的概述

环氧树脂（epoxy resin，EP）泛指含有 2 个或 2 个以上环氧基，以脂肪族、脂环族或芳香族链段为主链的高分子预聚物（某些环氧化合物因具有环氧树脂的基本属性也被不加区别地称为环氧树脂）。

环氧树脂的合成起始于 20 世纪 30 年代，而于 20 世纪 40 年代后期开始工业化，至 20 世纪70年代相继发展了许多新型的环氧树脂品种，近年其品种、产量逐年增长。目前，工业上产量最大的环氧树脂品种是缩水甘油醚型环氧树脂，主要是由二酚基丙烷（双酚A）与环氧氯丙烷缩聚而成的二酚基丙烷型环氧树脂（双酚A型环氧树脂），其合成反应如式（3-10）。

$$\text{HO}-\bigcirc-\underset{\underset{\text{CH}_3}{|}}{\overset{\overset{\text{CH}_3}{|}}{\text{C}}}-\bigcirc-\text{OH} + \text{H}_2\text{C}-\text{CHCH}_2\text{Cl} \xrightarrow{\text{NaOH}}$$

（3-10）

3.6.2 环氧树脂的应用

环氧树脂具有优良的特性，在高新技术领域、通用技术领域、国防军事工业、民用工业以及人们的日常生活中广泛地使用。环氧树脂的最大消费领域是涂料，占总消费量的45%左右；其次是塑料方面，占35%左右；此外还用作胶黏剂。环氧树脂可用压塑或传递模塑成型，可用作电子电器的封装、绝缘材料、结构件以及机械和仪表的零件。用玻璃纤维增强的环氧树脂，俗称环氧玻璃钢，是一种性能优异的工程材料。环氧层压塑料具有优良的力学性能、抗冲抗振和吸振性能、耐热性能、介电性能和耐腐蚀性能，其综合性能优于酚醛层压塑料，可用作结构材料、强电机械构件、印刷电路板等。

3.6.3 环氧树脂的结构与性能

环氧树脂的结构中含有羟基、醚键和活性很大的环氧基，使环氧树脂的分子和相邻界面产生配位作用或化学键接。环氧基既能在固化剂作用下发生交联聚合反应，生成三维网状结构的大分子，其分子本身又有一定的内聚力。除了聚四氟乙烯、聚丙烯、聚乙烯不能用环氧树脂胶黏剂直接粘接外，对于绝大多数的金属和非金属都具有良好的粘接性，因此称为"万能胶"。与许多非金属材料（玻璃、陶瓷、木材）的黏接强度往往超过材料本身的强度，因此可用于许多受力结构中，是结构型胶黏剂的主要品种之一。环氧树脂的力学强度相对地高于酚醛树脂和聚酯树脂。

环氧树脂的固化收缩率低，这是由于其固化主要是依靠环氧基的开环加成聚合，固化过程中不产生低分子物。而环氧树脂本身含有仲羟基，再加上环氧基固化时派生的部分残留羟基，这些羟基之间易于形成氢键，使分子排列紧密。因此，环氧树脂是热固性树脂中固化收缩率最低的品种之一，仅为1%~2%。这使得其制品尺寸稳定，内应力小，不易开裂。

环氧树脂的稳定性好，只要不含有酸、碱、盐等杂质，则不易变质。固化后环氧树脂的主链是醚键和苯环，三维交联结构致密又封闭，因此能耐酸碱及多种介质，性能优于酚醛树脂和聚酯树脂。

固化后的环氧树脂不再含有活性基团和游离的离子，因此具有优异的电绝缘性。环氧树脂具有良好的加工性。固化前的环氧树脂是热塑性的，低分子量的呈液体，中、高分子量的呈固体，加热可降低环氧树脂的黏度。在树脂的软化点以上温度范围内，环氧树脂与固化剂、填料等其他助剂有良好的混溶性。由于在固化过程中没有低分子物产生，可以在常压下成型，不要求放气或变动压力，因此操作十分方便，不需要过分高的技术和设备。

3.6.4 环氧树脂的固化剂

环氧树脂本身是热塑性的线型结构，不能直接使用，必须向树脂中加入第二组分，使其在一定的温度条件下进行交联固化反应，生成体型网状结构的高聚物之后才能使用。该第二组分就叫做固化剂。树脂固化后就改变了原来可溶可熔的性质而变成不溶不熔的状态。树脂一经固化，就不容易将其从黏合件上除去。

3.6.5 环氧树脂的加工特性

环氧树脂的成型方法很多，如压制、浇注、注射、层压、浸渍、传递模塑成型等成型方法，也可进行涂装（溶液、水性、粉末）、黏结等二次加工。

环氧树脂的压制成型中常常要加入增强材料以及填充材料，充分混合均匀后，在热压机上成型。

浇注成型是先将树脂与固化剂、填充材料等按一定比例配好并搅拌均匀，然后浇注在涂有脱模剂的模具中进行固化成型。

注射成型对环氧树脂固化体系的要求是长期储存稳定、流动性好并可保持长时间塑化，高温下固化时间短。

环氧树脂的层压成型是以环氧树脂为黏合剂，以玻璃布、石棉布、牛皮纸等为基材，放入层压机内通过加热加压而成制品，其成型过程与酚醛层压塑料类似。

3.6.6 环氧树脂的回收及降解方法

全球复合材料产业正经历约 8%的年增长率，到 2024 年总销售额预计达到 1310 亿美元。然而，复合材料中使用的大多数聚合物基质是热固性的，通常是环氧树脂，处理过程为：在制造过程中进行固化，将树脂从黏性液体固化成坚硬的玻璃状固体。此过程的不可逆性使得回收该类材料极具挑战性。

我国国家自然科学基金委员会工程与材料科学部 2020 年鼓励在"高分子材料的循环利用与资源化"领域开展基础研究与应用基础研究；我国施行的《汽车产品回收利用技术政策》要求汽车废弃材料回收率需达到 95%，再利用率达到 85%。可见，随着人类对环境保护及可持续发展的日益关注，环氧树脂复合材料的降解回收方面的研究契合"绿色发展"国家重要发展战略。

3.6.6.1 物理回收环氧树脂及其复合材料

碳纤维增强环氧树脂基复合材料的物理回收方法依赖的主要策略是减小尺寸，例如粉碎，即将复合材料废弃物机械粉碎成颗粒，并添加到新的复合材料或水泥中作为结构填料。如在混凝土等建筑材料中掺入环氧树脂复合材料可以改善与混凝土的黏结性，从而提高材料的延展性、承载能力和断裂韧性。物理回收法具有一定的环保性，因为粉碎后的复合添加剂混入建筑材料中不会立即被填埋，可以保留其部分使用寿命并减少对垃圾填埋场的影响。

3.6.6.2 化学回收环氧树脂及其复合材料

化学回收法是利用高温、高压环境，超/亚临界流体，溶剂化作用等解锁环氧基体交联结构，使树脂分子链分解为可挥发或可溶解的小分子，进而回收复合材料中附加值高昂的高性能纤维材料。

为了温和有选择性地回收氨基固化环氧树脂复合材料，研究人员采用替代化学策略，即体系中碳氮键可以通过转化为 N-氧化物或亚胺阳离子作为潜在断裂目标，因为后者很容易被水裂解。

3.6.6.3 含动态共价键可降解环氧树脂及其复合材料

开发具有本征可降解性的环氧树脂基体是复合材料回收的另一种有吸引力的方法，含有动态共价键的环氧树脂通常在环境条件下是稳定的，但可以在暴露于外部刺激时（如温度、化学物质或光解作用）变得可降解回收。基于动态共价键的响应及其结构，可以通过特异性反应、取代基和成键反应进行精细调控，因此各种动态共价键已被越来越多地应用到大分子和材料中。

动态共价键的引入降低了材料的使用价值，同时使用酸、碱等溶剂带来的二次污染问题都有待解决。因此，设计和开发兼具使用性能与降解性能的新型环氧树脂，同时保证降解策略的高效、低能耗、环保是亟需解决的重点难题。

3.7 不饱和聚酯

3.7.1 不饱和聚酯的概述

聚酯是主链上含有酯键的高分子化合物的总称，是由二元醇或多元醇与二元酸或多元酸缩合而成的，也可由同一分子内含有羟基和羧基的物质制得。目前已工业化生产的主要品种有聚酯纤维（涤纶）、不饱和聚酯树脂和醇酸树脂。

不饱和聚酯（unsaturated polyester，UP）是由不饱和二元酸（或酸酐）、饱和二元酸（或酸酐）与多元醇缩聚而成的线型高分子化合物，是热固性树脂。在不饱和聚酯的分子主链中同时含有酯键和不饱和双键。因此，它具有典型的酯键和不饱和双键的特性，可发生交联反应。典型不饱和聚酯的结构如式（3-11）。

$$H + O - G - O - \overset{O}{\underset{\|}{C}} - R - \overset{O}{\underset{\|}{C}} \overset{}{)_x} (O - G - O - \overset{O}{\underset{\|}{C}} - CH = CH - \overset{O}{\underset{\|}{C}} \overset{}{)_y} OH \qquad (3-11)$$

式中，G、R 分别代表二元醇及饱和二元酸中的二价烷基或芳基；x、y 表示聚合度。

不饱和聚酯由于分子链中含有不饱和双键，所以可以在加热、光照、高能辐射以及引发剂作用下与单体（苯乙烯）进行共聚交联，固化成具有三向网络的体型结构。不饱和聚酯在交联前后有广泛的多变性，这种多变性取决于以下两种因素：一是二元酸的类型及数量；二是二元醇的类型。

3.7.2 不饱和聚酯的应用

不饱和聚酯的用途广泛，其主要用途是制作玻璃钢制品（约占整个树脂用量的 80%）、用作承载结构材料。其比强度高于铝合金，接近钢材，因此常用来代替金属，用于汽车、造船、航空、建筑、化工等行业以及日常生活中。例如各种类型的船体、汽车外用部件、电子元件、洗手盆、化工容器、大口径管、刀把、标本、墙面装饰、人造大理石、人造玛瑙等，具有装饰性好、耐磨等特点。

3.7.3 不饱和聚酯的性能

在室温下，不饱和聚酯是一种黏稠流体或固体，分子量大多在 1000~3000 范围内，没有明显的熔点。密度在 1.10~$1.20g/cm^3$。固化时体积收缩率较大。力学性能比较好，具有较高的拉伸、弯曲、压缩强度。

不饱和聚酯的耐热性不高，绝大多数树脂的热变形温度都在 50~60℃之间，一些耐热性好的树脂热变形温度可达 120℃。易燃，但在树脂中加入三氧化二锑、四氯邻苯二甲酸酐等阻燃剂，可赋予树脂耐燃性。用三聚氰酸三烯丙酯或邻苯二甲酸二烯丙酯代替苯乙烯作交联剂，可使树脂的耐热性大为提高。

不饱和聚酯树脂耐水、稀酸、稀碱的性能较好，耐有机溶剂的性能差，可溶于乙烯基单体和酯类、酮类等溶剂。已固化的不饱和聚酯对非氧化性酸、酸性盐及中性盐的溶液以及极性溶剂是稳定的，但不耐碱、酮、氯化烃类、苯胺、二硫化碳及热酸的作用，碱和热酸能使树脂水解。

不饱和聚酯的介电性能良好。耐光性较差，若在树脂中加入紫外线吸收剂如 2-羟基-4-甲氧基二苯甲酮、水杨酸苯酯等，则可提高树脂的耐光性。与金属的黏结力不大。

不饱和聚酯的缺点是易燃、不耐氧化、不耐腐蚀、冲击强度不高，可通过改性加以克服。

3.7.4 不饱和聚酯的成型加工

不饱和聚酯在固化过程中无挥发物逸出，因此能在常温常压下成型，具有很高的固化能力，加工方便，可采用手糊成型法、模压法、缠绕法、喷射法等工艺制得不饱和聚酯树脂玻璃钢（glass fiber unsaturated polyester，GFUP）。此外，还发展了预浸渍玻璃纤维毡片的片材成型法（sheet moulding compounding，SMC）和整体成型法（bulk moulding compounding，BMC）。不饱和聚酯制件也可采用浇注、注射等成型方法。表 3-14 为不饱和聚酯树脂各种成型方法的占有率。

表 3-14 不饱和聚酯树脂各种成型方法的占有率

成型方法	占有率/%	成型方法	占有率/%
手糊成型	18	单丝缠绕成型（FW 法）	5
喷射成型	21	连续成型	3
BMC、SMC	43	其他	6
其他压制成型	4	合计	100

表 3-15 为分别用 SMC 和 BMC 制得的不饱和聚酯制品的性能。不饱和聚酯在性能上具有多变性，根据组成的不同，UP 可以是硬质的、有弹性的、柔软的、耐腐蚀的、耐候老化的或耐燃的；也可以按纯树脂、填充的、增强的或着色的形式应用 UP；根据用户的要求，UP 可以在室温或在高温下使用。这些性能上的变化形成了 UP 在应用上的多样化。

表 3-15 SMC 和 BMC 所得制品的性能

性能	SMC	BMC	性能	SMC	BMC
相对密度	1.75~1.95		介电损耗角正切（10^6Hz）	<0.015	
吸水率/%	0.5		耐电弧/s	>180	
成型收缩率/%	<0.15		阻燃性能	V-1	
热变形温度/℃	>240		简支梁无缺口冲击强度/（kJ/m²）	>90	>30
体积电阻率/（Ω·cm）	>10^{13}		弯曲强度/MPa	>1770	>90
介电强度/（kV/mm）	>12		介电常数（10^6Hz）	4.5	4.8

3.7.5 其他类型的不饱和聚酯

其他类型的不饱和聚酯树脂还有二酚基丙烷型不饱和聚酯树脂、乙烯基酯树脂、邻苯二甲酸二烯丙酯树脂等。

二酚基丙烷型不饱和聚酯是由二酚基丙烷与环氧丙烷的合成物（又称 D-33 单体）代替部分二元醇，与二元酸进行缩聚反应而合成的。由于在不饱和聚酯的分子链中引进了二酚基丙烷的链节，这类树脂固化后具有优良的耐腐蚀性及耐热性。

乙烯基酯树脂是 20 世纪 60 年代发展起来的一类新型热固性树脂，其特点是聚合物中具有端基或侧基不饱和双键。合成方法主要是通过不饱和酸与低分子量聚合物分子链中的活性位点进行反应，引进不饱和双键。常用的骨架聚合物为环氧树脂，常用的不饱和酸为丙烯酸、甲基丙烯酸或丁烯酸等。由于可选用一系列不同的低分子量聚合物作为骨架与一系列不同类型的不饱和酸进行反应，所以可合成一系列不同类型的不饱和聚酯树脂。用环氧树脂作为骨架聚合物制得的乙烯基酯树脂，综合了环氧树脂与不饱和聚酯树脂两者的优点。乙烯基酯树脂固化后的性能类似于环氧树脂，比聚酯树脂好得多。它的工艺性能与固化性能类似于聚酯树脂，改进了环氧树脂低温固化时的操作性。这类树脂的另一个突出的优点是耐腐蚀性优良，耐酸性优于胺固化环氧树脂，耐碱性优于酸固化环氧树脂及不饱和聚酯树脂。乙烯基酯树脂同时具有良好的韧性及对玻璃纤维的浸润性。

另外，在不饱和聚酯树脂中添加热塑性树脂以改善其固化收缩率，是一种新型的不饱和聚酯树脂。这种新型的不饱和聚酯树脂不仅可以减少片状模塑料成型时的裂纹，还可使制品表面光滑、尺寸稳定。常用的热塑性树脂有聚甲基丙烯酸甲酯、聚苯乙烯及其共聚物、聚己酸丙酯以及改性聚氨酯等。

在提高韧性方面，常常采用聚合物共混的方法。例如，用聚氨酯与不饱和聚酯共混，制成的产品强度高、韧性好，而且还可降低树脂中苯乙烯的含量，适合多种成型方法；用末端含有羟基的不饱和聚酯与二异氰酸酯反应得到的树脂，其韧性比普通不饱和聚酯高 2~3 倍，热变形温度提高了 10~20℃。提高不饱和聚酯树脂的耐热性一直是重要的研究课题。

3.8 聚氨酯

3.8.1 聚氨酯的概述

聚氨酯（polyurethane，PU）是指分子结构中含有许多重复的氨基甲酸酯基团 $\text{(-NH-}\overset{\text{O}}{\overset{\|}{\text{C}}}\text{-O-)}$

的一类聚合物，全称为聚氨基甲酸酯。

聚氨酯根据其组成的不同，可制成线型分子的热塑性聚氨酯，也可制成体型分子的热固性聚氨酯。前者主要用于弹性体、涂料、胶黏剂、合成革等，后者主要用于制造各种软质、半硬质、硬质泡沫塑料。

3.8.2 聚氨酯的应用

建筑领域、汽车工业、电子设备、新能源和环保产业的快速发展，极大地拉动了聚氨酯产品的需求。建筑领域是聚氨酯的重要应用市场。聚氨酯材料不仅可用作新建住宅的保温层，还可用于老建筑的翻新改造。即使在未来的聚氨酯市场达到相对饱和的情况下，其在建筑领域仍有极大的增长潜能。在交通领域，聚氨酯材料的应用也越来越多。聚氨酯产品不仅能够减轻汽车的重量，而且能提高汽车产品的生命周期。聚氨酯产品在制冷、鞋业、纺织、休闲等领域的应用也发展迅速。

3.8.3 聚氨酯的结构与性能

聚氨酯一般由多异氰酸酯与含羟基聚酯多元醇或聚醚多元醇反应合成，通常还包括与小分子二醇或二胺的扩链反应，以得到高分子量的聚氨酯。根据所用原料官能团数目的不同，可以制成线型或体型结构的高分子聚合物。当有机异氰酸酯和多元醇化合物均具有两个官能团时，即可得到线型结构的聚合物；若其中之一具有三个及三个以上官能团时，则可得到体型结构的聚合物。

聚氨酯的结构复杂，以二异氰酸酯和聚合物二元醇（聚酯或聚醚），经预聚和扩链反应合成线型聚氨酯以及进一步反应生成交联聚氨酯为例来说明，如图3-9所示。

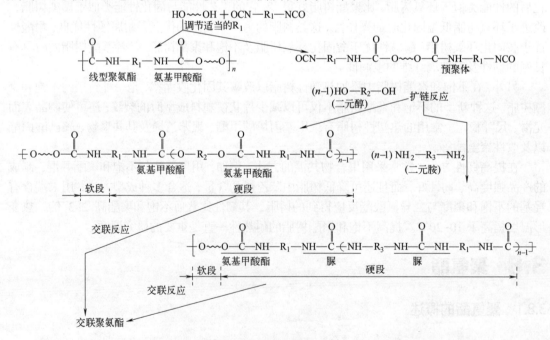

图 3-9 交联聚氨酯的合成

由图 3-9 所示的聚氨酯大分子结构可知，能调节的结构因素很多。如：HO～～OH 的化学组成可为聚酯或聚醚；聚酯或聚醚分子量的大小及其链中柔性链段所占的比例；R_1、R_2 及 R_3 的化学组成和结构；软、硬段之间的比例等。如果再进行交联反应，则交联密度的大小、交联基团的类型也会影响交联产物的性能。

以异氰酸酯为例，OCN—R_1—NCO 中的 R_1，若为脂肪族链，则制得的聚氨酯材料光稳定性好，不会变黄，芳香族链则会变黄。R_1 大小会影响聚氨酯性能，如 1，5-萘二异氰酸酯制成的橡胶，其力学强度优于 2，4-二甲苯异氰酸酯制得的橡胶。

表 3-16 中列出了一些基团的内聚能。酯基的内聚能大于醚基，所以聚酯二元醇构成的聚氨酯分子链间的作用力大于聚醚二元醇的。相应地，前者的耐热性、力学强度高于后者，而后者的耐低温性好，又较柔软。酰胺基与氨基甲酸酯基极性较大，故在聚氨酯大分子链中成为硬段。嵌段型聚氨酯的 T_g、熔点、弹性、吸湿性等显然与软、硬段的比例有关，这也是不同基团内聚能大小的反映。

表 3-16　几种基团的内聚能

基团	内聚能/(kJ/mol)	基团	内聚能/(kJ/mol)
—CH_2—	2.85	—C_6H_4—	16.32
—O—	4.19	$-\overset{O}{\underset{\|}{C}}-NH-$	35.59
$-\overset{O}{\underset{\|}{C}}-O-$	12.14	$-O-\overset{O}{\underset{\|}{C}}-NH-$	36.59

交联型聚氨酯分子中所含有的交联键类型见表 3-17。脲基甲酸酯、缩二脲等强极性基团可与它们之间所产生的氢键交联，使聚氨酯橡胶具有某些特性，故而不同于一般的烯烃类橡胶。

表 3-17　聚氨酯大分子中交联键的类型

交联类型		基团	交联剂
一级交联	脲基甲酸酯	$-N-\overset{O}{\underset{\|}{C}}-O-$　CONH—	二异氰酸酯
	缩二脲	$-N-\overset{O}{\underset{\|}{C}}-NH-$　CONH—	二元胺
	氨基甲酸酯	$-HN-\overset{O}{C}-O-$　$-HN-\overset{O}{C}-O-\overset{O}{C}-NH-$	三元醇
	碳-碳	～C～ 　| ～C～	过氧化合物
	碳-硫	～C～ 　| 　S 　| ～C～	硫黄

续表

交联类型		基团	交联剂
一级交联	亚甲基	—NHCO—CH₂—NHCO— (methylene bridging two amide groups)	甲醛
二级交联	氢键	—HN—C—NH— ‖ O ⋮ H—O ‖ —N—C—NH—	某些极性基团之间形成的

表 3-18 中列出了一些模型化合物的热分解温度，表明基团结构的不同，会直接影响到聚氨酯材料的耐热性。各种基团的耐热性次序为：酯、醚≥脲、氨基甲酸酯≥脲基甲酸酯、缩二脲。

表 3-18 模型化合物中各种基团的热分解温度

基团	模型化合物的热分解	差热分析峰温/℃
脲	C₆H₅—NHCON(C₂H₅)₂ ⟶ C₆H₅—NCO + NH(C₂H₅)₂	260
氨基甲酸酯	C₆H₅—NHCOOC₄H₉ ⟶ C₆H₅—NCO + C₄H₉OH	241
脲基甲酸酯	C₆H₅—N(COOC₄H₉)—CONH—C₆H₅ ⟶ C₆H₅—NCO + C₆H₅—NHCOOC₄H₉	146
缩二脲	C₆H₅—N(CONHC₄H₉)—CONH—C₆H₅ ⟶ C₆H₅—NCO + C₆H₅—NHCONHC₄H₉	144

若合成聚氨酯橡胶时采用二元胺来扩链与硫化交联，则获得的聚合物中会含有耐热性高的脲基，故制品的热稳定性也较高；若反应中有过量的—NCO 基团存在，与脲反应会生成耐热性较低的缩二脲，则其制品的热稳定性就会下降。由此可知，交联剂用量的多少不但与交联密度有关，还与生成交联键的类型有关，从而影响到材料的性能。

3.8.4 聚氨酯泡沫塑料

聚氨酯泡沫塑料是聚氨酯树脂的主要产品，约占聚氨酯产品总量的 80%以上。根据所用原料的不同，可分为聚醚型和聚酯型泡沫塑料；根据制品性能不同，可分为软质、半硬质、硬质泡沫塑料。

软质泡沫塑料就是通常所说的海绵，开孔率达 95%，密度约 $0.02\sim0.04\text{g/cm}^3$，具有轻度交联结构，拉伸强度约为 0.15MPa，而且韧性好、回弹快、吸声性好。目前软质泡沫塑料的产品占所有泡沫塑料产品的 60%以上。

软质泡沫塑料是以甲苯二异氰酸酯（toluene diisocyante，TDI）和含两个或三个官能团的聚醚多元醇为主要原料，利用异氰酸酯与水反应生成的 CO_2 作为发泡剂，其生产方法有连续式块料法及模塑法。连续式块料法是将反应物料分别计量混合后，在连续运转的运输带上进行反应、发泡，形成宽为 2m、高为 1m 的连续泡沫材料，熟化后切片即得制品。模塑法是把反应物料计量混合后冲模，发泡成型后即得产品。软质泡沫塑料主要用于家具用品、织物衬里、防震包装材料等。

半硬质泡沫塑料的主要原料为 TDI 或二苯基甲烷二异氰酸酯（methylene diphenyl diisocyanate，MDI），以及含 3~4 个官能团的聚醚多元醇，发泡剂为水和物理发泡剂。半硬质泡沫塑料有普通型和结皮型两类，其交联密度大于软质泡沫塑料。普通型的开孔率为 90%，密度为 0.06~0.15g/cm³，回弹性较好。结皮型的在发泡时可形成 0.5~3mm 厚的表皮，密度为 0.55~0.80g/cm³，其耐磨性与橡胶相似，是较好的隔热、吸声、减震材料。

硬质泡沫塑料的主要原料为 MDI 以及含 3~8 个官能团的聚醚多元醇，发泡剂为水和物理发泡剂。硬质泡沫塑料具有高度交联结构，基本为闭孔结构，密度为 0.03~0.05g/cm³，并有良好的吸声性，热导率低，为 0.008~0.025W/(m·K)，为一种优质绝热保温材料。

硬质泡沫塑料的成型加工可采用预聚体法、半预聚体法和一步法。对于绝热保温材料可用注射发泡成型和现场喷涂成型；对于结构材料则可用反应注射成型（reaction injection moulding，RIM）或增强反应注射成型（reinforced reaction injection molding，RRIM）。

3.8.5 聚氨酯弹性体

聚氨酯弹性体具有优异的弹性，其模量介于橡胶与塑料之间，具有耐油、耐磨耗、耐撕裂、耐化学腐蚀、耐射线辐射等优点，同时还具有黏结性好、吸振能力强等优异性能，所以近年来有很大的发展。

聚氨酯弹性体主要有混炼型（millable polyurethane elastomer，MPU）、浇注型（casting polyurethane elastomer，CPU）和热塑型（thermoplastic polyurethane elastomer，TPU）。

聚氨酯弹性体具有很好的力学性能，其撕裂强度要优于一般的橡胶，硬度变化范围比较宽，而且还具有很好的耐磨耗性能（表 3-19）。此外，聚氨酯弹性体滞后时间长，阻尼性能好，因而在应力应变时吸收的能量大，减震效果非常好，因此在汽车保险杠、飞机起落架方面广泛应用。

表 3-19 不同高分子材料的磨耗性能

材料	磨耗量/mg	材料	磨耗量/mg
聚氨酯	0.5~3.5	低密度聚乙烯	70
聚酯膜	18	天然橡胶	146
聚酰胺 11	24	丁苯橡胶	177
高密度聚乙烯	29	丁基橡胶	205
聚四氟乙烯	42	ABS	275
丁腈橡胶	44	氯丁橡胶	280
聚酰胺 66	49	聚苯乙烯	324

注：磨耗条件为 CS17 轮，1000g/轮，5000r/min，23℃。

3.8.6 水性聚氨酯

20世纪60年代,Bayer公司的Dieterich发明了内乳化法并合成出稳定性高、成膜性能好的聚氨酯乳液,率先将水性聚氨酯商业化,并于1967年在美国市场推出第一个水性产品,应用于织物处理和皮革涂饰。水性聚氨酯早期的应用主要是涂料和黏合剂。近年来,随着各国一系列环保法案的制定和执行,如美国的空气清洁法案等,涂料和黏合剂应用中的可挥发有机物得到了限制,相当多的溶剂或其副产物被严格限制为危险空气污染物。由于溶剂型聚氨酯树脂中所含有的大量溶剂,易燃、易挥发、气味大,使用时容易造成空气污染,所以水性聚氨酯逐渐占据溶剂型聚氨酯的应用领域,并呈现逐年上升趋势。

水性聚氨酯是以水为介质,将聚氨酯粒子分散其中的二元胶态体系。按分散状态,可分为聚氨酯水溶液、水分散液、水乳液三种类型,也称为水基聚氨酯。合成含有羧基的水性聚氨酯过程见式(3-12):

$$
\text{OCN—R—NCO} + \text{HO—R}'\text{—OH} + \text{HO—CH}_2\underset{\underset{\text{COOH}}{|}}{\overset{\overset{\text{CH}_3}{|}}{\text{C}}}\text{CH}_2\text{—OH} \longrightarrow
$$

$$
\sim\sim\text{O—CH}_2\underset{\underset{\text{COOH}}{|}}{\overset{\overset{\text{CH}_3}{|}}{\text{C}}}\text{CH}_2\text{—O—}\overset{\overset{\text{O}}{\|}}{\text{C}}\text{—NH—R—HN—}\overset{\overset{\text{O}}{\|}}{\text{C}}\text{—R}'\text{—O}\sim\sim \quad (3\text{-}12)
$$

水性聚氨酯是一种多嵌段结构的聚合物。分子链的结构与聚氨酯相似,保留了传统聚氨酯的一些优良性能,如良好的耐磨性、柔顺性、耐低温性和耐疲劳性等,且具有无毒、不易燃、无污染、节能、安全可靠、易操作、易改性、不损伤被涂物体表面等优点。因此水性聚氨酯被成功地应用在溶剂型聚氨酯所覆盖的领域,如轻纺、皮革加工、涂料、木材加工、建材、造纸和胶黏剂等行业。水性聚氨酯在制备过程中大大减少了有机溶剂的用量,减轻了环境的负担;而且水分散体系方便无害,可直接应用,大大降低了成本。

3.8.7 非异氰酸酯型聚氨酯

传统聚氨酯由多异氰酸酯与含有活泼氢的化合物反应而成。但多异氰酸酯是对环境与人体健康有害的高毒性物质,而且合成多异氰酸酯的原料光气毒性更大。为克服这些缺点,自20世纪90年代以来,发达国家非常重视对合成非异氰酸酯聚氨酯的研究。典型非异氰酸酯型聚氨酯(nonisocyanate polyurethane,NIPU)的合成过程见式(3-13):

$$
\underset{O}{\overset{O}{\bigcirc}}\!\!\!\diagdown\!\!\text{R}\!\!\diagup\!\!\!\underset{O}{\overset{O}{\bigcirc}} + \text{NH}_2\text{—R}'\text{—NH}_2 \longrightarrow \left[\text{HN—}\overset{\overset{\text{O}}{\|}}{\text{C}}\text{—O—CH}_2\overset{\overset{\text{OH}}{|}}{\text{CH}}\text{—R—}\overset{\overset{\text{OH}}{|}}{\text{CH}}\text{CH}_2\text{—O—}\overset{\overset{\text{O}}{\|}}{\text{C}}\text{—NH—R}'\right]_n
$$

$$(3\text{-}13)$$

NIPU具有与传统聚氨酯不同的结构与性能。其结构单元氨基甲酸酯的β位碳原子上含有羟基,能与氨基甲酸酯中的羰基形成分子内氢键。量子计算、红外光谱(infrared spectroscopy,IR)和核磁共振波谱(nuclear magnetic resonance spectroscopy,NMR)分析均证实了这种环状结构的稳定存在。因此,NIPU从分子结构上弥补了传统聚氨酯中的弱键结构,耐化学性、耐水解性以及抗渗透性均比较优异。其制备过程中不会使用到高毒性和湿敏性的多异氰酸酯,也就不会产生气泡而使材料形成结构缺陷，给原料的储存和合成带来了方便。

拓展阅读

2023年5月11日，国内首条110千伏聚丙烯绝缘电缆在广州成功挂网并安全运行一周，标志着我国绿色电缆正式进入工业化应用阶段，为未来进一步推广应用到大型城市群建设、海上风电并网接入等领域打下坚实基础。

与中压电压等级相比，高压聚丙烯绝缘电缆对材料的洁净度、电缆生产线的改造要求更为严苛。长期以来，我国高压电缆所使用的绝缘材料及屏蔽材料依赖国外进口，每年进口量超过10万吨。

此次投运的输电线路采用非交联型绿色聚丙烯绝缘材料，与以往相同规格、电压等级的常规交联聚乙烯绝缘电缆相比，从原材料加工到电缆制造环节约减排二氧化碳6.2吨，电缆绝缘工序生产周期缩短80%，生产能耗降低超过40%。

在国家"双碳"战略目标的驱动下，构建以新能源为主体的新型电力系统为电力电缆产业带来了前所未有的发展机遇。新一代非交联型绿色聚丙烯绝缘材料具有绿色环保的技术优势，极为符合电网建设及其装备的绿色低碳化发展需求，在未来大型城市群建设、城镇化发展、海上风电并网接入、海洋经济开发及岛屿互联等领域具有广阔的应用前景。

参考文献

[1] 叶卓然，罗靓，潘海燕，等. 超高分子量聚乙烯纤维及其复合材料的研究现状与分析 [J]. 复合材料学报，2022，39（9）：4286-4309.

[2] 陈林. 高强高模聚乙烯纤维之性能及其用途探析 [J]. 轻纺工业与技术，2020，49（9）：117-118.

[3] 于达勤. 超高分子质量高强高模聚乙烯纤维的性能与应用研究 [J]. 纺织报告，2021，40（2）：10-12.

[4] 欧阳本红，赵鹏，黄凯文，等. 热塑性聚丙烯电缆料研究进展评述 [J]. 高电压技术，2023，49（3）：907-919.

[5] 颜安，翁长永，刘毓敏. 聚丙烯改性技术及其产品应用进展 [J]. 现代化工，2022，42（S2）：58-61.

[6] 黄立辉，宋方方，胡全超. 多手段研究分析聚丙烯的热氧老化机理 [J]. 中国建筑防水，2021（2）：1-4.

[7] Zhang W, Xu M, Huang K, et al. Effect of β-crystals on the mechanical and electrica properties of β-nucleated isotactic polypropylene [J]. IEEE Transactions on Dielectrics and Electrical Insulation，2019，26（3）：714-721.

[8] 陈锋. 抗冲共聚聚丙烯结构-性能关系的考察及聚丙烯的抗冲改性 [D]. 杭州：浙江大学，2015.

[9] 祁蓉，铁文安，田小艳，等. β成核剂在聚丙烯材料中的改性研究与应用 [J]. 塑料工业，2021，49（10）：9-12.

[10] 杨洋，赵强，朱琦，等. 聚丙烯改性及其抗老化性能的研究进展 [J]. 合成纤维，2021，50：7-9.

[11] 胥晶，吴木根，陈昕航，等. 绝缘性塑料材料在电气电缆的应用研究 [J]. 塑料科技，2022（003）：109-112.

[12] 金标义. 氯化聚乙烯橡胶 [M]. 北京：北京理工大学出版社，2019.

[13] 张海龙，宋晟，杨国娟. 国产羟丙基甲基纤维素在高聚合度聚氯乙烯生产中的应用 [J]. 聚氯乙烯，

2021, 49（8）: 24-26.

[14] 孙治忠, 张文学, 刘元戎, 等. PVC-C 制备工艺进展及其应用 [J]. 工程塑料应用, 2020, 48（12）: 157-162.

[15] 韩哲文. 高分子科学教程 [M]. 上海: 华东理工大学出版社, 2011.

思考题

1. 低密度聚乙烯（LDPE）、线型低密度聚乙烯（LLDPE）、高密度聚乙烯（HDPE）的结构有何不同？对材料性能的影响有哪些？
2. 聚丙烯有三种不同的立构体，哪种结构能结晶？为什么？
3. 聚氯乙烯中的氯原子对材料的性能产生了哪些影响？
4. 润滑剂的作用是什么？内外润滑剂各有什么特点？
5. 聚苯乙烯最显著的性能特点是什么？简述这一特点的应用及缺陷。
6. 自选一种商业化的 ABS 合金，简述使其具备新的性能特点的原因或机制。
7. 热固性酚醛树脂与热塑性酚醛树脂的合成条件及分子结构有何不同？热固性酚醛树脂的固化程度如何？
8. 简述环氧树脂及其复合材料的回收及降解方法。
9. 分析不饱和聚酯中不饱和二元酸、饱和二元酸、二元醇、交联剂对其最终性能的贡献。
10. 如何调控聚氨酯材料的性能？

第4章 工程塑料

学习目标

（1）了解工程塑料的应用与发展。
（2）理解工程塑料结构与性能的关系（重点）。
（3）掌握工程塑料加工成型的特点。

工程塑料是可以作为结构材料承受机械应力，能在较宽的温度范围和较为苛刻的化学及物理环境中使用的塑料材料。与通用塑料相比，工程塑料分子结构中含有极性、刚性或可产生分子间氢键等特殊结构的基团，所以在宏观性能上具有了一定的优势。工程塑料性能优良，在很多领域可替代金属材料作为结构材料，因而被广泛用于汽车、电子电气、机械设备、办公自动化以及日常生活用品等方面，在国民经济中发挥着越来越重要的作用。

工程塑料品种很多，一般可分为通用工程塑料和特种工程塑料两大类。通用工程塑料主要指已大规模工业化生产的、应用范围较广的5种塑料，即：聚酰胺（尼龙，PA）、聚甲醛（POM）、聚碳酸酯（PC）、聚对苯二甲酸丁二酯（PBT）及聚苯醚（PPO）等。特种工程塑料主要指性能更加优异独特，但目前大部分尚未大规模工业化生产或生产规模较小、用途相对较窄的一些塑料，如：聚苯硫醚（PPS）、聚酰亚胺（PI）、聚砜（PSF）、聚醚酮（PEK）等。

4.1 聚酰胺

4.1.1 聚酰胺的概述

聚酰胺（polyamide 或 nylon，PA）是指大分子主链上含有酰胺基团重复结构单元的一类聚合物的总称，主要由二元胺和二元酸缩聚或由氨基酸内酰胺自聚合而成，俗称尼龙。

根据不同的聚合机理，可以将聚酰胺分为以下两类：

① 由内酰胺开环聚合制得，简称尼龙 l（PAl）。其中 l 为重复的 ω-氨基酸或内酰胺的碳原子数，通式见式（4-1）：

$$\left[-NH\!-\!(CH_2)_{l-1}\!-\!\overset{O}{\underset{}{C}}- \right]_n \quad (4\text{-}1)$$

② 由二元胺和二元酸缩聚制得，简称尼龙 mp（PAmp）。其中 m 和 p 分别为重复的二元胺和二元酸的碳原子数，通式见式（4-2）：

$$\left[-NH+CH_2\frac{}{}_m NH-\overset{O}{\overset{\|}{C}}+CH_2\frac{}{}_{p-2}\overset{O}{\overset{\|}{C}}\right]_n \tag{4-2}$$

由脂肪族化合物制得的聚酰胺也可用重复的二元胺或二元酸的简称表示。例如，由间苯二胺（MXDA）与己二酸得到的聚酰胺称为 PAMXD6，由己二胺与对苯二甲酸制得的聚酰胺称为 PA6T。另外还有共聚酰胺，例如 PA6 与 PA66 共聚制备的聚酰胺，称为 PA6/66 或 PA66/6。

聚酰胺的合成主要有两种途径：一是将氨基酸进行缩聚，或将内酰胺开环聚合，如己内酰胺开环聚合制得 PA6；二是由二元酸与二元胺或其衍生物缩聚。二元酸与二元胺的缩聚过程是先成盐再聚合，如 PA66。PA66 的前一个数字代表二元胺的碳原子数，后一个数字代表二元酸的碳原子数；其他尼龙类推。

聚酰胺首先是作为最重要的合成纤维原料，而后发展为工程塑料，是开发最早的工程塑料，产量居于首位，约占工程塑料总产量的三分之一。近年来，除 PA6 和 PA66 等主要品种稳步增长外，由于汽车和电子电器等行业的发展，PA11、PA12、PA46 和一些芳香族聚酰胺逐渐得到应用，其重要性也在增大。

尼龙 1010 是我国 1958 年首先研制成功并于 1961 实现工业化生产的。当前，尼龙 66 产量最大，其次是尼龙 610 和尼龙 1010。尼龙材料中，在 150℃ 以上长期使用仍然能具有优良尺寸稳定性和优异力学强度的聚酰胺被称为耐高温尼龙材料。根据主链结构的不同，有全脂肪族耐高温尼龙和芳香族耐高温尼龙之分。工业化的耐高温尼龙主要有三种：PA46、PA 6T 和 PA 9T。随着对尼龙材料性能的深入研究，一系列新耐高温尼龙品种陆续出现，如聚对苯二甲酰癸二胺（PAIOT）、聚对苯二甲酰丁二胺（PA4T）、聚癸二酰对苯二甲胺（PXD10）、聚对苯二甲酰十二碳二胺（PA12T）、聚对苯二甲酰戊二胺（PA5T）和聚环己二酰己二胺（PA 6C）等。

4.1.2 聚酰胺的应用

聚酰胺的品种繁多，可以满足各种领域的一般需要。我国对聚酰胺应用的研究较早，始于 20 世纪 60 年代。近年来其应用范围不断拓宽，应用量增长较快，主要应用于电气电子、汽车制造、医疗和轻工业等领域，广泛用作结构材料、耐磨材料和介电材料，也可用作无损伤尼龙缝合针线、医疗器械和人工脏器等的制作材料。

聚酰胺的主要应用还在于合成纤维。在我国，聚酰胺纤维的商业名为锦纶，主要品种为锦纶 66 和锦纶 6，用于制作轮胎帘子线、渔网、绳索、传送带和降落伞等。芳香聚酰胺纤维可制作宇宙服、防弹衣、高温滤布、耐高温衣服、海底电缆，以此纤维增强的塑料可用于宇宙飞船、飞机、导弹壳体、赛车等。但尼龙在常温下可溶于酚类和甲酸，加热时可溶于卤代醇、乙二醇等溶剂；不耐酸，有无机酸存在时容易水解；而且具吸水性，尺寸稳定性和电绝缘性能较差，应用时要改善此类问题。

4.1.3 聚酰胺的结构与性能

4.1.3.1 聚酰胺的结构

聚酰胺大分子中的酰胺键与酰胺键之间有较大的分子间作用力（67.7kJ/kmol），—NH— 又能和—CO—形成氢键,因此大分子链排列较为规整。但是也有一部分非结晶性聚酰胺存在,这部分聚酰胺分子链中的酰胺基可与水分子配位,因此具有吸水性。聚酰胺分子链结构的另一个特征是具有对称性结构,对称性越高,越易结晶。在聚酰胺分子链结构中还含有亚甲基(—CH$_2$—)、脂肪链和芳香基团,是影响聚酰胺柔顺性、刚性、耐热性等性能的重要因素。聚酰胺分子链末端还有氨基和羧基存在,在高温下有一定的化学反应性。

聚酰胺由于其结晶性,分子间作用力大,熔点都较高。其中,分子主链结构对称性越强,酰胺基团密度越高,结晶度越大,聚酰胺的熔点越高。聚酰胺的熔点随碳原子数的增大,呈现典型的锯齿状降低趋势;聚氨酯也有类似的现象。对于氨基酸缩合制 PA,奇数氨基酸所得 PA 的熔点高于临近偶数氨基酸所得 PA 的熔点;对于二元酸和二元胺缩合制 PA,由偶数二元酸、偶数二元胺合成的 PA 熔点高于临近奇数二元酸、奇数二元胺合成的 PA(图 4-1)。

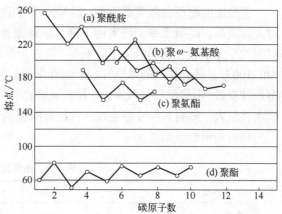

图 4-1 极性基团间碳原子数对熔点的影响

产生这种现象的原因可以用聚酰胺分子主链上的酰胺键形成氢键的概率来解释,该概率随着分子主链单元中碳原子数的奇偶而交替变化,进而影响结晶结构(图 4-2、图 4-3)。

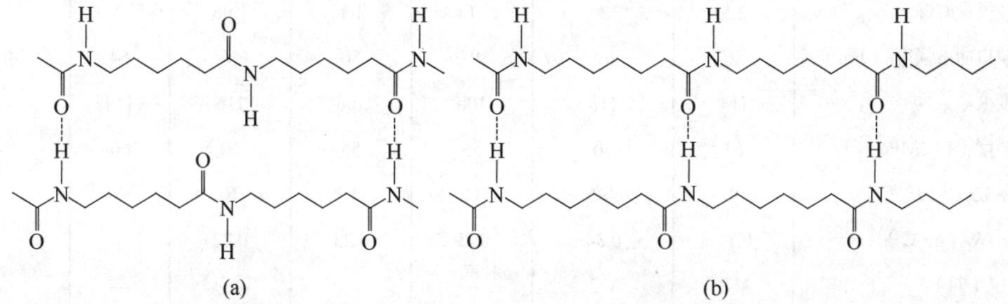

图 4-2 (a) 偶数氨基酸缩合制 PA(氢键密度小);(b) 奇数氨基酸缩合制 PA(氢键密度大)

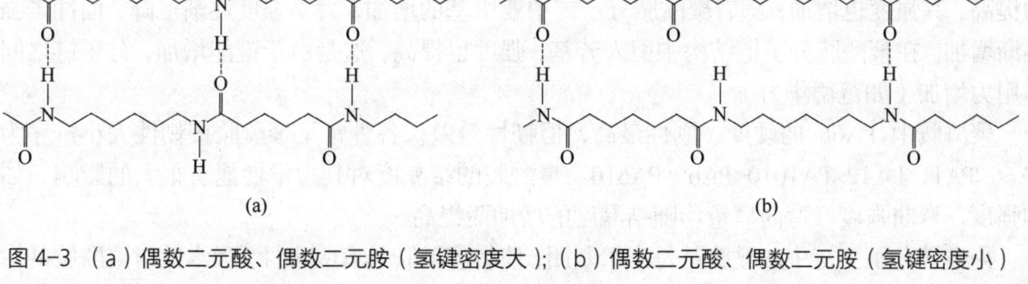

图 4-3 (a) 偶数二元酸、偶数二元胺(氢键密度大);(b) 偶数二元酸、偶数二元胺(氢键密度小)

4.1.3.2 聚酰胺的性能

聚酰胺为韧性角状半透明或乳白色结晶性树脂。聚酰胺分子之间存在较强的氢键，因而具有良好的力学性能。与金属材料相比，聚酰胺虽然刚性逊于金属，但是比拉伸强度高于金属，比压缩强度与金属相近，因此可部分代替金属材料而被应用。其弯曲强度约为拉伸强度的 1.5 倍。

聚酰胺的耐疲劳强度低于钢，但与铸铁和铝合金等金属材料相近。耐疲劳强度随分子量的增大而提高，随吸水率的增大而下降。耐摩擦和耐磨耗性好，其摩擦系数为 0.1~0.3。聚酰胺对钢的摩擦系数在油润滑下下降明显，但在水润滑下却比干燥时高。聚酰胺的使用温度一般为 -40~100℃，具有良好的阻燃性。同时在湿度较高的条件下也具有较好的电绝缘性。耐油、耐溶剂性良好。但聚酰胺易吸湿，随着吸湿量的增加，聚酰胺的屈服强度下降，屈服伸长率增大；吸水性较大，影响其尺寸稳定性。各种聚酰胺的化学结构不同，其性能也有差异，表 4-1 列出了一些通用聚酰胺的性能。

表 4-1 常用聚酰胺的性能

性能	PA6	PA66	PA11	PA12	PA610	PA612	PA1010
密度/(g/cm^3)	1.14	1.14	1.04	1.02	1.08	1.07	1.03~1.05
熔点/℃	220	260	187	178	215	210	200~210
成型收缩率/%	0.6~1.6	0.8~1.5	—	—	—	—	1.0~1.5
拉伸强度/MPa	74	80	55	50	56.8	62	50~60
伸长率/%	200	60	300	350	200	200	200
弯曲强度/MPa	111	127	67.6	72.5	93.1	89	80~89
弯曲弹性模量/GPa	2.5	3	1	1.1	1.96	2	1.3
悬臂梁缺口冲击强度/(J/m)	56	40	39.2	50	56	54	40~50
洛氏硬度/R	114	118	108	106	116	114	—
热变形温度（1.82MPa）/℃	63	70	55	55	60	60	—
线膨胀系数/($\times 10^{-5}$/℃)	8	9	11	11.2	10	—	—
热导率/[W/(m·℃)]	0.19	0.34	0.29	0.23	0.22	—	—
阻燃率（UL94）	V-2	V-2	—	—	—	—	—
吸水率（24h）/%	1.8	1.3	—	—	—	—	—

（1）力学性能

聚酰胺具有较高的力学强度和模量。随着酰胺基密度的增加、分子链对称性增强和结晶度的提高，其强度也增加；随着聚酰胺分子链中亚甲基的增加，力学强度逐渐下降，而冲击强度逐渐增加。在聚酰胺分子链结构中引入芳基，强度也提高，这是由于键能增加，分子链之间的作用力增加（如范德华力）。

聚酰胺中 PA66 的硬度、刚性最高，但韧性最差。各种常见聚酰胺按韧性大小排序为：PA66<PA11<PA12<PA1010<PA6<PA610。聚酰胺的结晶度对其力学性能有很大的影响，如拉伸强度、弯曲强度、弯曲模量均随结晶度的增加而提高。

聚酰胺分子主链中的酰胺基是亲水基团，使得聚酰胺具有吸水性。吸水性对聚酰胺的力学性能影响很大，吸水后其拉伸强度、弯曲强度及弯曲弹性模量等大幅度下降，制品尺寸变化大，而冲击强度则大幅度上升，见表4-2。

表4-2 聚酰胺吸水性对力学性能的影响

聚酰胺名称	拉伸断裂强度/MPa	伸长率/%	弯曲强度/MPa	弯曲弹性模量/GPa	悬臂梁缺口冲击强度/（J/m）
PA6（吸水率为3.5%）	50~55（75）	270~290（150）	34~39（110）	0.65~0.75（2.4）	280~400（70）
PA66（吸水率为3.5%）	58（83）	270（60）	55（120）	1.2（2.9）	110（45）
PA46（吸水率为3%）	60（100）	200（40）	67（144）	1.1（3.2）	180（90）
PAMXD-6（吸水率为3%）	76	>10（2.0）	130（162）	4.0（4.6）	

注：测定标准采用ASTM，括号内为干态测定的数据。

（2）电性能

聚酰胺有良好的电绝缘性能，表4-3列出了一些聚酰胺的电性能。聚酰胺虽有较好的电性能，但是由于其分子主链中含有极性酰胺基，属于易吸水的聚合物，随着吸水率的增加，聚酰胺的体积电阻率和介电强度降低。因此，聚酰胺不适合作为高频和在湿态环境下工作的电绝缘材料。

表4-3 一些聚酰胺的电性能

性能		PA6	PA66	PA11	PA12	PA610	PA612	PA1010
体积电阻率/（Ω·cm）		10^5	10^{15}	10^{14}	10^{14}	10^{14}	10^{14}	10^{14}
介电常数	60 Hz	4.1	4.0			3.9		3.6
	10^3 Hz		3.9	3.7	4.5	3.6		
	10^6 Hz	3.4	3.3			3.1	2.62	
介质损耗角正切	60 Hz					0.04		0.03
	10^3 Hz	0.06	0.02	0.05	0.05	0.04		
	10^6 Hz	0.02	0.02			0.02	0.03	
介电强度/（kV/mm）		18.0	15.0	17.0	15.0	18.0		17.0~20.0

（3）热性能

不同品种聚酰胺的熔点差别较大，熔点最高的是PA46，高达295℃。聚酰胺的使用温度范围较宽，一般为-40~100℃。聚酰胺的热变形温度与所承受的载荷关系很大，随着载荷的增加，热变形温度迅速降低。各种聚酰胺的热导率差别不大。

（4）耐化学药品性能

聚酰胺对大多数化学试剂的作用是稳定的，特别是对汽油、润滑油等油类，具有很强的抵抗性，耐油性好。PA11、PA12的耐油性极好，是制造汽车油管的首选材料。但是，聚酰胺在常温下可溶于酚类、浓无机酸、甲酸，在高温下可溶于乙二醇、冰醋酸、丙二醇、氯化锌或氯化钙的甲醇溶液，以及氟乙酸、氟乙醇等。通常，大多数聚酰胺塑料在碱性溶液中是稳定的，但在高温下，特别是熔融态聚酰胺，则会发生水解或降解；在此条件下，无机酸和胺，特别是一价酸可使聚酰胺迅速酸解和胺解，引起酰胺键的断裂，最终生成聚酰胺的单体。

4.1.4 聚酰胺的加工特性

聚酰胺大分子链中存在酰胺基团，使得聚合物具有突出的特性。这些特性对成型加工有积极的一面，也有不利的一面。充分了解聚酰胺的加工特性，对于制造高品质的聚酰胺制品是十分重要的。

（1）聚酰胺的吸湿性

聚酰胺是一类吸湿性较强的高聚物。聚酰胺含水量对其力学性能有较大的影响。因此，成型前必须充分干燥。

（2）聚酰胺的熔融流动特性

聚酰胺的熔点较高，其熔体流动性很好，很容易充模成型。由于熔体流动性大，在注射或挤出时，都有可能出现螺杆、螺槽内熔料的逆流和螺纹端面与机筒内壁间的漏流增大，从而降低有效注射压力和供料量，甚至使螺杆打滑，进料不畅。因此，一般在机筒前端加装止回圈，以防止倒流。

（3）聚酰胺的熔点与加工温度

聚酰胺的熔点都较高，小部分聚酰胺的熔点与分解温度很接近，如 PA46 的熔点为 290℃，在 300℃时开始分解，约 330℃时，会发生严重的裂解。聚酰胺的分解温度一般在 300℃以上，几种聚酰胺的熔点见表 4-4。

表 4-4 聚酰胺的熔点

聚酰胺的种类	熔点 T_m/℃	聚酰胺的种类	熔点 T_m/℃
PA6	215	PA66	255
PA11	185	PA610	215
PA12	175	PA612	210
PA46	290		

（4）聚酰胺的热稳定性

聚酰胺在熔融状态时的热稳定性较差。因此，加工时应尽可能避免热降解。使用适当的抗氧剂、选择合适的加工温度对于保证产品质量是十分重要的。

（5）聚酰胺的成型收缩性

聚酰胺是结晶性聚合物，而且大部分聚酰胺的结晶度较高。结晶化程度越高，成型收缩率越大。通过对聚酰胺的改性与成型工艺的控制，可以适当调整成型收缩率。因此，对不同要求的制品，应采用不同的控制方法，以达到提高制品尺寸稳定性的目的。

聚酰胺成型加工的方法有注射成型、挤出成型、吹塑成型和浇注成型。

4.1.5 聚酰胺的改性方法

聚酰胺的改性方法主要有插层复合法、原位复合法和共混法等，其中插层复合法是当前研究中最为活跃、最为成熟，同时也是最具工业化前景的技术。

聚酰胺的改性方法

4.2 聚甲醛

4.2.1 聚甲醛的概述

$$\left[\begin{array}{c} H \\ | \\ C-O \\ | \\ H \end{array}\right]_n \tag{4-3}$$

聚甲醛是一种分子主链中含有—CH_2—O—链节[式(4-3)]，具有高结晶性、高熔点、高密度的直链型聚合物。聚甲醛中文和英文名称（acetal resins）的含义并不对称，这也是五种通用工程塑料中唯一的命名方式。中文名"聚甲醛"的字面意思是此树脂为甲醛的聚合物，是一种特指的树脂，并不能真实地反映出此类树脂的结构和组成。而英文名"acetal resins（缩醛树脂）"更清晰地表明了此类树脂的结构类型，甚至是基本的生成机制。"acetal（缩醛的）"涵盖了甲醛和甲醛之外的所有与醛有关的结构，而且一般是醇和醛的反应产物。

4.2.2 聚甲醛的应用

聚甲醛可以取代其他工程塑料，甚至能代替金属及各种热固性树脂使用。目前在美国，77%的聚甲醛已经应用于工业、灌溉、水暖、消费制品等方面，其余23%应用于电子电器、五金等领域，且在每个领域内都得到了很大的延伸。而在不同国家，聚甲醛的应用领域侧重点也是不同的。均聚甲醛和共聚甲醛在应用方面各有不同。对于聚甲醛的成功应用，需要适当地设计并选择正确的成型加工方式，尤其是在涉及如蠕变问题、应力松弛问题和疲劳问题等方面时，应进行充分考虑。而在加工及设计水平方面有了相当基础之后，聚甲醛功能特性的多样性和宏观领域的共性就会使其在不同的领域具有更强的渗透力度。

4.2.3 聚甲醛的结构与性能

4.2.3.1 聚甲醛的结构

聚甲醛可分为均聚和共聚两类：由甲醛或三聚甲醛均聚可得到均聚甲醛；由三聚甲醛与少量环氧乙烷或1，4-二氧戊环共聚可得到共聚甲醛。这两类聚甲醛虽然分子结构不同，但因共聚甲醛分子结构中—C—C—键占比很小（3%~5%），所以他们的性能具有相似性。另外还有一种较特殊的嵌段共聚甲醛，通过在均聚甲醛大分子末端链接上具有润滑性的聚合物嵌段制得，其力学性能比共聚甲醛略差，但滑动性明显提高，学术上可算是第三类聚甲醛，但从数量看，其实际地位和另外两类根本无法相提并论。

4.2.3.2 聚甲醛的性能

聚甲醛的外观呈乳白或淡黄色，具有良好的综合性能。其化学稳定性和电气绝缘性很好。因为具有强力而坚固的结晶结构，所以其强度和刚度均出色。聚甲醛具有弹簧式的储能特性，其耐疲劳性、耐蠕变性等耐久性出色。聚甲醛还具有优异的自润滑性，可满足齿轮、滑轮等对耐摩擦、磨耗的要求。对于有机溶剂和油等物质的耐受性非常优良。耐寒与耐热性好，可在-40~120℃范围内使用。吸潮后的尺寸变化、蠕变以及二次尺寸变化等都较小。熔体流动性好，结晶速率快，易于成型。其缺点是密度偏大，耐酸碱、耐候和阻燃性能较差。

4.2.4 聚甲醛的加工特性

聚甲醛的综合性能优良，但由于大分子内氧原子数量甚多，树脂的阻燃难度大，且聚甲醛树脂的缺口冲击敏感性较大，所以当对韧性有特殊要求时，需要特别注意选用增韧型树脂。在加工聚甲醛时，应注意塑性树脂共性背景下聚甲醛的诸多加工特性，尤其是聚甲醛的流动性、结晶导致的收缩性和热稳定性三个方面的特性。

4.2.5 聚甲醛的改性方法

聚甲醛的改性方法主要有化学改性、增韧改性、填充改性等。

4.3 聚碳酸酯

透明金属——
聚碳酸酯

4.3.1 聚碳酸酯的概述

主链含有碳酸酯基团（—O—CO—O—）的聚合物称为聚碳酸酯（polycarbonate，PC）。由双酚 A 制得的双酚 A 型 PC 为无味、无臭、无毒的无定形固体，对氧化剂、还原剂、稀酸以及脂肪烃等稳定，耐冲击性、韧性好，蠕变小，制品尺寸稳定，具有良好的热、电和机械综合性能。玻璃化转变温度（T_g）在 150℃左右，热变形温度高达 135℃（1.82MPa），分解温度>310℃，可在-60~110℃内长期使用；双酚 A 型 PC 吸水性小，在可见光下，其透光率能超过 98%；PC 易于加工和塑模，成型简单，是热塑性工程塑料的重要代表。

4.3.2 聚碳酸酯的应用

聚碳酸酯的三大应用领域是玻璃装配业、汽车工业和电子、电器工业，还有工业机械零件、光盘、包装、计算机等办公室设备、医疗和保健、薄膜、休闲和防护器材等。PC 是唯一透明的工程塑料，可以代替玻璃在汽车车窗（系统）和车灯中使用。PC 在电子、电器领域占有极其重要的位置，也广泛应用于信息存储、光学透镜、导电薄膜及高档电子和电器组件等产品中。

在医疗领域，PC 主要应用于配药系统的外壳、胰岛素笔盒吸入设备、牙科灯，以及外科器械、过滤安全阀、分泌物容器和动物繁殖箱等方面。其高透明度使血液流量监测更加容易，优异的抗冲击性能降低了设备破损的风险，在灭菌处理中也能够保持化学性能稳定。

4.3.3 聚碳酸酯的结构与性能

4.3.3.1 聚碳酸酯的结构

聚碳酸酯的主链含有碳酸酯基团（—O—CO—O—），结构见式（4-4）。根据酯基的结构，聚碳酸酯可分为脂肪族、芳香族、脂肪族-芳香族等多种类型。其中脂肪族和脂肪族-芳香族聚碳酸酯的机械性能较低，限制了其在工程塑料方面的应用。目前仅有芳香族聚碳酸酯获得了工业化生产。聚碳酸酯由于结构上的特殊性，现已成为五大工程塑料中发展速度最快的通用工程塑料。

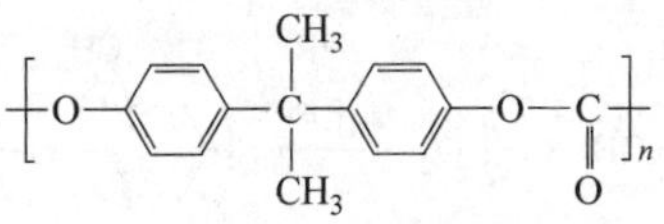

$$\begin{array}{c}\left[O-\underset{}{\underset{}{\bigcirc}}-\underset{CH_3}{\overset{CH_3}{C}}-\underset{}{\bigcirc}-O-\underset{O}{\overset{}{C}}\right]_n\end{array} \quad (4-4)$$

4.3.3.2 聚碳酸酯的性能

（1）光学特性

聚碳酸酯的透光率在 90% 左右，接近玻璃但是又比玻璃轻，不易碎，易于加工。

（2）力学性能

聚碳酸酯是刚性与韧性的有机结合体。一般而言，一种刚性很好的材料往往很脆，很容易摔碎。但聚碳酸酯虽有很好的刚性，很难将其折弯，它的韧性却也相当好，由其制成的产品，即使有重物从高处落在其上，也不容易破碎。

（3）阻燃性能

相较于其他塑料而言，聚碳酸酯有着优异的防火性能。在不添加任何阻燃剂的情况下，纯聚碳酸酯就可以通过一定级别的防火测试。如果辅以少量的阻燃剂，聚碳酸酯就能达到最高级别的防火标准，同时还不会损失其优良的光学以及力学性能，这是其他塑料产品根本做不到的。

（4）耐高温性能

聚碳酸酯的最高使用温度可以达到 120~130℃。大约十几年前，流行过的"太空杯"透明、轻便，就是以聚碳酸酯为原料制作的。

4.3.4 聚碳酸酯的加工特性

PC 是无定形材料，其熔体黏度对温度敏感。由于 PC 在高温下易发生水解，所以其制品对原料的含湿量也很敏感，在成型前必须将原料干燥至小于 0.02%。PC 可采用注塑、挤出、吹塑、流延等方法加工，也可进行黏合、焊接和冷加工。

4.3.5 聚碳酸酯的改性方法

聚碳酸酯的改性方法主要有合金化、共聚合改性和填充改性。

4.4 聚苯醚

4.4.1 聚苯醚的概述

聚苯醚（polyphenylene oxide，PPO；或 polyphenylene ether，PPE）是 20 世纪 60 年代发展起来的高强度工程塑料，其代表品种聚 2,6-二甲基-1,4-苯醚是由 2,6-二甲基苯酚（DMP）在铜-胺络合物催化下，进行氧化偶联而成，又可称为聚亚苯基氧化物或聚苯撑醚。聚苯醚的合成过程如图 4-4 所示。

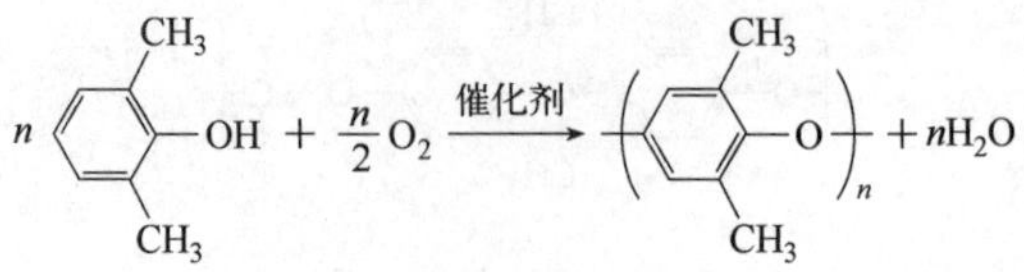

图 4-4　聚苯醚的合成过程

1964 年，美国通用电气公司首先用 2,6-二甲基苯酚为原料实现了聚苯醚的工业化生产。聚苯醚的熔点为 268℃，T_g 为 211℃，分解温度为 350℃，马丁耐热温度为 160℃，脆化温度为 -170℃，长期使用温度为 120℃。聚苯醚分子结构中无强极性基团，且分子链中含有大量的芳香环结构，刚性较强，所以其耐水性尤其是耐热水性十分突出，吸水率在工程塑料中最低。其成型收缩率低，且不容易产生加工过程中因分子取向改变而引起的应变、翘曲及其他尺寸变化。PPO 的力学性能与聚碳酸酯的接近，力学强度高、刚性大、抗蠕变性优良。

4.4.2　聚苯醚的应用

纯聚苯醚熔融流动性差，加工困难，因此其应用受到很大限制。市场上通用的主要为改性的聚苯醚（modified polyphenylene oxide，MPPO 或 modified polypheylene ether，MPPE），其是世界五大通用工程塑料之一，在电子电气、家用电器、办公自动化设备、汽车、建筑、航空和军工等领域具有广泛的用途，成为了发达国家垄断核心产品之一。一般采用聚苯乙烯或高抗冲聚苯乙烯掺混改性，如 Noryl 和 Xyron 分别是 PS 共混和接枝改性产品，目前市场上通用的主要是 MPPO。

4.4.3　聚苯醚的结构与性能

4.4.3.1　聚苯醚的结构

聚苯醚是一种非晶态热塑性工程塑料，相对密度仅为 1.07。主链中的链节单元见式（4-5），PPO 主链结构中含有大量的苯环，分子链刚性较强，因此表现出良好的力学性能，具有很高的硬度和刚性，尺寸稳定性优良，耐磨性好。分子结构中只有苯环、醚键和甲基，没有强极性基团，偶极距非常小，因而在较宽的温度范围及频率范围内都保持着良好的电绝缘性能。聚苯醚主链的刚性较大，玻璃化转变温度（T_g）为 211℃，熔融温度为 268℃，热分解温度为 350℃，因此具有良好的耐热性。

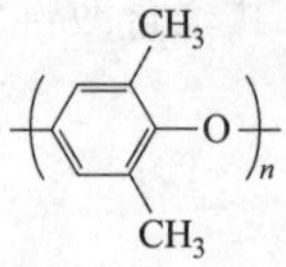

（4-5）

4.4.3.2　聚苯醚的性能

PPO 中苯环上的甲基增加位阻，使结构刚性增强，以致 PPO 硬度高、稳定性和耐化学性好。但流动性差，加工性能差。PPO 端基是酚氧基，所以耐热氧化性能差，可用抗氧化剂或者异氰酸酯封端提高 PPO 材料热氧稳定性。

（1）物理机械性能

聚苯醚分子链中含有大量的苯环结构，分子链刚性较强，力学强度高，具有较高的硬度和韧性，蠕变小，尺寸稳定性优良。

(2) 热性能

聚苯醚具有较高的耐热性，玻璃化转变温度达211℃，熔点为268℃，热分解温度为350℃。

(3) 电性能

聚苯醚分子结构中无强极性基团，在很宽的温度及频率范围内，能保持良好的电性能，其介电常数和介电损耗角正切在工程塑料中最小，且不受温度、湿度及频率的影响。

(4) 化学性能

聚苯醚为非结晶树脂，分子结构中无可水解的基团，耐水性好；制品在高压蒸汽中反复使用其性能变化不大，但能溶于卤代脂肪烃和芳烃中。

4.4.4 聚苯醚的加工特性

PPO虽然具有优良的综合性能，但也存在一些缺点，例如在酮类、酯类溶剂中制品容易发生应力开裂，抗氧性不好。另外，PPO最大的缺陷是其熔融流动性差，成型困难，无法采用注射成型。聚苯醚的吸水率很低，约0.06%，但微量的水分会导致产品表面出现银丝等不光滑现象，使用时最好是进行干燥处理；温度不可高出150℃，否则颜色会变化。而作为一种非晶聚合物，加工温度要求高达330℃，而聚苯醚在高温加工时易发生热氧降解，加工困难、能耗过大的问题也限制了PPO的应用。因此纯PPO较少直接使用，多与其他工程塑料共混改性而制备不同性能的合金产品，而商品化的聚苯醚产品绝大多数是MPPO。

4.4.5 聚苯醚的改性方法

聚苯醚的改性主要是聚苯醚合金和其化学改性，MPPO大幅改善了PPO的加工性能，其综合性能优良，成为发展最快的工程塑料合金之一，广泛应用于汽车工业、电子电器、办公设备及化工机械、医用设备和膜工业等领域。PPO合金具有良好的使用性能，并且易回收，是环境友好材料，广泛用于电子电器、汽车和办公机械等领域。目前MPPO在全球的消费量逐年增加，预计未来MPPO的消费增长速度会高于工程塑料的平均增幅，将保持5%左右的年均增长率，而PPO/PA、PPO/PBT、PPO/PP和PPO/PPS等合金增长势头更为强劲，市场前景良好。

4.5 热塑性聚酯

4.5.1 热塑性聚酯的概述

聚酯主要是以二元或多元醇和羧酸为原料经过缩聚反应而成的，通常可分为不饱和聚酯和饱和聚酯两大类。不饱和聚酯分子结构中含有非芳烃的不饱和键，可以被引发交联生成具有网状（体型）结构的热固性高聚物材料，其主要制品是聚酯玻璃钢增强塑料。而饱和聚酯分子结构中不含非芳烃的不饱和键，是一种线型热塑性高聚物材料。

热塑性聚酯主要包括聚对苯二甲酸乙二醇酯（PET）、聚对苯二甲酸丁二醇酯（PBT）、聚对苯二甲酸1,4-环己烷二甲醇酯（PCT）、聚对苯二甲酸丙二醇酯（PTT）、聚萘二甲酸乙二醇酯（PEN）和生物基聚酯等。热塑性聚酯在工程塑料品种中占有重要地位，其中已经得到广泛应用和大规模工业化生产的是聚对苯二甲酸乙二酯（PET）和聚对苯二甲酸丁二酯（PBT），它们的熔体具有优良的成纤性，被广泛地应用于纤维行业，其产量已超越了腈纶和锦纶。PET和

PBT 作为工程塑料使用时，须进行改性处理。

4.5.2 热塑性聚酯的应用

热塑性聚酯的应用领域包括电子电器、汽车和通信等。其中，PET 主要用于纤维，少量用于薄膜和工程塑料。PET 纤维主要用于纺织工业；PET 薄膜主要用于电气绝缘材料，如电容器、电缆绝缘、印刷电路布线基材、电极槽绝缘等。PET 薄膜的另一个应用领域是片基和基带，如电影胶片、X 光片、录音磁带、电子计算机磁带等。PET 薄膜也应用于真空镀铝制成的金属化薄膜，如金银线、微型电容器薄膜等。PET 的另一个用途就是吹塑制品，用于包装的聚酯拉伸瓶。玻璃纤维增强 PET 适用于电子电气和汽车行业，用于各种线圈骨架、变压器、电视机、录音机零部件和外壳、汽车灯座、灯罩、白炽灯座、继电器、硒整流器等。

PBT 在汽车、机械设备、精密仪器部件、电子电器、纺织等领域得到广泛的应用，主要是制作电子电器、汽车、机械设备以及精密仪器的零部件，以取代铜、锌、铝及铁铸件等金属材料，酚醛树脂、醇酸树脂及聚邻苯二甲酸二烯丙酯（PDAP）等热固性塑料以及其他一些热塑性工程塑料。PBT 可用作耐润滑油、耐蚀性及力学强度都有较高要求的机械零部件。在电子电器中，PBT 用于集成电路、插座、印刷电路基板、角形连接器、电视机回扫变压器的线圈绕线管、插座盖、断路器罩和转换开关等配线零件，音响器、视频器以及小型电动机的罩盖等。采用 PBT 制造的汽车内装零部件，主要有内镜撑条、控制系统中的真空控制阀等。在机械设备上，玻璃纤维增强 PBT 主要制作一些零部件，如视频磁带录音机的带式传动轴、电子计算机罩、水银灯罩、烘烤机零件以及大量的齿轮凸轮、按钮等。

4.5.3 热塑性聚酯的结构与性能

4.5.3.1 聚对苯二甲酸乙二酯的结构与性能

聚对苯二甲酸乙二酯（polyethylene terephthalate，PET），俗称"涤纶"。PET 的化学式为 $(C_{10}H_8O_4)_n$，结构见式（4-6）。

$$\left[\begin{matrix} O & & O \\ \| & & \| \\ C & & C-O-(CH_2)_2-O \end{matrix} \right]_n \qquad (4-6)$$

PET 是由对苯二甲酸二甲酯（DMT）与乙二醇反应制得对苯二甲酸双羟乙酯（BHET），然后再由 BHET 进一步缩聚反应得到的。BHET 的制备又可分为以 DMT 作原料的酯交换法和以 DA 作原料的直接酯化法两种。PET 的结构单元由柔性基团—CH$_2$—CH$_2$—、刚性基团苯环和酯基组成。酯基和苯环间形成了共轭体系而成为一个整体，增加了分子链的刚性。当大分子链围绕该刚性基团转动时，因空间位阻较大，分子只能依靠链节运动，从而使柔性烷基的作用难以发挥。所以 PET 材料刚性较大，韧性较差，具有较高的玻璃化转变温度（T_g 为 80~120℃）和熔点（265℃，规则结构；255~265℃，工业产品）。大分子链规整排列，没有支链，易于取向和结晶，具有较高的强度以及良好的成纤性和成膜性。极性酯基赋予了 PET 较强的分子间作用力、力学强度、一定的吸水性及水解性。一般将 PET 的分子量控制在 2 万~5 万，分子量分布较窄。

PET 属于结晶型饱和聚酯，是乳白色或浅黄色的高度结晶的聚合物，表面平滑且富有光泽，是生活中常见的一种树脂。1946年英国发表了第一个制备PET的专利，1949年英国ICI公司完成中试，但美国杜邦公司购买专利后，1953年建立了生产装置，在世界最先实现工业化生产。PET分子结构高度对称，具有一定的结晶取向能力。PET主链中苯环提供聚酯的刚性和强度，亚乙基则赋予其柔性和加工性能，综合两方面的性能，才使得PET可用作工程塑料。

PET树脂的玻璃化转变温度较高、结晶速度慢、模塑周期长、成型周期长且成型收缩率大、尺寸稳定性差；结晶化的成型呈脆性，耐热性低。通过成核剂以及和结晶剂和玻璃纤维增强的改进，其耐药品性良好，不溶于一般的有机物，能溶于热间甲基苯酚、热邻氯苯酚、热硝基苯、DMT和40℃的苯酚/四氯乙烷溶液，不耐酸。同时也具有优良的电绝缘性，其电性能在较宽的温度范围内变化较小，可作为高温、高强度绝缘材料及电子电器零件。介电常数一般随温度上升及频率下降而增加，唯一缺点是耐电晕性差。

4.5.3.2 聚对苯二甲酸丁二酯的结构与性能

聚对苯二甲酸丁二酯（polybutylene terephthalate，PBT），PBT的分子式为 $[(CH_2)_4OOCC_6H_4COO]_n$，结构见式（4-7）：

$$\left[\begin{array}{c} O \\ \parallel \\ C \end{array} - \left\langle \right\rangle - \begin{array}{c} O \\ \parallel \\ C \end{array} - O (CH_2)_4 O \right]_n \tag{4-7}$$

PBT与PET一起统称为热塑性聚酯。PBT是由对苯二甲酸或对苯二甲酸二甲酯与过量的1,4-丁二醇（BG）在150~170℃有催化剂存在下，通过直接酯化法或酯交换法制得对苯二甲酸双羟丁酯（BHBT），然后升温至250℃，在真空或催化剂存在下缩聚而成，最早由德国科学家P.Schlack于1942年研制而成。PBT分子主链是由每个重复单元，即刚性苯环和柔性脂肪醇连接起来的饱和线形分子组成。高度的几何规整性和刚性使PBT具有较高的力学强度、突出的耐化学试剂性、耐热性和优良的电性能。其分子中没有侧链，结构对称，满足紧密堆砌的要求，因而聚合物具有高度结晶性和高熔点。

聚对苯二甲酸丁二酯为乳白色的半透明到不透明的半结晶型热塑性聚酯，密度为 1.31g/cm³，熔点为225~235℃，具有高耐热性，可在120℃下长期使用。PBT的力学强度、耐环境应力开裂性优良，尺寸稳定，成型加工性好。由于PBT与PET的分子结构相似，故性质也相似。PBT主链比PET多两个亚甲基，所以PBT分子的柔性更好，更利于加工；采用玻璃纤维增强或无机填充改性的PBT，其拉伸强度、弯曲强度可提高一倍以上，热变形温度也大幅提高。PBT在热塑性工程塑料成员中综合性能优良，在五大工程塑料中占有一席之地。

PBT本身不具有难燃性，但与阻燃剂亲和性好，随着高效阻燃剂的发展，PBT广泛应用于电子电器行业中。PBT分子中没有强极性基团，分子结构对称并有几何规整性，具有十分优良的电性能。不耐强酸、强碱及苯酚类化学药品，在热水中力学强度会明显下降。PBT具有一定的耐候性，长时间暴露于高温条件下，其物理性能几乎没有变化。耐磨性优异，摩擦系数很小，仅大于氟塑料且与聚甲醛相似。耐疲劳性、自润滑性和耐候性好。吸水率低，仅为0.1%，在潮湿环境中仍能保持包括电性能在内的各种物性。电绝缘性好，但体积电阻、介电损耗大。耐热水、酸碱、油类、有机溶剂，但易受卤代烃侵蚀，耐水解性差。低温下可迅速结晶，成型性良好；可燃，高温下会分解。其力学性能优良，但是缺口敏感性较大。

4.5.4 热塑性聚酯的加工特性

4.5.4.1 PET的成型加工

增强PET主要采用螺杆式注射机注射成型，螺杆一般均须进行硬化处理，以免在长期使用后发生磨损。注射机喷嘴孔的长度应尽可能短，其直径应控制在3mm左右。玻璃纤维增强PET的熔点高达260℃，为防止喷嘴堵塞，应安装功率较大的加热器。

增强PET在注射成型时，如果含水量超过0.03%（质量分数），加热熔融时将发生分解，导致制品性能下降。因此，增强PET在成型前必须进行预干燥，通常在130℃温度下经过5h或150℃温度下经过4h干燥后，含水量即可下降到0.03%（质量分数）以下。另外也有其他方法，如挤出、吹塑、焊接、封接、涂覆、真空镀膜、机加工等二次加工方法。注塑成型的加工条件见表4-5。

表4-5 注塑成型的加工条件

项目		条件设定
射嘴	温度	射嘴为280~295℃、前段为270~275℃、中段为265~275℃、后段为250~270℃；模具温度为30~85℃、非结晶型模具为70℃以下
	螺杆转速	50~100r/min
	背压	5~15kg
除湿干燥机	温度	料管温度为240~280℃、射出成型温度为260~280℃、干燥温度为120~140℃
	时间	2~5h

4.5.4.2 PBT的成型加工

料温为250~270℃时，PBT充满型腔所需的注射压力并不大，显示了其良好的成型流动性，因此可制得较薄的制品。目前PBT的成型大多采用注射成型法。由于PBT的二次转移温度（冻结温度）接近室温，所以其结晶化可充分快速地进行，注射成型时模具温度较低，成型周期也较短，而且被加热的物料在型腔内的流动性也非常好。

热塑性聚酯的改性方法

4.5.5 热塑性聚酯的改性方法

热塑性聚酯的改性主要是改善PET成型性、耐冲击性和耐水解性。主要方法为共聚改性、共混改性及添加增强剂（如玻璃纤维）等。

4.6 聚酰亚胺

4.6.1 聚酰亚胺的概述

聚酰亚胺（polyimide, PI）是主链上含有酰亚胺基团（—CO—NR—CO—）的一大类聚合物，其中以含有酞酰亚胺结构的聚合物尤为重要，具有高耐热性、耐辐射性、耐化学腐蚀性，高强度等优点，结构通式见式（4-8）：

$$\text{[PI structure]} \quad (4\text{-}8)$$

聚酰亚胺最早出现在 20 世纪初，1908 年 Bogert 和 Rebshaw 通过 4-邻苯二甲酸酐的熔融自缩聚反应首次合成了芳族聚酰亚胺，但那时对该物质的性质尚未充分认识。直到 20 世纪 40 年代，合成了脂肪链的聚酰亚胺，但由于热稳定性和耐水解性差，并没有实际应用。聚酰亚胺真正的应用是从 20 世纪 60 年代开始的。1955 年美国杜邦公司申请了世界上第一个关于聚酰亚胺在材料应用方面的专利。随后，杜邦公司又申请了一系列的专利，并于 1965 年首次将聚酰亚胺薄膜及清漆商品化。至今为止，杜邦公司仍在这个领域处于领先地位。我国聚酰亚胺于 1962 年开始研究，1963 年漆包线问世，1966 年后，薄膜、塑料、胶黏剂相继研发出来。20 世纪 80 年代，随着国民经济的发展，以薄膜为龙头的聚酰亚胺得到了较大发展；进入 90 年代，均苯型、联苯型、单醚酐型、酮酐型、BMI 型、PMR 型聚酰亚胺在我国均已研究并开发出来，并且得到了初步应用。此外，我国还先后开发了三苯醚二酐型 PI、联苯二酐型 PI、二苯甲酮二酐型 PI、偏苯三酐型 PI、双酚 A 型醚酐 PI、二苯酸二酐型 PI、双马来酰亚胺等产品。

4.6.2 聚酰亚胺材料的应用

高性能聚酰亚胺凭借其轻质、耐高低温、耐化学溶剂、低介电损耗、阻燃以及优异的力学性能等综合性能，位居高性能聚合物材料金字塔的顶端，其广泛的应用前景已经得到充分的认识，被称为"解决问题的能手"，可作为特种工程塑料或高温复合材料基体树脂。热固性聚酰亚胺树脂作为先进复合材料基体树脂中耐温等级极高的树脂，长期使用温度超过 300℃，短期使用温度超过 500℃。由于其优异的热氧化稳定性、力学性能、介电性能及良好的成型工艺性等，聚酰亚胺一直受到航空航天等高科技领域的青睐。目前聚酰亚胺已经成为耐热聚合物中应用最为广泛的材料之一。

聚酰亚胺的研究和应用得到了迅猛的发展，并且种类繁多，重要品种就有 20 多个，例如聚醚酰亚胺、聚酰胺-酰亚胺、双马来酰亚胺以及聚酰亚胺纳米杂化材料等，其应用领域也在不断扩大。热塑性聚酰亚胺广泛用于汽车发动机部件、油泵和气泵盖、电子电器仪表用高温插座、连接器、印刷线路板和计算机硬盘、集成电路晶片载流子、飞机内部载货系统等。

聚酰亚胺在合成化学上也具有优异的性能，并且可以用多种方法加工。在众多聚合物中，很难找到像聚酰亚胺这样具有如此广泛的应用，而且在每一个应用方面（表 4-6）都显示了极为突出的性能，因此有着"高分子材料之王"的美称。

表 4-6　不同聚醚酰亚胺的应用形式

类型	应用
均苯型聚酰亚胺	模塑制品、纤维、漆和胶黏剂、层压材料，75%用于薄膜
单醚酐型聚酰亚胺	薄膜、模塑粉、层压板
双醚酐型聚酰亚胺	薄膜、漆、层压板、胶黏剂
酮酐型聚酰亚胺	层压制品、复合材料、泡沫塑料、工程塑料、漆和胶黏剂
NA 基封端的聚酰亚胺	耐高温复合材料、层压板、结构件、耐高温绝缘件

续表

类型	应用
乙炔基封端的聚酰亚胺	玻纤、石墨纤维增强的复合材料和模压塑料、耐高温胶黏剂
双马来酰亚胺聚酰亚胺	复合材料的基体树脂,用于耐高温胶黏剂、绝缘材料、模压塑料、功能材料
聚醚酰亚胺	工程塑料、泡沫塑料、高强纤维、耐高温胶黏剂、薄膜
聚酯酰亚胺	F/H 级绝缘材料
聚酰胺酰亚胺	层压板、薄膜、模塑粉、浇铸材料、玻纤增强材料、漆、涂料和胶黏剂

薄膜是聚酰亚胺最早实现商品化的产品。聚酰亚胺由于其优异的介电性能、耐高温性能、耐化学溶剂性能,被应用于电子工业中的密封剂、绝缘槽、电缆包、印制线路板基材、压敏胶带、卫星的外包覆隔热膜、太阳能板等。透明的聚酰亚胺薄膜可作为柔软的太阳能电池底板。聚酰亚胺涂料可作为绝缘漆用于电磁线,或作为耐高温涂料使用。聚酰亚胺先进复合材料基体用于航天、航空器及火箭的结构部件和发动机零部件。在 380℃或更高温度中可以使用数百小时,短时间内可以经受 400~500℃的高温,是最耐高温的树脂基复合材料。如碳纤维/聚酰亚胺复合材料在飞机制造工业中的应用非常广泛。以 BMI、PMR-15 等聚酰亚胺为基体树脂的碳纤维增强复合材料可用于生产飞机发动机罩、通风管、发动机扇叶片等;聚酰亚胺纤维的弹性模量仅次于碳纤维,是先进复合材料的增强剂,也可编成绳缆、织成织物或无纺布,用于高温或有放射性的有机气体或液体的过滤、隔火毡、纤维纸、防弹、防火阻燃织物等。聚酰亚胺泡沫塑料可用作耐高温及超低温的隔热和隔音材料。聚酰亚胺可分为热固性和热塑性,因此可以模压成型也可用注射成型或传递模塑,主要用于自润滑、密封、绝缘及结构材料。以杜邦的 Vespel 为代表的超级工程塑料,由于其可在非常宽的温度范围内长期使用并具有优良的耐磨性能,因此可用作飞机发动机的零部件,并应用于汽车、卫星、机械等领域。也可应用于光刻胶,包括负性胶和正性胶,如水显影液,分辨率可达亚微米级。与颜料或染料配合可用于彩色滤光膜,可大大简化加工工序。目前,Siemens、DuPont、Ciba-Geigy、Merck 公司都有此类产品。聚酰亚胺在微电子器件中可用作介电层进行层间绝缘;可作为缓冲层减少应力,提高成品率;也可作为保护层减少环境对器件的影响;还可对 α 粒子起屏蔽作用,减少或消除器件的软误差(soft error)。

综上所述,不难看出聚酰亚胺可以从二十世纪六七十年代出现的众多芳杂环聚合物中脱颖而出,最终成为一类重要的高分子材料的原因。除此之外,聚酰亚胺还可用作电-光材料、生物相容材料、微电子器件中的绝缘材料等方面。

4.6.3 聚酰亚胺的加工特性

聚酰亚胺种类非常多,按加工特性和结构特点可分为不熔性聚酰亚胺、可熔性聚酰亚胺、热固性聚酰亚胺和改性聚酰亚胺四大类。

4.6.3.1 不熔性聚酰亚胺

均苯型聚酰亚胺分子过于刚硬,分子间作用力大,不溶不熔,流动性很差,难以注塑挤出成型。第一代均苯型聚酰亚胺作为材料使用之前,只能以聚酰胺酸的形式被应用,也因为这种局限性,很长的一段时间内,均苯型聚酰亚胺只能以膜和涂料的方式被使用。均苯型聚酰亚胺目前常用的加工方法是利用类似粉末冶金的方法,在高温高压下模压成型、连续浸渍法和流延法制成薄膜和层压成型。

4.6.3.2 可熔性聚酰亚胺

单醚酐型和双醚酐型聚酰亚胺除了可用模压直接得到制品，浸渍和流延法制造薄膜外，还可以用挤出、注射等方法进行加工。注塑一般在高温高压下进行，所用温度一般为350~380℃，注塑压力大于130MPa，双醚酐型聚酰亚胺的压力可以稍低，大于100MPa即可。

酮酐型聚酰亚胺可用模压、挤出、注射、烧结等工艺加工，易于改性，可用玻纤或碳纤增强，或加入石墨或聚四氟乙烯进行耐磨改性，或与其他树脂制备合金材料。

4.6.3.3 热固性聚酰亚胺

热固性聚酰亚胺一般通过模压或层压工艺加工成各种制品，乙炔基封端的聚酰亚胺与纤维的黏结性好，易于用玻纤或其他纤维进行增强，缺点是加工性不好。

4.6.3.4 改性聚酰亚胺

聚醚酰亚胺、聚酯酰亚胺可以通过注塑、挤出工艺加工。聚酰胺酰亚胺可通过注塑、挤出、模压、流延、涂覆等工艺加工，最常用的是注塑和流延。

4.6.4 聚酰亚胺的改性方法

聚酰亚胺主要通过共混改性、共用改性和结构改性，通过共混改性复合或在PI大分子链上引进柔性基团，如醚键、酮键、烷基等，在侧链上引入大的侧基，如苯基、正丁基、甲基、三氟甲基等，设计合成不对称或扭曲非共平面结构等，将这些方法结合起来可得到具有独特优势和开发前景的高性能PI。

4.7 氟塑料

4.7.1 氟塑料的概述

氟塑料是分子式中部分或全部氢原子被氟原子所取代的链烷烃聚合物，它们常具有其他聚合物所不具备的多方面综合性能。1934年，聚三氟氯乙烯（PCTFE）被发明出来，它是世界上最早出现的氟塑料。1938年，氟塑料大家庭中极为重要的一员——聚四氟乙烯（PTFE）首次被发现。此后，伴随着现代工业的发展（特别是军事工业），氟塑料迎来了快速发展期。如今，对氟塑料的研究已经较为成熟，表现为品种多样、性能各异、应用领域广阔和加工制造技术先进等。依据当前对其研究开发的广度和深度来划分，可以将氟塑料分为聚四氟乙烯（PTFE）和其他氟塑料。其他氟塑料的品种主要有：聚全氟乙丙烯（FEP）、聚全氟烷氧基树脂（PFA）、聚三氟氯乙烯（PCTFE）、乙烯-三氟氯乙烯共聚物（ECTFE）、乙烯-四氟乙烯共聚物（ETFE）、聚偏氟乙烯（PVDF）、聚氟乙烯（PVF）、无定形氟树脂和四氟乙烯-六氟丙烯-偏氟乙烯（THV）三元共聚树脂等。

4.7.2 氟塑料的应用

PTFE独特的性能使其在国防、航空航天、原子能、石油化工、纺织、食品、造纸、制药、电子电气、仪器仪表、建筑、冶金和机械等工业有着广泛的应用。

在防腐蚀方面，PTFE 用于制造飞机液压系统和冷压系统的高中低压管道、输送腐蚀性气体的输送管、排气管、蒸汽管和轧钢机高压油管等管道，还用于制造精馏塔、热交换器和阀门等化工设备的部件以及釜、塔、槽的衬里等。

在电子电气方面，PTFE 用于微型电机、热电偶、控制装置等。PTFE 薄膜是制造绝缘电缆、无线电绝缘衬垫、电容器、马达及变压器的理想绝缘材料，可以用来制造氧气传感器，其也是制造航空航天等工业电子部件的主要材料之一。依据其在高压和高温情况下会发生极向电荷偏离的特性，PTFE 可用于制造机器人身上的零件、麦克风和扬声器等。由于其折射率较低，可用来制造光导纤维等。

在医疗方面，膨体 PTFE 材料具有纯惰性、极强的生物适应性和对人体无生理副作用的特点，加上其可用任何方法消毒、具有多微孔结构等特点，因此可以用于多种康复解决方案中。如用于血管、心脏、普通外科和整形外科的手术缝合以及软组织再生的人造血管和补片等。

在低摩擦性能方面，PTFE 用于化工设备、造纸机械、农业机械的轴承、活塞环、机床导轨、导向环；在土木建筑工程方面，可用作桥梁支座和架桥转体以及隧道、桥梁、钢结构屋架、贮槽、大型化工管道的支承滑块等。在防粘性能方面，PTFE 材料的表面张力极小且不会黏附任何物质，还可以耐高低温，因而在防粘方面应用广泛，如制造不粘锅等。其他氟塑料品种较多且性能各异，因此应用广泛。

4.7.3 聚四氟乙烯的结构与性能

4.7.3.1 聚四氟乙烯的结构

聚四氟乙烯（polytetrafluoroethylene，PTFE 或 F_4），是四氟乙烯（TFE）的均聚物，俗称"塑料王"。它是美国 DuPont（杜邦）公司的 Roy Joseph Plunkett 博士于 1938 年在用 TFE 为原料开发新型含氟制冷剂的过程中无意间发现的。DuPont 公司在 1945 年注册了 Teflon®（特氟龙®）商标并进行商业化生产。按照制造方法的不同，PTFE 的品种主要有：悬浮法聚四氟乙烯树脂、分散法聚四氟乙烯树脂和聚四氟乙烯浓缩分散液等。

聚四氟乙烯是聚乙烯中的全部氢原子由氟原子取代而成的，其分子结构见式（4-9）：

$$\left[\begin{array}{c} F \\ | \\ C \\ | \\ F \end{array} \begin{array}{c} F \\ | \\ C \\ | \\ F \end{array} \right]_n \tag{4-9}$$

从分子结构上看，由于氢原子被氟原子取代，而氟原子电负性相对较大，原子半径小，所以 C—F 键短，键能高达 500 kJ/mol。因为相邻氟原子之间具有相互排斥作用，使氟原子不在同一平面内，从而导致主链中 C—C 键角由 112°变为 107°，沿碳链作螺旋分布，而不同于一般聚烯烃分子的碳链呈锯齿形分布，故碳链四周被一系列性质稳定的氟原子包围。由于是对称分布，整个分子呈非极性。其组成和结构决定了 PTFE 具有以下性能：高度的化学稳定性和热稳定性、优异的电绝缘性、优良的耐老化性和抗辐射性、宽泛的使用温度范围、较低的吸水率、良好的润滑性和突出的不粘性等。同时，PTFE 也存在机械性能差、耐蠕变性差、耐磨性差和热导率低等缺点。

4.7.3.2 聚四氟乙烯的性能

PTFE 为白色粉状或颗粒状，无味、无毒。密度较大，为 2.14~2.20g/cm³，结晶度为 90%~95%，

T_m 为 327~342℃。几乎不吸水，平衡吸水率小于 0.01%。PTFE 坚韧而无回弹性，大分子间的相互作用力较小，因此拉伸强度中等，在应力长期作用下会变形；断裂伸长率较高，硬度较低，易被其他材料磨损。

PTFE 分子间的相互作用力小，表面分子对其他分子的吸引力也很小，因此摩擦系数非常小，润滑性优异，而且静摩擦系数小于动摩擦系数。将这种特性用于轴承制造，可表现为启动阻力小，从启动到运转十分平稳，且摩擦系数不随温度而变化，只有在表面温度高于熔点时，才会急剧增大。

PTFE 的热稳定性在所有工程塑料中极为突出，这是因为 PTFE 分子的碳氟键键能大，碳—碳键四周围包围着氟原子，不易受到其他原子如氧原子的侵袭。从 200℃ 到熔点，PTFE 的分解速度极慢，分解量极小，400℃ 以上才会显著分解。在-250℃ 下不发脆，还能保持一定的挠曲性。在压力载荷作用下，即使在 260℃ 条件下，也具有耐蠕变性。PTFE 的使用温度范围十分宽广，可在-250~260℃ 内长期使用。

PTFE 是一种高度非极性材料，介电性能极其优异。在 0℃ 以上的介电性能不随频率和温度而变化，也不受湿度和腐蚀性气体的影响。体积电阻率大于 $10^{17}\Omega\cdot\mathrm{cm}$，表面电阻率大于 $10^{16}\Omega\cdot\mathrm{cm}$，在所有工程塑料中处于最高水平。不吸水，即使长期浸在水中，其体积电阻率也没有明显下降；在 100% 相对湿度的空气中，其表面电阻率也保持不变。PTFE 的耐电弧性极好，因为它在高电压下表面放电时，不会因碳化残留碳等导电物质而引起短路，而是分解成小分子碳氟化合物挥发，所以电绝缘性和耐电弧性优良。

PTFE 化学稳定性极为优异，这是因为 PTFE 分子中，易受化学侵蚀的碳链骨架被键合力很强的氟原子严密地包围起来，使聚合物主链不受任何化学物质侵蚀。许多强腐蚀性、强氧化性的化学物质，如浓盐酸、氢氟酸、硫酸、硝酸、氯气、三氧化硫、氢氧化钠和有机酸碱等，都对它不起作用，因而其有"塑料王"之称。只有熔融的碱金属能夺去 PTFE 分子中的氟原子，生成氟化物，使表面变成深棕色。

在大气环境中，由于 PTFE 无光敏基团，臭氧也不与之作用，因此耐大气老化性十分突出；即使长期暴露在大气中，其表面也不会有任何变化。在高能射线下，会打开碳—氟键和碳—碳键，开始显著分解，但力学强度的保持率仍较高，在将 PTFE 加工成制品时，也无需添加任何防老剂和稳定剂。

PTFE 的阻燃性能非常突出。氧指数达 95%，居塑料之首。不加阻燃剂的 PTFE，其阻燃性能可达 UL94 V-0 级。

不粘性是 PTFE 另一重要特性。PTFE 的表面能很低，为 $0.019\,\mathrm{J/m^2}$，是已知表面能最小的固体材料品种，因此几乎所有固体材料都不能黏附在其表面。

PTFE 的熔融温度为 327℃，但树脂在 380℃ 以上才会处于熔融状态，熔体黏度高，再加上其耐溶剂性极强，因此 PTFE 既不能熔融加工，也不能溶解加工。不能采用熔融挤压、注射成型等常规的热塑性塑料成型工艺，只能采用类似粉末冶金的方法进行烧结成型。工业上，模压成型是目前大量采用的 PTFE 成型加工方法，也可采用喷涂法和浸渍法涂覆成型及压延成型的方法制成薄膜。

4.7.4 氟塑料的合成方法

4.7.4.1 聚四氟乙烯的合成方法

聚四氟乙烯是四氟乙烯的均聚物，是以四氟乙烯为单体，在引发剂、表面活性剂和其他添加剂存在的情况下，并在一定的温度和压力条件下通过自由基聚合得到的完全线型和高结晶度的聚合物。工业上，该聚合反应是在大量水存在下搅拌进行的，用以分散反应热（四氟乙烯聚合时放出的热量为171.38kJ/mol），并便于控制温度。聚合反应一般在40~80℃、0.3~2.6MPa的压力下进行，可用无机过硫酸盐、有机过氧化物为引发剂，也可以用氧化还原引发体系。分散聚合须添加全氟型的表面活性剂，例如全氟辛酸或其盐类。聚四氟乙烯的聚合方法包括本体聚合、溶液聚合、悬浮聚合和乳液聚合（亦称分散聚合）等，工业生产中主要采用悬浮聚合和乳液聚合。

其中聚四氟乙烯树脂的悬浮法制造，是以TFE单体在水相中悬浮聚合得到的粒状树脂，经捣碎、研磨、气流粉碎、造粒和预烧结等后处理制成不同粒径和表面形态的树脂。聚四氟乙烯的乳液法制造是以TFE单体在水相中加入表面活性剂的情况下，经乳液聚合得到PTFE乳液，后经凝聚、洗涤和干燥，得到细粉状树脂。PTFE浓缩分散液，是指经TFE乳液聚合得到较低浓度的乳液产品，后经脱水或其他方法增浓得到浓度较高的乳状液产品。无论是悬浮法、乳液法还是浓缩分散液等制备方法，都是在特殊设计的反应釜和高压下进行的聚合反应。

4.7.4.2 其他氟塑料的合成

其他氟塑料分为全氟取代和部分氟取代两大类，它们的共同特点是可以用通用热塑性树脂加工的方法进行加工，因此又可称为可熔融加工氟塑料。其品种较多，有聚全氟乙丙烯（FEP）、聚全氟烷氧基树脂（PFA）、聚三氟氯乙烯（PCTFE）、乙烯-三氟氯乙烯共聚物（ECTFE）、乙烯-四氟乙烯共聚物（ETFE）、聚偏氟乙烯（PVDF）、聚氟乙烯（PVF）、无定形氟树脂和THV三元共聚树脂等。

（1）聚全氟乙丙烯（FEP）

聚全氟乙丙烯是四氟乙烯（TFE）和六氟丙烯（HFP）共聚而成的，英文名称为fluorinated ethylene propylene，简称FEP，俗称F46。HFP的引入使PTFE的直链结构含有很多—CF_3基团的支链，大大降低了PTFE的结晶度，从而实现了可熔融加工，同时又保持了PTFE的基本特性。其结构见式（4-10）。

$$\begin{bmatrix} \begin{matrix} F & F \\ | & | \\ -C-C- \\ | & | \\ F & F \end{matrix} \end{bmatrix}_n \begin{bmatrix} \begin{matrix} F & F \\ | & | \\ -C-C- \\ | & | \\ F & CF_3 \end{matrix} \end{bmatrix}_m \tag{4-10}$$

与PTFE相比，FEP热性能差，其他性能相似，如具有优异的耐化学腐蚀性、耐辐射性和电绝缘性等，可熔融加工成型。

（2）聚全氟烷氧基树脂（PFA）

聚全氟烷氧基树脂是四氟乙烯-全氟烷氧基乙烯基醚共聚物，英文名称为perfluoro alkoxy，简称PFA，又称过氟烷基化物或可溶性聚四氟乙烯。PFA是为了改进PTFE的成型性而发展起来的改性品种。美国DuPont公司于1972年研制成功，并投入生产；国内晨光化工研究院和上海市有机氟材料研究所于20世纪70年代末期研制成功并小批量生产。其结构见式（4-11）：

$$\pmb{\{} CF_2CF_2 - CFCF_2 \pmb{\}}_n \atop \qquad\qquad\quad | \atop \qquad\qquad\; ORf \tag{4-11}$$

式中，ORf为全氟烷氧基侧链。

（3）聚三氟氯乙烯（PCTFE）

聚三氟氯乙烯是三氟氯乙烯的聚合物，英文名称为polychloro trifluoro ethylene，简称

PCTFE，俗称 F3。PCTFE 是典型的热塑性高分子，其结构见式（4-12）：

$$\left[\begin{array}{cc} \text{F} & \text{F} \\ | & | \\ \text{C} & \text{C} \\ | & | \\ \text{F} & \text{Cl} \end{array} \right]_n \tag{4-12}$$

PCTFE 具有优良的化学稳定性、电绝缘性、耐候性、光学性和较高的力学强度。与 PTFE 薄膜相比，PCTFE 薄膜的力学强度、硬度均较好，而且透明度高、透气率低。

（4）乙烯-三氟氯乙烯共聚物（ECTFE）

乙烯-三氟氯乙烯共聚物树脂是乙烯和三氟氯乙烯按照 1∶1 的比例交替共聚而成，英文名称为 ethylene-chloro trifluoro ethylene copolymer，简称 ECTFE，俗称 F30。其熔点为 242℃，密度为 1.68 g/cm³。1946 年，美国 DuPont 公司首次合成出了 ECTFE。1974 年国际纯粹与应用化学联合会第一次以 HALAR® 为商品名将 ECTFE 商品化。目前美国的 Ausimont 公司生产了商品化 1∶1 的交联 ECTFE 共聚物。ECTFE 具有力学强度高、熔融加工性优异、耐腐蚀性好、渗透率极低和表面极其光滑等优点。

（5）乙烯-四氟乙烯共聚物（ETFE）

乙烯-四氟乙烯共聚物是乙烯（E）和四氟乙烯（TFE）的共聚物，英文名称为 ethylene-tetra fluoro ethylene copolymer，简称 ETFE，俗称 F40。1972 年由美国 DuPont 公司开发投产，国内中国科学院上海有机化学研究所于 1996 年进行了试验。其结构见式（4-13）：

$$\left[CH_2CH_2CF_2CF_2 \right]_n \tag{4-13}$$

ETFE 兼具 PTFE 耐高温、耐腐蚀等优点及聚乙烯（PE）可热塑加工特性，其力学和介电性能优良，耐辐射、耐候性和化学稳定性均接近全氟聚合物。ETFE 是一种半结晶、半透明聚合物，结晶度约为 50%~60%，熔点为 265~280℃，长期使用温度为-60~150℃，短期使用温度可达 230℃，热分解温度达到 300℃以上。

（6）聚偏氟乙烯（PVDF）

聚偏氟乙烯是偏氟乙烯（VDF）的均聚物或少量改性单体和 VDF 的共聚物，英文名为 poly vinylidene fluoride，简称 PVDF，俗称 F2。1948 年 PVDF 第一次被成功合成，1961 年美国 Pennwalt 公司研发并投产，国内于 1966 年由中国科学院上海有机化学研究所完成中试，1970 年由上海曙光化工厂投产。PVDF 外观为半透明或白色粉体或颗粒，分子链间排列紧密，含有较强的氢键，含氧指数为 46%，不燃，常态下为半结晶高聚物，结晶度约为 65%~78%，迄今报道有 α、β、γ、δ 及 ε 等 5 种晶型。其结构见式（4-14）：

$$\left[CH_2CF_2 \right]_n \tag{4-14}$$

PVDF 树脂兼具氟树脂和通用树脂的特性，具有力学强度高、耐高温、耐氧化、耐化学腐蚀、耐磨、耐候、耐高能辐射等性能；还具有高介电性、热电性、压电性和疏水性等特殊性能，是目前含氟塑料中产量排名第二的产品，广泛应用于石油化工、电子电气和氟碳涂料等领域，也是光伏等新兴产业的重要原料。

（7）聚氟乙烯（PVF）

聚氟乙烯是氟乙烯（VF）的均聚物，英文名称为 poly vinyl fluoride，简称 PVF，俗称 F1。PVF 是一种高结晶度聚合物，美国 DuPont 公司于 1963 年最先投产，国内由中国科学院长春应用化学研究所和浙江省化工研究所进行试制，由浙江省化工研究所于 1976 年投产。其结构见式（4-15）：

$$-[-\underset{\underset{H}{|}}{\overset{\overset{H}{|}}{C}}-\underset{\underset{H}{|}}{\overset{\overset{F}{|}}{C}}-]_n \tag{4-15}$$

PVF 的力学强度高、耐候性好、耐磨性和防锈性好。

（8）三氟氯乙烯-偏氟乙烯共聚物（CTFE-VDF）

三氟氯乙烯-偏氟乙烯共聚物的英文名称为 chlorotrifluoroethylene-vinylidene fluoride copolymer，简称 CTFE-VDF，俗称 F23。其主要有三个品种，即 F23-19、F23-14 和 F23-12。其中 F23-19 是三氟氯乙烯与偏氟乙烯按 9∶1 的摩尔比组成的结晶性聚合物，F23-14 是三氟氯乙烯与偏氟乙烯按 4∶1 的摩尔比组成的非晶态聚合物，F23-12 是三氟氯乙烯与偏氟乙烯按 65∶35 的摩尔比组成的非晶态共聚物。其结构见式（4-16）：

$$-[(CF_2CH_2)_a\ (CF_2CFCl)_b]_n \tag{4-16}$$

CTFE-VDF 具有耐高温、耐溶剂、抗老化等优异特性。

（9）无定形氟树脂

无定形氟树脂又名透明氟树脂，是由 TFE 同 2,2-双三氟甲基-4,5-二氟-1,3-间二氧杂环戊烯（PDD）通过自由基引发共聚而成的完全无定形氟树脂，与其他氟塑料相比，具有最高的透明度。

（10）THV 三元共聚树脂

THV 是四氟乙烯-六氟丙烯-偏氟乙烯的三元共聚物，最早是由 Hoechst 公司开发的一种材料，适用于室外环境，具有同 PTFE 和 ETFE 一样的氟树脂特性，又能适应 PVC 涂层的聚酯纤维。

4.7.5 氟塑料的改性方法

氟塑料力学性能较差、表面硬度低、热塑性差、膨胀系数大，不能满足实际生产中的需要，因此限制了其在各个领域的应用与发展。国内外学者广泛采用改性的方式弥补氟塑料的缺陷。氟塑料改性是将氟塑料与其他材料复合，改变其晶体结构或通过物理化学方法改变氟塑料化学分子结构。

4.8 聚芳醚酮

4.8.1 聚芳醚酮的概述

聚芳醚酮（PAEK）是一类苯环通过醚键和酮基连接而成的聚合物，按主链中的醚键、酮基以及苯环连接的次序和比例的不同而形成了各种各样的聚芳醚酮聚合物，主要有聚醚醚酮（PEEK）、聚醚酮酮（PEKK）、聚醚酮（PEK）、聚醚酮醚酮酮（PEEKK）和聚醚酮醚酮酮（PEKEKK）等。

PEEK 是聚芳醚酮类聚合物的最主要的品种，20 世纪 80 年代初由英国 ICI 公司商品化，为结晶聚合物，T_g 为 143℃，T_m 为 343℃，其结构见式（4-17）：

$$-[O-\text{C}_6\text{H}_4-O-\text{C}_6\text{H}_4-\overset{\overset{O}{\|}}{C}-\text{C}_6\text{H}_4-]_n \tag{4-17}$$

PEEK 具有耐热等级高、耐辐照、耐腐蚀、耐疲劳、高强度耐磨、电性能好等优异的综合物性，因此除国防军工外，在航天航空、核能、电子信息、石油化工、汽车等领域也成功应用，使许多传统制品实现了更新换代。

PEKK 是结晶性高分子材料，其玻璃化转变温度为 165℃，熔点为 381℃，结构见式（4-18）：

$$\left[\begin{array}{c}\text{—C—}\bigcirc\text{—C—}\bigcirc\text{—O—}\bigcirc\text{—}\\\text{∥}\quad\quad\text{∥}\\\text{O}\quad\quad\text{O}\end{array}\right]_n \tag{4-18}$$

PEKK 具有耐高温、耐化学药品腐蚀等物理化学性能，可用作耐高温结构材料和电绝缘材料。

PEK 的玻璃化转变温度高达 157℃，融熔温度达 374℃。其结构见式（4-19）：

$$\left[\text{—O—}\bigcirc\text{—C—}\bigcirc\text{—}\right]_n \tag{4-19}$$

除传统 PEEK 所具有的基本性能，如高力学强度、耐酸碱性以外，PEK 更增加了在高温操作下的力学强度和耐磨耗性能。

PEEKK 树脂的熔点高达 367℃，玻璃化转变温度为 162℃，其结构见式（4-20）：

$$\left[\bigcirc\text{—C—}\bigcirc\text{—C—}\bigcirc\text{—O—}\bigcirc\text{—O—}\right]_n \tag{4-20}$$

PEEKK 的耐热性是目前已开发成功的特种工程塑料中最高的几个品种之一。PEEKK 还具有良好的机械性能、电绝缘性和加工性。可以通过注塑、模塑、挤出等成型工艺加工，也可以进行机械加工，在制备复杂形状制件方面具有很大的优势。

PEKEKK 是第三代聚芳醚酮材料，玻璃化转变温度为 162℃，熔点为 384~387℃，结构见式（4-21）。

$$\left[\bigcirc\text{—C—}\bigcirc\text{—C—}\bigcirc\text{—O—}\bigcirc\text{—C—}\bigcirc\text{—O—}\right]_n \tag{4-21}$$

PEKEKK 的基本性能远高于第一代与第二代聚芳醚酮树脂。在 1.8MPa 下，其纤维增强的复合材料热变形温度高达 386℃，短期使用温度可达到 400℃，是目前耐热性最好的热塑性高分子材料之一。其分子链刚性大、树脂强度高、模量大，因而摩擦性能十分优异。

4.8.2 聚芳醚酮的应用

聚芳醚酮具有优良的综合性能，因此在许多特殊领域可以代替金属、陶瓷等传统材料。该塑料的耐高温、自润滑、耐磨损和抗疲劳等特性，使之成为当今最热门的高性能工程塑料之一，可制造加工成各种机械零部件，如汽车齿轮、油筛、换挡启动盘、飞机发动机零部件、自动洗衣机转轮、医疗器械零部件等，主要应用于航空航天、汽车工业、电子电气和医疗器械等领域。

4.8.3 聚芳醚酮的结构与性能

聚芳醚酮分子主链上含有大量的芳环和极性酮基，使其分子链呈现较大的刚性且分子间作用力较强，所以 PAEK 具有良好的耐热性、刚性和力学强度；另外，主链上大量的醚键又使其表现出一定的韧性，且醚键含量越高其韧性也越好。一般来说，在聚芳醚酮系列品种中，分子链中的醚键与酮基数量的比值越小,其熔点和玻璃化转变温度就越高,表 4-7 也印证了这一点。另外,PAEK 还具有良好的耐辐射等性能。

表 4-7 聚芳醚酮的熔点、玻璃化转变温度及化学结构

品种	熔点/℃	玻璃化转变温度/℃	醚键、酮基数量的比值
PEEK	343	143	2.0
PEK	365	165	1.0
PEKK	338	156	0.5
PEEKK	360	160	1.0
PEKEKK	381	175	0.67

作为近年来被开发并迅速应用于各领域的高性能高分子材料,聚芳醚酮(PAEK)拥有着其他工程塑料无法企及的优点。PAEK 主链上存在着的大量的苯环、共轭双键,使其具有较高的热分解温度、较低的可燃性、较好的力学性能以及良好的耐溶剂性。另外,PAEK 还具有良好的耐辐射等性能。

PAEK 系列中最典型的聚醚醚酮(PEEK)有着传统工程塑料无法匹敌的优点,这些独特的优点使其在工程塑料行业中占据一席之地。PEEK 是一种高性能特种工程塑料,不仅具有良好的耐高温性、机械特性、耐腐蚀性、耐辐射性、耐剥离性、耐疲劳性、耐化学腐蚀性、耐水解性、绝缘性、尺寸稳定性以及易加工性、自润滑性,自身密度小,可防火、微烟和无毒,而且由于其具有非常好的加工性能,可以填充碳纤维、二硫化钼等,使 PEEK 的润滑性能和力学强度得到进一步提高,广泛应用于航空航天、机械、电子、化工、军工等诸多领域。

4.8.4 聚芳醚酮的合成方法

PAEK 的合成方法主要分为两种:亲电取代法和亲核取代法。

亲电取代法是以 BF_3、$AlCl_3$ 等路易斯酸作为催化剂,通过芳酰氯与芳烃进行傅-克酰基化反应制备 PAEK 的一种方法。该法具有成本低、原料易得、无需高温操作等优点,但也存在着产物易支化、催化剂和溶剂用量大、后处理烦琐等诸多缺点。亲电取代法合成 PAEK 的典型品种是 PEKK,单体为二苯醚和对(间)苯二甲酰氯,二者都是已工业化的大宗化工原料,因此可大幅降低成本,有利于工业化的实现。

亲核取代法是在碱金属碳酸盐作用下,由双酚单体与芳香族二卤化物通过亲核取代反应形成醚键来制备 PAEK 的方法。该法的优点是产物分子量高、产率高、制品性能好、易于工业化操作等,但也存在反应温度较高、工艺复杂、含氟单体价格昂贵等诸多缺点。

20 世纪 80 年代以来,PAEK 材料越来越受到重视,也出现了其他的合成方法,如硝基取代法、硅醚取代法等。伴随着聚芳醚酮合成方法和加工工艺的不断改进,通过化学改性、共混、复合填充等得到的 PAEK 高性能材料不断拓宽了聚芳醚酮的应用领域。聚芳醚酮适用注塑成型、挤出成型、模压成型及熔融纺丝等各种加工方式,而近年来聚芳醚酮树脂与 3D 打印等先进制造技术的结合,使其在下游领域有了新的发展方向和应用空间。

聚芳醚酮的改性方法

4.8.5 聚芳醚酮的改性方法

聚芳醚酮主要改性方法有化学改性、合金改性、填充改性及纳米复合改性。

4.9 聚砜

4.9.1 聚砜的概述

聚砜类树脂是分子主链中含有砜基和芳核的一类热塑性高分子材料，其结构见式（4-22）：

$$\left[\begin{array}{c}\\\end{array}\!\!-\!\!\left\langle\!\!\bigcirc\!\!\right\rangle\!\!-\!\!\underset{\underset{O}{\|}}{\overset{\overset{O}{\|}}{S}}\!\!-\!\!\left\langle\!\!\bigcirc\!\!\right\rangle\!\!-\!\!\right]_n \tag{4-22}$$

聚砜类树脂其砜基两边都连接有苯环，且硫原子处于最高氧化态，形成了高度共轭的稳定体系。因此这类树脂具有优良的热稳定性、抗氧化性和高温熔融稳定性。独特的分子链结构赋予其优良的机械性能，如高强度、高抗冲以及很好的尺寸稳定性。另外，聚砜类树脂还具有优良的电性能、透明性、耐腐蚀性及食品卫生性。这类树脂的原材料成本较高，且加工困难，一般用于对材料要求十分苛刻的领域，但随着近年来聚砜类树脂研究的不断深入，其应用范围也越来越广泛。

聚砜类树脂一般有三种类型：双酚 A 型聚砜、聚芳砜和聚醚砜。

4.9.2 聚砜的应用

聚砜类聚合物是高性能、多功能、多用途和易加工的特种工程塑料，被广泛应用于电子电气、汽车、医疗和食品加工领域。此外，在燃料电池、节拍器和高性能薄膜等创新领域均有所应用。

聚砜类聚合物能在较宽的温度和频率范围内保持其优异的力学性能。因此，这类聚合物可用于印制电路板、仪表板，制作各种接触器、绝缘套管和集电环等电子电气零部件，还可以采用挤出成型制成不同厚度的薄膜。目前电子电气零部件向小型、轻量、耐高温方向发展，这些都将促进聚砜类聚合物在电子电气领域的应用。聚醚砜的长期使用温度高达 180℃，尺寸稳定性高，电绝缘性、阻燃性优良，而且易于加工，制品透明，适用于制造高强度、低蠕变性、高尺寸稳定性，能在较高温度下使用的产品。因此常被用于制作线圈骨架、接触器、印制电路板、开关、电池外罩等。玻纤增强的聚醚砜可使制件具有坚硬、耐蠕变、尺寸稳定等优良特性。例如可制作轴承支架、机械摇柄、温水泵泵体、叶轮、防水表等。

聚砜类聚合物无毒，而且获得了美国 FDA 的认证，可与食品及饮用水接触，可制成与食品反复接触的制品，例如蒸汽餐盘、咖啡盛器、微波烹调器、牛奶及农产品盛器、饮料及食品分配器等。近几年，聚碳酸酯（PC）婴儿塑料奶瓶在多个国家和地区遭到禁售，原因是该材料在加热时可能会有双酚 A 析出，对婴儿的免疫系统造成损害。在这种背景下，聚亚苯基砜树脂（PPSU）成为 PC 的优秀替代品。与 PC 相比，PPSU 不含双酚 A，且具有高透明性、水解稳定性，可经受重复的蒸汽消毒，而且耐冲击性与 PC 基本相同。

4.9.3 聚砜的结构与性能

4.9.3.1 双酚 A 型聚砜

双酚 A 型聚砜（polysulfone，PSF 或 PSU），结构见式（4-23）。

$$\left[\begin{array}{c}\\ \end{array}\!\!-\!\!\!\begin{array}{c}CH_3\\ |\\ C\\ |\\ CH_3\end{array}\!\!\!-\!\!\!\begin{array}{c}\\ \end{array}\!\!-O-\!\!\begin{array}{c}\\ \end{array}\!\!-\!\!\!\begin{array}{c}O\\ \|\\ S\\ \|\\ O\end{array}\!\!\!-\!\!\!\begin{array}{c}\\ \end{array}\!\!-O\right]_n \qquad (4\text{-}23)$$

PSF 是目前常用的聚砜树脂，其分子主要由亚苯基、亚异丙基、二苯撑砜基和醚键构成。其中，二苯撑砜基使聚合物主链具有一定的刚性；从而使 PSF 材料具有较高的硬度和刚性；醚键和亚异丙基又使聚合物主链具有一定的柔性，因而 PSF 材料具有一定的韧性和较好的熔融加工性。稳定的共轭结构使 PSF 材料具有优良的耐热性和耐氧化性。

（1）力学性能

聚砜的力学性能受到其主链结构的影响，同时因其主链上的芳香基团是线型（非歧化），且是对位连接，赋予材料较高的强度和刚性；而且主链上含有异丙基，使主链具有一定的柔性。因此材料具有一定的韧性和较好的熔融加工性。PSF 的力学性能见表 4-8。

表 4-8 PSF 的力学性能

性能	数值	性能	数值
密度/（g/cm³）	1.24	弯曲强度/MPa	103
24h 吸水率/%	0.3	弯曲模量/GPa	2.8
长期使用温度/℃	−100~160	拉伸模量/GPa	69
屈服拉伸强度/MPa	70	拉伸模量/GPa	2.5
屈服拉伸应变/%	3	Lzod 冲击强度（缺口）/（J/m）	80.4
最大伸长率/%	5.5	邵氏硬度	69

PSF 相比于通用工程塑料更明显的性能优势体现在 PSF 在较高的温度下仍能保持其室温下具有的力学性能。PSF 的连续使用温度为-100~160℃，在100℃时，其拉伸模量为2.46GPa，在 190℃时仍能保持 1.4GPa；其拉伸强度在 150℃时也能保持很高的数值，而聚甲醛、尼龙6 等在相同温度下已经失去使用价值。PSF 的耐蠕变性也明显优于聚甲醛、聚碳酸酯等工程塑料。

（2）热性能

PSF 的主链结构中具有高度共轭的砜基，硫原子处于最高氧化态，对砜基增强共轭，再与主链中的芳环高度键缔合，使得 PSF 的热稳定性和抗氧化性非常高，可在 400℃条件下加工。PSF 能在-100~150℃条件下长期使用。

PSF 具有优异的高温耐老化性能，经过两年 150℃条件下的热老化试验，其冲击强度仍能保持 55%，拉伸屈服强度和热变形温度反而有所提高。PSF 在高温条件下也具有良好的尺寸稳定性。

（3）电性能

PSF 在较宽的温度和频率范围内都具有优良的电性能，并且在水中仍能保持良好的介电性能，因此相比于其他工程塑料更具优越性。表 4-9 列举了 PSF 的电性能。

表 4-9 PSF 的电性能

性能	22℃，50%相对湿度	50℃，浸入热水 48h	177℃
介电常数（60 Hz）	3.15	3.29	3.11
介电常数（10^3 Hz）	3.14	3.23	3.09
介电常数（10^6 Hz）	3.10	3.23	3.07
介电常数（10^9 Hz）	3.00	—	3.00
介电损耗角正切（60 Hz）	$1.1×10^{-3}$	$8×10^{-4}$	$3.9×10^{-3}$
介电损耗角正切（10^3 Hz）	$1.3×10^{-3}$	$1.2×10^{-3}$	$1.4×10^{-3}$
介电损耗角正切（10^6 Hz）	$3.0×10^{-3}$	$7.3×10^{-3}$	$1.2×10^{-3}$
介电损耗角正切（10^9 Hz）	$4.0×10^{-3}$	—	$8×10^{-4}$
表面电阻率/Ω	$3×10^{16}$	—	—
体积电阻率/（Ω·cm）	$5×10^{-16}$	—	—
耐电弧性（钨电极）/s	60	—	—
耐电弧性（不锈钢电极）/s	22	—	—
介电强度（短时，厚 3.302mm）/（kV/mm）	17	15	—
介电强度（短时，厚 0.254mm）/（kV/mm）	87	—	—
介电强度（短时，厚 0.025mm）/（kV/mm）	295	—	—

（4）耐化学药品性

PSF 的化学稳定性好，除了某些有机溶剂（如卤代烃、酮类、芳香烃等）和氧化性强酸（如浓硫酸、浓硝酸等），对其他试剂都表现出较高的稳定性。

4.9.3.2 聚芳砜

聚芳砜（polyarylsulfone，PAS），结构见式（4-24）：

$$\left[\begin{array}{c}\end{array}\right]_n \tag{4-24}$$

PAS 不像 PSF 一样含有影响空间位阻的异亚丙基结构，而是两个苯环直接相连形成共轭结构，保持了材料刚性。此外，醚键的存在大大改善了分子的柔顺性，表现出韧性提高、缺口敏感性降低。

（1）物理性能

PAS 是一种略带琥珀色的透明、坚硬固体，无味，相对密度为 1.36，较双酚 A 型聚砜大，折射率为 1.652，吸水率为 1.4%，收缩率为 1.8%。

（2）力学性能

PAS 的拉伸、弯曲、压缩和冲击性能均比 PSF 高，与聚酰亚胺类塑料（PI）接近，甚至某些力学性能还高于 PI，如冲击强度较 PI 高 3~4 倍。其次，在 200℃时 PAS 的压缩弹性模量几乎不变，至 260℃仍能保持 73%，弯曲模量也能保持 63%。在 260℃的热空气中加热 1000h，其拉伸强度和模量几乎没有变化，失重仅 0.3%。只有在 316℃下加热 1680 h 后拉伸强度才有明显下降，但仍可保持 50%。通过玻璃纤维增强，其力学性能还能进一步提高。

(3) 热性能

耐热性是聚芳砜的主要特征，可在 260℃下长期使用，在 310℃下短期使用，在-240~260℃范围内能保持结构强度和优良的电性能。PAS 的玻璃化转变温度为 288℃，热变形温度为 274℃（1.82MPa），分解温度为 460℃，可自熄，玻璃纤维增强后马丁耐热温度在 250℃以上。

(4) 化学性能

聚芳砜的化学稳定性和双酚 A 型聚砜相似，既可耐酸、碱、盐和水蒸气的侵蚀，又可以耐各种油类和常用溶剂（如丙酮、酒精等）。但某些强极性溶剂（如二甲基甲酰胺、丁内酯、N-甲基吡咯烷酮等）和某些润滑油可以将其溶胀或溶解。

4.9.3.3 聚醚砜

聚醚砜（polyether sulphone，PES），结构见式（4-25）：

$$\left[\begin{array}{c}\end{array}\right]_n \tag{4-25}$$

(1) 物理性能

PES 是具有浅琥珀色的透明固体，无味，折射率为 1.65，相对密度为 1.37，吸水率为 0.43%，收缩率为 0.6%，制品为无定形聚合物。

(2) 力学性能

PES 具有较高的力学性能，特别是高温下的力学性能保持率较高。例如，在 200℃的高温下使用 5 年后的拉伸强度的保持率为 50%，在 180℃下仍能使用 20 年；在较高的温度和载荷下，其蠕变值也很小，因而尺寸稳定性比较好。

(3) 热性能

PES 具有很高的耐热性，可在 180℃下连续使用，在-150℃的低温下制品不会破裂。PES 的 T_g 为 225℃，热变形温度为 203℃，可见 PES 的热性能高于 PSF 而低于 PAS。此外，其阻燃性能也很优异，不仅难燃，而且在强制燃烧时的发烟量也很低。

(4) 化学性能与耐水性

PES 的化学稳定性比 PSF 好得多，可经受大多数化学介质（如酸、碱、油、脂肪烃和醇等）的侵蚀。用苯和甲苯清洗不会出现应力开裂。但某些高极性溶剂（如二甲基亚砜、卤代烃等）及这些溶剂与环己酮和丁酮的混合液会使 PES 溶胀或溶解。PES 在水中不会水解，也不会像 PSU 那样在水中应力开裂，但会因微量吸水造成力学性能的轻微变化。

4.9.4 聚砜的改性方法

聚砜由于具有优异的力学性能、热稳定性和尺寸稳定性，耐水解、耐辐射、耐燃等，应用较为广泛。但聚砜也存在一些性能缺陷，如有机溶剂性差、成型温度较高、制品易应力开裂、耐疲劳性差等。因此，在实际应用时，常用一些物理或化学方法进行改性，提高产品的综合性能和加工性能，以满足应用需求，或者降低其成本。常用的改性方法主要有共聚改性、合金化改性、玻纤增强、矿物填充改性等。

拓展阅读

当前，我国通用工程塑料技术水平已接近国际水平，特种工程塑料不断投产，并且部分关键上游原材料实现了历史性突破，但依然存在缺乏自主核心技术、产学研脱节；高端产品缺乏、中端产品性能不稳；新型高效助剂匮乏、技术装备水平相对较低、智能化生产程度不足等一系列问题。同时，全球科技创新已进入空前密集活跃期，新领域、新赛道不断涌现，围绕未来科技制高点的竞争空前激烈，低空经济、无人驾驶、新一代通信……也对工程塑料产业提出了全新需求。

随着全球环境问题的日益突出，人们对环保和可持续发展的关注度越来越高。可再生工程塑料是通过生物质、生物基化学原料或循环利用来制造的塑料，具有较低的碳排放和环境影响。相比传统的工程塑料，可再生工程塑料具有更高的环保性能，逐渐成为市场的新宠。随着航空航天、汽车等领域对材料性能要求的不断提高，高强度、高韧性工程塑料的需求也在不断增加。这种工程塑料具有较高的拉伸强度和韧性，能够在极端环境下保持良好的性能。因此高强度、高韧性工程塑料在航空航天、汽车等领域有着广泛的应用前景。

3D打印技术为工程塑料提供了全新的应用方式。通过3D打印技术，可以将工程塑料按照设计要求直接打印成所需的产品或零部件，无需模具，大大提高了生产效率和产品研发的灵活性。3D打印工程塑料的应用领域非常广泛，包括汽车、医疗、航空航天等领域。2024年全球工程塑料市场规模为1228.1亿美元，预计到2029年将达到1714.5亿美元，复合年增长率为6.90%。3D打印工程塑料发展空间巨大，希望同学们好好学习，在工程塑料领域发挥自己的特长，大有可为。

参考文献

[1] 侯桂香.《高分子材料》课程思政融合的设计与探索[J].高分子通报，2021（12）：5.
[2] 高长有.高分子材料概论[M].北京：化学工业出版社，2018.
[3] 吴忠文.特种工程塑料及其应用[M].北京：化学工业出版社，2011.
[4] 杨桂生.工程塑料[M].北京：中国铁道出版社，2017.
[5] 柏春燕，唐旭东，张家鹤.聚酰亚胺的合成方法与改性[J].杭州化工，2009，39（4）：12-15.
[6] 杨冬，黄朱才，袁李明，等.耐高温尼龙材料的研究进展[J].广州化工，2019，47（2）：31-34.
[7] 崔永丽，应鹏展，王晓虹.特种工程塑料聚芳醚酮[J].塑料工业，2006，（S1）：295-298.
[8] 江海.化工上市公司公告集萃[J].中国石油和化工，2021，000（009）：44-46.
[9] 张玉龙.1989—1990年国外工程塑料进展[J].工程塑料应用，1991，(2)：41-49.
[10] 佚名.新工程塑料尼龙4.10和4.12[J].化工新型材料，2000，（8）：46.
[11] 王凌春.尼龙66工程塑料市场浅析及发展对策[J].石油科技论坛，2002，000（005）：40-41.
[12] 刘青松.工程塑料用长链尼龙的市场简况[J].工程塑料应用，1999，（6）：41.
[13] 郭秀春.工程塑料的现状与开发动向[J].化工新型材料，1990（1）：6.
[14] 新材.新型工程塑料生产线投入建设[J].工程塑料应用，2002（11）：46.
[15] 黄汉生.工程塑料在自行车上的应用[J].国外塑料，1995（3）：43-46.
[16] 佚名.我国工程塑料行业将整体进入高速发展阶段[J].中国石油和化工标准与质量，2009，29（10）：37.

[17] 于莹莹,杨丰绮,唐玉娇.功能化聚芳醚酮材料的研究进展[J].西部皮革,2018,40(22):11.

[18] 王贵宾,王晟道,杨砚超,等.一种结晶型可交联聚芳醚酮上浆剂修饰的碳纤维及其制备方法[J].高科技纤维与应用,2020,45(1):66.

[19] 徐红星,袁新华,程晓农,等.多环聚芳醚酮的应用及研究进展[J].高分子材料科学与工程,2005,21(1):5.

[20] 盛寿日,康宜强,黄振中.一种可溶性多氯取代的聚芳醚酮酮的合成[J].高分子学报,2004(5):3.

[21] 宋才生,蔡明中.低温溶液缩聚合成聚芳醚酮酮的研究[J].高分子学报,1995(1):5.

[22] 盛寿日,刘晓玲,程彩霞,等.(夹)二氧蒽改性聚芳醚酮酮的合成[J].应用化学,2001(12):1004-1006.

[23] 高晔,蹇锡高,齐彬,等.含1,4-萘结构三元聚芳醚酮的物理性能[J].应用化学,2000,17(5):539-541.

[24] 林权,张万金,吴忠文,等.含间苯基聚芳醚酮的合成与性能研究[J].高等学校化学学报,1996(8):1322-1324.

[25] 孟跃中,蹇锡高.杂环联苯型聚芳醚酮热稳定性研究[J].高分子材料科学与工程,1994,10(6):4.

[26] 吴姗姗,魏缠玲,赵丽娟,等.含氟聚芳醚酮的合成与性能研究[J].高等学校化学学报,2001,22(6):1053-1056.

思考题

1. 聚酰胺的简称是什么?写出其通式。
2. 如何解释熔点随着聚酰胺分子主链单元中碳原子数的奇偶而交替变化,进而影响结晶结构?
3. 简述聚酰胺的加工特性。
4. 聚酰胺的应用都有哪些?
5. 聚甲醛一般应用于哪些领域?
6. 简述聚苯醚的结构与主要性能特点。
7. 从结构和性能的关系推测,PPO为什么具有加工性能差、高耐热性、尺寸稳定性的特点?
8. 热塑性聚酯主要包括哪些材料?
9. 写出聚酰亚胺的结构单元。聚酰亚胺按加工特性和结构特点可分为哪几类?
10. 氟塑料主要分为哪几类?写出聚四氟乙烯的结构单元。
11. 聚芳醚酮与传统工程塑料相比,优点是什么?
12. 聚砜有哪些优良的性能?

第 5 章

合成纤维

 学习目标

（1）了解合成纤维应用及发展历程。
（2）理解合成纤维结构与性能的关系（重点）。
（3）掌握合成纤维的加工成型特点。
（4）掌握合成纤维的改性方法。

5.1 纤维概述

纤维是指柔韧、纤细，具有相当长度、强度、弹性和吸湿性的丝状物。大多数是不溶于水的有机高分子化合物，少数是无机物。

纤维是制造织物和绳线的原料。根据美国材料与试验协会（ASTM）的定义，纤维长丝（filament）必须具有比其直径大 100 倍的长度，并且不能小于 5mm，短纤维（staple）是长度小于 150mm 的纤维。合成纤维是用石油、天然气、煤或农副产品为原料合成的聚合物经加工制成的，诞生于 20 世纪 30 年代。1931 年，美国化学家 W.Carothers 合成出聚酰胺（尼龙）66，尼龙 66 纤维于 1939 年投入工业化生产。1938 年，德国的 P.Schlack 合成出尼龙 6。此后，合成纤维工业开始蓬勃发展。1939 年聚氯乙烯纤维（氯纶）、1949 年聚对苯二甲酸乙二醇酯纤维（涤纶）、1950 年聚丙烯腈纤维（腈纶）和聚乙烯醇纤维、1958 年聚丙烯纤维（丙纶）和聚乙烯醇缩甲醛纤维（维纶）、1961 年聚对苯二甲酰对苯二胺纤维（芳纶）、1983 年聚苯并咪唑（PBI）和聚苯硫醚（PPS）纤维相继加入纺织工业的行列。合成纤维不仅为人类提供了"衣"，而且也广泛应用到国民经济的各个领域。

纤维按照来源，可分为：天然纤维（棉花、羊毛、蚕丝等）和化学纤维（人造纤维、合成纤维）。天然纤维可分为植物纤维、动物纤维（图 5-1）。

根据大分子主链的化学组成，合成纤维又分为杂链纤维和碳链纤维两类。合成纤维有着强度高、弹性好、耐穿耐用、光泽好、化学稳定性强、耐霉腐、耐虫蛀的优点，但也有着吸湿性差、耐热性差、导电性差、防污性差、易起毛起球、不易染色、蜡状手感的缺点。

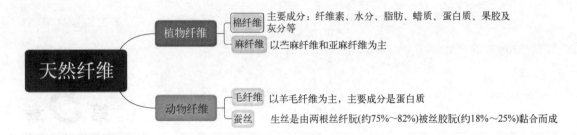

图 5-1 纤维的分类

合成纤维可分为通用合成纤维、高性能合成纤维和功能合成纤维。涤纶、锦纶、腈纶和丙纶是四大通用合成纤维，产量大，应用广。高性能合成纤维是指强度＞18cN/dtex（1cN/dtex=91MPa）、模量＞440cN/dtex 的纤维，可由刚性链聚合物（芳香聚酰胺、聚芳酯和芳杂环聚合物）和柔性链聚合物（聚烯烃）纺丝制造，不但能作为纺织品应用，也是先进复合材料的增强体。功能合成纤维具有除力学和耐热性能（耐热性通常用于表征高温时力学性能的保留率）外的特殊性能，如光、电、化学（耐腐蚀、阻燃）、高弹性和生物可降解性等，产量虽小，但附加值高。目前合成纤维的发展已经从仿天然纤维阶段进入超天然纤维的阶段。

合成纤维的制造过程包括成纤聚合物的制备和纺丝。纺丝工艺可分为熔体纺丝、溶液纺丝、电纺丝等。

熔体纺丝是将所得的聚合物熔体直接进行纺丝。而切片纺丝是将聚合物熔体先造粒（切片），然后再在纺丝机中重新熔融进行纺丝。熔体纺丝过程包括四个步骤：①纺丝熔体的制备；②熔体经喷丝板孔眼压出形成熔体细流；③熔体细流被拉长变细并冷却凝固（拉伸和热定型）；④固态纤维上油和卷绕。熔体纺丝所用喷丝板的孔径为 0.2~0.4mm，一般纺丝速率为 1000~2000m/min，高速纺丝速率为 4000~6000m/min。双组分纺丝是利用两种不同的成纤聚合物（熔体或溶液），通过不同的组合方式从同一喷丝孔挤出得到的复合纤维。涤纶、锦纶、丙纶的生产采用熔体纺丝法。

溶液纺丝是将固体聚合物配制成纺丝液，再进行溶液纺丝。在溶液纺丝过程中，根据凝固方式有干法和湿法两种工艺。湿法纺丝主要有四种成型方式：浅浴成型、深浴成型、漏斗浴成型、管浴成型。湿法纺丝过程包括四个步骤：①纺丝液的制备；②纺丝液经过纺丝泵进入喷丝头的毛细孔压出形成原液细流；③原液细流中的溶剂向凝固浴扩散，浴中的沉淀剂向细流扩散，聚合物在凝固浴中析出形成初生纤维；④纤维拉伸和热定型，上油和卷绕。湿法纺丝液的浓度为 12%~25%，纺丝速率为 1000~2000m/min。在干法纺丝中，原液细流不是进入凝固浴，而是进入纺丝甬道。通入甬道中的热空气流使原液细流中的溶剂挥发，原液细流凝固并伸长变细形成初生纤维。干法纺丝液的浓度为 25%~35%，一般纺丝速率为 200~500m/min，较高的纺丝速率为 700~1500m/min。溶液纺丝用的喷丝头孔径为 0.05~0.1mm。干湿法纺丝时，纺丝液从喷丝头压出后先经过一段空间（空气层），然后再进入凝固浴。干湿法纺丝的速率比湿法提高了 5~10 倍，喷丝孔径为 0.15~0.3mm。腈纶的生产采用溶液纺丝（干或湿）法。一些刚性棒状分子链结构的聚合物在溶液中呈现液晶态，可采用液晶纺丝工艺。芳纶的生产就是用液晶纺丝技术（干湿法）。凝胶纺丝法是针对高分子量的聚合物发展的，超高分子量聚乙烯纤维的生产采用凝胶纺丝法。

电纺丝是通过施加外部电场到聚合物熔体或溶液，制备具有纳米尺寸（直径）的连续纤维的有效方法。电纺丝特别适用于生产大分子或者复合分子的纤维。

控制合成纤维（包括初生纤维）的取向和结晶结构是非常重要的。纺丝工艺参数（纺丝速率、熔体温度、纺丝液浓度、热定型温度等）对合成纤维的结构和性能的影响很大，因为成纤聚合物经过纺丝过程后，不仅形成了纤维的外部形态（截面），也形成了纤维的结晶相取向和非晶相取向结构，导致纤维的力、光、电、声、热等性能的各向异性。聚合物在纺丝过程中会遭受剪切和拉伸力。通常，无定形的合成纤维具有皮芯结构，结晶的合成纤维具有晶区、无定形区和界面区三相结构。

5.2 发展高性能纤维复合材料产业的战略意义

以高性能纤维为基体的增强复合材料相比于传统材料而言，高的比模量和比强度的特性使其得到广泛的应用，如国防军工、航空航天、交通、通信、环保、建筑以及体育休闲等领域。高性能纤维复合材料的科研水平和产业化能力是国家在高端材料领域综合实力的体现。发达国家将高性能纤维复合材料列为国家发展的重中之重，并不断地投入经费和人力，以保证本国在世界高科技材料领域的领先地位。我国于2015年将含高性能纤维复合材料的新材料技术列入"中国制造2025"十大重要领域，而且十大领域中有七个领域与纤维密切相关。由此可见，发展高性能纤维复合材料产业对我国具有重要的战略意义。

高性能纤维复合材料在发展过程中形成了几大竞争格局。自20世纪中期以来，美国为保证其军事和航天航空领域的领先地位，一直作为世界高性能复合材料的开发先锋，并对技术进行严格控制。自20世纪80年代以来，日本靠不断壮大的高性能碳纤维产业确立了今天在高性能纤维行业的领先地位。欧盟独有的高性能纤维如聚酰亚胺（Kermel）、酮酐类聚酰亚胺（P84）纤维使其在产业用先进复合材料领域中保持优势，特别是在飞机、风电、汽车和军工领域。俄罗斯凭借扎实的基础拥有独特的世界领先的高强高模纤维，如杂环类有机纤维和数种耐高温纤维。我国高性能纤维起步晚，经过国家政府以及产业政策的调控及推动，在碳纤维、芳纶、超高分子量聚乙烯纤维以及玄武岩纤维等的科研、生产、应用领域取得了很大进步，使得我国在高性能纤维世界格局中占有一定的位置。

高性能纤维复合材料作为关键战略材料，对国民经济的发展以及国防现代化的建设有着决定性的作用。高性能复合材料最初是用于国防军工，随着技术发展及成本控制，逐步向交通、通信、环保、建筑等民用领域推广发展。将碳纤维、芳纶、玻纤或其他纤维叠加使用或混纺，并利用新的编织技术形成3D织物；而且，由于高性能复合材料既减重又可防弹的独特优势，其应用也在国防军工方面取得迅速进展，从昂贵的航空航天拓展到车辆、船舶、人身防护、车辆防护和武器等领域。由此可见，高性能纤维复合材料是其他结构或非结构材料不能替代的。高性能纤维复合材料在国民经济和国防建设的多个方面中，如能源利用、航空航天、轨道交通等，体现出重要的作用。

5.3 通用合成纤维

5.3.1 聚酰胺纤维

聚酰胺纤维是脂肪族和半芳香聚酰胺（PA，又称尼龙）经熔体纺丝制成的合成纤维。聚酰胺纤维也被称为尼龙。聚酰胺纤维最早于20世纪30年代由Carothers和杜邦公司的团队发明。聚酰胺纤维在纤维行业中广泛应用，因其强度高、耐磨性好、易于染色和加工成型，以及良好的弹性和耐久性而受到欢迎。脂肪族聚酰胺4、聚酰胺46、聚酰胺6、聚酰胺66、聚酰胺7、聚酰胺9、聚酰胺10、聚酰胺11、聚酰胺610、聚酰胺612、聚酰胺1010等和半芳香聚酰胺6T、聚酰胺9T等都可以纺丝制成纤维，其中聚酰胺66和聚酰胺6是最重要的两种聚酰胺前驱体（precursor）。由于其优异的性能，聚酰胺在纺织行业中有广泛的应用。

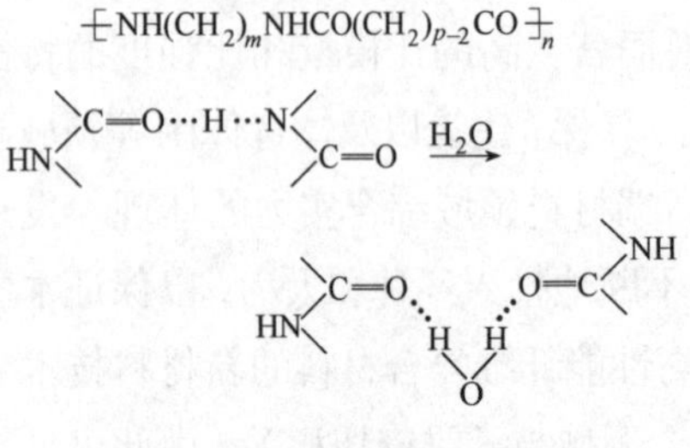

聚酰胺的分子结构如图5-2所示。这种分子结构使得聚酰胺具备独特的优点，包括耐磨性好、耐疲劳强度和断裂强度高、抗冲击负荷性能优异、容易染色、与橡胶的附着力好、有吸水性。

聚酰胺66是由尼龙6和尼龙66两种单体通过聚合反应制得的共聚物。聚酰胺66纤维的分子结构对其性能有着重要影响，线性链结构赋予了它优异的强度、耐磨性和热稳定性，使得其在纺织行业和其他工业领域中有着广泛的应用。

图5-2 聚酰胺的分子结构

聚酰胺6是由尼龙6单体通过聚合反应制得的合成纤维。聚酰胺6的结构与性能类似于聚酰胺66，也具有线性链结构，也有优异的强度、耐磨性和热稳定性，聚酰胺6的纺丝过程中，其分子量应控制在14000~20000，纺丝温度控制在260~280℃（聚酰胺6的熔点为215℃）。通过原位宽角X射线研究发现，聚酰胺6纺丝过程的结晶指数、喷丝头距离和纺丝速率之间存在一定的关联，刚出喷丝头时，聚酰胺6不结晶；与喷丝头有一定距离时，结晶指数突然增加且随纺丝速率提高而减小。

半芳香聚酰胺（PA6T和PA9T）是一类特殊类型的聚酰胺纤维，它是半芳香聚酰胺单体的共聚物。PA6T和PA9T的结构如下：

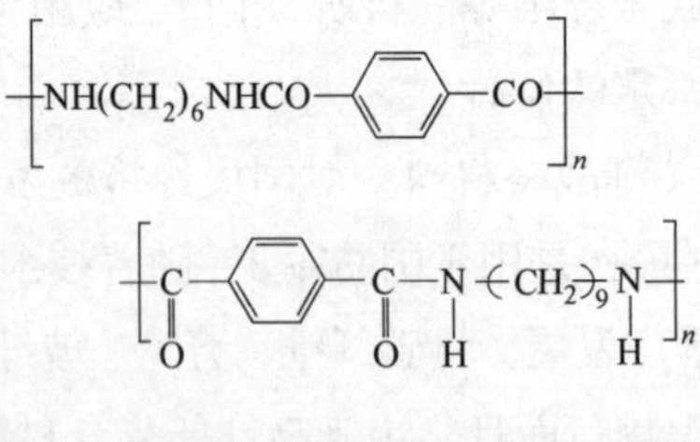

式中，6和9代表二元胺中的碳原子数；T代表对苯二酸。

与聚酰胺66、聚酰胺6相比，PA6T和PA9T中含有芳环结构，因此它们之间的性能相差很大，其芳香环结构和线性链段赋予了PA6T和PA9T优异的强度、耐磨性、热稳定性和耐久性。PA6T经熔体纺丝制成的纤维的强度为55cN/tex，伸长率为12%，耐热温度为300℃。

氢化芳香尼龙纤维是一种特殊类型的合成纤维，它是由芳香环结构的尼龙单体经过氢化反应制得的纤维。类似于PA6T和PA9T，氢化芳香尼龙纤维上的芳香环结构和线性链段赋予了它优异的强度、耐磨性、热稳定性和耐久性。

氢化芳香尼龙的单体为双环内酰胺（4-氨基环六烷羧酸内酰胺）。氢化芳香聚酰胺可在浓硫酸中纺丝制成纤维，强度为40cN/tex，伸长率为10%，在300℃时强度保留率为40%。氢化芳香尼龙纤维的性能受到纤维制造工艺、后处理以及添加剂等因素的影响。所以在生产过程中，可以通过调整材料组合和处理工艺，来调节氢化芳香尼龙纤维的性能，以满足不同用途的需求。

5.3.2 聚酯纤维

聚酯纤维是含芳香族取代羧酸酯结构的纤维。聚酯纤维是一种合成纤维，也被称为聚酯纤维素或聚酯。它是通过将聚酯聚合物转化为纤维形式而得到的，主要包括聚对苯二甲酸乙二醇酯（PET）、聚对苯二甲酸丙二醇酯（PTT）、聚对苯二甲酸丁二醇酯（PBT）、聚萘二甲酸乙二醇酯（PEN）等纤维。聚酯纤维广泛用于纺织品和其他材料的制造中，具有许多优良的性能和特性，使其成为流行的选择。聚酯纤维的主要优点包括良好的耐久性、弹性、快干性、抗褪色、染色性能、抗皱性、耐化学性，轻便、环保等。聚酯纤维的广泛用途包括制作衣服、被子、枕头、毛巾、帆布、背包、汽车座椅套等各种纺织品和日常用品。其应用领域还在不断扩大，不断有新的技术和方法用于生产更高性能的聚酯纤维。

下面对不同类型聚酯纤维的区别进行介绍。

涤纶是聚对苯二甲酸乙二醇酯（PET）经熔体纺丝制成的合成纤维。涤纶是最挺括的纤维，易洗、快干、免烫。但涤纶的透气性、吸湿性、染色性差限制了涤纶在时装行业的应用，需要通过化学接枝或等离子体表面处理改性以引入亲水性基团。PET 的分子量为 15000~22000。PET 的纺丝温度应控制在 275~295℃。典型的 PET 纤维直径约为 5mm，由数百个直径约为 25μm 的单丝组成，而单丝由直径约为 10nm 的原纤组成。原纤由直径为 10nm 的片晶所堆砌而成，片晶间由无定形区域连接，片间的堆砌长度为 50nm。在拉伸过程中，堆砌的片晶沿纤维轴方向取向，而在松弛过程中，堆砌的片晶会发生扭曲。PET 纤维的分子结构与其性能之间存在密切关系，其长链段和苯环结构赋予了它优异的强度、耐磨性和耐热性，使其在纺织行业和其他工业领域中有着广泛的应用。需要注意的是，PET 纤维的性能可能受到纤维制造工艺、后处理以及添加剂等因素的影响。因此，在生产过程中，可以通过调整材料组合和处理工艺，来调节 PET 纤维的性能，以满足不同用途的需求。

聚对苯二甲酸丙二醇酯（polytrimelhyleneterephthalate，PTT）纤维是由对苯二甲酸和 1,3-丙二醇的缩聚物经熔体纺丝制备的纤维。PTT 纤维分子结构与其性能之间的关系与 PET 纤维类似。PTT 的熔点为 230℃，玻璃化转变温度为 46℃。PTT 分子链比 PET 柔顺，结晶度比 PET 高，表现出比涤纶、聚酰胺纤维更优异的柔软性和弹性恢复性，优良的抗折皱性和尺寸稳定性，耐候性、易染色性以及良好的屏障性能，被认为是最有发展前途的通用合成纤维新品种。

聚对苯二甲酸丁二醇酯（polybutyleneterephthalate，PBT）纤维是由对苯二甲酸或对苯二甲酸二甲酯与 1,4-丁二醇经熔体纺丝制得的纤维。该纤维的强度为 30.91~35.32cN/tex，伸长率为 30%~60%。PBT 分子主链的柔性部分较 PET 长，因而 PBT 纤维的熔点（228℃）和玻璃化转变温度（29℃）较涤纶低，其结晶速率比聚对苯二甲酸乙二醇酯快 10 倍，有极好的弹性回复率、柔软、易染色的特点，特别适于制作游泳衣、连裤袜、训练服、体操服、健美服、网球服、舞蹈紧身衣、弹力牛仔服、滑雪裤、长筒袜、医疗上应用的绷带等弹性纺织品。

聚萘二甲酸乙二醇酯（polyethylene-2,6-naphtalate，PEN）纤维是用2,6-萘二甲酸二甲酯与乙二醇的缩聚物经熔体纺丝制备的纤维。与涤纶相比，PEN纤维的分子主链用萘基取代了苯基，因此熔点、玻璃化转变温度和熔体黏度高于PET，并具有高模量、高强度、抗拉伸性能好、伸长率高（可达14%）、尺寸稳定性好、热稳定性好、化学稳定性和抗水解性能优异等特点。PEN属于慢结晶和多晶型的聚合物。

5.3.3 腈纶

腈纶也被称为聚丙烯腈纤维（polyacrylonitrile fiber），是由丙烯腈单体（含量大于85%）与少量其他单体共聚而成的合成聚合物。主要原料包括：

① 丙烯腈。分子中含有碳碳双键和氰基，化学性质很活泼。

② 第二单体。丙烯酸酯、甲基丙烯酸酯、醋酸乙烯酯等，用量为5%~10%，可减少聚丙烯腈分子间力，消除其脆性，从而可纺制成具有适当弹性的合成纤维——腈纶。

③ 第三单体。用量很少，一般低于5%，主要改进腈纶纤维的染色性能，多是带有酸性基团的乙烯基单体如乙烯基苯磺酸、甲基丙烯酸等；或是带有碱性基团的乙烯基单体如2-乙烯基吡啶、2-甲基-5-乙烯基吡啶等。

腈纶是由丙烯腈单体组成的聚合物链。丙烯腈单体的化学式为$CH_2\!=\!CH\!-\!CN$。在聚合过程中，丙烯腈单体中的氰基（—CN）通过共价键连接在一起，形成线性聚合物链。聚丙烯腈的分子结构，决定了腈纶具有强度高、耐磨、耐热、易染色、耐化学品腐蚀、抗紫外线等性能，被广泛用于制造服装、家纺、工业纺织品等领域。然而，由于其某些性能，如吸湿性较差，可能会导致穿着时的不适，因此有时会与其他纤维进行混纺，以充分利用各种纤维的优点。通过共聚、混合纺丝、复合纺丝等方法可以改进腈纶的染色性、耐热性、蓬松性与提高回弹性等性能。腈纶蓬松柔软，被誉为"人造羊毛"。腈纶分子结构中含氰基，有优良的耐晒性，可应用于户外使用的织物，如帐篷、窗帘、毛毯等。以腈纶为原料还可生产阻燃的聚丙烯腈基氧化纤维和高性能的碳纤维。

在加工制备方面，聚丙烯腈可以由丙烯腈自由基聚合反应所得到的聚丙烯腈均聚物或与丙烯酸甲酯（MA）、甲基丙烯酸（MAA）、衣康酸（IA）的二元或三元共聚物进行溶液纺丝制成纤维（图5-3）。聚丙烯腈共聚物能明显改善纤维的染色性、阻燃性和力学性能。由

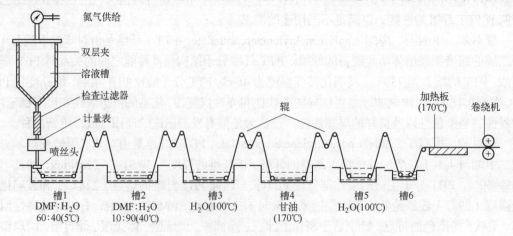

图5-3 腈纶的干喷湿纺过程（DMF为二甲基甲酰胺）

于链内和链间强的相互作用,聚丙烯腈或聚丙烯腈共聚物低于熔点时(320~330℃)会发生环化、脱氢、交联和热分解反应。腈纶的制备主要采用湿纺工艺。湿纺工艺是将聚丙烯腈或聚丙烯腈共聚物溶解在溶剂中(纺丝液),纺丝液经喷丝板后在含凝固剂的凝固浴中凝固形成纤维。干纺工艺也使用聚丙烯腈或聚丙烯腈共聚物的纺丝原液,但凝固浴是气相(蒸气、热空气或惰性气体),起蒸发溶剂的作用。聚丙烯腈的内聚能较大(分子间作用力大),为 991.6J/cm^3,需要选择内聚能大的溶剂或能与聚丙烯腈相互作用的溶剂配制聚丙烯腈纺丝液。

5.3.4 丙纶

丙纶即聚丙烯纤维(polypropylene fiber),由丙烯单体(丙烯)通过聚合反应形成的等规聚丙烯经熔体纺丝制成。丙烯单体的化学式为 $CH_2=CH-CH_3$,其中—CH_3 代表甲基。在聚合过程中,丙烯单体中的甲基通过共价键连接在一起,形成线性聚合物链,构成了聚丙烯纤维的主要结构。这种结构决定了聚丙烯纤维具备轻盈、吸湿性低、易染色、耐磨性强、抗菌、耐高温等性能。其生产过程涉及聚合物合成、熔体纺丝、拉伸和冷却、切割以及可能的后处理步骤。

等规聚丙烯的分子量比涤纶和尼龙大,而且等规聚丙烯的分子链不含极性基团,所以可通过提高分子量的方法来提高纤维强度;但分子量的增大会导致熔体黏度提高,因此纺丝温度须比其熔点高出很多,为 255~290℃。等规聚丙烯还可经膜裂纺丝法形成纤维,即先吹塑成膜再切割成扁丝,用于生产编织袋和土工织物。

等规聚丙烯无纺布的制造采用熔喷纺丝法,即用压缩空气把熔体从喷丝孔喷出,使焰体变成长短粗细不一致的超细短纤维,纤维直径为 0.5~10μm。若将短纤维聚集在多孔滚筒或帘网上形成纤维网,就可通过纤维的自我黏合或热黏合制成无纺布。丙纶的吸湿性、染色性、耐光性和耐热性都不好,限制了其在衣用纤维市场上的发展。

丙纶的主要应用是制成扁丝和无纺布。聚丙烯的熔体纺丝温度应控制在 255~290℃(熔点为175℃),纺丝用聚丙烯分子量一般为 120000 左右。

丙纶的主要品种有:丙纶长丝、丙纶短纤维、丙纶膨体长丝(BCF)、丙纶工业用丝、丙纶非织造布(未经纺织成型的织物)、丙纶膜裂纤维、丙纶烟用丝束等。

总的来说,丙纶因其低成本、耐磨性、耐高温性、轻便等特点,在各个领域都有着广泛的应用,尤其是在要求耐用、轻便和易清洗的产品中表现出色。未来具有发展潜力的丙纶产品主要集中在差别化、功能化纤维上,重点在产业用领域。超细丙纶纤维织物是一种新型高档舒适性服用纤维,可作为高档运动服、T恤衫、内衣裤的面料,也可生产更轻、更柔的卫生用品。高强丙纶将用于工业、建筑、食品、交通等领域用的过滤织物、地毯基布、土工格栅、缆绳等。高强短纤维可用于建筑混凝土的增强、防渗、防裂,在高层建筑、桥梁、道路、地铁、水库、堤坝建设上得到更多应用。丙纶无纺布将重点在医疗卫生用纺织品、过滤用纺织品等领域进一步拓宽市场。

我国今后丙纶发展的重点是调整产品消费结构,以生产装饰用、产业用丙纶为主。装饰用以丙纶BCF纱为主,可以生产丙纶地毯、沙发布、贴墙布等装饰织物,具有价格较低廉、抗沾污、抗虫蛀、易洗涤、回弹性好等优点,且价格明显低于锦纶。如果簇绒地毯生产比例提高,物理机械性能得到改善,仍有一定发展空间。

5.3.5 维纶

维纶，即聚乙烯醇缩甲醛纤维（PVA 纤维）。是一种合成纤维，由聚乙烯醇（PVA）纤维进行缩甲醛化而得到。

PVA 纤维是一种相对较新的合成纤维，其特点在于其优异的吸湿性和可溶性。PVA 是一种独特的合成聚合物，其分子结构中包含大量的羟基（—OH）官能团，使得 PVA 具有良好的亲水性和吸湿性。在湿润状态下，PVA 纤维可在水中溶解，因此被称为"水溶性纤维"。

由于其水溶性，PVA 纤维在一次性纺织品和环保材料领域有着广阔的应用前景。随着人们对环境友好材料的需求增加，水溶性纤维成为研究的热点之一。PVA 纤维的降解性质使其成为环保替代品，可以减少对环境的污染。在医疗领域，如医用缝线、医用敷料等方面也有应用前景。

维纶品种主要有短纤维和牵切纱。目前可以生产各种毛型纤维、粗毛型纤维、原液染色纤维、水溶性纤维、改性纤维及高强高模量纤维等。维纶具有强度高、模量高等特点，耐冲击、耐酸碱、耐腐蚀、耐日光、吸湿性好，适用于工业应用。缺点是染色性、手感及弹性差，因而在服用性方面远不如涤纶、腈纶、锦纶等。

目前，PVA 纤维主要被应用于水溶性纺织品、纺织品增强剂、造纸工业、渔网、绳缆、车篷、罩布、帐篷、消防水龙带等领域。

聚乙烯醇缩甲醛纤维的结构与性能之间的关系主要体现在：

① 分子结构与吸湿性。PVA 纤维的分子结构中包含大量的羟基（—OH）官能团，赋予了它优异的吸湿性。羟基可以吸引并与水分子形成氢键，使 PVA 纤维快速吸收水分，并保持湿润。

② 分子结构与可溶性。PVA 纤维在水中可溶，这与其分子结构中的羟基官能团有关。在湿润状态下，PVA 纤维的分子链可以与水分子形成氢键，使纤维溶于水中。

③ 分子结构与强度。PVA 纤维的分子结构中含有较多的羟基（—OH），使纤维链之间可以相互交联和形成氢键，从而提高纤维的强度和韧性。

④ 分子结构与耐化学性。PVA 纤维中的羟基（—OH）在一定程度上赋予了它一定的耐化学性，使其对一些化学品具有较好的耐受性。然而，在湿润状态下，PVA 纤维的耐化学性较差，容易在酸碱等条件下发生水解和溶解。

⑤ 分子结构与耐热性。PVA 纤维的耐热性较好，主要是由于其分子结构中的碳氢链较长，使得纤维在一定温度范围内能够保持稳定性。

⑥ 分子结构与染色性。PVA 纤维的分子结构中含有许多羟基官能团，使其易于与染料形成氢键和离子键，从而提高了染色性。

综上所述，PVA 纤维结构中的羟基官能团是影响其吸湿性、可溶性、强度、耐化学性、耐热性和染色性等性能的关键因素。然而，PVA 纤维在湿润状态下的可溶性存在局限性，使其在某些特定条件下的应用受到一定限制。为了进一步提高 PVA 纤维的性能并拓展其应用领域，未来可能需要进一步的研发和改进。

维纶的加工生产主要通过以下两种方式实现：

第一种方式是将乙酸乙烯（VAc）溶液聚合得到聚乙酸乙烯（PVAc），经醇解（皂化）得到聚乙烯醇（可用溶液纺丝法制造聚乙烯醇纤维，但不耐热水），再经缩醛化制得纤维。由聚乙酸乙烯制备的聚乙烯醇的结构是无规立构。

第二种方式是将特戊酸乙烯聚合,得到聚特戊酸乙烯(PVPi),经皂化得到聚乙烯醇。所得聚乙烯醇的结构是间规立构,具有比乙酸乙烯路线得到的聚乙烯醇更高的熔点和热稳定性。该方式反应如下:

$$CH_2=CH\ \ \ \underset{OCOC-CH_3}{\underset{|}{\ }}\ \ \ \underset{CH_3}{\overset{CH_3}{|}} \longrightarrow \ \ \ \underset{OCOC-CH_3}{\underset{|}{+CH_2-CH+_n}}\ \ \ \underset{CH_3}{\overset{CH_3}{|}}$$

5.3.6 氨纶

氨纶,也被称为弹性纤维或氨纶弹性纤维,是一种合成纤维,是由聚氨酯聚合物制成的弹性纤维。氨纶在纤维行业中常用的英文名称是 Spandex,商品名为 Lycra,由杜邦公司所注册。

氨纶以其卓越的弹性和伸缩性能而闻名,它可以在拉伸时延展到原始长度的数倍以上,并在拉力解除后迅速恢复到原来的形状,具备优异的拉伸和回弹性能,是理想的伸缩性衣料用纤维。氨纶或其包芯纱经针织、机织可制成游泳衣、弹力牛仔布和灯芯绒织物;其经向弹力织物可制作滑雪衣、紧身裤;其纬向弹力织物可制作运动服;氨纶可直接制成针织内衣,衣物的领口、袖口、裤口、袜口及松紧带、腰带等;氨纶织品可制作医疗用绷带、手术线、人造皮肤等。

氨纶可分为氨纶纱及氨纶织物两大类。氨纶的使用线密度范围很宽(44~1867dtex),这是其他纤维所不具备的。氨纶伸长率大于 400%,最高到 800%;伸长率在 500%时,其回弹率为 95%~99%。氨纶的湿态强度为 0.35~0.88cN/dtex,干态为 0.44~0.88cN/dtex,是橡胶丝的 3~5 倍。氨纶的弹性模量较小,丝的柔软性和耐久性好。氨纶耐久性强,与橡胶丝相比高出数倍。一般在 95~150℃时纤维不会受损,超过 150℃时纤维会变黄、发黏、强度下降。

氨纶的结构与性能之间的关系是通过其分子结构和链段排列方式来实现的,主要体现在以下几个方面:

① 分子结构与弹性。氨纶的分子结构是聚氨酯聚合物,其中含有大量的弹性链段。这些弹性链段赋予氨纶优异的拉伸性能。当外力作用于氨纶时,弹性链段能够伸展,并在拉力解除后迅速恢复到原来的形状,从而实现纤维的高弹性和回弹性。

② 分子结构与透气性。氨纶的分子结构中包含一些空隙,使得纤维具有良好的透气性。透气性有助于使氨纶制成的服装更加舒适,减少因体热而产生的不适感。

③ 分子结构与柔软舒适性。氨纶的分子结构中含有柔软的弹性链段,赋予其柔软舒适的触感。这使得氨纶在穿着时具有较好的舒适性,不会产生紧束感。

④ 分子结构与耐久性。氨纶的聚合物结构使其具有较好的耐久性,不易磨损和变形。这使得氨纶适用于需要频繁拉伸和变形的应用场景,如运动服装等。

⑤ 分子结构与染色性。氨纶的分子结构对染料有一定的亲和力,使其易于染色,可以制成各种丰富多彩的纺织品。

需要注意的是,氨纶在湿润状态下的强度会略有降低,因为水分子与分子结构中的氢键形成竞争。因此,在湿润条件下,氨纶的弹性性能可能会受到一定影响。

综上所述,氨纶的结构与性能之间的关系主要表现在分子结构中的弹性链段、空隙、柔软性等特征,这些特征赋予了氨纶独特的弹性、透气性和舒适性等优异性能。这也是氨纶在纺织行业中得以广泛应用的重要原因。

氨纶的纺丝与加工方法有四种:干法纺丝、湿法纺丝、熔体纺丝、反应纺丝。在工业生产中，前两种方法被广泛采用。由于一般聚氨酯在高温停留时间稍长时就会发生过量交联生成凝胶，还会发生异氰酸酯逆反应，使产品物理机械性能变差，所以熔体纺丝很少被采用；反应纺丝也称为化学纺丝，在纺丝液转化成固态纤维时，必须经化学反应，由单体或预聚物形成高聚物的过程与成纤过程同时进行，目前世界较少采用该法生产氨纶。

5.4 高性能合成纤维

5.4.1 超高分子量聚乙烯纤维

超高分子量聚乙烯纤维（ultra-high molecular weight polyethylene fiber，简称 UHMWPE 纤维），商品名为 Dyneema，由荷兰 DSM 公司首制成功并注册；Tekmilon 是由日本三井石化公司用超高分子量聚乙烯经凝胶纺丝制成的合成纤维，UHMWPE 的重均分子量可达百万数量级。

UHMWPE 纤维的主要用途是制作头盔、装甲板、防弹衣和弓弦。

UHMWPE 纤维是由乙烯单体通过聚合反应合成的高分子化合物，拥有非常长的分子链，其分子量通常在数百万至数千万之间。这种特殊的分子结构赋予了 UHMWPE 纤维许多优异的性能，使其在防弹衣、绳索、运动保护用具、船舶等多个领域得到广泛应用。

特别值得关注的是，UHMWPE 纤维在安全防护和高性能材料领域有着广阔的应用前景。随着科技和工艺的不断进步，人们对纤维性能的要求不断提高，UHMWPE 纤维作为一种高性能材料，将继续在军事、体育、工业和航空航天等领域得到应用。同时，随着生产技术的改进，UHMWPE 纤维的成本可能会进一步降低，使得更多领域能够受益于这种优异的纤维材料。

超高分子量聚乙烯纤维具有非常高的分子量和特殊的分子结构。超高分子量聚乙烯纤维的分子结构与其性能之间存在密切关系，UHMWPE 纤维的分子结构是其优异性能的基础，其中长链段之间的相互吸引力和形成的晶体区域赋予了纤维高强度、高模量、耐磨性和抗冲击性等出色特性，使其在安全防护、工程材料和高性能轻质产品等领域有着广泛的应用。

超高分子量聚乙烯纤维（UHMWPE 纤维）的分子结构与其性能之间存在密切关系，体现在以下几个方面：

① 分子结构与强度。UHMWPE 纤维的分子结构中含有非常长的分子链，使得纤维具有极高的强度。长链段之间的强烈相互吸引力（分子间作用力）是导致 UHMWPE 纤维强度增加的主要原因。

② 分子结构与模量。UHMWPE 纤维的模量也很高，这是由于其分子链之间形成的晶体区域使得纤维的刚性增加。

③ 分子结构与耐磨性。由于 UHMWPE 纤维分子链之间形成了非常稳定的结晶区域，使得纤维具有出色的耐磨性。

④ 分子结构与密度。尽管 UHMWPE 纤维具有很高的强度和模量，但其密度却很低，使得它成为高性能轻质材料的理想选择。

⑤ 分子结构与抗冲击性。UHMWPE 纤维因其柔韧性和高强度而具有良好的抗冲击性，因此广泛应用于防弹和防刺衣物中。

⑥ 分子结构与耐化学性。UHMWPE 纤维具有优异的耐化学性，对大多数溶剂和化学品都具有良好的耐受性。

⑦ 分子结构与吸湿性。UHMWPE 纤维的分子结构中不含极性官能团，因此其吸湿性非常低，具有良好的防水性。

⑧ 分子结构与加工性。UHMWPE 纤维的熔点相对较低，因为其分子链之间没有明显的氢键，所以纤维易于加工。

需要注意的是，UHMWPE 纤维的性能可能受到纤维制造工艺、后处理以及添加剂等因素的影响。因此，在生产过程中，可以通过调整材料组合和处理工艺，来调节 UHMWPE 纤维的性能，以满足不同用途的需求。

UHMWPE 纤维的生产通常采用聚合法和纺丝法。首先，通过聚合反应将乙烯单体聚合成超高分子量聚乙烯。然后将聚合物熔融，并通过纺丝和拉伸等工艺形成纤维。UHMWPE 纤维的制备还可以采用凝胶纺丝-超延伸技术，以石蜡、二甲苯等为溶剂，配制成稀溶液（2%~10%），使高分子链处于解缠状态。然后经喷丝孔挤出后快速冷却成凝胶状纤维，通过超倍拉伸，纤维的结晶度和取向度提高，高分子折叠链转化成伸直链结构（图 5-4），因此具有高强度和高模量。

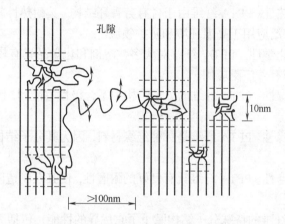

图 5-4　高分子折叠链转化为伸直链结构

UHMWPE 纤维作为先进复合材料的增强体时，因其具有非极性的链结构和伸直链的聚集态结构、化学惰性、疏水和低表面能的特征，需要进行表面处理，以增加纤维表面的极性基团和表面积，从而提高与树脂基体的界面黏合性。低温等离子体、铬酸化学刻蚀、电晕、光化学表面接枝反应都可用于 UHMWPE 纤维的表面处理。

5.4.2　芳香族聚酰胺纤维

芳香族聚酰胺纤维，即芳纶，由两种主要的芳香族单体制成，分别是对苯二胺（p-phenylenediamine）和对苯二甲酸（terephthalic acid）。这些单体通过聚合反应形成了线型聚合物，具有芳香环结构。

DuPont 公司于 1962 年发现了聚对苯二甲酰对苯二胺纤维（Kevlar）。Kevlar 纤维的问世，代表着合成纤维向高强度、高模量和耐高温的高性能方向到达一个新的里程碑。芳香族聚酰胺纤维是由芳香族二元胺和芳香族二羧酸或芳香族氨基苯甲酸经缩聚反应所得聚合物纺成的特种纤维，分为全芳香族聚酰胺纤维和含芳香环的脂肪族聚酰胺纤维，主要品种有对位芳香族聚酰胺纤维和间位芳香族聚酰胺纤维两类，如聚对苯二甲酰对苯二胺纤维、聚间苯二甲酰间苯二胺纤维、聚对苯甲酰胺纤维等。芳纶被广泛应用于防弹、航空航天、体育用品、船舶和汽车等领域,其应用前景十分广阔。

5.4.2.1 聚对苯二甲酰对苯二胺纤维

聚对苯二甲酰对苯二胺[poly (p-phenylene terephthalamide), PPTA]纤维,商品名为: Kevlar,由美国杜邦公司注册;Twaron、Technora由日本Teijin公司注册。PPTA纤维是用PPTA经溶液纺丝制成的纤维,由对苯二甲酰和对苯二胺两种芳香族单体通过聚合反应合成,具有特殊的分子结构,这种结构与其性能之间存在密切关系,体现在以下几个方面:

① 分子结构与强度。PPTA纤维的分子结构中含有排列高度有序的芳香环结构。这些芳香环之间形成强烈的氢键和范德华力,使得纤维具有极高的强度。PPTA纤维的强度比钢高5倍以上,是其他合成纤维中强度最高的。

② 分子结构与模量。PPTA纤维的分子链之间形成的晶体结构,使得纤维具有较高的模量(刚度)。尽管其强度高,但其弹性模量相对较低,这也使得PPTA纤维具有较好的柔韧性。

③ 分子结构与耐热性。PPTA纤维由于含有芳香环结构,其耐热性较好,在高温下仍能保持稳定的性能,因此广泛应用于高温环境和防护领域。

④ 分子结构与耐化学性。PPTA纤维对大多数溶剂和化学品具有较好的耐受性,使其在化工、防护服装等领域有着广泛应用。

⑤ 分子结构与吸湿性。PPTA纤维的分子结构中不含极性官能团,因此其吸湿性非常低,具有良好的防水性。

⑥ 分子结构与绝缘性。PPTA纤维是一种绝缘材料,因为其分子结构中不含自由电子,具有较好的绝缘性。

⑦ 分子结构与耐磨性。PPTA纤维具有良好的耐磨性,使其在制造防弹衣、防刺背心等耐用防护产品中应用广泛。

综上所述,PPTA纤维的特殊分子结构赋予了它优异的性能,包括高强度、高模量、耐热性、耐化学性等。这些性能使得PPTA纤维在防护领域、航空航天、体育用品等多个领域得到广泛应用,并有着较好的发展前景。

Kevlar主要有三个品种:Kevlar29是高韧性纤维,Kevlar49是高模量纤维,Kevlar149是超高模量纤维,其性能见表5-1,分子结构模型见图5-5,Kevlar具有分子间氢键面,Kevlar29的取向角为12.2°,Kevlar49的取向角为6.8°,Kevlar149的取向角为6.4°。芳纶具有沿径向梯度的皮芯结构(图5-6),芯层中结晶体的排列接近各向同性,皮层中结晶体的排列接近各向异性。芳纶在作为先进复合材料增强体应用时需要进行表面处理,常用的方法是用氨气氛的低温等离子体处理。

表5-1 Kevlar的性能

性能	Kevlar29	Kevlar49	Kevlar149
模量/GPa	78	113	138
强度/GPa	2.58	2.40	2.15
伸长率/%	3.1	2.47	1.5

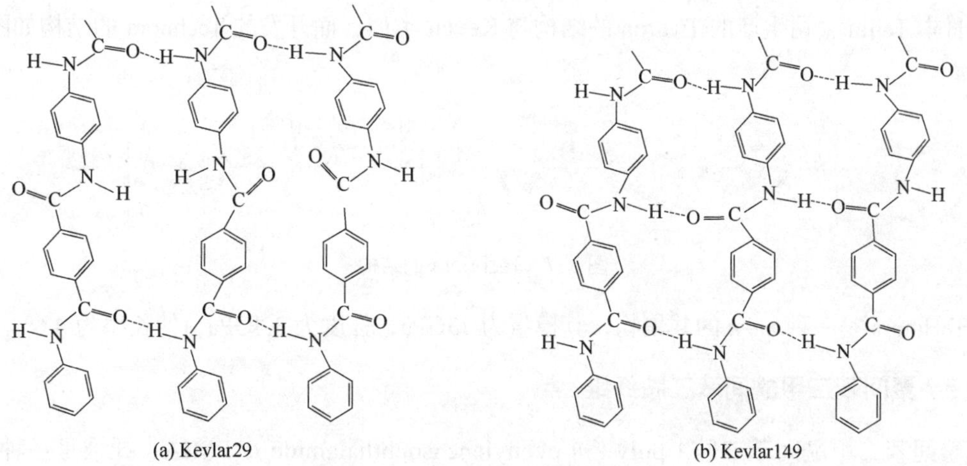

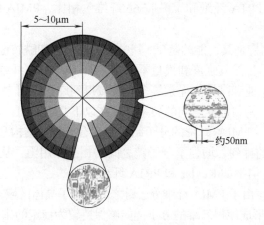

H—N
C=O
N—H
O=C
(a) Kevlar29
(b) Kevlar149

图 5-5 芳纶的分子结构模型

5~10μm
约50nm

图 5-6 芳纶的皮芯结构

在加工制备方面，PPTA 的合成采用低温溶液聚合，以 *N*-甲基吡咯烷酮（NMP）与六甲基磷酰胺（HMPA）的混合溶剂或添加 $LiCl_2$、$CaCl_2$ 的 NMP 为溶剂，其化学反应为：

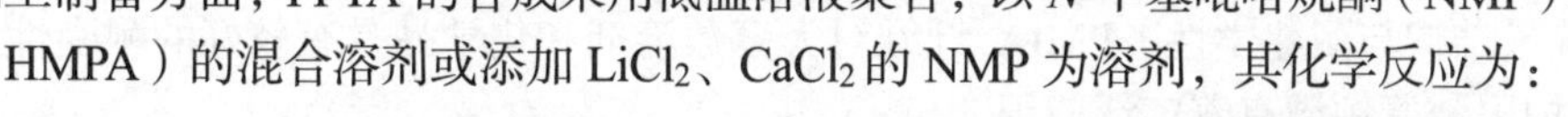

NH₂ NH₂ + ClOC COCl → NH NH—CO CO n + 2HCl

PPTA 纤维的生产方法主要涉及聚合法和纺丝法，加工制备包括纺丝、拉伸、冷却等步骤。改性可以通过添加填充剂、涂覆、复合和表面处理等手段实现，以满足不同领域对纤维性能的需求。PPTA 的分子量为 20000~25000。PPTA 分子链中苯环之间是 1,4-位连接，呈线型刚性伸直链结构并具有高结晶度，属溶致液晶聚合物。PPTA 在硫酸中能形成向列型液晶，可采用液晶纺丝法制成纤维，但溶液浓度存在临界浓度 c^*（约为 8%~9%），即 PPTA 的质量分数 $>c^*$，溶液呈光学各向异性（液晶态）。PPTA 纺丝液的浓度>14%。

1996 年杜邦公司将对位芳纶溶解在硫酸中，达到临界浓度时，形成了高分子液晶溶液，黏度会减小，通过干喷湿纺液晶纺丝技术制得的纤维强度非常高。具有向列型液晶结构的纺丝原液通过喷丝孔时，在剪切力和伸长流动下，全体向列型液晶微区沿纤维轴向取向；在空气层中进一步伸长取向，随后在低温凝固浴中冷冻凝固成型，从而分子取向结构被保留下来，得到高强度、高模量的纤维。

日本 Teijin 公司生产的 Twaron 的结构与 Kevlar 类似，而开发的 Technora 的结构如图 5-7 所示。

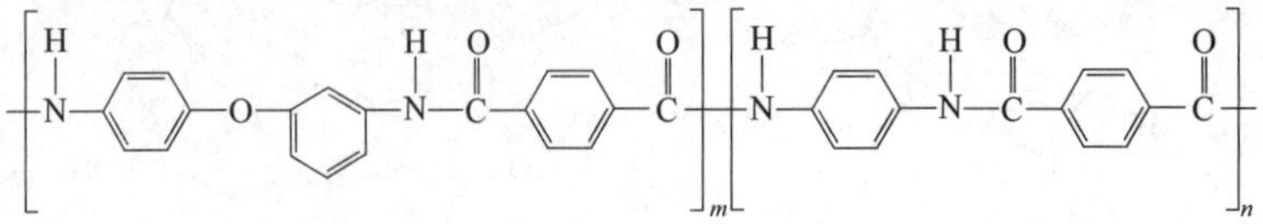

$$\left[\begin{array}{c}H\\|\\N\end{array}\!\!-\!\!\bigcirc\!\!-\!\!O\!\!-\!\!\bigcirc\!\!-\!\!\begin{array}{c}H\\|\\N\end{array}\!\!-\!\!\begin{array}{c}O\\||\\C\end{array}\!\!-\!\!\bigcirc\!\!-\!\!\begin{array}{c}O\\||\\C\end{array}\right]_m\!\!\left[\begin{array}{c}H\\|\\N\end{array}\!\!-\!\!\bigcirc\!\!-\!\!\begin{array}{c}H\\|\\N\end{array}\!\!-\!\!\begin{array}{c}O\\||\\C\end{array}\!\!-\!\!\bigcirc\!\!-\!\!\begin{array}{c}O\\||\\C\end{array}\right]_n$$

图 5-7　Technora 的结构

Technora 是一种 $m=n$ 的共聚物，其模量为 73GPa，强度为 3.4GPa，伸长率为 4.6%。

5.4.2.2　聚间苯二甲酰间苯二胺纤维

聚间苯二甲酰间苯二胺 [poly (*m*-phenylene isophthalamide)，PMIA] 纤维是一种特殊的合成纤维，由间苯二甲酰氯和间苯二胺两种单体通过聚合反应合成聚合物后纺制而成。与其他聚酰胺纤维（如 PPTA 纤维和聚酰胺 66 纤维）相比，PMIA 纤维具有独特的分子结构和性能。

PMIA 纤维的分子结构是其性能的基础，其中芳香环结构和酰胺键的存在赋予了纤维一定的强度、模量和耐热性。虽然其强度和模量不如 Kevlar 或 PPTA 纤维，但其性能仍然使其在航空航天、防护用品、工业和高性能绳索等多个领域得到广泛应用。

具体来说，其分子结构与性能之间的关系体现在以下几个方面：

① 分子结构与强度。PMIA 纤维的分子结构中含有芳香环结构和酰胺键。这些结构使得纤维之间形成高度有序的排列，增强了分子链之间的相互作用力，从而提高了纤维的强度。PMIA 纤维的强度较高，但不如 Kevlar 和 PPTA 纤维。

② 分子结构与模量。由于 PMIA 纤维分子链之间形成了晶体区域，所以纤维具有较高的模量（刚度）。晶体区域的形成使得纤维的分子链能够保持较为稳定的排列，提高了纤维的刚性。

③ 分子结构与耐热性。PMIA 纤维的分子结构中含有芳香环结构，使得纤维具有较好的耐热性，在高温下仍能保持稳定的性能，因此适合于高温环境中的应用。

④ 分子结构与耐化学性。PMIA 纤维对大多数溶剂和化学品具有较好的耐受性，使其在化工、防护服装等领域有着广泛应用。

⑤ 分子结构与吸湿性。PMIA 纤维的分子结构中不含极性官能团，因此其吸湿性非常低，具有良好的防水性。

⑥ 分子结构与绝缘性。PMIA 纤维是一种绝缘材料，因为其分子结构中不含自由电子，具有较好的绝缘性。

⑦ 分子结构与耐磨性。PMIA 纤维由于其高强度和韧性，具有良好的耐磨性，适用于制造高性能绳索和索具。

需要注意的是，PMIA 纤维的性能可能受到纤维制造工艺、后处理以及添加剂等因素的影响。因此，在生产过程中，可以通过调整材料组合和处理工艺，来调节 PMIA 纤维的性能，以满足不同用途的需求。

在加工与制备方面，PMIA 纤维的生产方法主要涉及聚合法和纺丝法，加工制备包括纺丝、拉伸、冷却等步骤。聚间苯二甲酰间苯二胺采用间苯二甲酰氯和间苯二胺为原料，在二甲基乙酰胺溶剂中进行低温溶液聚合，其分子中苯环之间都为 1,3-位链接，夹角约 120°，大分子为扭曲结构，在溶液中不能形成液晶态。聚间苯二甲酰间苯二胺纤维采用溶液纺丝法，商品名为

Nomex。Nomex 可加工成绝缘纸在变压器和大功率电机中应用；蜂窝结构材料在飞机上应用；毡作为工业滤材和无纺布在印刷电路板上得到应用。

值得指出的是，聚间苯二甲酰间苯二胺纤维和聚对苯二甲酰对苯二胺纤维俗称芳纶 1313 和芳纶 1414。芳纶 1313 耐高温性好，不会熔融；芳纶 1414 强度高，模量高又耐高温。目前芳纶 1313 已实现了国产化。

聚对苯二甲酰对苯二胺纤维主要用于：高速飞机等的轮胎帘子线；深海作业、航天和气象等方面的特种缆绳；高压容器、塑料、橡胶的增强材料。聚对苯二甲酰对苯二胺纤维的抗冲击性能较差，因而在使用上受到限制，但可用作深海光缆包覆材料。聚间苯二甲酰间苯二胺纤维主要用于易燃、易爆环境的工作服以及宇航服和消防服等，还可用作工业滤材、填料。

5.4.2.3 对/间芳纶

对/间芳纶是指链结构单元中既含对位也含间位的芳纶（商品名为 Tverlana），分子式如下：

$$\left[-NH-\underset{}{\bigcirc}-NH-CO-\underset{}{\bigcirc}-CO-\right]_{70\sim90}$$

与其他聚酰胺纤维（如聚酰胺 66 纤维和聚丙烯纤维）相比，对/间芳纶组合了间位芳纶的经济性、阻燃性和对位芳纶的耐热性，其拉伸强度为 30~60cN/tex（1cN/tex=9.1MPa），弹性模量为 14GPa。对/间芳纶具有以下特点：

① 强度和模量。对/间芳纶具有极高的强度和模量（刚度），其强度比钢高 5 倍以上，而密度仅为钢的 1/5 左右，因此被广泛用于防护和强化结构材料。

② 耐热性。对/间芳纶具有较好的耐热性，可以在高温条件下保持稳定的性能，适用于高温环境和防护用途。

③ 耐化学性。对/间芳纶对大多数溶剂和化学品具有良好的耐受性，可以用于化工和防护服装等领域。

④ 耐磨性。对/间芳纶由于其高强度和韧性，具有良好的耐磨性，适用于制造高性能绳索和索具。

⑤ 轻质。对/间芳纶具有较低的密度，因此该纤维质轻，有助于减轻结构负担，例如在航空航天领域应用较广。

⑥ 耐腐蚀性。对/间芳纶对酸、碱等腐蚀性物质有较好的耐受性。

⑦ 绝缘性。对/间芳纶是一种绝缘材料，适用于电气绝缘领域。

由于对/间芳纶具有上述优异的性能，它在防护用品、航空航天、体育用品、工业和军事等多个领域得到了广泛应用。例如，被用于制造防弹衣、防刺背心、飞机结构、滑雪板、高性能绳索和索具等产品。

5.4.2.4 芳砜纶

芳砜纶又称聚苯砜对苯二甲酰胺纤维（PSA），芳砜纶的化学结构为：

$$\left[-CO-\underset{}{\bigcirc}-CO-NH-\underset{}{\bigcirc}-SO_2-\underset{}{\bigcirc}-NH-\right]_n$$

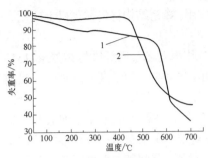

图 5-8 芳砜纶和芳纶的热失重曲线
1—芳砜纶；2—芳纶

芳砜纶是我国自主研发并产业化的一种高性能合成纤维，商品名为特安纶，由 4,4-二氨基二苯砜和对苯二甲酰氯等的缩聚物制成。芳砜纶的耐热性（图 5-8）、耐化学性和阻燃性都优于芳纶，价格也低于芳纶。

芳砜纶的分子结构与其性能之间存在密切关系，主要体现在以下几个方面：

① 分子结构与强度。芳砜纶的分子链中含有芳香环结构和酰亚胺键，使得纤维之间形成高度有序的排列，增强了分子链之间的相互作用力，从而提高了纤维的强度。因此芳砜纶具有非常高的强度。

② 分子结构与模量。芳砜纶的分子链形成了高度有序的结晶区域，使得纤维具有较高的模量（刚度）。晶体区域的形成使得纤维的分子链能够保持较为稳定的排列，从而增加了纤维的刚性。

③ 分子结构与耐热性。芳砜纶分子链中的芳香环结构和酰亚胺键使其具有出色的耐高温性。这些结构能够稳定纤维的分子链，使其在高温环境下仍能保持稳定性，适用于高温工作的场合。

④ 分子结构与耐化学性。芳砜纶对大多数溶剂和化学品具有较好的耐受性，这是由其芳香族分子结构所决定的，从而使得芳砜纶成为一种化学稳定的材料，适用于化工和防护服装等领域。

⑤ 分子结构与阻燃性。芳砜纶是一种自熄型纤维，这是由其分子结构所决定的。在火焰作用下，芳砜纶不会继续燃烧，可以有效抵御火灾。

⑥ 分子结构与耐磨性。芳砜纶由于其高强度和韧性，具有优异的耐磨性，适用于制造高性能绳索和索具。

综上所述，芳砜纶的独特性能主要来源于其特殊的分子结构。芳香环结构和酰亚胺键的存在赋予了纤维极高的强度、模量、耐热性、耐化学性以及阻燃性。这些优异的性能使得芳砜纶在航空航天、防护用品、工业和高性能绳索等多个领域有着广泛的应用。

5.4.3 热致液晶聚酯纤维

热致液晶聚酯纤维是由具有液晶结构的聚酯材料制成的纤维，可经熔体纺丝制成。其中，聚酯材料是羟基苯甲酸、对苯二甲酸和一系列第三单体的缩聚物；液晶结构是一种介于晶体和液体之间的状态，具有有序排列的分子结构。在适当的温度下，热致液晶聚酯纤维可以从有序的液晶态转变为无序的液态，这种转变是可逆的。热致液晶聚酯纤维作为一种新型功能性纤维，具有广阔的发展前景。目前，该类纤维的研究和开发仍处于起步阶段，但随着纺织技术和材料科学的不断进步以及对智能材料和智能纺织品需求的增加，热致液晶聚酯纤维的性能和应用领域还将不断拓展。其应用前景十分广阔。

热致液晶聚酯纤维的发展前景还面临着一些挑战，例如纤维的制备工艺和成本控制等方面。但随着科技的不断进步和相关领域的深入研究，这些问题有望逐步得到解决，从而推动热致液晶聚酯纤维的广泛应用。热致液晶聚酯纤维的应用主要包括智能纺织品、医疗用品、纺织品涂层等方面。

热致液晶聚酯纤维的分子结构与其性能之间存在密切关系。纤维的结构特点主要来源于其聚酯分子链中的液晶结构，这些结构在温度变化下可以产生有序的相变，影响纤维的性能。具体来说，其结构与性能之间的关联包括：

① 分子结构与相变性。热致液晶聚酯纤维的特殊之处在于其分子链中存在液晶结构。在适当的温度范围内，纤维的分子链可以从有序的液晶态转变为无序的液态。这种相变性使得纤维可以根据温度的变化实现形态和性能的调节，具有温度感应性。

② 分子结构与强度。热致液晶聚酯纤维的分子链结构通常比普通聚酯纤维更加有序和紧密。这种有序的排列增强了分子链之间的相互作用力，从而提高了纤维的强度。

③ 分子结构与模量。分子链中液晶结构的存在使得热致液晶聚酯纤维具有较高的模量（刚度），这也是由分子链有序地排列决定的。

④ 分子结构与耐热性。热致液晶聚酯纤维的分子链中含有液晶结构和酯键，使其在高温条件下仍能保持稳定性，具有较好的耐热性。

⑤ 分子结构与耐化学性。热致液晶聚酯纤维对大多数溶剂和化学品有较好的耐受性，这是由其中芳香族聚酯分子结构所决定的，这种结构使得纤维具有化学稳定性。

⑥ 分子结构与温度感应性。热致液晶聚酯纤维的液晶结构使得纤维对温度的变化非常敏感，温度的升降可以引发纤维形态的改变，从而影响其性能，例如弯曲性、导电性等。

需要注意的是，热致液晶聚酯纤维的性能可能会受到纤维制备工艺、添加剂等因素的影响。因此，在纤维的设计和制备过程中，需要仔细控制和调节分子结构，以满足不同应用领域的需求。

综上所述，热致液晶聚酯纤维的独特性能主要源自其特殊的分子结构。液晶结构和酯键的存在赋予了纤维相变性、高强度、高模量、耐热性、耐化学性以及温度感应性。这些特性使得热致液晶聚酯纤维在智能纺织品、医疗用品、纺织品涂层等领域有着广泛的应用前景。

热致液晶聚酯纤维的生产方法主要包括以下几个步骤：

① 原料准备。选择合适的聚酯单体和液晶单体作为原料，进行预处理和纯化，确保原料的质量。

② 聚合反应。通过聚合反应将聚酯单体和液晶单体合成聚酯液晶前体材料。

③ 纺丝。将聚酯液晶前体材料通过纺丝工艺转变成纤维状的聚酯液晶纤维。

④ 固化。将纺丝得到的聚酯液晶纤维经过固化处理，使其结构稳定，实现相变性。

第三单体对热致液晶聚酯可纺性和成纤性的影响见表 5-2。熔体纺丝制成液晶聚酯纤维的性能见表 5-3。

5.4.4 芳杂环纤维

芳杂环聚合物是以耐热性为特点的一类高分子聚合物，因其优异的机械性能、耐高低温性能、耐化学溶剂性能以及良好的介电性能等，被广泛地以纤维、薄膜、黏结剂、复合材料、纳米纤维、涂料、塑料等多种形式应用于航空航天、化工机械、电池、微电子、军工等领域。芳杂环纤维主要包括聚苯并咪唑（PBI）纤维、聚对苯撑苯并二噁唑（PBO）纤维、聚亚苯基苯并二噻唑（PBZT）纤维、分别含单甲基（MePBZT）和四甲基（tMePBZT）侧基的聚亚苯基苯并二噻唑纤维、M5 纤维、聚 1,3,4-二噁唑（POD）纤维等。

表 5-2　第三单体对热致液晶聚酯可纺性和成纤性的影响

第三单体	缩聚时间[①]/h	[η]/(dL/g)	外观	可纺性	纤维丝[②]
VA	4.1	0.76	乳白色，有光泽	很好	很强
fPBA	5.3	0.67	金黄色	中等	强
MHB	6.5	0.5	淡黄色	中等	中等
HQ-TPA	5.5	0.71	淡黄色，没有光泽	好	强
BPA-TPA	7.0	0.38	乳白色，没有光泽	是	弱
DHAQ-TPA	7.5	0.35	褐色，没有光泽	好	弱
1,5-DHN-TPA	4.5	0.97	金黄色，有光泽	中等	强
2,7-DHN-TPA	4.6	0.81	淡褐色，没有光泽	中等	强
PHB/PET (60/40)	6.0	0.60	淡黄色，有光泽	中等	中等

① 缩聚时间是指在真空中缩聚反应所经历的整个时间。
② 纤维丝的强度是好是坏，取决于特定的情况。高取向的细纤维丝可以直接作为增强的短切纤维丝应用于纤维增强复合材料体系。

表 5-3　Ⅰ型和Ⅱ型液晶聚酯纤维的性能

性能	Ⅰ型（高强度型）	Ⅱ型（高模量型）	性能	Ⅰ型（高强度型）	Ⅱ型（高模量型）
相对密度	1.41	1.37	伸长率/%	3.8	2.4
熔点/℃	250	250	拉伸模量	528	774
拉伸强度	22.9	19.4	分解温度/℃	>400	>400
干湿强度比	0.9~0.95	0.8~0.9	最高使用温度/℃	200~250	180~220

5.4.4.1　聚苯并咪唑纤维

聚苯并咪唑（PBI）纤维是由苯并咪唑结构单元组成的高分子聚合物，这种结构赋予了 PBI 纤维独特的性能。PBI 纤维因其高强度、高模量、耐热、耐化学腐蚀和阻燃等特性而被广泛应用于特殊领域，特别是在高温和极端条件下的工程应用。PBI 纤维作为一种高性能工程纤维，其发展前景非常广阔。随着高温工程和特殊工况下纤维需求的增加，PBI 纤维在航空航天、火箭、航空发动机等领域的应用前景广阔。同时，在防护服装和化工领域，对高性能阻燃材料的需求也在不断增加，这将进一步推动 PBI 纤维的市场需求。然而，需要注意的是，PBI 纤维的生产成本相对较高，可能会限制其在某些领域的广泛应用。随着科技的不断进步和生产技术的改进，PBI 纤维的制造成本可能会降低，从而促进其更广泛的应用。

5.4.4.2　聚对苯撑苯并二噁唑纤维

聚对苯撑苯并二噁唑（PBO）纤维由对苯撑苯并二噁唑结构单元组成，这种结构使得其分子链形成高度有序的晶体结构，从而赋予了 PBO 纤维独特的性能。PBO 纤维具有出色的耐高温性，可以在高温环境下保持其强度和稳定性，同时还具有极好的抗化学腐蚀性。PBO 纤维的分子式和结构模型见图 5-9，其分子结构中含许多似毛细管状的细孔，在横截面上分子链沿径向取向，在纵截面上分子链沿纤维轴取向，高强度 PBO 纤维的取向度因子>0.95，高模量

PBO 纤维的取向度因子为 0.99。PBO 纤维的制备主要通过聚合反应和纺丝工艺来实现。纺丝过程中,将聚合得到的高分子 PBO 溶解于适当的溶剂中,形成纤维的浆料。然后通过喷丝或干湿纺丝等方法,使溶液中的高分子聚合物成为连续的纤维形态。接着经过拉伸、固化和加热处理,最终制得 PBO 纤维。聚对苯撑苯并二噁唑(PBO)纤维具有溶致液晶性。采用干喷湿纺可获得高取向度、高强度、高模量、耐高温纤维。N_2 下的热分解温度>650℃,330℃空气中加热 144h 失重<6%。

5.4.4.3 聚亚苯基苯并二噻唑纤维

聚亚苯基苯并二噻唑(PBZT)纤维是一种高性能合成纤维,其分子结构中含有苯并二噻唑环。PBZT 纤维具有出色的耐高温、高强度、高模量和抗化学腐蚀性。此外,基于 PBZT 纤维结构改性的聚亚苯基苯并二噻唑纤维中还包括含单甲基(MePBZT)和四甲基(tMePBZT)侧基的纤维。此类纤维在航空航天、防护服装、高性能绳索和化工等领域发挥着重要作用。

聚亚苯基苯并二噻唑(PBZT)纤维、分别含单甲基(MePBZT)和四甲基(tMePBZT)侧基的聚亚苯基苯并二噻唑纤维在结构上有所不同,从而导致它们在性能上也存在差异。聚亚苯基苯并二噻唑

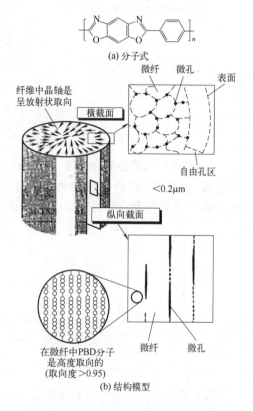

图 5-9 PBO 纤维的分子式和结构模型

(PBZT)由 1,4-二氨基、2,5-二巯基苯(DADMB)与对苯二甲酸(TPA)在多聚磷酸(PPA)介质中缩聚而得,其含苯环和苯杂环(苯并二噻唑)的刚性棒状分子链如图 5-10 所示,其具有溶致液晶性。PBZT 纤维由苯并二噻唑结构单元组成,这种结构使其分子链形成高度有序的晶体结构,赋予 PBZT 纤维优异的高温稳定性和强度。含侧甲基的 PBZT 纤维可通过交联网络的形成来改善 PBZT 纤维的横向压缩性。采用干喷湿纺可获得高取向度、高强度(1.2~3.2GPa)、高模量(170~283GPa)、耐高温(N_2 下的热分解温度>600℃,330℃空气中加热 144h 失重<5%)和化学稳定(耐强酸)的纤维。

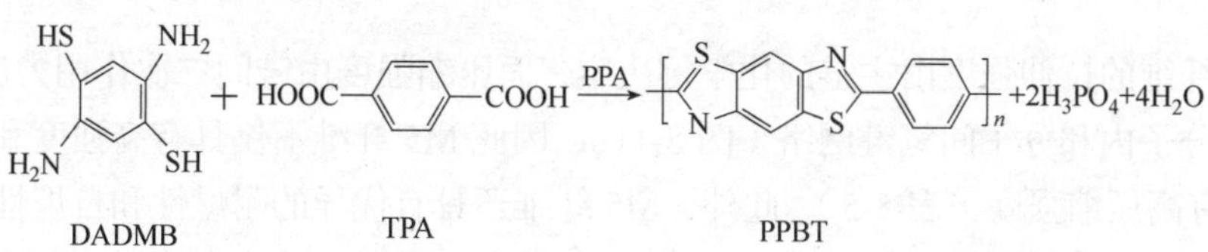

图 5-10 PBZT 合成反应

MePBZT 纤维是对 PBZT 纤维进行结构改性得到的,其分子链上含有单甲基侧基。MePBZT 纤维的韧性优于 PBZT 纤维。MePBZT 纤维在 450~550℃发生交联反应:

[化学结构图：PBZT 及其衍生物的热转化反应]

tMePBZT 纤维是对 PBZT 纤维进行更进一步的结构改性而得的，其分子链上含有四甲基侧基。tMePBZT 纤维可能会在原有优异性能的基础上进一步提升其性能和应用领域。tMePBZT 及其与 PBZT 共聚物也具有很好的耐热性和横向压缩性，其结构为：

[化学结构图：tMePBZT 及其与 PBZT 共聚物的结构式]

需要指出的是，对于含有侧基的聚亚苯基苯并二噻唑纤维（如 MePBZT 和 tMePBZT 纤维），其结构与性能之间的关系非常复杂，还受到纺丝工艺和加工条件等因素的影响。因此，为了充分发挥这些纤维的性能优势，需要进行精密的结构调控和合理的纺丝加工工艺设计。这些纤维的性能与结构之间的关系也需要进一步地研究和探索。

5.4.4.4 M5 纤维

聚 2,5-二羟基-1,4-苯撑吡啶并二咪唑（简称 M5 或 PIPD）的化学结构为：

[化学反应式：2,3,5,6-四氨基吡啶 + 2,5-二羟基对苯二甲酸 在 PPA 作用下聚合生成 M5/PIPD]

聚合物纤维的拉伸强度由主链的化学键决定，而压缩强度由链间二次作用力决定。M5 纤维具有双向分子内和分子间氢键网络（图 5-11），因此 M5 纤维不仅具有高强度和高模量（表 5-4），还具有高压缩强度（表 5-5）。此外，M5 纤维还具有优异的耐燃性和自熄性，极限氧指数（LOI）$\geqslant 50\%$。M5 纤维的加工制备通常需要精密的工艺控制和条件调控，以确保最终纤维具有优异的性能。在制备过程中，合理选择和调控聚合反应条件、纺丝工艺、固化和加热处理等步骤对于获得高性能的纤维是至关重要的。

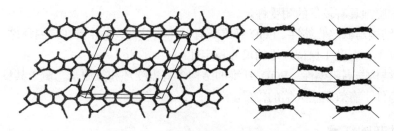

图 5-11　M5 纤维的双向氢键网络模型

表 5-4　M5 纤维的力学性能

性能	AS[①]	HT[②]
模量/GPa	150	330
强度/GPa	2.5	5.5
伸长率/%	2.7	1.7

① AS（As-spun）表示初生 M5 纤维。
② HT（high-temperature treated）表示高温处理过的 M5 纤维。

表 5-5　M5 纤维的压缩强度（与其他高性能有机纤维比较）

性能	M5	PBO	Kevlar
压缩强度/GPa	1.7	0.3	0.7

聚 1,3,4-二噁唑（POD）纤维的合成过程如图 5-12 所示，是一种高性能工程纤维，具有优异的性能。POD 纤维是由 1,3,4-二噁唑基团组成的高分子链结构而成。POD 纤维由于其特殊的分子结构，具有高强度、高模量、耐高温和耐化学腐蚀等优异的性能。其分子链结构中含有大量的噻唑环和氮原子，使得纤维在高温环境下仍能保持稳定性和强度。

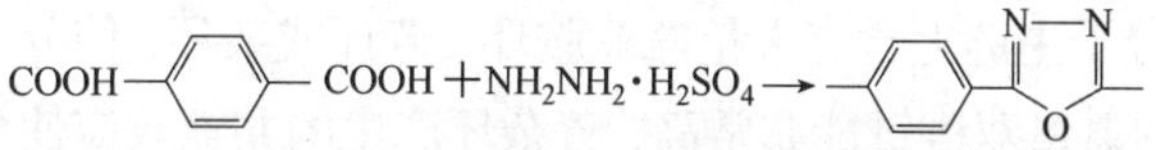

图 5-12　POD 合成反应

POD 纤维的应用领域广泛。在航空航天领域，用于制造飞机、航天器等高强度要求的零部件，如翼型、螺旋桨等；在电子电气领域，用于制造高性能电缆、电磁屏蔽材料等；在化工领域，用于制造耐高温、耐腐蚀的管道和容器等设备。POD 纤维具有良好的阻燃性能，可用于制造防火阻燃服装。POD 纤维的结构与性能之间有着密切的关系：

① 分子链结构。POD 纤维的分子链结构由 1,3,4-二噁唑基团组成。这种分子链结构赋予 POD 纤维高度有序的晶体结构，有利于纤维形成稳定的分子排列。

② 分子结构与高强度和高模量。POD 纤维的分子链之间通过氢键或范德华力相互作用，形成稳定的结晶结构，使得 POD 纤维具有很高的强度和模量，适用于高强度要求的工程应用。

③ 分子结构与耐高温性。POD 纤维由于其结构中含有大量的噻唑环和氮原子，具有出色的耐高温性。在高温条件下，POD 纤维仍能保持其强度和性能不变。

④ 分子结构与耐化学腐蚀性。POD 纤维的分子链结构中含有大量的噻唑环和氮原子，使

得纤维对化学腐蚀具有较好的耐受性。

⑤ 分子结构与低热收缩性。POD 纤维具有低热收缩性，意味着在高温条件下纤维的尺寸和形状变化较小，有助于保持纤维的尺寸稳定性。

⑥ 分子结构与高阻燃性。POD 纤维的结构含有噻唑环和氮原子，赋予其良好的阻燃性，能够在高温条件下有效阻止火焰的传播。

5.4.5 聚酰亚胺纤维

聚酰亚胺（polyimide，PI）纤维是芳杂环聚合物纤维的典型代表，是指主链上含有亚酰胺环的一类聚合物（图 5-13）。聚酰亚胺纤维在高温过滤、航空航天、国防军工、新型建材、环保防火等领域中发挥着越来越重要的作用。聚酰亚胺纤维可织成无纺布，用作高温、放射性和有机气体及液体的过滤网、隔火毯，装甲部队的防护服、赛车防燃服、飞行服等防火阻燃服装。劳动防护服方面，我国冶金部门每年需 5 万套隔热、透气、柔软的阻燃工作服，水电、核工业、地矿、石化、油田等部门年需 30 万套防护用服、300t 左右耐高温阻燃特种防护用纤维左右。聚酰亚胺纤维隔热防护服穿着舒适，具有皮肤适应性和永久阻燃性，而且尺寸稳定、安全性好、使用寿命长，是制作隔热防护服装的最为理想的纤维材料。

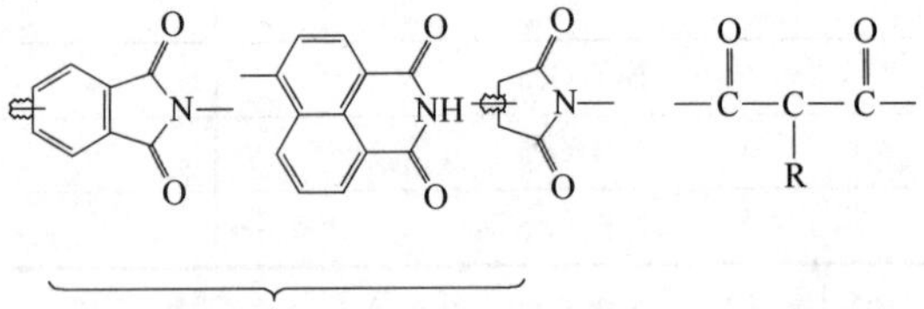

(a) 环状酰亚胺　　(b) 线型酰亚胺

图 5-13　聚酰亚胺结构

PI 纤维的分子链由酰亚胺基团（—CONH）组成，这种结构使其具有高度有序的分子排列，可形成均匀且有序的晶体结构。聚酰亚胺纤维的性能由其构成聚酰亚胺高分子链的化学结构及纤维物理结构所决定。其主要优良性能有以下几点。

（1）高强高模

常见的聚酰亚胺分子主链上含有大量酰亚胺环、芳环或杂环，使分子链的芳香性高，刚性大；加之酰亚胺环上的氮氧双键键能非常高，芳杂环产生的共轭效应使分子间作用力较大；纤维在制备过程中沿轴方向高度取向，使聚酰亚胺纤维具有高强高模的特性，尤其在模量方面更为突出。据理论计算，由均苯四甲酸二酐（PMDA）和对苯二胺（PPD）合成的纤维模量可达 410GPa，仅次于碳纤维。其拉伸强度优于美国杜邦 Kevlar49 纤维，且拥有更高的模量，几乎与 PBO 纤维相当，见表 5-6。

表 5-6　聚酰亚胺纤维与其他高性能纤维力学性能的对比

纤维	拉伸强度/GPa	拉伸模量/GPa	断裂伸长率/%
Kevlar49	2.8	125	2.4
T300 碳纤维	3.5	230	1.5
PBO 纤维	5.3	245	3.4
联苯结构 PI 纤维	3.1	128	2.0
均苯结构 PI 纤维	5.2	280	2.0

（2）热稳定性

聚酰亚胺纤维除上述提到的高强高模特性之外，耐热性也是其主要性能之一。耐热性是指材料在保持可用的性能时所能耐受的温度，通常以玻璃化转变温度、软化点及熔点等参数来考察，直接影响材料的极限使用温度。对于聚酰亚胺，主要考察的是 T_g。玻璃化转变温度是非晶态高聚物由玻璃态转变为高弹态的温度，当温度高于玻璃化转变温度时，分子链虽不能移动，但是链段开始运动，表现出高弹性。聚酰亚胺的玻璃化转变温度，一方面与其环状相关链长有关，另一方面，分子链上的二酐单元（电子接受体）与二胺单元（电子给予体）能形成电荷转移络合物，增加分子间作用力，使链段运动受限，从而使聚酰亚胺表现出高的玻璃化转变温度。二酐电子亲和力对聚酰亚胺玻璃化转变温度的影响见表 5-7。

表 5-7 芳香族二酐的电子亲和性对所得到的聚酰亚胺的玻璃化转变温度的影响

二酐	亲和能/eV	与各种二胺聚合得到的聚酰亚胺的 T_g/℃					
		对苯二胺（PPD）	间苯二胺（MPD）	联苯四甲酸二酐（BPDA）	3,3',4,4'-苯二甲酸二酐（BTDA）	十八烷基胺（ODA）	4,4'-二氨基苯基二甲烷（MDA）
(结构式)	1.90	702	442	112	577	102	331
(结构式)	1.57	—	—	—	—	335	—
(结构式)	1.55	353	300	268	337	293	206
(结构式)	1.48	339	303	311	337	285	290
(结构式)	1.38	>500	—	—	—	285	308
(结构式)	1.30	342	313	280	311	272	275
(结构式)	1.26	—	—	—	—	274	280

续表

二酐	亲和能/eV	与各种二胺聚合得到的聚酰亚胺的 T_g/℃					
		对苯二胺（PPD）	间苯二胺（MPD）	联苯四甲酸二酐（BPDA）	3,3',4,4'-苯二甲酸二酐（BTDA）	十八烷基胺（ODA）	4,4'-二氨基二苯基甲烷（MDA）
[结构式]	1.19	—	255	—	—	232	—

芳香族聚酰亚胺纤维的初始分解温度一般都在 500℃以上，最大热失重速率一般在 550~650℃。联苯型聚酰亚胺纤维的热分解温度更是高达 600℃。含杂环聚酰亚胺纤维的初始分解温度一般为 570~610℃，在 900℃无氧氛围下，质量残留超过 65%，是迄今热稳定性最好的聚合物品种之一。含杂环聚酰亚胺纤维的玻璃化转变温度可以超过 450℃，极大地拓展了该种聚合物材料在航空航天等极端领域下的应用。这是因为聚酰亚胺本身属于芳杂环聚合物，主链结构中的芳环和杂环作为重复的基本结构单元，可增加分子链的刚性，削弱分子的热运动如转动和振动等；杂环可以使分子链间产生偶极吸引力等，从而改善聚合物的热稳定性。

由表中可以看出，—O—及—CO—的存在会降低二酐的电子亲和力，从而降低分子链间作用力，降低 T_g。给电子桥基（如—O—）会增加相邻芳环上的电子密度；反之，吸电子基团则会降低其电子密度。对于电子给予体的二胺单元，增加电子密度将增加所形成电荷转移络合物的链间作用力。另外，C═O 及 O═S═O 中未成对电子能 E_a 与二酐单元中缺电子的芳环作用。当两个酰酐之间的距离增大时，二酐 E_a 与 T_g 之间的关系将变得不明显。T_g 与二酐 E_a 及二胺结构之间没有定量关系，只能对 T_g 做定性分析及预测，并且也会有特例存在。例如，二苯酮二酐的电子亲和性比联苯二酐大，但由二苯酮二酐制得的聚酰亚胺的 T_g 却比联苯二酐制得的聚酰亚胺低。

另外，亚酰胺的 C—N 键邻位取代基团类型对聚合物 T_g 大小有重要影响。这是因为 C—N 键连接了分子链上的电子给予体和电子接受体，邻位取代后将产生空间位阻，阻碍苯环绕 C—N 键的旋转，破坏共平面结构，从而妨碍链内电子转移及分子内的电荷转移络合物形成，同时增加大分子链刚性。因此由具有位阻的二胺得到的聚酰亚胺都会显示出高 T_g。由表 5-8 可以看出，随着甲基取代数目的增加，聚酰亚胺 T_g 逐渐增加。但更为柔性的乙基代替甲基时，则会由于增塑作用及自由体积的增加而使 T_g 有所降低。与对苯二胺比较，二氨基二苯甲烷中苯环绕 C—N 的旋转使 T_g 降低，而—CH_2 邻位用氯取代则会阻碍这种旋转，从而增加了 T_g。除了 C—N 邻位基团的影响，引入醚键和硫醚键能在保持聚合物热稳定性的同时，显著降低 T_g（见表 5-9）。这是获得热塑性聚酰亚胺的主要方法，从而能够实现熔体纺丝。

（3）耐辐照性

聚酰亚胺分子呈刚棒状，弱键极少保证了纤维在经高能辐射后仍能保持高强度。实验表明，聚酰亚胺纤维经 1×10^{10} rad 快电子照射后其强度保持率仍为 90%。优异的耐辐照性可使聚酰亚胺纤维作为高温介质及放射性物质的过滤材料，也是航空航天首选的材料之一。

表 5-8　二苯酮四酸二酐（BTDA）基聚酰亚胺的 T_g

二胺	T_g/℃	二胺	T_g/℃
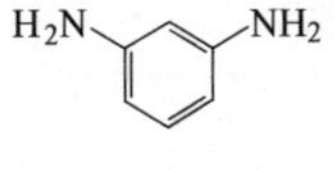 间苯二胺	300	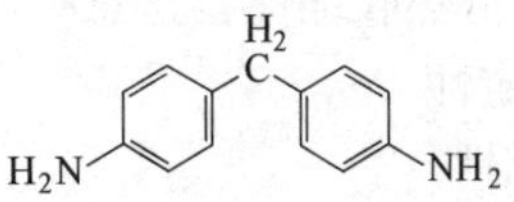 4,4'-二氨基二苯甲烷	290
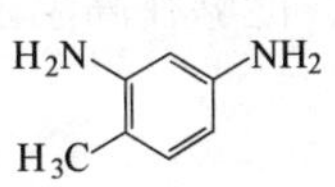 2,4-二氨基甲苯	315	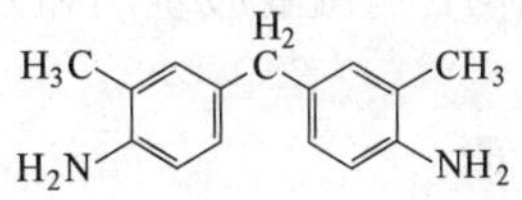 3,3'-二甲基-4,4'-二氨基二苯甲烷	285
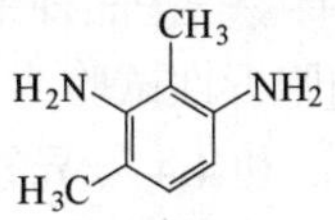 2,3-二甲基-1,4-苯二胺	384	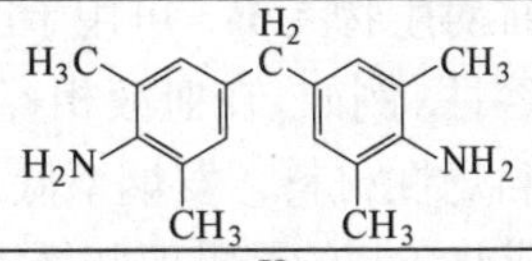 3,3',5,5'-四甲基-4,4'-二氨基二苯甲烷	309
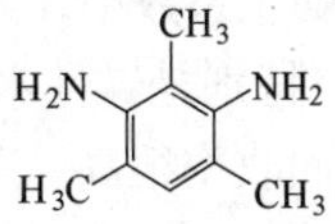 2,3,5,6-四甲基-1,4-苯二胺	398	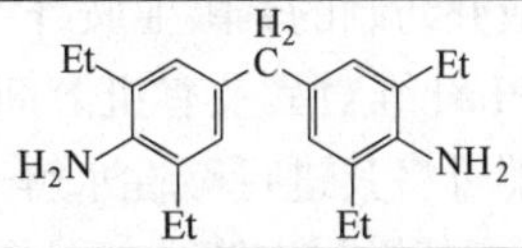 3,3',5,5'-四乙基-4,4'-二氨基二苯甲烷	249
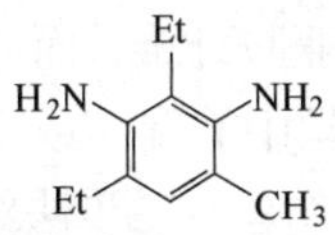 2,5-二乙基-3-甲基-1,4-苯二胺	385	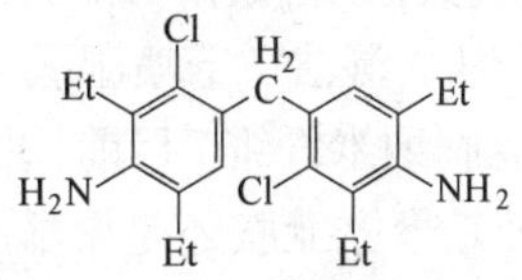 2,2'-二氯-3,3',5,5'-四乙基-4,4'-二氨基二苯甲烷	300

表 5-9　热塑性聚酰亚胺

热塑性聚酰亚胺	T_g/℃	T_m/℃
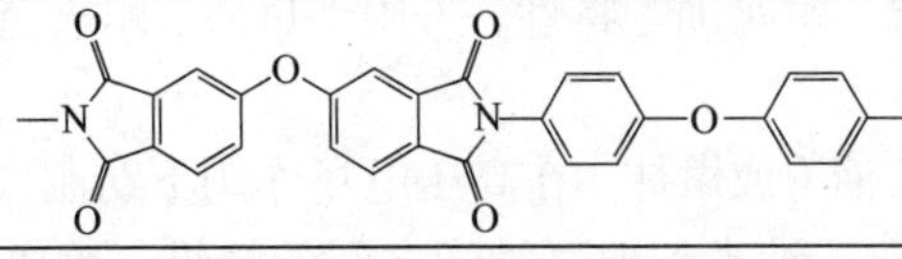 [结构式 1]	270	350
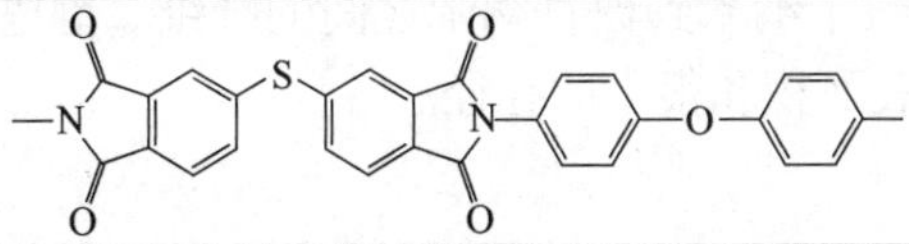 [结构式 2]	269	—
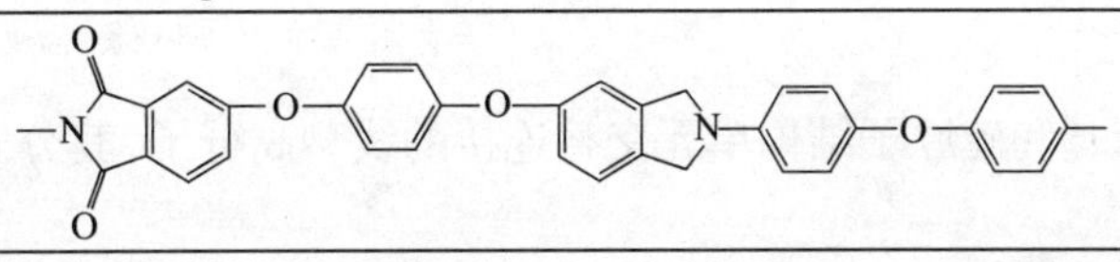 [结构式 3]	232	—
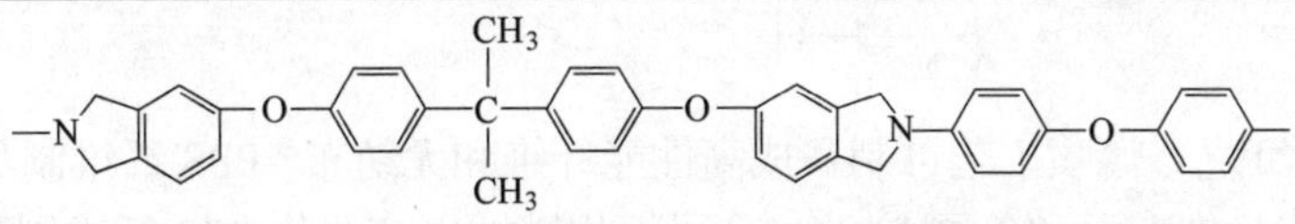 [结构式 4]	215	—
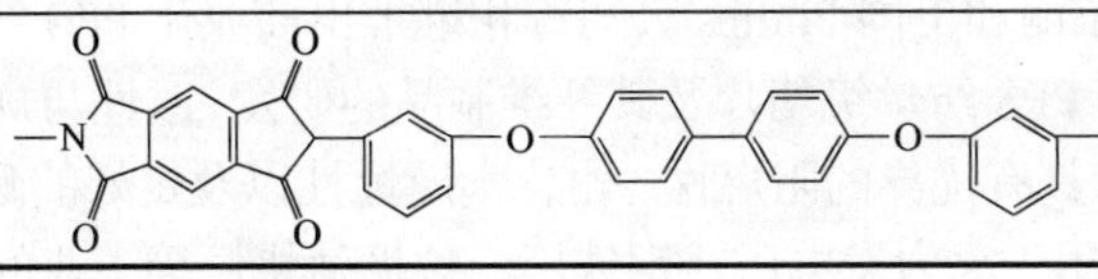 [结构式 5]	255	380

（4）良好的介电性能

普通芳香型 PI 的相对介电常数为 3.4 左右，若在 PI 中引入氟或大的侧基，其相对介电常数、介电损耗、介电强度分别可达到 2.5、10^{-3}、100~300kV/mm，并且在宽广的频率范围和温度范围内其介电性能仍能保持较高水平。

(5) 低热收缩性

PI 纤维具有低热收缩性,这意味着在高温条件下纤维的尺寸和形状变化较小,有助于保持纤维的尺寸稳定性。

(6) 高阻燃性

PI 纤维的结构含有酰亚胺基团和芳香环,赋予其良好的阻燃性,能够在高温条件下有效阻止火焰的传播。

(7) 其他性能

聚酰亚胺纤维对生物无毒,可用于医用器械中,并可经数千次消毒。一些品种聚酰亚胺具有很好的生物相容性。例如,在血液相容性试验中为非溶血性,体外细胞毒性试验为无毒,等。聚酰亚胺纤维为自熄性材料,发烟率低,由二苯酮四酸二酐(BTDA)和4,4-二异氰酸二苯甲烷酯(MDI)合成并纺制的聚酰亚胺纤维的极限氧指数为38%,且热膨胀系数小,为 $10^{-5} \sim 10^{-7}$ 数量级。另外,PI 纤维对酸及有机溶剂相对较为稳定,但不耐水解,特别是碱性水解。PI 有个明显的特点,即可将其进行碱性水解来重新得到二酐和二胺,并且回收率很高。当然通过设计 PI 结构也可以使其极耐水解,如可在120℃水煮 500h。

溶液纺丝(干法、湿法、干喷湿法)及熔体纺丝都可以制备聚酰亚胺纤维,而通过静电纺丝可以制备聚酰亚胺纳米纤维。目前,聚酰亚胺的纺丝工艺以溶液纺丝中的湿纺或干喷湿纺为主。根据纺丝浆液是聚酰亚胺还是聚酰胺酸,该纺丝方法又有一步法纺丝、二步法纺丝、干法纺丝、静电纺丝等等。干法纺丝的优点是不需凝固浴,也就避免了将高沸点的溶剂从凝固的纤维中去除的复杂过程。

聚酰亚胺的熔体纺丝的纺丝温度相对较高,目前得到的纤维的强度一般较低,还需从纺丝技术方面进行改进,但它仍具有耐高温、耐腐蚀等特性,可用于过滤、耐火毡及混编法制造复合材料等领域。

静电纺丝简称电纺,是指聚合物溶液(或熔体)在高压电场作用下纺制成纤维的过程。静电纺丝的重要特点是可以制备直径在数十纳米到数百纳米之间的纤维。静电纺丝可以直接形成超细纤维膜,这种膜具有很大的比表面积和很小的孔径。

5.4.6 聚苯硫醚纤维

聚苯硫醚(PPS)是一种由苯基和硫原子结构单元交替连接的线型高分子,其分子通式为:

$$\left[\begin{array}{c} \\ \end{array} \!\!\!\!\bigcirc\!\!\!\!- S \right]_n$$

PPS 树脂通过熔体纺丝工艺、熔喷工艺可制备成高性能纤维和无纺布。PPS 纤维制品开发于1973年,20世纪80年代日本东丽和美国 Philips 公司等相继推出商业化 PPS 纤维制品。目前,国内外公司和研究单位致力于 PPS 纺丝级切片及其纤维制品的研发、改性与规模化生产,以满足市场的发展需求。PPS 纤维具有优异的阻燃性、耐化学腐蚀性以及良好的耐热性(长期使用温度为 180~200℃),广泛应用于火力发电厂、钢铁厂、垃圾焚烧厂等工业的烟尘过滤系统中,提高 PM_{10} 和 $PM_{2.5}$ 微尘的截留率,对空气质量的改善起到了举足轻重的作用。此外,PPS 纤维由于耐酸碱腐蚀性仅次于 PTFE("塑料王")纤维,加上其优异的易加工性、阻燃性和保暖性,因此在工业防护、军工等领域具有潜在应用前景。

PPS纤维具有耐高温性、耐化学腐蚀性、阻燃性等优异的综合性能,但是其紫外光稳定性、耐氧化性仍存在缺陷。所以需采用先进工艺技术对PPS纤维进行改性研究,进一步提高其综合性能,以满足工业化发展需求。目前,纳米改性技术作为一种全新的制备工艺,可赋予材料优异的性能,受到国内外专家学者广泛研究。由于纳米复合材料具有优越的热学、电学、光学、导电等性能,其在汽车工业、电力工业和其他应用领域的需求量急剧增加。

PPS纤维具有的优异绝缘性、耐磨性及阻燃性,使其有望应用于电绝缘材料(如电缆和电器绝缘材料)。由于良好的阻燃性、较低的热传导率、优异的耐腐蚀性,PPS纤维还有望应用于防护服装领域(如阻燃防护服、耐酸碱防护服、电弧防护服、保温服等)。PPS纤维还具有优异的耐辐射性,可用于宇航和核动力站所需的各种织物,如具有防辐射功能的帐篷、导弹外壳、防辐射织物等,与碳纤维、芳纶、聚酰亚胺纤维P84等混纺可作为高性能复合材料的增强织物。

面对国外高端聚苯硫醚纤维和其他品种耐高温纤维产品的冲击,国产化聚苯硫醚纤维产品仅仅具有微弱的价格优势,但性能劣势较为明显。因此,发展我国聚苯硫醚纤维产业的主要任务有两个方面:一是提高国产化纤维原料和产品的质量稳定性,提高纤维综合性能;二是利用聚苯硫醚纤维优异的综合性能,开发应用新领域,实现应用多元化。针对这两个问题,我国应采取以下对策:

① 产品高品质化耐高温、耐氧化、耐候性能进一步提升,显著提高复杂苛刻工况下的服役寿命,打破国外对高品质产品的垄断,提高国产化产品竞争力;

② 产品系列化、功能化,通过直径微细化(细旦、微纳米)、截面异形化、纤维复合化(多组分)以及功能化(抗熔滴、导电、抗静电等),丰富产品系列,拓展应用领域;

③ 纤维制备技术低碳化,开发聚苯硫醚粉末功能改性-纺丝一步法生产技术,降低能源损耗,提质增效。

5.4.6.1 聚苯硫醚纤维的结构与性能

聚苯硫醚纤维是一种高性能工程纤维,具有优异的性能。其结构与性能之间具有密切的关联。除了聚苯硫醚纤维自身的结构外,加工方式对纤维的性能也有很大的影响。PPS树脂的非牛顿指数小于1,熔体为假塑性流体,其流变行为受剪切速率和温度的影响。PPS作为一种刚性链高分子聚合物,在低剪切速率下,熔体表观黏度主要依赖温度的变化。当剪切速率增加时,PPS的黏流活化能呈减小趋势,其结构黏度随温度升高而降低。这直接影响PPS纤维的纺丝工艺参数。PPS纤维的熔体纺丝温度一般为320~340℃,不同的纺丝参数和后处理工艺直接影响PPS纤维的结晶和取向程度,从而最终决定PPS纤维制品的力学性能和综合性能。(纺丝工艺中纺丝温度、侧吹风温度及速率、牵伸温度及倍率、热定型温度、卷绕速率及张力等参数,直接影响PPS熔体的熔体流变性能)。

5.4.6.2 聚苯硫醚纤维的制备与改性

(1)PPS的牵伸丝结构与性能研究

牵伸-热定型工艺通过提高温度和牵伸应力综合作用,改变纤维的微观结构(如结晶度、取向度等),进而影响纤维的力学性能。首先,在热牵伸作用下,初生丝晶区的取向度大幅提升,在拉伸应力和温度作用下,分子链热运动能垒降低,无定形区大分子链沿纤维轴向发生取向,紧密排列,部分形成新的高度取向的微晶,因此纤维的取向度和结晶度有显著提高。其次,热致分子链运动和热定型定长拉伸作用下，PPS 纤维沿轴向应力增强，以及过冷条件下纤维中来不及结晶的晶体继续生长，使分子链解缠。解缠的分子链在牵伸作用下，沿纤维轴向发生取向，进一步形成结晶和链取向，因此纤维的结晶度和取向度都有所提高。最后，多次拉伸可以进一步提升 PPS 的力学性能。

（2）PPS 纤维的改性与力学性能优化

PPS 纤维结晶度的高低将直接影响纤维制品的力学性能，其热收缩率、拉伸强度、断裂伸长率、抗蠕变性、耐热水性及耐候性等性能均受结晶性能影响。结晶度越高，并不表明性能越好，制品的力学性能是结晶相和无定形相综合作用的结果。此外，PPS 纤维的结晶性能还包括高分子的结晶速率、结晶温度等。通过系统控制结晶度、结晶温度和结晶速率，进而实现对 PPS 纤维成型工程中的最佳工艺参数设定，以及对纤维制品力学性能的控制。目前，控制结晶性能的方法很多，主要有加工条件（如结晶温度、冷却速率、热处理温度和时间）、原料（如分子量、分子结构）、填料与添加剂（如有机成核剂、无机纳米填料）等。

（3）PPS 纤维的改性与紫外光稳定性优化

PPS 纤维紫外光稳定性的研究与应用，主要集中于添加有机或无机紫外光稳定剂。虽然有机紫外光稳定剂具有良好的紫外光吸收和自由基猝灭性能，但是，PPS 纤维的加工温度高以及有机小分子的迁移特性，极大地限制了有机紫外光稳定剂在 PPS 纤维中的应用。无机纳米填料以其优良的紫外光吸收与屏蔽性能和耐溶剂性，常用于高分子材料的紫外光改性研究中。

（4）PPS 纤维的改性与介电性能、摩擦性能优化

PPS 的韧性低，熔融过程中黏度稳定性差，且价格昂贵。通过将 PPS 与其他聚合物进行共混改性是解决以上缺点的主要方法之一。目前 PPS 共混改性体系可分为冲击强度、耐磨性、电性能以及特殊性能等改性研究。此外，可利用 PPS 改善其他高分子的性能。目前，PPS 与 PTFE、PA、PET、热塑性弹性体共混研究得到广泛关注。

（5）等离子改性聚苯硫醚及其纤维的研究

通过等离子处理可以赋予 PPS 大分子链大量的活性基团，以增强其反应活性，提高其黏附性。Norihiro、Inagaki 等人分别在 Ar、N_2、NH_3 等气氛下，对 PPS 膜进行了低温等离子处理。PPS 表面大部分的苯环和硫醚键被氧化，形成含氧基团，并出现含氮官能团；在 NH_3 气氛下，PPS 的硫醚键发生断裂，形成—SH 键。研究结果表明，NH_3 气氛下低温等离子处理的 PPS 与 Cu 的黏附性最佳。HallG 等在空气气氛下对 PPS 进行了低温等离子处理，PPS 与玻璃纤维的黏附性得到显著提高。Li 等人控制等离子强度、处理时间、聚合温度，通过聚合反应，在 PPS 表面接枝了聚丙烯酸大分子链，对 PPS 进行了功能化处理。

随着我国经济发展和对环境保护的高度重视，PPS 及其纤维的需求量急剧增加。目前，PPS 树脂的改性研究受到了广泛的关注，通过纳米复合改性、高分子共混改性、等离子改性等方法，显著提高了 PPS 树脂的机械性能、热性能、耐磨性、黏结性能等，并赋予 PPS 功能性，极大地拓展了 PPS 树脂制品的应用领域。而 PPS 纤维的研究主要集中于单组分纤维力学性能，其紫外光老化、热氧老化、溶剂氧化老化还没有得到解决，热变形温度、力学性能还需进一步提高，以扩展其应用领域。

5.5 功能合成纤维

功能合成纤维是指通过特定的合成工艺，将功能性化合物或添加剂引入纤维内部或表面，

赋予纤维特定的功能性能的一类合成纤维。这些功能性能可以是特殊的物理性能、化学性能或其他特定的性质，使纤维在特定的应用领域中具有优异的特点。功能合成纤维通常具有一定的工程应用价值，广泛应用于不同行业。

功能合成纤维是时代的产物，是人们对美好和舒适生活空间的追求。人们希望纤维材料接近自然，从而赋予纤维真丝般的柔软感、纤细感和光泽感，并赋予其防水透湿、亲水、防静电、抗紫外线、抗菌、抗红外、可生物降解等功能。纤维材料的功能取决于聚合物的化学结构和基因组成的特异性、高分子聚集态的物理特异性以及纤维的成型技术。

以下是一些常见的功能合成纤维及其应用：

① 阻燃纤维。在合成纤维中添加阻燃剂，使得纤维具有良好的阻燃性能，广泛用于防火服装、防火织物等领域。

② 抗菌纤维。通过添加抗菌剂或利用纤维本身的抗菌性，使纤维具有抑制细菌滋生的特性，常用于医疗纺织品、抗菌服装等。

③ 吸湿排汗纤维。加工纤维表面或内部，使其具有良好的吸湿和排汗功能，常用于运动服装和户外用品。

④ 耐磨纤维。添加耐磨剂或采用耐磨性较好的纤维原料，使纤维具有耐磨性能，适用于高耐磨要求的应用，如工业用织物和防护材料。

⑤ 耐高温纤维。使用耐高温的纤维原料或添加耐高温剂，使纤维具有良好的耐高温性能，广泛用于航空航天、航空发动机等高温环境下的应用。

⑥ 光导纤维。利用光导纤维的特殊结构，在通信领域用于传输光信号。

⑦ 荧光纤维。添加荧光剂，使纤维在特定光照下发出荧光，常用于安全标识和装饰用品。

⑧ 放射线防护纤维。使用特殊的放射线防护材料或添加放射线防护剂，使纤维具有放射线防护性能，用于核工业和医疗防护等领域。

⑨ 具有电磁屏蔽性能的纤维。在纤维中添加电磁屏蔽材料，使纤维具有良好的电磁屏蔽性能，用于电子电气领域。

功能合成纤维的研究和应用正不断拓展，随着科技的不断进步和工艺的改进，将有更多新型功能合成纤维应用于不同领域，满足人们对特定性能要求的需求。

本节将对耐腐蚀合成纤维、阻燃合成纤维、医用合成纤维等多种功能合成纤维的发展、应用、结构、性能及制备加工进行介绍。

5.5.1 耐腐蚀合成纤维

耐腐蚀合成纤维主要是氯纶和氟纶。

氯纶（polyvinyl chloride fiber）也称氯纤维或氯丙纶，是一种合成纤维，属于卤代纤维的一种。它是通过氯化聚丙烯纤维而得到的一种改性纤维，其结构中含有氯原子。氯纶由于其优异的性能，被广泛应用于防护服装、阻燃纺织品、电缆护套、工业过滤等领域，尤其在需要防火、耐磨、耐候等特殊性能的场合。

需要注意的是，在应用过程中，氯纶的处理和回收需要遵循相关的环保要求，以确保对环境的影响最小化。此外，由于氯纶在制备过程中使用了氯气等有害物质，其生产和使用也需要注意环境保护和安全措施。

氟纶（fluoroine fiber），也称氟化聚烯烃纤维或氟纤维，是一种合成纤维，属于氟代纤维的一种。它是通过氟化聚合物纤维而得到的一种改性纤维,其结构中含有氟原子。氟纶的制备是通过在聚合物纤维中引入氟原子或将聚合物纤维进行氟化反应,使得纤维中的氢原子被氟原子取代,从而生成氟纶。氟纶由于其特殊的性能,被广泛应用于高温、化工、电力等领域,尤其在需要耐化学腐蚀、耐高温、阻燃等特殊性能的场合,例如高温过滤材料、电线电缆护套、化工设备密封件等。

5.5.1.1 氯纶的结构、性能及制备加工

氯纶通常由无规立构聚氯乙烯制成。聚氯乙烯采用悬浮聚合法在 45~60℃下聚合制备,所得聚氯乙烯的玻璃化转变温度为 75℃;成纤聚氯乙烯的分子量为 6 万~10 万,经溶液纺丝制成氯纶,其性能见表 5-10。氯纶具有抗静电性、保暖性和耐腐蚀性好的特点。用高间规度聚氯乙烯制成的纤维称为第二代氯纶,商品名为列维尔(Leavil)。先采用低温(-30℃)聚合得到高间规度的聚氯乙烯,其玻璃化转变温度为 100℃,再经溶液纺丝制成列维尔。

表 5-10 氯纶的性能

性能	数值	性能	数值
强度/(cN/dtex)	2.28~2.65	弹性模量/GPa	53.9~68.6
(湿强/干强)/%	100	3%伸长弹性恢复率/%	80~85
伸长率/%	18.4~21.2	沸水收缩率/%	50~61

氯纶分子结构与性能的关系体现在以下几个方面:

① 亲水性。氯纶的分子结构中含有氯原子,氯原子的取代使得纤维的分子链上产生极性基团,增加了分子链的极性,使得氯纶具有一定的亲水性。

② 抗溶解性。由于氯纶分子中含有氯原子,使其抗溶解性增强,对一般有机溶剂和酸碱性物质的抗腐蚀能力较强,不易被溶解或腐蚀。

③ 耐热性。氯纶具有较好的耐高温性,能够在较高的温度下保持稳定性。

④ 耐候性。氯纶具有较好的耐候性,不易受光、氧气和湿气的影响而发生老化。

⑤ 阻燃性。氯纶具有较好的阻燃性,能够有效抑制火焰传播。

⑥ 抗磨性。氯纶具有较好的耐磨性,比普通纤维具有更长的使用寿命。

5.5.1.2 氟纶的结构、性能及制备加工

氟纶即聚四氟乙烯纤维。聚四氟乙烯的制备采用乳液聚合法,凝聚后会生成粒径为 0.05~0.5μm 的颗粒,分子量为 300 万。氟纶的制造多采用乳液纺丝法(载体纺丝法),即把聚四氟乙烯分散在聚乙烯醇水溶液中(乳液),按照维纶纺丝的工艺条件纺丝,然后在 380~400℃下烧结,此时聚乙烯醇被烧掉,聚四氟乙烯则被烧结成丝条,在 350℃下拉伸得到氟纶。氟纶的化学稳定性突出,耐强酸和强碱。氟纶是通过在聚合物纤维中引入氟原子或将聚合物纤维进行氟化反应,使纤维中的氢原子被氟原子取代,从而生成氟纶。氟纶的结构与性能之间也存在着密切的关联:

① 亲水性。氟纶的分子结构中含有氟原子,氟原子的取代使得纤维的分子链上产生极性基团,增加了分子链的极性,使得氟纶纤维具有一定的亲水性。

② 耐化学性。氟纶具有非常优异的耐化学性,对酸碱、有机溶剂等物质具有良好的耐腐

蚀性。这是由于氟原子的取代使得纤维分子链中的键能增加，导致氟纶的化学稳定性更高。

③ 耐高温性。氟纶具有良好的耐高温性，能够在较高的温度下保持稳定性。这是由于氟原子的取代使得纤维分子链的键能增加，使得氟纶纤维能够耐受较高的热分解温度。

④ 阻燃性。氟纶具有较好的阻燃性，能够有效抑制火焰传播。这是由于氟纶纤维中含有氟原子，其取代使纤维表面生成了稳定的氟化物层，降低了纤维的燃烧性能。

⑤ 低摩擦系数。氟纶表面具有低摩擦系数，使得纤维具有较好的自润滑性。

⑥ 耐候性。氟纶具有较好的耐候性，不易受光、氧气和湿气的影响而发生老化。

⑦ 强度。氟纶的强度与其分子结构和晶体结构密切相关，优异的分子结构和晶体结构可以带来更高的纤维强度。

5.5.2 阻燃合成纤维

纤维的可燃性用极限氧指数表示。极限氧指数（limiting oxygen index，LOI）是纤维点燃后在氧氮混合气体中维持燃烧所需的最低含氧量的体积分数，用式（5-14）表示：

$$\text{LOI} = \frac{V(O_2)}{V(O_2) + V(N_2)} \quad (5\text{-}14)$$

在空气中氧的体积分数为 0.21，故纤维的 LOI≤0.21 就意味着能在空气中继续燃烧，属于可燃纤维；LOI>0.21 的纤维属于阻燃纤维。一些合成纤维的燃烧性见表 5-11，从表中可见，腈纶和丙纶易燃（容易着火，燃烧速率快）；聚酰胺、涤纶和维纶可燃（能发烟燃烧，但较难着火，燃烧速率慢）；氯纶、维氯纶、酚醛纤维等难燃，可作为阻燃纤维（接触火焰时发烟着火，离开火焰自灭）。

表 5-11 合成纤维的燃烧性

分类	纤维	LOI/%	分类	纤维	LOI/%
耐燃纤维	氟纶	95	阻燃纤维	阻燃涤纶	28~32
				阻燃腈纶	27~32
阻燃纤维	酚醛纤维	32~34		阻燃丙纶	27~31
	偏氯纶	45~48	可燃纤维	聚酰胺	20.1
	氯纶	35~37		涤纶	20.6
	维氯纶	30~33		维纶	19.7
	腈氯纶	26~31		腈纶	18.2
	PBI	41		丙纶	18.6
	芳纶	33~34			

5.5.2.1 腈氯纶

丙烯腈-氯乙烯共聚物经溶液纺丝制备的纤维称为腈氯纶（acrylonitrile chlorinated polyethylene fiber）或阻燃腈纶。丙烯腈含有氰基（—CN），氯乙烯含有氯原子，这些官能团的存在使得腈氯纶具有较好的耐化学性、耐光性和耐候性。

腈氯纶阻燃性较好，其阻燃性主要来源于氯乙烯。氯乙烯中含有氯原子，加入到聚合物链中后，可以使纤维有一定的阻燃性。氯乙烯的取代使得纤维中的分子链之间产生极性基团，使得纤维表面更加亲水。在火焰作用下，纤维表面会形成较厚的炭化层，阻隔氧气进一步参与燃烧反应，从而有效地阻止火焰的传播。

腈氯纶广泛用于防火织物、阻燃服装和其他需要阻燃性能的领域。如在工业、航空航天、军事等领域中，用于制作防火窗帘、阻燃窗帘、防火工作服、防火家纺等产品，为人们提供了更高的安全保障。

纤维中氯乙烯的含量会影响腈氯纶的性能，适量的氯含量能够提高纤维的阻燃性和抗紫外线性，但过高的氯含量可能会降低纤维的柔软性和强度。

5.5.2.2 酚醛纤维

酚醛纤维是热塑性酚醛树脂经熔体纺丝制备的交联型热固性纤维，具有好的阻燃性。其结构与性能之间存在密切的关系，以下是主要的影响因素：

① 酚醛树脂的结构。酚醛纤维的性能主要取决于酚醛树脂的结构。酚醛树脂是由酚和甲醛（或其他醛类）进行缩聚反应形成的高分子化合物。根据酚醛树脂的结构不同，其纤维的性能也会有所差异。

② 分子取向和晶体结构：酚醛纤维的分子取向和晶体结构会影响纤维的强度、刚性和耐磨性。分子取向和晶体结构排列越有序，纤维的性能越好。

③ 分子量和交联度。酚醛纤维的分子量和交联度对其性能有重要影响。较高的分子量和交联度通常意味着更好的强度和耐久性。

④ 芳香环结构。酚醛纤维中含有芳香环结构，使得纤维具有较好的耐化学性和耐高温性。

⑤ 纤维加工工艺。纤维的加工工艺也会影响其性能。纺纱、拉伸、热定型等工艺会影响纤维的力学性能和形态稳定性。

综上所述，酚醛纤维的结构与性能之间存在多方面的关系，其中酚醛树脂的结构、分子取向和晶体结构、分子量和交联度以及纤维加工工艺等因素都会对纤维的性能产生影响。酚醛纤维具有较好的耐磨性、耐高温性和耐化学性，常被用于制作高强度、耐用的工业材料，如机械零部件、轴承垫等。此外，酚醛纤维还可以用于制作电气绝缘材料、耐火材料和防腐蚀材料等。

为改善酚醛纤维的性能或满足特定的应用需求，以下是一些常见的酚醛纤维加工改性方法：

① 柔软性的改善。酚醛纤维本身较硬，柔软性有限。为了提高其柔软性和舒适性，可以对纤维进行加软处理，例如在生产过程中加入柔软剂或经过机械弯曲处理，使纤维更加柔软。

② 抗皱性的改善。酚醛纤维容易产生皱纹，影响外观。为了改善其抗皱性，可以对纤维进行后整理处理，如热定型、压平等，使纤维更加平整，减少皱纹的产生。

③ 阻燃性的改善。酚醛纤维本身不具备良好的阻燃性，但可以通过添加阻燃剂等方式来提高其阻燃性，以满足一些特殊应用领域的要求。

④ 抗菌性的改善。酚醛纤维可以通过添加抗菌剂或进行表面处理，增强其抗菌性，并用于一些需要抗菌功能的应用，如医疗用品和运动服装等。

5.5.2.3 腈纶

腈纶是由丙烯腈（acrylonitrile）单体聚合而成的合成纤维。将腈纶在张力、热（从180~300℃分段加温）和空气下进行热氧化处理，使其发生环化、脱氢和氧化反应，可得到预氧化纤维（是碳纤维生产的中间产品），也具有优异的阻燃性。腈纶结构与性能的关系主要包括：

① 丙烯腈含量。腈纶的性能受到丙烯腈含量的影响。丙烯腈含量越高，纤维的强度和耐磨性越好，但弹性和柔软性会降低。

② 丙烯腈分布。腈纶中丙烯腈单体的分布情况也会影响其性能。如果丙烯腈分布较均匀，腈纶的性能会更稳定。

③ 分子取向。腈纶的分子取向程度会影响其强度和刚度。取向较好的纤维通常具有更高的强度和刚度。

④ 晶体结构。腈纶的晶体结构会影响其性能，例如晶体结构的稳定性与耐温性、耐化学性等有关。

参考文献

[1] 翟福强. 高性能纤维基本原理及制品成形技术 [M]. 北京：化学工业出版社，2022.
[2] 中国复合材料学会. 高性能纤维与织物 [M]. 北京：中国铁道出版社，2020.
[3] 赵寰. 聚乙烯醇纤维 [M]. 北京：化学工业出版社，2014.
[4] 唐见茂. 高性能纤维及复合材料 [M]. 北京：化学工业出版社，2013.
[5] 高连勋. 聚酰亚胺纤维 [M]. 北京：国防工业出版社，2017.
[6] 何勇，夏于旻，魏朋，等. 聚芳酯纤维 [M]. 北京：国防工业出版社，2017.
[7] 李清文. 碳纳米管纤维 [M]. 北京：国防工业出版社，2018.
[8] 俞建勇，胡吉永，李毓陵. 高性能纤维制品成形技术 [M]. 北京：国防工业出版社，2017.
[9] 朱美芳，周哲. 高性能纤维 [M]. 北京：中国铁道出版社，2017.
[10] 朱美芳. 纳米复合纤维材料 [M]. 北京：科学出版社，2014.

合成纤维——
碳纤维助力
"中国速度"高铁

思考题

1. 聚酰胺、涤纶、腈纶的主要用途是什么？
2. 干法、湿法、干湿法的纺丝工艺特征是什么？
3. 简述超高分子量聚乙烯纤维和芳纶的表面处理方法。
4. 成纤高聚物应具备哪些性质？
5. 熔体纺丝过程中初生纤维取向机理是什么？
6. 纺丝后加工拉伸过程的进行方式有几种？在生产工艺中如何选取？
7. 热定型有几种方式？对纤维性能有什么影响？
8. 按结构和形态，纤维可以分成哪些品种？各品种的用途是什么？
9. 熔体纺丝冷却长度受哪些因素影响？
10. 生产中拉伸倍数如何确定？举例说明生产中如何实施。
11. 什么是纤维的皮芯结构？产生的原因是什么？如何控制？
12. 通过喷丝板的熔体细流有哪些类型？
13. 溶液纺丝选择溶剂时应考虑哪些因素？
14. 纺丝后加工拉伸中纤维结构会产生什么变化？对纤维性能会产生什么影响？

第6章 涂料

> **学习目标**
>
> （1）了解涂料的研究和发展历史。
> （2）掌握涂料化学的相关知识，包括涂料的概念、分类、功能及应用领域。
> （3）掌握涂料的基本组成和功能（重点）。
> （4）熟悉常见涂料树脂的结构、性能和应用（重点）。
> （5）知悉粉末涂料的组成、分类和制造方法。
> （6）了解涂料的涂装技术。

6.1 涂料概述

6.1.1 涂料的定义

涂料（coating），在中国传统名称为油漆。中国涂料界比较权威的《涂料工艺》一书是这样定义的："涂料是一种材料，这种材料可以用不同的施工工艺涂覆在物件表面，形成黏附牢固、具有一定强度、连续的固态薄膜。这样形成的膜通称涂膜，又称漆膜或涂层。"早期之所以被称为"油漆"，主要是大多采用天然植物油或天然树脂为主要成膜物质。随着石油化工和合成聚合物工业的发展，合成树脂的出现为涂料成膜物提供了新的原料来源，已大部分或全部代替天然植物油和天然树脂。所以，"油漆"这个名词已不再贴切，取而代之的"涂料"一词成为该工业领域的新名词。

6.1.2 涂料的分类及命名

6.1.2.1 涂料的分类

涂料发展历史悠久，可谓是种类繁多、性能各异、用途十分广泛，我国市场上销售的涂料有1000种以上。根据长期形成的习惯，通常有以下几种分类方法：

① 根据涂料形态可分为溶剂型涂料、水性涂料、非水分散涂料、高固体分涂料、非溶剂涂料等；

② 根据涂料用途可分为建筑涂料、工业涂料和特种涂料，包含汽车涂料、家电涂料、船舶涂料、飞机涂料、木器涂料、卷材涂料、皮革涂料、纸张涂料等；

③ 根据涂料功能可分为导电涂料、防锈涂料、防腐涂料、绝缘涂料、示温涂料、耐高温涂料、防火涂料等；

④ 根据施工层次可分为腻子、底漆、中涂漆、面漆、罩光漆等；

⑤ 按成膜机理分为转化型涂料和非转化型涂料。

上述各种分类侧重点不同，无论哪一种分类方法都不能全面反映涂料的本质。根据原化工部颁布的涂料分类方法，按主要成膜物质一般将涂料分为17类，见表6-1。

表6-1 涂料按主要成膜物质分类

序号	代号	成膜物质类别	主要成膜物质
1	Y	油脂	天然动植物油、清油（熟油）、合成油
2	T	天然树脂	松香及其衍生物、虫胶、乳酪素、动物胶、大漆及其衍生物
3	F	酚醛树脂	改性酚醛树脂、纯酚醛树脂、二甲苯树脂
4	L	沥青	天然沥青、石油沥青、煤焦沥青、硬质酸沥青
5	C	醇酸树脂	甘油醇酸树脂、季戊四醇醇酸树脂、改性醇酸树脂
6	A	氨基树脂	脲醛树脂、三聚氰胺甲醛树脂
7	Q	硝基纤维素	硝基纤维素、改性硝基纤维素
8	M	纤维酯、纤维醚	乙基纤维、苄基纤维、羟甲基纤维、醋酸纤维、醋酸丁酯纤维、其他纤维及酯类
9	G	过氯乙烯	过氯乙烯树脂、改性过氯乙烯树脂
10	X	烯类树脂	氯乙烯共聚树脂、聚醋酸乙烯及其共聚物、聚乙烯醇缩醛树脂、石油树脂、聚二乙烯乙炔树脂
11	B	丙烯酸酯类树脂	丙烯酸酯树脂、丙烯酸共聚物及其改性树脂
12	Z	聚酯	饱和聚酯树脂、不饱和聚酯树脂
13	H	环氧树脂	环氧树脂、改性环氧树脂
14	S	聚氨酯甲酸脂	聚氨基甲酸酯
15	W	元素有机聚合物	有机硅、有机钛、有机铝等元素有机聚合物
16	J	橡胶	天然橡胶及其衍生物、合成橡胶及其衍生物
17	E	其他	未包括上述所列的其他成膜物质，如无机高分子材料、聚酰亚胺树脂等

6.1.2.2 涂料的命名

根据国家标准GB/T 2705—2003《涂料产品分类和命名》，对涂料的命名原则有如下规定：

涂料全名=颜料或颜色名称+成膜物质+基本名称

例如：铁红醇酸磁漆、锌黄酚醛防锈漆等。对于某些有专业用途及特性的产品，必要时还需在成膜物质后面加以特别说明。例如：醇酸导电磁漆、过氯乙烯静电磁漆、白硝基外用磁漆等。颜色包括红、黄、蓝、白、黑、绿、紫、棕、灰等，必要时需在颜色前加上深、中、浅或淡等前缀限定词。另外，若颜料起显著作用可用颜料名称代替颜色名称，如锌黄、铁红、红丹等。

涂料名称的组成和含义与其他工业产品一样，型号可作为一种代表符号。涂料的型号由三部分组成：第一部分是汉语拼音字母表示的成膜物质；第二部分是用两位数字表示的基本名称；第三部分是自然数顺序表示的序号，用以表示同类产品间的组成、配比或用途的不同。基本名称编号见表6-2。

例：

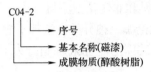

表6-2 涂料基本名称

代号	代表名称	代号	代表名称	代号	代表名称
00	清油	23	罐头漆	53	防锈漆
01	清漆	30	（浸渍）绝缘漆	54	耐油漆
02	厚漆	31	（覆盖）绝缘漆	55	耐水漆
03	调合漆	32	绝缘（磁、烘）漆	60	防火漆
04	磁漆	33	粘合绝缘漆	61	耐热漆
05	粉末涂料	34	漆包线漆	62	示温漆
06	底漆	35	硅钢片器	63	涂布漆
07	腻子	36	电容器漆	66	感光涂料
09	大漆	37	电阻漆、电位器漆	67	隔热涂料
11	电泳漆	38	半导体漆	81	渔网漆
12	乳胶漆	40	防污漆、防蛆漆	82	锅炉漆
13	水溶（性）漆	41	水线漆	83	烟囱漆
14	透明漆	43	船壳漆	84	黑板漆
15	斑纹漆	44	船底漆	85	调色漆
17	皱纹漆	50	耐酸漆	98	胶液
20	铅笔漆	51	耐碱漆	99	其他
22	木器漆	52	防腐漆		

辅助材料型号由汉语拼音首字母表示的种类和自然数表示的序号两个部分组成，辅助材料的分类见表6-3。

例：

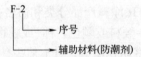

6.1.3 涂料工业的特点

涂料是与国民经济和国防工业配套的工程材料，涂料行业是与各行各业配套服务的行业，促使涂料工业的发展独具特点：

表 6-3 辅助材料分类

序号	代号	名称
1	X	稀释剂
2	F	防潮剂
3	G	催干剂
4	T	脱漆剂
5	H	固化剂

（1）产品应用广泛、品种繁多

三百六十行，行行需涂料，但是不同领域、不同行业对涂料性能的要求各不相同。为满足诸多要求，必须生产不同功能规格的涂料品种，由此也决定了涂料应用的广泛性。而且有正式行业技术标准和牌号的涂料品种早已超过千种，由企业命名的牌号更多。因此，品种繁杂、应用广泛是涂料工业的一个重要特点。

（2）知识密集型行业

日本将制造业的技术密度定为100，而涂料工业则为279，由此可见，涂料工业是技术知识密集度相当高的行业。涂料品种繁多，制备涂料的原材料更多，为满足不同要求，涂料的制造在原料选择与使用、产品配方设计、产品的施工等方面均需要较高的技术支持。尤其在涂料制造与施工过程中涉及的多学科交叉，不仅要有无机化学、有机化学、物理化学、胶体化学、分析化学等基础化学知识储备，还需界面化学、物理学、机械甚至计算机等学科的支撑。

（3）加工工业性质的行业

涂料工业生产品种多、使用原料多。制备涂料的原材料包括树脂、颜料与填料、溶剂、助剂，一般都由专业厂商生产。涂料产品质量对原材料质量的依赖性很强，利用符合质量要求的原料、合理的配方工艺，就可以生产出合格的涂料产品。涂料工业是从小作坊手工业发展起来的，设备工艺简单，很多涂料品种可以在相同的设备上采用不同原料、不同配方生产，生产工艺过程大致相同。另外涂料产品都是半成品，涂装施工成膜才是成品。因此在涂料行业还有"三分油漆，七分施工"的说法，施工涂装的质量对涂料质量起着决定性的作用。从涂料质量保证对原材料的依赖性、设备的选择性以及施工质量的依赖性看，都说明涂料工业是具有加工性质的工业。

（4）新世纪的朝阳工业

涂料工业的配套性特点决定了传统产业的发展离不开涂料，新经济甚至是在世界上初露端倪的知识经济的发展也离不开涂料。联合国教育、科学及文化组织确定了信息、生命、新能源与再生能源、环境、空间、海洋、新材料等科学技术属于高科技，它们的发展都离不开涂料。同时随着环境保护意识的增强，涂料工业的发展也面临新的挑战。在高科技的带动下，特种化、低污染涂料品种正处于蓬勃发展阶段，赋予了涂料旺盛的发展生命力。

6.2 涂料的应用

早期的油漆主要用于绘画和装饰，并且经常与艺术品相联系，这时的涂料实质上就是绘画颜料，如现在水粉画和油画中的无机颜料。涂料对人类社会发展的贡献极其重要，而现代涂料更是作为油画、油墨的拓展，将这种作用发挥得淋漓尽致。随着涂料工业的发展以及涂料性能的提高，其应用主要有以下几个方面：

6.2.1 保护领域

防腐、防水、防油、耐化学品、耐光、耐温等。在物体表面涂以涂料，形成一层保护膜，可以有效隔绝空气，阻止或延缓因空气中水分、氧气、微生物等侵蚀而造成的金属锈蚀、木材腐蚀、水泥分化、橡胶老化等不良现象，以延长各种材料的使用寿命。金属腐蚀一直是人类面临的重大工业问题，粗略估计每年因腐蚀造成的金属损失量大约相当于当年金属产量的20%~40%，全球每年因腐蚀造成的金属报废料更是高达1亿吨以上，经济损失约占国民经济的1.5%~3.5%。例如，未经涂料保护的钢铁结构的桥梁，寿命只有几年，而使用合适涂料进行保护维修可使其百年傲然屹立。所以，涂料的一个主要功能是保护作用。

6.2.2 装饰领域

随着社会的发展和人类文明程度的日益提高，人们的生活也越来越多元化，对生活和工作环境的要求已从基本需求上升到兼具舒适与品位的高层次要求，选择商品的标准不再仅限于质量层面，外观审美也逐渐被重视。涂料可以改变原物体表面的颜色、图案、光泽度以及平整性。通过涂料的精心修饰，可以将建筑物的颜色与大自然更加匹配，使家具用品在实现使用价值的同时成为一件装饰品。因此，涂料的装饰作用让我们的世界更加绚丽多彩，是美化生活环境不可或缺的重要元素，对于提高人类生活品质发挥着不可估量的作用。

6.2.3 标志领域

国际上应用涂料作标志的色彩已经逐渐标准化。利用不同色彩可以表示警告、危险、安全、前进、停止等的信号传输，醒目的涂料色彩可以制备各种标志牌和道路分离线，特别是夜光、反光、荧光涂料在夜间依然清晰可辨。在工厂中，还可通过不同的涂料颜色标识和区分容器、管道、设备等装置的作用和所承装物质的性质，如氧气钢瓶是天蓝色的，石油液化气钢瓶则是灰色的。

6.2.4 特殊领域

涂料可以赋予物体很多其他特殊的功能。例如：在电性能方面，不仅可实现电绝缘、屏蔽电磁波、防静电，还可实现非导体材料表面的导电性；在热能方面，吸收太阳能、屏蔽射线、高低温度标记等；在机械性能方面的自润滑、防滑性、防碎裂飞溅等；军工方面的隐身涂料可以实现战斗装备的伪装与隐形，阻尼涂料可以吸收声呐波，提高舰艇的战斗力。此外还有防噪声、减震、卫生消毒、防结霜、防结冰等多种不同作用。这些特殊功能涂料对于高新技术的发展有着至关重要的作用。

6.3 涂料的组成

涂料是组成复杂的混合物，不论它的品种、形态如何，其基本成分（图6-1）不变。涂料要经过施工在物体表面形成涂膜，因而涂料组成中必须含有黏结性（利于施工过程）和组成涂膜的组分,这种组分是最主要的,也是每个涂料品种必须含有的,这一组分通称为成膜物质。在带有颜色的涂料中,颜料是其组成中的重要成分。为了满足施工以及膜层性能的需求,涂料中还需加入各种助剂成分。为了完成施工过程,涂料成分中有时还需要加入分散介质对涂料进行稀释或溶解。因此,涂料一般包含:成膜物质、颜填料、分散介质和助剂四大组分。

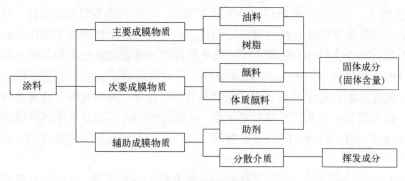

图 6-1 涂料的组成

6.3.1 成膜物质

成膜物质又称基料或黏结剂,它是涂料中牢固附着于被涂物表面的连续相,也是最重要的成分,决定了涂料的最终物理机械性能。植物油和天然树脂是最早的主要成膜物质,直到今日,它们仍然在涂料生产中占据着不可或缺的角色。为了满足日益发展的工农业需求,涂料行业相继提出了诸如高硬度、高光泽、不倒光、不褪色等更高的要求,这一切依靠植物油和天然树脂已不再能满足。随着科技的发展,聚合物合成工业推动了涂料工业中的原材料改革,各式各样的合成树脂以及经过化学改性的天然树脂开始出现并被大量使用,现在,以树脂为主要成膜物质的各类树脂涂料在涂料行业中已占有相当大的份额。

成膜物质可分为转化型(反应性)和非转化型(非反应性)两种类型。植物油或具有反应活性的低聚物、单体等所构成的成膜物质称为反应性成膜物质。将其涂布于被涂物表面后,在一定条件下经过聚合反应会形成坚韧的涂层。非反应性成膜物质则是由溶解或分散于溶剂中的线型聚合物构成,涂布后由于溶剂的挥发会形成聚合物膜层。

反应性成膜物质通常有植物油、天然树脂、环氧树脂、醇酸树脂、氨基树脂等。非反应性成膜物质通常为纤维素衍生物、氯化橡胶、乙烯基聚合物、丙烯酸树脂等。

6.3.2 颜填料

颜填料是不溶于水、油、溶剂和树脂的有色细微颗粒粉状物质,是涂料组分中的次要成膜物质。根据用途主要分为体质颜料和着色颜料。体质颜料又称填料,主要是用来降低原料成本、增加涂层厚度,能够提高涂层的光泽度、耐磨性和力学强度,没有着色作用和遮盖能力。最常用的填料主要有滑石粉、碳酸钙、硫酸钡、石英粉等。着色颜料则赋予涂层五彩斑斓的颜色,具有很好的遮盖力,不仅可以提高涂层的耐晒性、耐水性、耐久性和耐气候变化性,还可赋予涂层防锈和耐化学药品性等特殊防护功能,大大提高物体的使用寿命。从化学组成分类,颜料包括无机颜料和有机颜料:无机颜料,如钛白粉、炭黑、氧化锌、铬黄、铁黄、镉黄、氧化铁红、铅铬绿、红丹、铁蓝、群青等;有机颜料,如耐晒黄、联苯胺黄 G、永固黄、甲苯胺红、大红粉、甲苯胺紫红、酞菁蓝 BS 等。此外还有特种颜料如夜光粉、荧光颜料等。

6.3.3 分散介质

分散介质又称溶剂或稀释剂。除无溶剂涂料外，一般液体涂料中都含有分散介质，且在涂料组分中占比较大。主要作用是溶解或分散成膜物质，使涂料成为黏稠的液体，并改善颜料的润湿和分散性，调整体系的流动性以满足涂料施工的要求。待涂料涂覆于物体表面形成连续液膜后，分散介质挥发至大气中，液膜干燥或固化成漆膜。通常成膜物质和分散介质的混合物被称为漆料。分散介质虽然不是永久性的涂料组分，但对成膜物质的溶解或分散能力对所形成漆料的均匀性、黏度和贮存稳定性具有至关重要的作用。此外，溶剂的挥发速度会极大影响液膜的干燥速度，以及漆膜的结构、外观和光泽度。有机溶剂的选用除要考虑其对成膜物质的相溶性外，还需考虑挥发性、毒性、闪点及价格等。溶剂选择不当会发生诸如漆膜发白起泡、产生橘皮和流挂等不良现象。

水性涂料的分散介质为水，溶剂型涂料的分散介质为有机溶剂。常用的有机溶剂易挥发且具有毒性，是涂料中挥发性有机物（VOC）的主要组成。涂料涂覆成膜后会挥发至大气，不仅对环境造成污染，对资源也造成了一定的浪费。所以现代涂料工业正在努力减少有机溶剂的使用量，致力于开发不含或少含有机溶剂的环保型涂料。例如反应性溶剂，不仅能够溶解或分散成膜物质，又能在涂覆的液膜中与成膜物质发生化学反应而永久保留在涂层中。

6.3.4 助剂

助剂作为涂料的辅助材料，虽然用量很少，但是种类较多，也是涂料不可或缺的组分。助剂不仅可以改善施工工艺、促进涂膜形成、提高成膜后涂层的物化性质和力学性能，还可以赋予涂料特殊功能。同时合理选用助剂可降低成本，提高企业的经济效益。涂料助剂的应用水平已成为衡量涂料生产技术水平的标志之一，助剂的合理应用也是涂料学者需要研究的重要问题。

涂料中的溶剂和颜料有时可被除去：没有溶剂的涂料（粉末涂料和光敏涂料）被称为无溶剂涂料；没有颜料的涂料被称为清漆，含有颜料的涂料被称为色漆。

6.4 溶剂型涂料

溶剂型涂料是以有机高分子合成树脂为主要成膜物质，以有机溶剂为分散介质或稀释剂制得的，涂装后可经溶剂挥发而固化成膜。溶剂型涂料出现最早，应用时间最长，产品工艺也最为成熟。其施工后产生的涂膜细腻坚硬、结构致密、表面光泽度高，具有一定的耐水及耐污染能力。

6.4.1 醇酸树脂涂料

醇酸树脂是由脂肪酸（或植物油）与多元酸及多元醇通过聚酯化反应合成的主侧链结构中均含有酯基的低分子量的聚酯树脂，即油改性聚酯。醇酸树脂本身是一个独立的涂料品种，产量约占涂料工业总量的 20%~25%，其干性、光泽、硬度、耐久性都是油性漆所不能及的。醇酸树脂还可与其他树脂配成多种不同性能的自干或烘干磁漆、底漆、面漆和清漆，主要用于桥梁等建筑物、机械、车辆、船舶、飞机、仪表等的涂装领域。

6.4.1.1 醇酸树脂的制备

醇酸树脂是涂料用树脂中的骨干树脂，约占涂料合成树脂总量的一半，因此醇酸树脂的制备尤为重要。根据原料不同，醇酸树脂的制备主要分为醇解法和脂肪酸法两大类。

（1）醇解法

醇解法是醇酸树脂合成的主要方法。由于油脂不能溶于多元酸和多元醇的混合物，所以用油脂合成醇酸树脂时要先将油脂醇解为不完全脂肪酸甘油酯，使油脂能溶于多元酸和多元醇的混合物。不完全脂肪酸甘油酯是一种混合物，含有单酯、双酯以及未反应的油脂和甘油。单酯含量是影响醇酸树脂质量的重要指标。醇解法制造醇酸树脂的反应主要有植物油与甘油的醇解反应、单酯与邻苯二甲酸酐的聚酯化反应。

① 醇解反应：

$$\begin{array}{c}H_2C-O-\overset{O}{\overset{\|}{C}}-R\\CH-O-\overset{O}{\overset{\|}{C}}-R\\H_2C-O-\overset{O}{\overset{\|}{C}}-R\end{array} + \begin{array}{c}H_2C-OH\\CH-OH\\H_2C-OH\end{array} \xrightleftharpoons[220\sim240℃]{LiOH} \begin{array}{c}H_2C-OH\\CH-O-\overset{O}{\overset{\|}{C}}-R\\H_2C-OH\end{array} + \begin{array}{c}H_2C-O-\overset{O}{\overset{\|}{C}}-R\\CH-OH\\H_2C-O-\overset{O}{\overset{\|}{C}}-R\end{array}$$

② 聚酯化反应：

$$\begin{array}{c}H_2C-OH\\CH-O-\overset{O}{\overset{\|}{C}}-R\\H_2C-OH\end{array} + \text{(邻苯二甲酸酐)} \xrightarrow{180\sim220℃} \text{聚酯} + H_2O$$

聚酯化反应为可逆反应。在酯化缩聚过程中，需把产物水不断脱除才能促使可逆反应向右进行。脱水的方法主要有熔融脱水和共沸脱水两种：熔融脱水法即不加共沸溶剂，通过加热把产物水蒸出体系，主要用于聚酯合成；共沸脱水法即在缩聚体系中加入共沸溶剂去除产物水。通过共沸法制得的醇酸树脂颜色较浅，具有产品质量均匀、产率高、反应温度较低、易控制等优点，也是目前醇解法合成醇酸树脂主要采用的酯化工艺。醇解法生产醇酸树脂的工艺流程如图 6-2 所示。

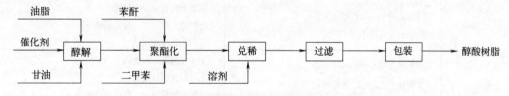

图 6-2 醇解法生产醇酸树脂的工艺流程

醇解工序直接影响醇酸树脂的结构和分子量的分布，其主要目的是制备甘油单酯。醇解时要考量甘油用量、催化剂种类和用量、反应温度等因素对醇解反应速率和甘油单酯含量的影响。此外，为了提高醇解反应速度和甘油单酯的含量，还应注意以下几点：油脂要经碱漂、土漂精制；加入抗氧剂，或通入惰性气体保护油脂，防止氧化；采用醇容忍度法及时检验，以确定反应终点。

醇解完成后，即可进入聚酯化反应工序。将温度降至180℃，分批加入苯酐和回流溶剂二甲苯，在180~220℃之间进行缩聚。该过程应采用逐步升温工艺，保持正常出水速率，避免反应过于剧烈而造成物料夹带，影响单体配比和树脂结构。另外，搅拌也应遵从先慢后快的原则，使缩聚反应平稳顺利进行。聚酯化反应还需关注出水速率和出水量，并按规定时间取样测定酸值和黏度，达到规定后降温、稀释，再经过滤制得漆料。

聚酯化反应还需关注出水速率和出水量，并按规定时间取样测定酸值和黏度，达到规定后降温、稀释，再经过滤制得漆料。

（2）脂肪酸法

脂肪酸可与多元酸和多元醇的混合物互溶，所以反应可以在均相状态下进行：

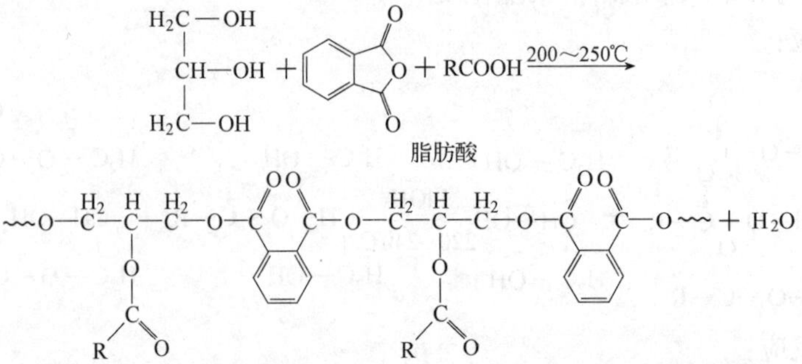

脂肪酸法合成醇酸树脂一般也采用共沸脱水法，即将全部反应物一次性加入反应釜内，不断搅拌下升温，在200~250℃下保温酯化，通过测定酸值和黏度确定达到要求后停止加热。该一步法所得漆膜干燥时间慢，挠曲性和附着力均不太理想。

为了提高漆膜性能，后续开发了两步加料法工艺。先加入部分脂肪酸（40%~90%）与多元醇和多元酸的混合物进行酯化，形成链状高聚物后，再补加余下的脂肪酸，完成酯化反应。该方法所得树脂漆膜干燥快，挠曲性、附着力、耐碱性都比一步法有所提高。

醇解法和脂肪酸法制备涂料的优缺点见表6-4。

表6-4　醇解法和脂肪酸法的优缺点对比

项目	醇解法	脂肪酸法
优点	①成本较低 ②工艺简单、易控制 ③原料腐蚀性小	①配方设计灵活，质量易控制 ②聚合物合成速率较快 ③树脂干性较好，涂膜较硬 ④树脂色泽较浅
缺点	①酸值不易下降 ②树脂干性较差、涂膜较软 ③色泽较深	①工序复杂、成本高 ②原料腐蚀性较大 ③脂肪酸易凝固，低温投料困难 ④储存期间易氧化变色

6.4.1.2　醇酸树脂涂料的类型及特点

醇酸树脂涂料分为两类：一类是采用不饱和脂肪酸制成的干性油醇酸树脂，可直接涂成薄层并在室温和氧存在下固化成连续的涂膜；另一类是通过不干性油改性聚酯得到的不干性油醇酸树脂，不能直接用作涂料，需与其他树脂混合使用。

醇酸树脂涂料具有很好的涂刷性与润湿性，比较优越的施工性和装饰性，但是在硬度、膜的干燥速度、抗化学性、耐候性方面较差。可以通过改性提高涂料性能。

① 醇酸树脂分子具有极性主链和非极性侧链，为其提供了很好的物理改性基础，能够与诸多树脂、化合物较好地混溶以提高涂料性能。例如醇酸树脂可与硝酸纤维素混合，改性后的涂料广泛应用于高档家具漆。

② 醇酸树脂分子链上含有大量的羟基、苯环、羧基、酯基以及双键等活性中心，为其进行化学改性提供了前提。例如：通过共聚方法实现的苯乙烯改性的醇酸树脂不仅大大降低了成本，还提高了涂料的干燥速度和耐水性；含有环氧基等反应性基团的丙烯酸酯共聚物、马来酸酐和苯乙烯或丙烯酸酯的共聚物等，均可与醇酸树脂分子中的羟基通过醚化和酯化反应而结合。

6.4.2 聚氨酯树脂涂料

聚氨酯（polyurethane，PU），即聚氨基甲酸酯。与其他聚合物的名称不同，聚氨酯是结构单元并非完全是氨基甲酸酯，而是主链上含有相当量的氨基甲酸酯键（$-NH-\overset{O}{\underset{\parallel}{C}}-O-$）的大分子化合物的统称。

聚氨酯是由二异氰酸酯或多异氰酸酯与多元醇（包括含羟基的低聚物）反应制得的。但聚氨酯涂料中并不一定含有聚氨酯树脂，凡用异氰酸酯或其反应产物为原料的涂料都被称为聚氨酯涂料。聚氨酯涂料形成的漆膜中含有酰胺基、酯基等，分子间很容易形成氢键，因此具有良好的耐磨性和附着力，还具有强度高、耐温、耐油和耐化学稳定等优点。此外聚氨酯与其他树脂共混性好，可通过与其他树脂并用开发不同要求的涂料新品种。

6.4.2.1 异氰酸酯的反应

异氰酸酯是制备聚氨酯的原料，其分子结构中含有不饱和的异氰酸酯基（$-N=C=O$），其化学活性非常高，可与含活泼氢的化合物进行反应，一般认为异氰酸酯基团具有如下的电子共振结构：

$$R-\overset{\ominus}{\underset{..}{N}}-\overset{\oplus}{C}=O \rightleftharpoons R-N=C=O \rightleftharpoons R-\overset{\oplus}{N}=C-\overset{\ominus}{\underset{..}{O}}$$

异氰酸酯分子中有两个双键，具有诱导效应在$-N=C=O$基团中，所以氧原子电负性最大，电子密度最高；氮原子上的电子密度较氧原子低，但也呈电负性；碳原子电负性最小，电子云密度最低呈较强的正电性，易受亲核试剂进攻，而氧原子形成亲核中心。当异氰酸酯与醇、酚、胺等含活性氢的亲核试剂反应时，$-N=C=O$基团中的氧原子接受氢原子形成羟基，不饱和碳原子上的羟基不稳定，经过分子内重排而生成氨基甲酸酯基。反应如下：

$$R-NCO+H-OR' \longrightarrow \left[R-N=\underset{OR'}{C}-OH\right] \longrightarrow R-\overset{H}{\underset{}{N}}-\overset{O}{\underset{\parallel}{C}}-OR' \qquad (6-1)$$

下面介绍一些典型的异氰酸酯反应：

① 异氰酸酯与醇反应生成氨基甲酸酯：

$$R-N=C=O + R'OH \longrightarrow R-\underset{H}{N}-\underset{\underset{O}{\parallel}}{C}-OR' \tag{6-2}$$

② 异氰酸酯与胺反应生成取代脲：

$$R-N=C=O + R'NH_2 \longrightarrow R-\underset{H}{N}-\underset{\underset{O}{\parallel}}{C}-NHR' \tag{6-3}$$

③ 异氰酸酯与水反应生成胺，并放出 CO_2，产物胺继续与异氰酸酯反应生成取代脲：

$$R-N=C=O + H_2O \longrightarrow \left[R-NH-\underset{\underset{O}{\parallel}}{C}-OH\right] \longrightarrow RNH_2 + CO_2 \tag{6-4}$$

④ 异氰酸酯与羧酸反应生成酰胺：

$$R-N=C=O + R'COOH \longrightarrow \left[R-NH-\underset{\underset{O}{\parallel}}{C}-O-\underset{\underset{O}{\parallel}}{C}-R'\right] \longrightarrow HNR-\underset{\underset{O}{\parallel}}{C}-R' + CO_2 \tag{6-5}$$

⑤ 异氰酸酯与脲反应生成缩二脲：

$$R-N=C=O + R'NHCONHR'' \longrightarrow R-NH-\underset{\underset{O}{\parallel}}{C}-\underset{R'}{N}-\underset{\underset{O}{\parallel}}{C}-NHR'' \tag{6-6}$$

⑥ 异氰酸酯与氨基甲酸酯反应生成脲基甲酸酯：

$$R-N=C=O + R'NHCOOR'' \longrightarrow R-NH-\underset{\underset{O}{\parallel}}{C}-\underset{R'}{N}-\underset{\underset{O}{\parallel}}{C}-OR'' \tag{6-7}$$

⑦ 异氰酸酯与肟反应：

$$R-N=C=O + \underset{R''}{\overset{R'}{C}}=NOH \longrightarrow R-NH-\underset{\underset{O}{\parallel}}{C}-O-N=\underset{R''}{\overset{R'}{C}} \tag{6-8}$$

⑧ 异氰酸酯与苯酚（或烯醇）反应：

$$R-N=C=O + \text{C}_6\text{H}_5-OH \longrightarrow R-NH-\underset{\underset{O}{\parallel}}{C}-O-\text{C}_6\text{H}_5 \tag{6-9}$$

⑨ 异氰酸酯自聚反应：

$$2R-N=C=O \longrightarrow R-\underset{\underset{\underset{\underset{O}{\parallel}}{C}}{\big|}}{\overset{\overset{\overset{O}{\parallel}}{C}}{\big|}}{N}-\underset{}{N}-R \tag{6-10}$$

$$3R-N=C=O \longrightarrow \text{(三聚体结构)} \tag{6-11}$$

$$nR-N=C=O \xrightarrow{\text{光聚合或}\atop\text{负离子聚合}} {-\!\!\left(N-C\right)\!\!-_n}\ \ \tag{6-12}$$

上述反应的快慢与多种因素有关，主要是和反应物及异氰酸酯的结构有关。

6.4.2.2 聚氨酯涂料的类型及固化机理

聚氨酯涂料品种很多，按组成、结构和成膜机理可分为五大类：氨酯油、封闭型、湿固化型、催化固化型、羟基固化型。按涂料的组成可分为单组分和双组分聚氨酯涂料，见表 6-5。

表 6-5 聚氨酯涂料的分类及性能

项目	单组分			双组分	
	氨酯油	封闭型	湿固化	催化固化	羟基固化
固化方式	氧化交联	热烘烤	湿气	催化剂、预聚体	—NCO+HO—
游离异氰酸酯	0	0	较多	较多	较多
颜料分散方式	常规	常规	特殊	特殊	分散与羟基组分
干燥时间/h	0.5~5.0	0.5（150℃）	0.5~8.0（受湿度影响）	0.5~4.0	2.0~8.0
施工时限	长	长	4h~1d	数小时	数小时
耐化学腐蚀性	一般	优异	良好到优异	良好到优异	良好到优异
耐磨性	一般	良好到优异	良好到优异	良好到优异	良好到优异
主要用途	一般民用漆、地板漆等	绝缘漆、电磁线漆等	地板漆、防腐蚀漆等	防腐蚀漆、耐磨漆等	民用和工业涂料

（1）单组分聚氨酯涂料

单组分聚氨酯涂料主要包括氨酯油、封闭型异氰酸酯和湿固化聚氨酯涂料。

① 氨酯油。氨酯油是指氨基甲酸酯改性油或油改性聚氨酯。将常见的干性油（如大豆油、亚麻油等）与多元醇（如甘油）进行酯交换反应，生成羟基化合物（如甘油二酸酯），再由羟基化合物与二异氰酸酯反应制得氨酯油。氨酯油分子中不含活性异氰酸酯基，主要由干性油中的不饱和双键在钴、铅、锰等催干剂的作用下氧化交联生成漆膜，其光泽、丰满度、硬度、耐磨、耐水、耐油以及耐化学腐蚀性能均比醇酸树脂涂料好。氨酯油的储存稳定性好、无毒，有利于制造色漆，施工方便，价格也较低，但涂膜耐候性不佳、户外易泛黄，一般用于室内木器家具、地板、水泥表面的涂装及船舶等防腐涂装。

氨酯油的合成过程分为以下两步：

a. 干性油和三羟甲基丙烷发生酯交换反应：

$$\begin{matrix} H_2C-O-C-R \\ | \quad O \\ HC-O-C-R \\ | \quad O \\ H_2C-O-C-R \end{matrix} + \begin{matrix} H_2C-OH \\ | \\ HC-OH \\ | \\ H_2C-OH \end{matrix} \rightleftharpoons \begin{matrix} H_2C-OH \\ | \quad O \\ HC-O-C-R \\ | \quad O \\ H_2C-O-C-R \end{matrix} + \begin{matrix} H_2C-O-C-R \\ | \\ HC-OH \\ | \\ H_2C-OH \end{matrix} \quad (6-13)$$

b. 甘油二酸酯与二异氰酸酯反应：

$$2 \begin{matrix} H_2C-OH \\ | \quad O \\ HC-O-C-R \\ | \quad O \\ H_2C-O-C-R \end{matrix} + OCN-R'-NCO \longrightarrow \begin{matrix} H_2C-O-C-N-R'-N-C-O-CH_2 \\ | \quad O \quad\quad\quad\quad\quad\quad O \\ CH-O-C-R \quad\quad R-C-O-CH \\ | \quad O \quad\quad\quad\quad\quad\quad O \\ H_2C-O-C-R \quad\quad R-C-O-CH_2 \end{matrix} \quad (6-14)$$
（氨酯油）

② 封闭型异氰酸酯。封闭型异氰酸酯与双组分聚氨酸涂料相似，是由多异氰酸酯组分和含羟基组分两部分组成，不同的是其异氰酸酯基被封闭剂（苯酚或其他含单官能团的活性氢化合物）所封闭，使异氰酸酯基失去活性，成为潜在的固化剂成分［见式（6-9）中苯酚；式（6-15）中丙二酸酯；式（6-16）中己内酰胺］。因此，两组分可稳定存在于同一容器中，形成一种单组分的聚氨酯涂料。施工过程中，将涂装后的涂膜经高温（80~180℃）烘烤发生可逆反应，封闭剂解封挥发，释放出来的—NCO 基团与多元醇反应交联成膜。烘烤温度（即解封温度）同封闭剂和多异氰酸酯结构有关。另外，合成聚氨酯用的有机锡类、有机胺类催化剂对解封也有催化作用，可以降低解封温度，环保节能。

$$R-N=C=O + CH_2 \begin{matrix} COOR' \\ \\ COOR' \end{matrix} \longrightarrow R-NH-C-CH \begin{matrix} O \quad COOR' \\ \\ COOR' \end{matrix} \quad (6-15)$$
（丙二酸酯）

$$R-N=C=O + HN \begin{matrix} O \\ \end{matrix} \longrightarrow R-NH-C-N \begin{matrix} O \\ \end{matrix} \quad (6-16)$$
（己内酰胺）

封闭型异氰酸酯可单独包装，使用方便，同时由于—NCO 基团已被封闭成较为稳定的加合物，对水、醇、酸等活性氢类化合物不再敏感，故对造漆用溶剂、颜料、填料无严格要求。施工时可以喷涂、浸涂；高温烘烤后交联成膜，漆膜具有优良的绝缘性能、力学性能、耐溶剂性和耐水性，主要用于配制电绝缘漆、卷材涂料、粉末涂料和阴极电泳漆。另外，施工过程必须经高温烘烤封闭型异氰酸酯才能固化，能耗较大，不能用于塑料、木材材质及大型金属结构产品，解封剂的释放对环境也有一定污染。

③ 湿固化聚氨酯。通过调节异氰酸指数介于 1.2~1.8 之间，利用扩链反应制取两端带有—NCO 基团且分子量足够大的预聚体，再混入溶剂及抗氧剂等，即可制成湿固化聚氨酯。涂膜后，预聚体中含有的—NCO 基团可与空气中的潮气反应生成脲键而固化成膜［见式（6-4）］。

该过程依靠空气中的水分来固化，反应较慢，释出的 CO_2 能从漆膜中缓慢地扩散逸出，故不会使漆膜产生气泡。该类涂料的涂层耐磨、耐腐蚀、耐水、耐油、附着力强、柔韧性好。其优点是可以在高湿环境下使用，如地下室、水泥、金属、砖石的涂装；缺点是固化速度受环境湿度及气温的影响很大，在冬季低温低湿尤为突出，且不能厚涂，否则容易形成气泡。另外，色漆配制工艺复杂，产品一般以清漆供应。

（2）双组分聚氨酯涂料

双组分聚氨酯涂料主要包括催化固化型和羟基固化型。

① 催化固化型聚氨酯。催化固化型聚氨酯由端基为—NCO 的预聚体（合成时取异氰酸指数≈2），和催干剂（常用的有环烷酸铝、环烷酸钴及二甲基乙醇胺等）两个组分组成。从固化机理来看，这类聚氨酯涂料与湿固化型相似。由于后者固化太慢，通常采用催干剂加快固化速度。此时除了水分引起的固化反应外，还可产生三聚异氰酸酯和脲基甲酸酯。尤其是醇胺类催干剂，其中叔胺基团起催化作用，羟基还可与—NCO 反应结合在漆膜中，且不会被溶剂所萃取。由于催干剂的催化作用，固化反应不受外界湿度与气温的影响。

催化固化型聚氨酯的两个组分必须分罐贮藏，施工现场混合调配后即可涂布，但混合时物料用量必须准确，否则会影响漆膜的性能。如胺量少固化慢，胺量太多固化又太快，不仅会导致漆膜使用期过短，影响漆膜的耐水解性等，还会连带造成多余物料的损失。

② 羟基固化型聚氨酯。羟基固化型聚氨酯涂料也分为两个组分，工业品包装称为甲、乙两组分。甲组分为多异氰酸酯化合物，乙组分为聚醚或聚酯多元醇。施工时按一定比例混合后涂布，两种基团相互反应形成聚氨酯漆膜。

对于甲组分，要求具有良好的溶解性以及与其他树脂的混溶性，要求有足够的官能度和反应活性，且不易挥发。与乙组分混合后，允许涂布操作时间长，毒性小，产品中游离异氰酸酯基应在 0.7%以下。甲苯二异氰酸酯（TDI）、六亚甲基二异氰酸酯（HDI）、间苯二甲基二异氰酸酯（XDI）等二异氰酸酯单体因其蒸气压高、易挥发，危害人体健康不能直接使用。所以，必须把二异氰酸酯单体加工成低挥发性的产品，如多异氰酸酯加合物、缩二脲多异氰酸酯和异氰酸酯三聚体。其中加合物和缩二脲对其他树脂的混溶性优良，而异氰酸酯三聚体与其他树脂的混溶性稍差，漆膜也较脆，但干得快，其泛黄性和耐热性较好。

以下是三种低挥发性产品的合成过程：

a. 多异氰酸酯加合物的合成

多异氰酸酯加合物是合成双组分聚氨酯涂料中最常用的多异氰酸酯，主要有 TDI-三羟甲基丙烷（TMP）加合物、XDI-TMP 加合物以及 HDI-TMP 加合物。以 TDI-TMP 加合物的合成为例，反应过程如下式所示：

TMP 加合物面临的挑战是二异氰酸酯单体的残留问题。目前，国外产品的固化剂中游离

TDI 含量都小于 0.5%，国标要求产品中游离 TDI 含量要小于 0.7%。为了降低 TDI 残留，目前可采用化学法和物理法。化学法即三聚法，是在加成反应完成后加入聚合型催化剂，使游离的 TDI 三聚化。该方法效果最好，可使游离 TDI 含量降至 0.2%~0.3%。物理法包括薄膜蒸发法和溶剂萃取法。

b. 缩二脲多异氰酸酯的合成

以 HDI 缩二脲的合成为例：HDI 缩二脲是由 3mol HDI 和 1mol H_2O 反应生成的三官能度多异氰酸酯。反应过程如下：

$$OCN\text{-}(CH_2)_6\text{-}NCO + H_2O \longrightarrow OCN\text{-}(CH_2)_6\text{-}NH_2 + CO_2\uparrow$$

$$OCN\text{-}(CH_2)_6\text{-}NH_2 + OCN\text{-}(CH_2)_6\text{-}NCO \longrightarrow OCN\text{-}(CH_2)_6\text{-}NH\text{-}CO\text{-}NH\text{-}(CH_2)_6\text{-}NCO$$

$$OCN\text{-}(CH_2)_6\text{-}NH\text{-}CO\text{-}NH\text{-}(CH_2)_6\text{-}NCO + OCN\text{-}(CH_2)_6\text{-}NCO \longrightarrow \text{三官能度缩二脲}$$

以 HDI 缩二脲合成的双组分涂料，耐候性好、不会变黄，广泛用于高端产品以及户外产品的涂饰。目前我国没有工业化规模生产，主要依赖进口。

c. 异氰酸酯三聚体的合成

以 HDI 三聚体为例：HDI 三聚体是由 3mol HDI 进行三聚反应生成的三官能度多异氰酸酯。

$$3OCN\text{-}(CH_2)_6\text{-}NCO \xrightarrow{\text{催化剂}} \text{异氰脲酸酯环}$$

与缩二脲多异氰酸酯相比，HDI 三聚体具有如下特点：黏度低，易于增加施工固体分；储存稳定，耐候性、保光性优于缩二脲多异氰酸酯；施工周期较长；韧性、附着力与缩二脲多异氰酸酯相当，但是硬度稍高。因此自 HDI 三聚体生产以来，其应用越来越广。

6.4.2.3 聚氨酯涂料的特点

聚氨酯涂料具有许多优良性能，在国防、基建、化工防腐、车辆、飞机、木器、电气绝缘等各方面都得到广泛的应用，并且新品种不断涌现，极有发展前途。但其价格偏贵，目前大多数用于对性能要求较高的场合。其主要特点如下：

① 聚氨酯涂料成膜之后，大分子结构中含有相当数量的氨酯键和脲键等基团，具有优良的耐磨性和较高的硬度。其中，氨酯键可促进大量氢键的形成，使分子之间内聚力非常大，显著提高了聚氨酯涂膜的撕裂强度；而氢键在外力作用下可断开而吸收外来能量，当外力取消

后，氢键又会重新形成，氢键的可逆形成使聚氨酯涂膜具有高度的机械耐磨性和韧性，广泛地用于地板漆、飞机蒙皮漆、甲板漆以及塑胶跑道等领域。

② 聚氨酯涂料能和多个品种的树脂混溶，可以通过改变聚氨酯成分比例实现涂膜韧性的可控调节，开发多性能的涂料品种。聚氨酯涂料还可与聚酯、聚醚、环氧树脂、醇酸树脂、聚丙烯酸酯、含羟基有机硅树脂、含羟基氟树脂、醋酸丁酸纤维素、氯乙烯醋酸乙烯树脂、沥青、硝化棉、干性油等配合制漆，以满足各领域的涂料使用要求。

③ 聚氨酯涂料既能在较高温度下固化成膜，也能在常温下固化。

④ 聚氨酯涂料具有优异的耐油性、耐化学药品性。经过充分固化的聚氨酯涂料可长期经受汽油、柴油、润滑油及合成油脂等的作用而不被变质、不被污染，因此被广泛应用于金属或非金属石油储罐、油槽内壁防腐涂料。

⑤ 聚氨酯涂料具有优良的电绝缘性、优异的附着力，以及良好的保护与装饰功能。

6.4.3　丙烯酸树脂涂料

以丙烯酸酯、甲基丙烯酸酯及乙烯基类单体为主要原料合成的共聚物称为丙烯酸树脂，以其为成膜基料的涂料称作丙烯酸树脂涂料。丙烯酸树脂（acrylic resin）系丙烯酸、甲基丙烯酸及其酯或其衍生物的均聚和共聚物的总称。其化学结构为：

$$\left[CH_2 - \underset{\underset{O}{\overset{\|}{C}}-OR'}{\overset{R}{C}} \right]_n$$

式中，R 为—H、—CN、烷基、芳基和卤素等；R′为—H、烷基、芳基、羟烷基。其中—COOR′也可被—CN、—CONH$_2$、—CHO 等基团取代。

6.4.3.1　丙烯酸树脂的类型

丙烯酸树脂涂料的配方设计是非常复杂的。基本原则首先要针对不同基材和产品确定树脂剂型，然后根据性能要求确定单体组成、玻璃化转变温度（T_g）、溶剂组成、引发剂类型和用量以及聚合工艺等，最终通过实验进行检验、修正，以确定最佳的产品工艺和配方。其中单体的选择是配方设计的核心内容。

根据所用单体不同，丙烯酸树脂分为热塑性丙烯酸树脂和热固性丙烯酸树脂。溶剂型丙烯酸涂料最早使用的是热塑性丙烯酸涂料，主要组分是聚甲基丙烯酸酯。由于热塑性丙烯酸涂料的固体含量太低，大量溶剂逸入大气中，所以为增加固体含量，必须降低丙烯酸树脂的分子量，但这必然影响漆膜的各种性能，为此发展了热固性丙烯酸树脂涂料。热固性丙烯酸树脂涂料是使分子量较低的丙烯酸树脂在涂布以后经分子间反应而构成的体型分子。热固性丙烯酸树脂一般通过侧链的羟基、羧基、氨基、环氧基与交联剂（如氨基树脂、多异氰酸酯及环氧树脂等）反应。热固性丙烯酸树脂涂料除具有较高的固体分以外，它还有更好的光泽和表观，更好的耐化学、耐溶剂及耐破、耐热性等。

（1）热塑性丙烯酸树脂

热塑性丙烯酸树脂可以熔融，在适当溶剂中溶解，由其配制的涂料靠溶剂挥发后大分子的聚集成膜，成膜时没有交联反应发生，属于非反应型涂料。为了实现较好的物化性能，需增大树脂的分子量,但是为了保证固体分不至于太低,分子量又不能过大,一般在树脂分子量为几万时涂料的物化性能和施工性能比较平衡。这类树脂制造的涂料具有丙烯酸类涂料的基本优点,耐候性好(接近交联型丙烯酸涂料的水平)、保光、保色性优良,耐水、耐酸、耐碱良好。但也存在一些缺点:固体分低(固体分高时黏度大,喷涂时易出现拉丝现象)、涂膜丰满度差、低温易脆裂、高温易发黏、溶剂释放性差、实干较慢、耐溶剂性不好等。

为克服热塑性丙烯酸树脂的缺点,可以通过配方设计或拼用其他树脂加以解决。要根据不同基材的涂层要求设计不同的玻璃化转变温度,如:金属用漆树脂的玻璃化转变温度通常在30~60℃;塑料漆用树脂可将玻璃化转变温度设计得高些(80~100℃),以提高硬度;溶剂型建筑涂料树脂的玻璃化转变温度一般大于 50℃;引入甲基丙烯酸正丁酯、甲基丙烯酸月桂酯、甲基丙烯酸叔丁酯、丙烯腈等改善涂料的耐乙醇性。引入丙烯酸或甲基丙烯酸及羟基丙烯酸酯等极性单体可以改善树脂对颜填料的润湿性,防止涂膜覆色发花。

(2)热固性丙烯酸树脂

热固性丙烯酸树脂也称为交联型或反应型丙烯酸树脂。它可以克服热塑性丙烯酸树脂的缺点,使涂膜的力学性能、耐化学品性能大大提高。其原因在于成膜过程会通过溶剂挥发和官能团间的反应交联形成网络结构。热固性丙烯酸树脂的分子量通常较低(10000~30000)。其漆膜受热不熔化,遇溶剂也不溶解,不仅显示出优越的保光保色性、耐候性、耐水性、耐油性、耐盐雾性、耐溶剂性,还具有涂膜硬度高、光度丰满,在高温烘烤时不变色、不返黄的优点。

热固性丙烯酸树脂分子结构中带有反应型的官能团,在制漆过程中可通过自交联或与拼用的其他树脂(如氨基树脂、环氧树脂、聚氨酯等)的官能团反应生成网状结构。根据其携带的可反应官能团特征分类,热固性丙烯酸树脂可分为羟基丙烯酸树脂、羧基丙烯酸树脂、环氧基丙烯酸树脂、酰胺基丙烯酸树脂等。其中,羟基丙烯酸树脂是最重要的一类。可用于与多异氰酸酯固化剂配制室温下干燥快的双组分丙烯酸-聚氨酯涂料,主要用于飞机、火车、工业机械、汽车和摩托车、家电、装修及其他高装饰性要求产品的涂饰,属重要的工业或民用涂料品种;还可与烷氧基氨基树脂高温固化配制丙烯酸-氨基烘漆,主要用于汽车原厂漆、摩托车、金属卷材、家电、轻工产品及其他金属制品的涂饰,属重要的工业涂料。

6.4.3.2 丙烯酸树脂涂料的特点及用途

丙烯酸树脂涂料发展到今天,已是类型最多、综合性能最全、通用性最强的一类合成树脂涂料。与其他合成高分子树脂相比,丙烯酸树脂涂料具有许多突出的优点,如:优异的耐光、耐候性,户外曝晒耐久性强,紫外光照射不易分解和变黄,能长期保持原有的光泽和色泽,耐热性好;耐腐蚀,有较好的耐酸、碱、盐、油脂、洗涤剂等化学品沾污及腐蚀性能,既可制成溶剂型涂料,又可制成水性涂料,还可制成无溶剂型涂料。因此,丙烯酸树脂涂料已成为最受关注、最受青睐的一大类涂料。

丙烯酸清漆、丙烯酸磁漆是以丙烯酸树脂溶液为漆料的常温干燥涂料,这种丙烯酸系树脂以甲基丙烯酸甲酯为主体以保持涂层硬度,以适量的丙烯酸乙酯、丙烯酸丁酯等与甲基丙烯酸甲酯共聚以使涂层得到柔韧性,涂层性能与其分子量有关。分子量一般在75000~120000之间。分子量低就得不到耐久性的坚韧涂膜,在可能的情况下,分子量以高者为好。热固性丙烯酸树脂是目前丙烯酸树脂涂料的主要基料,其重要特点是优良的耐候性和抗水解作用,良好的耐溶剂性和耐腐蚀性,因为交联使漆膜由线型变成网状结构,提高了多方面的物理性能和防腐蚀及耐化学性能。

目前为止，丙烯酸树脂涂料的最大应用市场是轻工、家电、金属器具、铝制品、卷材、仪器仪表、纺织品、带料制品、艺术品、造纸工业等，在工业防腐蚀涂料的应用中，丙烯酸树脂涂料并未发挥其特长。随着热塑性丙烯酸树脂涂料的发展，人们发现在丙烯酸树脂侧链引入羟基或羧基、环氧基等，可以分别用环氧、氨基、聚氨酯与之交联成热固性涂膜，提高性能。由于丙烯酸树脂涂料色浅、户外耐候性佳、保光保色性优、耐热性好，在170℃温度下不会分解、不会变色，有一定的耐腐蚀性，且与环氧富锌涂料、聚氨酯涂料等有良好的配合，在户外钢结构领域也得到了推广与应用。

6.4.4 氨基树脂涂料

氨基树脂是由含氨基的化合物和醛类（以甲醛为主）通过缩聚反应生成的热固性树脂。在层压材料、黏合材料、模塑料以及纸制品处理剂等领域，氨基树脂具有广泛应用。

单独经热固化的氨基树脂涂膜硬且脆，附着力不佳，因此氨基树脂常与其他基体树脂如醇酸树脂、聚酯树脂、环氧树脂等搭配，组成氨基树脂漆。作为涂料的氨基树脂必须进行醇改性才能溶于有机溶剂，并与主要成膜树脂具有良好的相容性和反应性。氨基树脂在氨基树脂漆中主要作为交联剂，以提升基体树脂的硬度、光泽度、耐化学性及干燥速度，而基体树脂则弥补了氨基树脂的脆性，提高了附着力。与醇酸树脂漆相较，氨基树脂漆的特点包括：清漆色浅、光泽度高、硬度高，具有优良的电绝缘性；色漆外观丰满、色彩鲜明、附着力佳、耐老化性好、抗性良好；干燥时间短，施工便捷，利于涂装的连续化操作。特别是三聚氰胺甲醛树脂，与不干性醇酸树脂、热固性丙烯酸树脂、聚酯树脂配合，可制成具有极佳保光保色性能的高级白色或浅色烘漆，这类涂料目前在车辆、家电、轻工产品、机械设备等领域获得了广泛应用。

6.4.4.1 氨基树脂的组成与分类

氨基树脂涂料是由具有氨基（—NH_2）官能团的化学物质与醛类（主要是甲醛）进行加成缩合，再将生成的羟甲基（—CH_2OH）部分或完全用脂肪单元醇醚化得到的产品。这类氨基树脂涂料可以分为以下四大类：

（1）脲醛树脂

根据所用醇类不同，可以划分为丁醇醚化脲醛树脂、甲醇醚化脲醛树脂以及混合醇醚化脲醛树脂。

（2）三聚氰胺甲醛树脂

根据使用的醇类不同，可分为丁醇（或异丁醇）醚化三聚氰胺甲醛树脂、甲醇醚化三聚氰胺甲醛树脂和混合醇醚化三聚氰胺甲醛树脂。在这些品种中，丁醇醚化三聚氰胺甲醛树脂是最主要的。根据醚化程度的差异，又可以分为高低两种醚化度的三聚氰胺甲醛树脂。

（3）苯鸟粪胺甲醛树脂鸟粪胺是指三聚氰胺中一个氨基被非氨基的其他基团替代的物质。例如，氢、烷基和烯丙基取代的鸟粪胺。其中，苯基取代的苯鸟粪胺广泛应用于涂料中。这类树脂及 N-苯基三聚氰胺甲醛树脂和 N-丁基三聚氰胺甲醛树脂统称为烃基三聚氰胺甲醛树脂。根据所用醇类的不同，也可分为丁醇醚化和混合醇醚化两种。

（4）共缩聚树脂

可分为三聚氰胺、尿素甲醛共缩聚树脂以及三聚氰胺、苯代三聚氰胺甲醛共缩聚树脂两类。

6.4.4.2 氨基树脂的固化及在涂料中的应用

（1）与醇酸树脂固化

氨基树脂中的羟甲基或丁氧基与醇酸树脂中游离的羟基可发生交联反应并固化。利用醇酸树脂来固化三聚氰胺甲醛树脂时，固化速度较快，固化温度约为250℃；漆膜硬度高且光泽和保光性佳，具有优良的耐化学性和户外耐久性。当醇酸树脂用于固化脲醛树脂时，固化温度约为150℃，漆膜具有良好的附着力，成本较低，还可在酸催化剂作用下在常温环境下进行固化。（示例配方：醇酸树脂38.9g，脲醛树脂17.27g，二甲苯5.43g，钛白粉276g，正丁醇1.8g，150℃下固化20min）。

（2）与环氧树脂固化

氨基树脂中的羟甲基或丁氧基可与环氧树脂中的环氧基或羟基发生交联反应并固化。固化后的漆膜具有优良的黏结性、耐化学性、保色性和保光性，广泛应用于金属涂装。[示例配方：三聚氰胺甲醛树脂8.55g，环氧树脂31.69g，二甲苯21.73g，钛白粉15.09g，氧化锌5.03g，云母2.52g，铬酸锌5.03g，滑石粉10.06g，防沉剂（高岭土）0.30g。]

（3）与丙烯酸树脂固化

含有羟基或羧基的丙烯酸树脂可与氨基树脂中的羟甲基或丁氧基发生交联反应并固化。[示例配方：三聚氰胺甲醛树脂16.32g，丙烯酸树脂52.28g，二甲苯12.68g，正丁醇3.17g，铬绿15.55g，120℃固化30min。]

氨基树脂漆的典型用途和固化条件见表6-6。

表6-6　氨基树脂漆的典型用途和固化条件

用途	氨基树脂种类	基体种类	固化条件/（℃/min）
汽车底漆	脲醛树脂	醇酸树脂	120~150/20~30
	三聚氰胺甲醛树脂	醇酸树脂	120~150/20~30
汽车面漆	三聚氰胺甲醛树脂	醇酸树脂	120~150/20~30
	三聚氰胺甲醛树脂	丙烯酸树脂	120~150/20~30
自行车面漆	三聚氰胺甲醛树脂	醇酸树脂	110~140/20~30
木器漆	脲醛树脂	醇酸树脂	室温固化
一般金属涂装	脲醛树脂	醇酸树脂	120~160/20~30
	三聚氰胺甲醛树脂	醇酸树脂	120~160/20~30
冰箱洗衣机	三聚氰胺甲醛树脂	醇酸树脂	140~160/20~30
	三聚氰胺甲醛树脂	丙烯酸树脂	140~160/20~30
彩色卷材涂料	三聚氰胺甲醛树脂	聚酯树脂	220~320/0.5~1
高固体分涂料	三聚氰胺甲醛树脂	丙烯酸树脂	150/30~50
电泳涂料	三聚氰胺甲醛树脂	水性醇酸树脂	180/20~30
	三聚氰胺甲醛树脂	水性乙烯酸树脂	180/20~30
水性涂料	三聚氰胺甲醛树脂	水性醇酸树脂	180/20~30
	三聚氰胺甲醛树脂	水性丙烯酸树脂	180/20~30
粉末涂料	三聚氰胺甲醛树脂	聚酯树脂	180/20~40
	三聚氰胺甲醛树脂	丙烯酸树脂	180/20~40

6.4.5 环氧树脂涂料

环氧树脂是一类分子结构中含有 2 个或 2 个以上环氧基的化合物，能在适当的化学试剂存在下形成三维网状固化物，是一种重要的热固性树脂。环氧树脂中既包含环氧基的低聚物，也包含环氧基的低分子化合物。作为涂料的主要成膜材料，环氧树脂涂膜具有优异的附着力、力学强度、电绝缘性和抗化学药品性。在我国环氧树脂的应用领域中，约 30%~40%的环氧树脂被应用于各种涂料，广泛应用于船舶、家用电器、钢结构建筑物、汽车、土木工程和机电工业等。但由于这类涂料的外观和耐候性较差，户外使用容易粉化，因此主要用作防腐底漆和中间漆。

双酚 A 型环氧树脂在各类环氧树脂中应用最为普遍，分子中的双酚 A 骨架赋予其强韧性和耐高温的特性，亚甲基链提供了柔韧性，醚键则提供耐化学性，而羟基则赋予了反应性和黏结性。相较之下，双酚 F 型环氧树脂的黏度远低于双酚 A 型，适用于无溶剂涂料。双酚 S 型环氧树脂黏度较双酚 A 型稍高，最大优势在于固化后具有更高热变形温度和耐热性。氢化双酚 A 型环氧树脂黏度非常低，凝胶时间较长，其固化物耐候性优良，适用于耐候防腐涂料。溴化双酚 A 型环氧树脂为阻燃型，常用于印刷电路板、层压板等。

酚醛环氧树脂是较常见的环氧树脂，包括苯酚线型酚醛环氧树脂和邻甲酚线型酚醛环氧树脂。它们具有较高的环氧官能度，能提高涂料交联密度。与双酚 A 型相比，酚醛环氧树脂固化物在耐化学性、耐腐蚀性和耐热性方面表现更为优越，但漆膜较脆，附着力稍差，且可能需要较高的固化温度。酚醛环氧树脂常应用于集成电路、电子电路和电子元器件封装材料。

脂环族环氧树脂的环氧基直接连接在脂环上，其固化物相较缩水甘油型环氧树脂更稳定，具有良好的热稳定性和耐紫外线性，同时脂环族环氧树脂黏度较低。但其缺点在于固化物韧性较差，因此在涂料领域应用相对较少，主要应用于防紫外线老化涂料。

除了上述溶剂型树脂涂料之外，还有氟树脂涂料、硅树脂涂料、光固化树脂涂料、过氯乙烯涂料、聚乙烯缩醛涂料、乙烯树脂涂料、不饱和聚酯涂料等等。

6.5 水性涂料

水性涂料又称水基涂料或水分散涂料，是以水为溶剂或分散介质（连续相），以树脂为分散相的一种涂料，主要包括水溶性涂料和乳胶漆涂料。此类涂料的研究工作始于第二次世界大战期间，在 1963 年由美国的福特公司正式应用于工业涂装，之后的英国、德国和日本也相继发展。我国在该领域的研究和推广工作开始于 20 世纪 60 年代，进展比较缓慢，直到 20 世纪 80 年代后期才有明显的进展。水性涂料当属环保涂料，符合了当代可持续发展战略方针，是未来大力发展的涂料产品之一。

水性涂料的组成与普通的溶剂型涂料相似，也是由成膜物质、水（溶剂）、颜填料和助剂组成的。不同之处是水性涂料所使用的成膜物质为乳胶（液）树脂或水溶性树脂，而普通的溶剂型涂料使用的基料则为树脂溶液。两种涂料成膜材料之间的差别见表 6-7。

由此可见，水性涂料和溶剂型涂料在基料方面存在很大差别，导致在配方设计和制备工艺上难度加大很多。为了得到性能优异的涂膜，必须借助一系列的助剂，有时多达几十种。助剂的使用使得乳胶涂料的组成非常复杂，相比之下，普通溶剂型涂料的配方要简单得多。

表 6-7 乳胶与树脂溶液性能的差别

性能	树脂溶液	乳胶（液）
外观状态	黏稠状透明液体	乳白色不透明液体
流变性	非牛顿流体	非牛顿流体
黏度	十分黏稠	稀薄
调漆性能	需用溶剂稀释	需增稠
颜料润湿性	易润湿	不易润湿，需用分散剂
表面性质	表面张力小	表面张力大
起泡性	不易起泡	易起泡，需用消泡剂
成膜性	溶剂挥发成膜，容易	水分挥发并且颗粒变形融合，不容易

目前，水性涂料已发展成品种多、功能多、用途多、庞大而完整的体系，按成膜树脂在水中的外观可分为水溶性涂料、水溶胶（胶束分散）涂料和乳胶型涂料（乳液涂料、胶乳涂料）。也可直接将其分为水溶性涂料和水分散性涂料两种，见表 6-8。

表 6-8 水性涂料分类

水性涂料	水溶性涂料	自干型涂料	
		烘干型涂料	
		电沉积涂料	阳极电沉积涂料
			阴极电沉积涂料
		无机高分子涂料	
	水分散性涂料	乳胶涂料	自动沉积涂料
			热塑性乳液涂料
			热固性乳液涂料
		强制乳化型涂料	
		水溶胶涂料	
		乳胶粉末涂料（APS）	
		水厚浆涂料	
		有机、无机复合涂料	
		多彩花纹饰面涂料（多层复合涂料）	

根据成膜树脂的分子量和水性化途径不同，水性涂料还可细分为乳液型涂料、胶束分散型涂料和水溶性涂料三类，特征见表 6-9。

相对于普通溶剂型涂料，水性涂料具有如下特点：仅含有百分之几的助溶剂或成膜助剂，施工作业时对大气污染低，避免了溶剂性涂料易燃易爆的弊端；涂膜均匀平整，电泳涂膜在内腔、焊缝、边角部位都较厚，防锈性良好；可在潮湿表面施工，对底材表面适应性好，附着力强。另外，水性涂料节省资源和能源，涂装工具可直接水洗，不仅省去清洗溶剂也降低了因清洗带来的环境污染。

表 6-9 水性涂料性能比较

	项目	乳液型涂料	胶束分散型涂料	水溶性型涂料
物理性能	外观	不透明	半透明	清澈透明
	粒径/μm	0.1~1.0	0.01~0.1	<0.01
	分子量	$0.1\times10^6 \sim 1\times10^6$	$1\times10^4 \sim 1\times10^6$	$5\times10^3 \sim 1\times10^4$
	黏度	稀	稀到稠	
	黏度与分子量相关性	与分子量无关	与分子量有关	取决于分子量
配方特性	颜料分散性	差	好到优	优
	颜料稳定性	一般	由颜色决定	由颜料决定
	黏度控制	需增稠剂	加助溶剂增稠	由分子量控制
	成膜能力	需成膜助剂	好，需少量成膜助剂	优良
使用性能	施工黏度下固体分含量	高	中等	低
	光泽	最低	高	最高
	抗介质性	优	好到优	差到好
	坚韧性	优	中等	最低
	耐久性	优良	很好到优	很好

6.5.1 乳胶型涂料

在我国，习惯上把以合成的聚合物乳液为基料，以水为分散介质，加入颜料、填料和助剂后，经一定工艺过程制成的涂料叫做乳胶涂料，也叫乳胶漆。乳胶漆的发展只有 70 多年的历史，在已有上千年历史的涂料发展长河中只是短暂的一小段。其关键特征是以合成树脂为基料，以水为分散介质，是合成树脂胶粒在水中的分散体（胶体分散）与颜料、填料和助剂等在水中分散体（悬浮分散或粗分散）的混合物。主要特点如下：

（1）优点

① 环保节能。以水为分散介质，是既节省资源又安全的环境友好型涂料。

② 施工简易。可刷涂、辊涂和喷涂等，可用水稀释；涂刷工具可以很方便地用水立即清洗。

③ 涂膜干燥快。在合适的气候条件下，一般 4h 左右便可重涂，一天可施涂二三道。

④ 透气性好。对基层含水率的要求比溶剂型涂料低，能避免因不透气而造成的涂膜起泡和脱落问题；还能缓解结露，甚至不结露。

⑤ 耐水性好。乳胶漆虽然是单组分水性涂料，但是干燥后的固体膜层并不溶于水，具有很好的耐水性。

⑥ 装饰性好。性能稳定，能够满足保护和装饰等多方面的要求，适用范围也较广泛。

（2）缺点

① 最低成膜温度高，一般为 5℃以上，所以在较冷温度下不能施工。

② 干燥成膜受环境温度和湿度的影响较大。

③ 干燥过程长。是指干透，一般需要几周的时间。

④ 贮存运输温度要在 0℃以上。

⑤ 光泽度不高。

乳胶漆的品种多种多样，并且还在不断的发展中，这里主要介绍建筑乳胶漆。

6.5.1.1 底漆

底漆是涂膜系统的重要组成部分，一般可以分为清漆型底漆和有色底漆两大类。清漆型底漆不含颜料和填料，能较好地发挥底漆作用；有色底漆因含有颜料和填料，具有一定的遮盖力，但会牺牲底漆的部分功能。底漆的主要功能有以下四点。

（1）加固基层

对于比较疏松的基层，必须先用底漆处理，将其加固，然后才能施涂涂料。这类似于对混凝土进行浸渍处理以提高混凝土的性能。

（2）降低并均匀基层的吸水性

建筑涂料的基层大多是水泥砂浆和混合砂浆抹灰层，吸水性较大。如果不涂底漆直接上乳胶漆，乳胶漆会因乳液粒子较细、流动性较好而被吸入基层中，留在表面的则是较高颜料、填料成分的 PVC 的乳胶漆膜，严重影响涂膜质量。其次，水泥砂浆和混合砂浆抹灰层水分吸收过快，且吸水性不均匀，会造成涂膜厚度不均匀，也有可能导致色差等弊病。因此，涂乳胶漆之前应涂底漆以降低并均匀基层吸水性。

（3）提高涂层在基层上的附着力

涂膜与基层的接触区是整个涂膜系统最薄弱的区域，因此附着力就成为涂膜保护作用和装饰功能的基础。乳胶漆涂膜主要通过机械咬合力和范德华力与基面结合。底漆一般黏度低、粒子细、表面张力适中、流动性好、渗透性好，能在较细的毛细孔中扎根，并渗入一定深度，从而产生较强的机械咬合力。虞兆年先生曾在上海江宁路采用相同路标漆涂了四条路标线，其中一条未涂底漆，其余三条都涂了底漆，结果表明未涂底漆的路标线投入使用两周后全面剥落，涂了底漆的路标线则用了两年。

（4）封闭作用

底漆一方面填充了基层部分毛细孔，另一方面底漆聚合物因其表面张力低，疏水性高，能够降基层低吸水性，并防止盐、碱随水分迁移而具有一定的封闭作用。

底漆应选用粒径小、耐碱性强、渗透性高、附着力好、封闭作用佳的乳液。

6.5.1.2 内墙乳胶漆

内墙乳胶漆由合成树脂乳液、颜料、填料、助剂和水制成。主要以水为分散介质，安全无公害，涂膜透气性好，无结露现象，性能好，能满足内墙装饰和保护等要求。目前，内墙乳胶漆已成为室内墙面和顶棚装饰的首选材料，主要产品有醋酸乙烯乳胶漆、丙烯醋酸乙烯乳胶漆、醋丙乳胶漆和苯丙乳胶漆。

内墙乳胶漆必须满足环境友好方面的要求，具体见表 6-10。挥发性有机化合物主要来自成膜助剂、助溶剂、乳液、色浆和其他助剂。游离甲醛高时，首先检查防腐防霉剂，其次是乳液。重金属主要来自颜料和填料。

6.5.1.3 外墙乳胶漆

外墙乳胶漆全名为合成树脂乳液外墙涂料，是以高分子合成树脂乳液为主要成膜物质的外墙涂料。以水为分散介质，安全无毒，施工方便，施工周期短，透气性好，属环境友好型涂

表 6-10 水性墙面涂料中有害物质的限量值要求

项目		限量值			
		内墙涂料 [a]	外墙涂料		腻子 [b]
			含效应颜料类	其他	
VOC 含量 ≤		80（g/L）	120（g/L）	100（g/L）	10（g/L）
甲醛含量/（mg/kg） ≤		50			
苯系物总和含量/（mg/kg）[限苯、甲苯、二甲苯（含乙苯）] ≤		100			
总铅（Pb）含量/（mg/kg）（限色漆和腻子） ≤		90			
可溶性重金属/（mg/kg） ≤（限色漆和腻子）	镉（Cd）含量	75			
	铬（Cr）含量	60			
	汞（Hg）含量	60			
烷基酚聚氧乙烯醚总和含量/（mg/kg） ≤ {限辛基酚聚氧乙烯醚[C_8H_{17}—C_6H_4—$(OC_2H_4)_nOH$，简称 OP_nEO]和壬基酚聚氧乙烯醚[C_9H_{19}—C_6H_4—$(OC_2H_4)_nOH$，简称 NP_nEO]，$n=2\sim16$}		1000			—

注：a 涂料产品所有项目均不考虑水的稀释配比。

b 膏状腻子及仅以水稀释的粉状腻子所有项目均不考虑水的稀释配比；粉状腻子（除仅以水稀释的粉状腻子外）除总铅、可溶性重金属项目直接测试粉体外，其余项目按产品明示的施工状态下的施工配比将粉体与水、胶粘剂等其他液体混合后测试，如施工状态下的施工配比为某一范围时，应按照水用量最小、胶粘剂等其他液体用量最大的配比混合后测试。

料。目前，外墙乳胶漆是使用最普遍的一种外墙涂料。根据所使用乳液的不同，外墙乳胶漆又可分为：硅丙乳胶漆、纯丙乳胶漆、聚氨酯丙烯酸乳胶漆、苯丙乳胶漆、醋叔乳胶漆和醋丙乳胶漆等。其中苯丙乳胶漆和纯丙乳胶漆，因为性能满足要求、价格适中，是目前广泛使用的两种乳胶漆。硅丙乳胶漆拒水性、透气性、耐沾污性和耐久性比较好，但是价格较高，主要用于一些要求较高的工程。聚氨酯分散体涂料流平性突出，但是价格较高、配色性差，将其和丙烯酸乳液一起使用，使水性聚氨酯分散体涂料和丙烯酸乳胶漆优势互补，具有很好的保护作用和装饰功能。

6.5.1.4 建筑弹性乳胶漆

建筑弹性乳胶漆能遮盖墙体的毛细裂缝和防止混凝土炭化，因此越来越受到用户的青睐，市场占有率也在不断扩大。建筑弹性乳胶漆的生产与一般乳胶漆相似，但是选用的乳液不同。弹性乳胶漆选用低玻璃化转变温度的弹性乳液，而一般乳胶漆采用较高玻璃化转变温度的乳液。弹性乳胶漆由于用水量较小，一般采取半干着色法。另外，弹性乳胶漆通常黏度比较高，消泡比一般乳胶漆困难，要与在高黏度下具有较好消泡能力的消泡剂配合使用。

乳胶漆在干燥成膜后所形成的涂膜，是由成膜物质的高聚物与颜料、填料增强体等所组成的复合材料。由于高聚物具有黏弹性，所以涂料涂膜也具有黏弹性。高聚物由于温度不同会呈现三种力学状态——玻璃态、橡胶态和黏流态。玻璃化转变温度是高聚物的特征指标。当高聚物在其玻璃化转变温度以上时，即处于橡胶态，此时所呈现的力学性能是高弹性的。弹性乳胶漆就是基于高聚物的这一特点，将使用温度介于成膜物质橡胶态平台上的涂料品种，一般通过降低成膜物质高聚物的玻璃化转变温度而实现，有的甚至低至-45℃。

6.5.2 水溶性涂料

6.5.2.1 水溶性环氧树脂漆

环氧树脂漆因其优异的附着力、耐化学性、电绝缘性和良好的力学性能有着广泛的应用。水溶性环氧树脂漆不仅秉承了溶剂型环氧树脂漆的诸多优点，还能达到安全环保无公害的要求。传统的环氧树脂难溶于水，因此开发水溶性环氧树脂成为各国涂料行业的研究热点之一。环氧树脂的水性化一般可分为：直接乳化剂乳化法、固化剂乳化法和化学改性法（自乳化法）三大类。

（1）直接乳化剂乳化法

直接乳化剂乳化法就是将环氧树脂乳化成乳化液，常用于双组分常温固化水溶性环氧体系中，需要外加乳化剂才能实现乳化效果。根据乳化作用由不同组分产生而分成机械法（直接乳化法）和相反转法两大类。

机械法，也称直接乳化法，通常是将环氧树脂用球磨机、胶体磨、均质器等磨碎，然后加入乳化剂水溶液，再通过超声振荡、高速搅拌将粒子分散于水中；或将环氧树脂与乳化剂混合，加热到一定温度，在激烈搅拌下逐渐加入水而形成环氧树脂乳液。该法具有工艺简单、成本低、乳化剂的用量少的优点。但乳液中微粒的尺寸大（10μm左右），粒径分布宽，乳液稳定性差，粒子形状不规则，并且乳化剂的存在会使乳液的成膜性能不理想。

相反转法，即通过改变水相的体积，将树脂从油包水（W/O）状态转变成水包油（O/W）状态，是有效制备高分子树脂乳液的重要方法，几乎所有的高分子树脂借助外加乳化剂的作用，通过物理乳化的方法都可制得相应的乳液。相反转法制得的高分子树脂乳液粒径比机械法制得的小（1~2μm左右），乳液稳定性也比机械法制得的好。

（2）固化剂乳化法

该方法不外加乳化剂，直接利用具有乳化效果的固化剂来乳化环氧树脂。这种具有乳化性质的固化剂，一般是环氧树脂-多元胺加成物。将普通多元胺固化剂经扩链、接枝、成盐等手段，使其成为具有与液体环氧树脂相似链段的水分散性固化剂。该法固化得到的漆膜性能比外加乳化剂的机械法和相反转法要好。

（3）化学改性法

化学改性法又称自乳化法，是环氧树脂水性化的主要制备方法。化学改性法是通过打开环氧树脂分子中的部分环氧键，引入极性基团，或者通过自由基引发接枝反应，将极性基团引入环氧树脂分子骨架中，这些亲水性基团或者具有表面活性作用的链段能促使环氧树脂在水中分散。由于化学改性法是将亲水性的基团通过共价键直接引入到环氧树脂的分子中的，因此这类方法制得的乳液稳定性好，粒子尺寸小，多为纳米级。根据化学改性法引入亲水性基团的不同可分为阳离子、阴离子和非离子的亲水链段。

① 阳离子法。将环氧树脂与异氰酸酯预聚物或丙烯酸等发生聚合反应，生成含有羟基、羧基和氨基的环氧树脂，以封闭的多异氰酸酯为固化剂，以胺-酸盐聚合物为阴极电沉积涂料的基料，也可先制成环氧-胺加成物，这是一个富碱基团体系，再用乳酸或醋酸等中和制得阳离子树脂。这种方法由于环氧固化剂多为含氨基的碱性化合物，会造成两者混合后的体系失稳而影响产品使用性能。

② 阴离子法。通过酯化、醚化、胺化或自由基接枝改性法将亲水性的羧基、磺酸基等功能性基团引入环氧聚合物分子链上，经中和成盐制得水溶性环氧树脂。

③ 引入非离子的亲水链段。通过含亲水性氧化乙烯链段的聚乙二醇，或其嵌段共聚物上的羟基，或含有聚氧化乙烯链的氨基与环氧基团反应可以将聚氧化乙烯链段引入到环氧分子链上，即可得到含非离子亲水成分的水溶性环氧树脂。这类水溶性环氧树脂不用外加乳化剂，且亲水链段包含在环氧树脂分子中，不仅产品稳定性好，还可增强涂膜的耐水性。

6.5.2.2 水溶性聚氨酯涂料

水溶性聚氨酯的研究始于 20 世纪 50 年代。与溶剂型聚氨酯相比，水溶性聚氨酯具有无毒、节能、成本低、安全、无污染等优点，因而在皮革、建筑涂料、汽车、机械、机电等行业得到了广泛应用。水溶性聚氨酯成膜能力很强，在成膜过程中水分被逐渐排除，聚氨酯分子链间及其离子基团之间呈现有规律的排布，不但存在静电作用和强氢键力，分子间还会发生交联反应形成网络结构。这些作用力使涂膜具有高弹性、耐水性强、附着力优等特点。

制备水溶性聚氨酯的关键在于将各种亲水性基团引入聚氨酯树脂分子中，使树脂中所含的亲水性基团和亲油性基团达到平衡并显示出优势，从而使聚氨酯树脂获得水分散性能。聚氨酯涂料的水性化，既具有与其他涂料水性化的共性，即可以通过乳化剂乳化或在聚合物的主链上引入亲水基团实现水性分散；又因含有活泼的异氰酸酯基（—NCO），可与水反应而具有独特性。根据聚氨酯树脂中是否有活性—NCO，可将水溶性聚氨酯涂料分为两类：一类是不含活性—NCO 的热塑性聚氨酯涂料，这类涂料中的—NCO 可完全反应成线型高聚物，一般以物理干燥方式成膜；另一类是含有活性—NCO 的热固性聚氨酯涂料，可在常温或加热时与活性氢组分交联固化成膜。

（1）热塑性水溶性聚氨酯涂料

① 丙酮法。该法是先将多异氰酸酯与聚醚或聚酯多元醇在丙酮溶液中制备出异氰酸酯预聚物，再与磺酸盐取代的二胺等物质反应扩链为高聚物，中和后在高速搅拌下加水分散，最后减压脱除丙酮得到水溶性聚氨酯分散体。这种方法具有工艺简单、反应易于控制、重复性好、乳液粒径范围大、产品质量高等诸多优点，但是存在溶剂需要回收，并且回收率低，难以重复利用等弊病。

② 预聚体分散法。为了弥补丙酮法使用大量溶剂的缺点，发明了预聚体分散法。先制备含亲水基团并带有—NCO 端基的预聚物，在高速搅拌下将其分散至溶有二元胺（或多元胺）的水中，利用氨基扩链得到高分子量的水溶性聚氨酯。该方法虽然工艺简单、溶剂用量少，能够节省能源降低成本，但是所得树脂的分散性不如丙酮法均匀，主要适用于低黏度预聚体的合成。

举例：阴离子型水溶性聚氨酯的合成，配方见表 6-11。

表 6-11　生产阴离子型水溶性聚氨酯分散体的配方

原料	用量/质量份数	原料	用量/质量份数
聚己二酸新戊二醇酯	230.0	丙酮	50.00
二羟甲基丙酸	30.63	二丁基二月桂酸锡	0.0200
异佛尔酮二异氰酸酯	112.3	三乙胺	25.12
N-甲基吡咯烷酮	65.7	乙二胺	5.600
水	481.7		

氮气保护下，将聚己二酸新戊二醇酯、二羟甲基丙酸、N-甲基吡咯烷酮、二丁基二月桂酸锡加入反应釜，升温至60℃，搅拌溶解二羟甲基丙酸；用恒压漏斗滴加异佛尔酮二异氰酸酯，滴加时间为1h，并保温1h；最后升温至80℃并保温4h。取样测定—NCO含量，当其含量达标后降温至60℃，加入三乙胺中和；反应0.5h后加入丙酮调整黏度，降温至20℃以下，在快速搅拌下加入冰水和乙二胺；继续高速分散1h，减压脱除丙酮，即可得到带蓝色荧光的半透明状水溶性聚氨酯分散体。

（2）热固性水溶性聚氨酯涂料

热塑性水溶性聚氨酯漆虽然使用方便，力学性能也能满足需求，但其抗溶剂性和耐化学性不好，遇热易变软，大大限制了实际应用。为了提高性能使其接近常规溶剂型双组分聚氨酯漆，涂料行业又研究开发了热固性水溶性聚氨酯漆。

① 水溶性双组分聚氨酯涂料。利用脂肪族异氰酸酯与水反应缓慢而得到，水溶性双组分聚氨酯体系中的主要反应是—NCO与—OH的反应。含羟基的组分可以是水溶性或水分散性的聚丙烯酸、聚酯或聚氨酯分散体。多异氰酸酯组分通常为脂肪族，芳香族的也可用。黏度要低以便在水中乳化和分散。

② 单组分可交联聚氨酯分散体。利用特定的封闭剂，先将活性—NCO保护起来，制成水分散体。成膜时通过加热解封—NCO，使其与含活性氢化合物反应交联制造致密的涂膜。

6.5.2.3 水溶性丙烯酸树脂涂料

水溶性丙烯酸树脂涂料采用具有活性可交联官能基团的共聚树脂制成，为热固性涂料。在制造时，可外加或不加交联树脂；在成膜时，会因活性官能团间交联而生成体型结构的涂膜。多数为羟基或羧基与氨基树脂之间的交联，也有少数是与环氧基或酰胺基之间发生交联的。

（1）丙烯酸树脂水性化

丙烯酸树脂水性化大都采用阳离子法，将适量的不饱和羧酸（如丙烯酸、甲基丙烯酸、顺丁烯二酸酐等）引入到共聚树脂单体中，使侧链上带有羧基，再用有机胺中和成盐而获得水溶性丙烯酸树脂。此外，树脂侧链上还可通过选用适当单体以引入羟基、酰胺基或醚键等亲水基团而增加树脂的水溶性。中和成盐的丙烯酸树脂水溶性并不很强，必须加入一定的亲水性助溶剂以增加树脂的水溶性。

（2）水溶性丙烯酸树脂的组成

水溶性丙烯酸树脂的组成见表6-12。

表6-12 水溶性丙烯酸树脂的组成

组成		常用品种	作用
单体	组成单体	甲基丙烯酸甲酯、苯乙烯、丙烯酸乙酯、丙烯酸丁酯、丙烯酸-2-乙基己酯	调整树脂硬度、柔韧性及耐候性等
	官能单体	甲基丙烯酸羟乙酯、甲基丙烯酸羟丙酯、丙烯酸羟乙酯、丙烯酸羟丙酯、甲基丙烯酸、丙烯酸、顺丁烯二酸酐等	提供亲水基团而使树脂具有水溶性，并为树脂固化提供交联反应基团
中和剂		氨水、二甲基乙醇胺、三乙胺、三乙醇胺-N-乙基吗啉、2-二甲氨基-2-甲基丙醇、2-氨基-2-甲基丙醇等	中和树脂上的羧基，成盐，提供树脂水溶性
助溶剂		乙二醇乙醚、乙二醇丁醚、仲丁醇、异丙醇等	提供偶联及增溶作用，调整黏度、流平性等施工性能

（3）水溶性丙烯酸树脂的合成

根据性能要求，选择单体确定配方，以表 6-13 水溶性丙烯酸树脂的配方为例说明合成工艺。

表 6-13　生产水溶性丙烯酸树脂的配方

原料	用量/%	原料	用量/%
甲基丙烯酸甲酯	40.8	甲基丙烯酸羟乙酯	10.0
丙烯酸丁酯	40.8	丙烯酸	8.4

以联合碳化物公司 Propasol P（丙二醇醚类）为溶剂，用量为混合单体质量的 50%；以偶氮二异丁腈为引发剂，用量为混合单体质量的 1.2%。

氮气保护下将混合单体缓慢滴入溶剂，控制时间为 2.5h，反应温度为 100℃左右，保温 1h。再加入总质量 20%的 Propasol P，然后升温通过蒸馏冷凝器蒸出过量溶剂，除去残余单体并将固体分浓缩至 75%，树脂的酸值为 61.9mg KOH/g。在充分搅拌下选择胺对其中和，最后在剧烈搅拌下加入溶剂增溶，加水稀释得到水溶性丙烯酸树脂。

6.6　粉末涂料

20 世纪 70 年代石油危机以来，粉末涂料及其涂装技术以其节约资源和能源、无公害、生产率高、工艺简单、易于自动化和可回收再利用等特点，成为发展迅速的新品种、新工艺和新技术，现已被公认为符合高生产效率（efficiency）、涂膜性能优良（excellence）、生态环保型（ecology）和经济型（economy）的 4E 型涂料产品。随着工业迅速发展对环境造成的严重污染，欧美国家不断发布对挥发性有机化合物（VOC）的限制法规，尤其是 1992 年联合国环境和发展大会召开以后，环保问题成为世界性重要问题，粉末涂料作为 4E 型涂料品种得到世界涂料和涂装行业的广泛关注和重视，并成为发展速度最快的涂料品种。我国是世界粉末涂料产量增长速度最快的国家之一，20 世纪 80 年代中期得到快速发展，2014 年开始我国粉末涂料产量增长速度总趋势高于涂料总产量增长速度，2021 年粉末涂料总产量 304t，占涂料总产量的 8%，较 2020 年（212t）增长 43.4%。说明市场对粉末涂料的需求逐年增加，这与我国控制 VOC 排放和相关环保政策的贯彻密切相关。

粉末涂料一般由树脂、固化剂、颜料、填料和助剂（包括流平剂、脱气剂、分散剂、消光剂、疏松剂、纹理剂、抗氧化剂、增塑剂、增韧剂、防结块剂等）等组成，全部组分都是固体。粉末涂料的组成除不使用溶剂和水以外，其他组成与溶剂型或水性涂料组成类似。在制造方法和施工方法上，却与传统的溶剂型和水性涂料全然不同，不能使用传统涂料的制造方法和涂装设备。粉末涂料一般在制造设备方面使用熔融挤出机或空气分级磨等特殊设备；在施工方面采用静电粉末涂装法、经典流化床、空气喷涂和火焰喷涂等方法。

6.6.1　粉末涂料的类型及特点

粉末涂料种类繁多，性能和用途各不相同。粉末涂料可以按照成膜物质、涂装方法、涂料功能和涂膜外观进行分类。

6.6.1.1 按成膜物质类型分类

粉末涂料可分为热塑性粉末涂料和热固性粉末涂料两大类。

热塑性粉末涂料是 1950 年开始出现的,是由热塑性树脂、颜料、填料和助剂等组成的粉末涂料,经熔融后喷涂并冷却凝固成膜。由于加工和喷涂方法简单,无需复杂的固化装置,所以热塑性粉末涂料在涂料市场中占据很大份额。主要品种包括聚乙烯(PE)、聚丙烯(PP)、聚氯乙烯(PVC)、聚四氟乙烯(PTFE)、聚乙烯/醋酸乙烯酯(EVA)、聚酰胺(尼龙)、聚酯、醋酸丁酸纤维素、氯化聚醚、聚氟乙烯(PVDF)等粉末涂料。在这些粉末涂料中,我国用量较多的品种是聚乙烯粉末涂料、聚氯乙烯粉末涂料、聚酰胺粉末涂料和聚氟乙烯粉末涂料等。其中聚烯烃类粉末涂料具有极好的耐溶剂性;聚氯乙烯粉末涂料价格低、性能好,耐水耐溶剂性好、耐冲击、抗盐雾、绝缘强度高、可防止食品污染;聚酯类粉末涂料具有外观漂亮、装饰艺术性高等优点;聚酰胺类粉末涂料具有力学强度高、抗冲击性好、硬度高、耐磨、摩擦系数小、无毒、无味等优点;含氟类聚合物粉末涂料种类很多,如聚四氟乙烯、聚三氟氯乙烯(PTFCE)、聚偏二氟乙烯(PVDF)等,这类涂料具有突出的耐候性、耐腐蚀性、介电性能优良、摩擦系数极低和自润滑性好等优点。

热固性粉末涂料是由热固性树脂、固化剂(或交联树脂)、颜料、填料和助剂等组成的粉末涂料。这种涂料与热塑性涂料之间的优缺点比较见表 6-14,与热塑性粉末涂料相比,热固性粉末涂料优点较为突出,其涂料树脂品种和花色品种多,产量也大得多,应用范围也很广。在热塑性粉末涂料中,成膜物是热塑性树脂,而在热固性粉末涂料中,成膜物是热固性树脂和固化剂(或交联树脂)的反应产物。热固性树脂和固化剂均带有活性反应基因,在粉末涂料烘烤固化过程中,热固性树脂的反应基团与固化剂的反应基团通过化学交联方法固化成膜。

表 6-14 热塑性和热固性粉末涂料的特性比较

项目	热塑性粉末涂料	热固性粉末涂料
树脂分子量	高	中等
树脂软化点	高至很高	较低
树脂的粉碎性能	较差,常温(剪切法)粉碎或冷冻粉碎	较好,常温下机械粉碎
颜料的分散性	稍微困难	较容易
对底漆的要求	需要	不需要
涂装方法	以流化床浸涂法为主	以静电粉末涂装为主
涂膜外观	一般	很好
涂膜的薄涂性	困难	容易
涂膜的厚涂性	容易	稍微困难
涂膜力学性能的调节	不容易	容易
涂膜耐溶剂性	较差	好
涂膜耐污染性	不好	好

热固性粉末涂料按树脂类型可分为(纯)环氧粉末涂料、环氧-聚酯粉末涂料、(纯)聚酯粉末涂料、聚氨酯粉末涂料、丙烯酸粉末涂料、氟树脂粉末涂料等。由于环氧粉末涂料具有优异的与金属的黏合力、防腐蚀性、硬度、柔韧性和抗冲击性,所以是热固性粉末涂料中首先应

用的品种；聚酯粉末涂料与其他类型粉末涂料相比，耐候性、耐紫外性优于环氧粉末涂料。另外由于聚酯树脂中带有极性基团，使其上粉率也高于环氧粉末涂料，并在烘烤过程中不易泛黄，具有流平性好、光泽度高、漆膜丰满等特性，以及很好的装饰性功能。

2009年之前我国使用最多的热固性粉末涂料品种是环氧-聚酯粉末涂料，其次是（纯）聚酯粉末涂料，再次是（纯）环氧粉末涂料。由于我国国情所致，聚酯-丙烯酸和环氧-丙烯酸粉末涂料应用较少，聚氨酯粉末涂料和丙烯酸粉末涂料的推广和应用还需很长的时间。2018年我国粉末涂料产品结构发生明显变化，在热固性粉末涂料总产量中，聚酯粉末涂料产量超过环氧-聚酯粉末涂料占热固性粉末涂料总产量的第一位，环氧-聚酯粉末涂料产量占第二位，环氧粉末涂料产量占第三位。

6.6.1.2 按涂装方法分类

粉末涂料可分为静电喷涂粉末涂料、流化床浸涂粉末涂料、火焰喷涂粉末涂料、静电流化床粉末涂料、空气喷涂粉末涂料、电泳粉末涂料、紫外光固化粉末涂料等品种。

6.6.1.3 按涂料功能分类

粉末涂料可分为耐高温粉末涂料、抗菌粉末涂料、重防腐粉末涂料、电绝缘粉末涂料、防静电粉末涂料、防火阻燃粉末涂料、隔热保温粉末涂料等。

6.6.1.4 按涂膜外观分类

粉末涂料可分为有光粉末涂料、半光粉末涂料、哑光粉末涂料、高光粉末涂料、无光粉末涂料、皱纹粉末涂料、橘纹粉末涂料、砂纹粉末涂料、锤纹粉末涂料和花纹粉末涂料等品种。

6.6.2 粉末涂料的组成及要求

粉末涂料一般由树脂、固化剂（热塑性粉末涂料不需要）、颜料、填料和助剂等组成，与传统溶剂型和水性涂料的主要组成类似。一般粉末涂料的主要组成及配方用量范围见表6-15，配方中各成分的用量范围只是一个大概的参考数据，很难对其进行准确地划分规定范围。

表6-15 一般粉末涂料的主要组成及配方用量范围

组成	用量/%	备注
树脂	55~90	在透明粉末涂料中用量大
固化剂	0~35	在热塑性粉末涂料中为0，在环氧-聚酯粉末涂料中为35%
颜料	1~30	在黑色粉末涂料中为1%，在薄涂型纯白粉末涂料中为30%
填料	0~50	在透明和锤纹粉末涂料中为0，在砂纹或皱纹粉末涂料中高达50%
助剂	0.1~3	不同助剂品种之间的用量差别很大（也有超过这个范围的）

6.6.2.1 树脂

树脂是粉末涂料的成膜物质，是决定粉末涂料性质和涂膜性能的最主要成分。树脂品种的选择直接决定了粉末涂料的配方组成、产品质量以及应用范围。例如：若选择热塑性树脂，则不需要固化剂，涂料在一定烘烤温度和时间条件下，经熔融流平便能形成具有力学性能和力学强度的涂膜，这种变化是可逆的；若选择热固性树脂，则必须加入固化剂与之配套，树脂和固化剂在一定烘烤温度和时间条件下经反应固化才能形成具有力学性能和力学强度的涂膜，这种变化是不可逆的。另外若选择双酚 A 型环氧树脂，则制成的热固性粉末涂料只能用于防腐和户内领域，不能用在户外；若选择聚酯树脂，则制成的粉末涂料在户内和户外都可以使用。

粉末涂料用树脂在熔融温度、分解温度、熔融黏度、机械粉碎性、稳定性、附着力、荷电性能、润湿等方面都要满足制备或施工要求。粉末涂料中的树脂必须经过加热才能熔融流平或者固化交联成膜。为了防止加热过程中发生分解现象以得到外观和性能良好的涂膜，树脂的熔融温度与分解温度之间的差距要大。另外，树脂的熔融黏度要低，熔体的热致稀释作用要强，以便涂料在较低加热温度下流平以及空气等气体的逸出。聚酯树脂和环氧树脂都有较低的熔融黏度。静电涂装技术是粉末涂料涂装方法中最为主要的技术，树脂的带静电性对粉末涂料的静电喷涂中的涂着效率具有重要的价值。例如 PVC 树脂电阻较小，静电容易流失，可使电位急剧下降，极易导致已附着的粉末涂料脱落，影响涂膜质量。因此，在选择粉末涂料树脂品种时一定要考虑树脂的带静电性是否满足涂装工艺的要求。

6.6.2.2　固化剂

固化剂是决定热固性粉末涂料能否成膜的关键组分，固化剂的性质也是决定粉末涂料和涂膜性能的主要因素。热固性粉末涂料用固化剂应具备以下条件：有良好的储存稳定性，故应选用粉末或其他容易粉碎分散的固体；具备与树脂良好的化学反应活性，在常温和熔融混合过程中不与树脂发生反应，且在烘烤固化温度下仅会与树脂成分迅速交联固化，而不与颜料和助剂等其他成分发生化学反应；熔融温度应比较低，并与树脂有良好的相容性，以保证涂料固化成膜后得到良好的涂膜性能；与树脂的反应温度要低，反应时间要短，以利于低温快速固化成膜，提高能效和生产效率；与树脂发生交联反应时不会产生副产物或产生极少的副产物，以防止膜层出现针孔、毛孔等弊病。另外，固化剂还应无色或浅色、无毒或毒性小、来源丰富、价格便宜。

在热固性粉末涂料中，自身带有反应活性基团的树脂（交联树脂）也可视为固化剂。例如聚酯-丙烯酸粉末涂料中，带羧基的聚酯树脂就是丙烯酸树脂的固化剂，当然丙烯酸树脂也可以看作聚酯的固化剂；同样，在环氧-丙烯酸粉末涂料和环氧-聚酯粉末涂料体系中，其中一种树脂都可以看作另外一种树脂的固化剂。

6.6.2.3　颜料

颜料在粉末涂料中的作用是给涂膜着色和盖色以赋予装饰效果，对有颜色的粉末涂料来说是不可缺少的组成部分。粉末涂料用颜料的要求与溶剂型涂料和水性涂料类似，但是由于粉末涂料自身的特殊性，只有一部分溶剂型涂料和水性涂料使用的颜料适用于粉末涂料体系，所以能在粉末涂料体系中使用的颜料品种范围比较窄。粉末涂料使用的颜料应具备如下条件：良好的化学稳定性，储存过程不与涂料其他成分发生反应；成膜后耐光性、耐热性、耐候性好，耐酸、碱、盐和溶剂等化学药品的影响；对涂膜的着色力、消色力和遮盖力强，以便降低配方中的用量节约成本。另外还要求在树脂中分散性好、不影响涂膜力学性能、无毒或毒性小、来源丰富、价格便宜。

在粉末涂料中常用的颜料有无机和有机颜料两种。常用的无机颜料有钛白颜料（锐钛型和金红石型）、铁系颜料（铁红、铁棕和云母氧化铁等）、铅铬黄系颜料（柠檬铬黄、铬黄和橘铬黄等以及它们的包膜产品）、钼铬红系列产品、炭黑、铝粉、镍粉、珠光颜料等。常用的国产有机颜料品种有酞菁蓝系列、酞菁绿系列、永固红系列、永固黄系列、永固紫系列、耐晒红、耐晒黄、耐晒艳红、耐晒大红、新宝红等，其中耐光性和耐候性不好的颜料不能用在户外。无机颜料和有机颜料的特点见表 6-16。国产的粉末涂料用颜料在耐候性和耐光性方面，与国外比较还有很大的差距，尤其是黄色和红色有机颜料，因此我国在未来的一段时间内仍需投入科研力量开发高指标颜料产品。

表 6-16 粉末涂料的颜料特点

项目	优点	缺点
无机颜料	成本低 颜色稳定 化学惰性强 耐光性和耐候性好 遮盖力强（某些着色力强） 耐热性比较好（某些氧化铁类例外）	着色力差 有些品种含重金属，有毒 颜色和色调有限，不鲜艳 透明性差（某些氧化铁类例外）
有机颜料	着色力强 透明性好 基本无毒 颜色鲜艳明亮 颜色和色调范围宽	成本高 耐热性差 遮盖力欠佳 耐光性、耐候性有限 某些品种可与催化剂反应

6.6.2.4 填料

填料也称体质颜料，与颜料的区别在于没有着色和遮盖力，其主要功能是改进涂膜的硬度、刚度、耐磨性和耐划伤性，同时还能降低成本，提高粉末涂料的松散性和玻璃化转变温度等性能。粉末涂料中常用的体质颜料有沉淀硫酸钡、碳酸钙、重晶石粉、高岭土、滑石粉、膨润土、二氧化硅、石英粉和云母粉等。填料在粉末涂料的制备、存储与涂装过程中需要满足的要求与颜料相似。

6.6.2.5 助剂

与其他组分相比，助剂在粉末涂料配方中的用量虽然很少，只有总量的千分之几到百分之几，甚至只有万分之几，但是对粉末涂料性能的影响是不可忽视的。某些时候，对涂膜的外观或性能起着决定性的作用，例如流平剂有利于得到无缩孔的涂膜，纹理剂可以改变涂膜的外观纹理（见表 6-17）。粉末涂料中常用的助剂有流平剂、边角覆盖力改性剂、消泡剂、分散剂、促进剂、增光剂、消光剂、消光固化剂、增塑剂、防流挂剂、纹理剂、光敏剂、抗菌剂等。

表 6-17 助剂对涂膜外观的影响示例

助剂品种	助剂功能	使用前涂膜外观	使用后涂膜外观
边角覆盖力改性剂	改进边角覆盖力		

续表

助剂品种	助剂功能	使用前涂膜外观	使用后涂膜外观
流平剂	改进涂膜流平性		
纹理剂	改进涂膜纹理		
消光剂	涂膜消光		

6.6.3 粉末涂料的制备

粉末涂料组分中不含溶剂和水,因此其制备方法与溶剂型涂料和水性涂料完全不同,必须使用专用的设备。粉末涂料的制备方法很多,主要有干法和湿法两大类:干法包括干混合法、熔融挤出混合法和超临界流体混合法;湿法包括蒸发法、喷雾干燥法、沉淀法和水分散法。主要工艺流程见图 6-3。

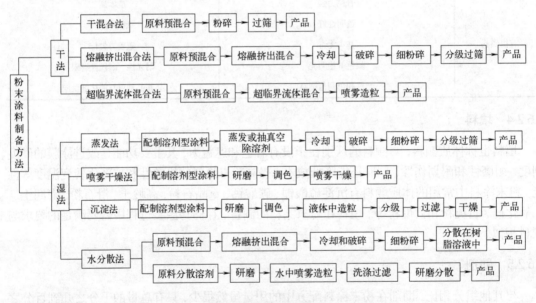

图 6-3 粉末涂料的各种制备方法和工艺流程

这些制备方法中,目前的企业大部分采用干法中的熔融挤出混合法制备粉末涂料。干混合法在开发初期使用较多,现在基本不再使用;超临界流体混合法是近几年开发的新制造方法,还在推广应用的初期阶段,但就其发展形势来看,有望成为今后的主要发展方向。湿法制备在粉末涂料生产中使用较少,主要用于一些特殊涂料的制备,例如:丙烯酸粉末涂料的制备可用喷雾干燥法和蒸发法;电泳粉末涂料和水分散(水厚浆)粉末涂料的制备可用水分散法;溶剂型涂料制备粉末涂料时可用沉淀法。特殊粉末涂料在整个粉末涂料产量中所占份额较少,再加上湿法制备的成本偏高,所以短时间内不会有太大的发展。

考虑到工业实际应用,本书重点介绍熔融挤出混合法制备粉末涂料的工艺。熔融挤出混合法生产的产品分为热塑性和热固性的粉末涂料,其中又以热固性粉末涂料的制备为重点。

6.6.3.1 热塑性粉末涂料的制备

热塑性粉末涂料由热塑性树脂、颜料、填料、增塑剂、抗氧剂和紫外光吸收剂等组成。热塑性粉末涂料主要制造工艺为：原材料的预混合、熔融挤出混合、冷却和造粒（热固性粉末涂料中是破碎）、粉碎、分级过筛和包装。粉碎前的工艺与塑料的加工工艺相似，首先用高速混合机对原材料进行预混合，继而用塑料加工用挤出机进行熔融挤出，挤出来的条状物料经冷却水冷却后用造粒机剪切成粒状物，最后用粉碎机粉碎再经过筛分机得到产品。

（1）原材料预混合

按配方称取原料，加入有加热夹套的高速混合机，以 500~800r/min 的转速进行搅拌混合。加热的目的是使涂料中的增塑剂和少量助剂混合均匀，尤其是使增塑剂等黏稠状成分分散均匀。这种混合机与热固性粉末涂料用混合机不同，其搅拌速度快，可起到混合和粉碎的双重作用；没有专门的破碎装置，但有加热装置。根据配方组分决定预混合工艺是否需要加热以及混合时长。

（2）熔融挤出混合

熔融挤出混合工艺是制造热塑性粉末涂料的关键。经过熔融挤出混合工艺，使预混合的物料进一步混合均匀，保证涂料产品质量的稳定性。在生产中使用的设备为热塑性塑料加工用单（双）螺杆挤出机。为了得到粒状产品，挤出机挤出头一般为多孔状，挤出物为条状塑性物，类似于聚乙烯电缆类的加工工艺。加工过程中须根据配方中树脂的软化点范围控制挤出机送料段、塑化段和均化（混炼）段的温度，并通过料筒或螺杆中部通冷却水来控制好挤出温度。

（3）冷却和造粒

将熔融挤出混合挤出的条状塑性物立即送入凉水中冷却，使其变成有弹性的条状产品，再经切粒机切成粒状物得到供粉碎用的半成品。

（4）粉碎和分级过筛

由于热塑性粉末涂料的树脂分子量大，韧性也很强，所以用一般热固性粉末涂料用的空气分级磨等机械粉碎设备在常温下对其粉碎是比较困难的。根据热塑性粉末涂料用树脂的脆化温度特性，将预粉碎物料深冷至-100℃以下，再借助机械粉碎设备进行粉碎。深冷粉碎虽然可以得到细而圆滑的粉末粒子，但是为了获得低温条件，需要大量的液氮作为冷冻剂，粉碎成本较高，设备投资大，对于制造普通热塑性粉末涂料难度很大。随着热塑性粉末涂料需求量的增加，国内外相继开发出常温机械粉碎设备，如涡流叶片粉碎机和磨盘粉碎机，这类粉碎机的生产效率低，粉末涂料粒子表面不光滑，粒度分布不合理。近年来又开发了冰水冷却的双磨盘粉碎机，工艺流程见图 6-4。

这种粉碎和分级过筛工艺系统是由两个磨盘粉碎机、加料器、旋风分离器、筛粉机、引风机、旋转阀和冷却机构成的。具体的生产过程为：根据配方称量好原材料，从原料斗进入加料器，定量供给的物料经第一磨盘粉碎机（一级粉碎机）粉碎。已粉碎的物料经旋风分离器分离后，再经筛粉机过筛分离成成品和粗粉，粗粉再经加料器进入第二磨盘粉碎机（二级粉碎机）进一步粉碎，重新进至旋风分离器，再经过分级和过筛得到成品和粗粉，粗粉再进一步粉碎。其中，两台磨盘粉碎机之间通 0~5℃ 的冰水冷却，经一级粉碎的物料分级过筛后再进行二级粉碎。这种粉碎设备中，不同粒度的物料在刀具和间隙的磨盘中，通过剪切、碾压和摩擦等作用进行粉碎。双磨盘粉碎机设备采用风和冰水冷却方式，所以成本低，具有粉碎效果好、粒度分布合理、施工适应性好等优点，适用于低密度聚乙烯（LDPE）、高密度聚乙烯（HDPE）、聚氯乙烯（PVC）、乙烯-醋酸乙烯酯共聚物（EVA）等多种热塑性粉末涂料的制造，产能可达到60~100kg/h。另外，用机械粉碎机的工艺过程要注意控制进料速度，若进料速度过快，热塑性树脂温度会升高，甚至产生熔结现象。根据过筛目数调整粉碎动盘与定盘之间的间隙。

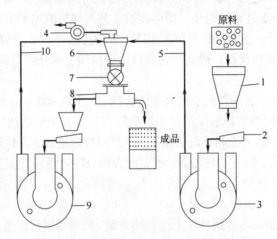

图6-4　双磨盘粉碎机和分级过筛工艺流程

1—原料斗；2—加料器；3—一级粉碎机；4—引风机；5—管路；6—旋风分离器；
7—旋转阀；8—筛粉机；9—二级粉碎机；10—吸风管路

（5）包装

热塑性粉末涂料一般耐压也不容易受潮，用聚乙烯塑料内衬的牛皮纸袋包装即可。成品应存放在空气干燥、通风良好的库房内，并远离火源和热源。

6.6.3.2　热固性粉末涂料的制造

热固性粉末涂料一般采用熔融挤出混合法制造，该方法具有容易连续自动化生产、生产效率高、无公害、组分分散性好、产品质量稳定、粒度易控制等优点，是热固性粉末涂料应用最多的制造方法。典型的生产设备和工艺流程见图6-5，主要包括原材料的预混合、熔融挤出混合、冷却和破碎、细粉碎、分级过筛和包装等过程。

准确称量配方中的树脂、固化剂、颜料、填料和助剂等成分，加入高速混合机中预混合。经预混合的物料经加料器输送到熔融挤出混合机，一定温度条件下对其熔融混合并分散均匀。熔融混合挤出的物料，经压片冷却辊和冷却设备压成易粉碎的薄片状物料，再由破碎机破碎成小片状物料。小片状物料经供料器输送到空气分级磨进行细粉碎后，由旋风分离器去除超细粉末涂料，收集被粉碎的半成品，再经过旋转阀输送到筛粉机进行过筛得到超细粉末涂料成品，未过筛网的是粗粉。粗粉可以重新进入空气分级磨进行二次粉碎，也可以和回收粉一起再加工。最后用袋式过滤器对超细粉末涂料捕集回收，干净的空气排放至大气中。

熔融挤出混合法也存在一些缺点：制造设备完全不同于传统的溶剂型或水性涂料的制造设备，改换涂料的树脂品种、颜色品种和纹理外观涂料品种比较麻烦；不易生产固化温度低（130℃以下）的粉末涂料产品；不易生产粒子形状接近球形、粒径很小的粉末涂料产品。

以环氧粉末涂料为例，从物料的称量、物料的预混合、熔融挤出混合和冷却破碎、细粉碎和分级过筛以及成品包装等顺序，对热固性粉末涂料的熔融挤出混合制造法进行叙述。

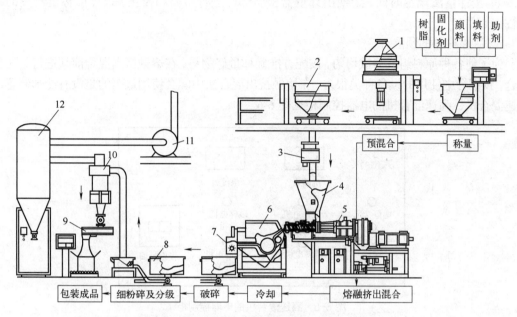

图 6-5　热固性粉末涂料生产设备和制造工艺流程

1—混合机；2—预混合物加料台；3—金属分离器；4—加料机；5—挤出机；6—冷却辊；7—破碎机；8—空气分级器；9—筛粉机；10—旋风分离器；11—排风机；12—过滤器

（1）物料的称量

在粉末涂料的制备过程中，物料必须经过准确称量工序，这对配方的准确性和粉末涂料产品的质量起到非常重要的作用。特别是称量器具的选择和定期检验、称量方法等问题在生产中需要妥善考量，具体来说应注意以下几点。

① 根据配方中物料的最大和最小量，选择合适的称量器具，使称量的最大质量和感量满足配方准确性的要求。以环氧粉末涂料配方（表 6-18）为例：称量 60kg 树脂时选用最大称量为 100kg、感量为 0.2kg 的磅秤；称量 9.7g 颜料时选用最大称量为 100g、感量为 0.1g 的药物天平；称量 0.9g 颜料时，应选用感量 0.01g 电子天平；称量 0.03g 颜料时，应选用感量 0.1mg 分析天平，使配方中物料称量的准确性达到有效数值两位以上。

表 6-18　环氧粉末涂料配方

组分	用量/质量份数	组分	用量/质量份数
环氧树脂	60.0	钛白粉	9.7
双氰胺	2.4	沉淀硫酸钡	19.7
2-甲基咪唑	0.1	轻质碳酸钙	5.0
流平剂	0.7	群青	0.9
聚乙烯醇缩丁醛	0.7	炭黑	0.03
流平助剂	1.4		

② 每次使用称量器具前须检查和校正零点，使用完毕后要擦拭干净秤盘，关闭电子天平

和分析天平开关并拔掉电源。

③ 按计量法规定时间，定期由计量器检验部门进行检验和校正，以保证称量器具的准确性。

（2）原材料的预混合

为了使各种原料组成分散均匀，按配方准确称量好物料，在熔融挤出混合前须进行干法预混合。预混合中使用的设备种类很多，在熔融挤出混合法中配套使用最多的是没有冷却装置的高速混合机，高速混合机的电器控制柜见图6-6。

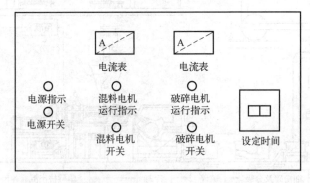

图6-6 高速混合机的电器控制柜

工艺流程：按配方量将物料加入混料罐，开启混料电机和破碎电机，根据要求设定混料和破碎时间。停机以后根据工艺要求启动混料电机出料；一般混合时间为3~5min，混料方式（先混合后破碎或先破碎后混合）和混料时间可根据物料粒度大小设置。

在粉末涂料配方中，除树脂和部分品种的固化剂外，其他成分如颜料、填料和助剂等大部分都是粉状物料，经过高速混合机容易混合均匀。为了使原材料在预混合工序中混合均匀，同时还要防止熔融挤出混合工序中出现未完全熔融分散的树脂颗粒（生料）。当树脂等物料的颗粒太大时，先将颗粒大的物料放进高速混合机粉碎1~2min（根据树脂颗粒大小决定时间），然后再加入余下的物料进行混合。

物料的加入量，原则上应没过破碎锤子，这样才能发挥高速混合机的混合和破碎功能，以得到最佳混合效果。投料量过多或过少都会影响物料的混合效果，一般投料量最多不要超过总容量的80%，最少也不要低于20%。

混合时间可以延长也可以缩短，具体要根据粉末涂料的品种、物料的粒度和配方的组成而设定，最终以各种成分混合均匀为原则；同时也要考虑，如果混合时间过长可能会造成涂膜颜色出现明显差异，所以每批同种粉末涂料混料时间要一样，以保证涂膜颜色等产品质量的一致性。

一般聚酯树脂，尤其是聚酯粉末涂料用聚酯树脂和丙烯酸树脂的软化点高、韧性大、不易粉碎，在生产中应引起注意。

此外，使用设备前要清扫干净混料罐和电机转轴部分，防止不同树脂和颜色品种之间相互干扰而影响产品质量。在使用设备过程中，应经常检查搅拌电机和破碎电机的运转情况，防止因密封不好而使电机轴中带进物料，影响电机的正常运转甚至烧坏电机。混合搅拌叶以及轴与罐底之间会因间隙小而附着物料，这些部分也应及时清扫干净，避免影响产品质量。

（3）熔融挤出混合和冷却破碎

粉末涂料制造过程中最关键的工序是熔融挤出混合，这一工序能够保证粉末涂料的各种组分充分混合均匀,即粉末涂料成品中的每个粒子组成的一致性。经熔融挤出混合的物料,先用压片冷却设备冷却至室温,然后再进行破碎。如果粉末涂料配方中的各组分分散不均匀,会造成粉末涂料产品中的各个粒子之间的组成成分不一致,从而严重影响粉末涂料的产品质量。例如:在静电粉末涂装时,若每个涂料粒子所带静电性能不同,使附着于被涂物的和未附着的粉末涂料粒子之间的组成存在差异,也会给喷逸粉末涂料的回收再利用带来困难;更严重的是有些粉末涂料粒子中缺少某些成分,比如有些树脂颗粒未完全分散开,以整个树脂粒子的状态存在,那么这些粒子中没有流平剂等助剂,在喷涂板面时容易产生缩孔等弊病。因此,通过熔融挤出混合工艺,使粉末涂料中的各组分分散均匀是十分重要的。

在熔融挤出混合工艺中使用的设备有阻尼型单螺杆挤出机、双螺杆挤出机、三螺杆挤出机和行星螺杆挤出机等。在粉末涂料制造设备中,最常用的熔融挤出混合设备为专门用于制造热固性粉末涂料的往复阻尼型单螺杆挤出机和双螺杆挤出机。

在粉末涂料制造设备系统中,熔融挤出机、压片冷却机和破碎机三位一体化的联动设备系统,一般由同一个控制柜来控制。特别是压片冷却机和破碎机是在同一台设备中,也就是一台设备有两种功能。

物料从熔融挤出混合机出来时是黏稠状态,经过通冷却水的压片冷却辊压成薄片状,送至送凉风或喷(通)凉水的冷却带上进行冷却,然后被安装在冷却带终端的破碎机破碎成小片,准备用于细粉碎。用双螺杆挤出机熔融挤出混合,冷却辊压片和冷却带风冷却。该联动设备系统电器控制柜示意见图6-7。

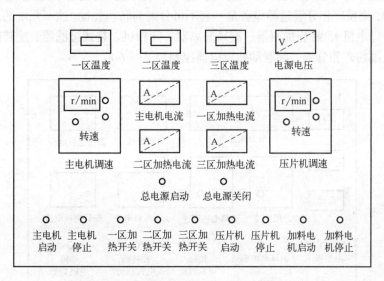

图6-7 双螺杆挤出机和压片机电气控制柜

根据设备的生产能力和粉末涂料产品的种类、生产经验,确定不同类型产品的加料速度、各区段加热温度、螺杆转速、冷却带速度和破碎机转速等参数。在生产过程中,为了保持细粉碎工序中粉末涂料产品的低温状态,应检查各工序中的物料温度,尽量使破碎物的温度冷却至接近车间温度。基本操作如下:

① 检查总电源和设备各部位控制开关是否都在正常位置。
② 根据粉末涂料用树脂和粉末涂料花色品种,设定挤出机三个加热区段的控制温度(有

的设备是两段温度显示）。

③ 开启设备的循环冷却水，调节不同加热区段冷却水流量，并调节好冷却压辊之间的间隙。

④ 启动总电源开关，检查电压和电流是否正常。

⑤ 启动挤出机三个加热区段的电源开始加热，并检查电流是否正常。

⑥ 当挤出机各加热段温度达到设定温度（20~30min）并稳定后，观察盘旋主电机能否转动，若转动正常启动挤出机主电机，调节变频调速器至需要的转速，并检查电流是否正常。

⑦ 启动加料器电机加料。

⑧ 启动压片机开关，调节压片机变频调速器至适当位置。

⑨ 检查物料挤出效果、温度稳定性以及压片和冷却机的冷却效果。

⑩ 检查破碎机破碎效果和物料温度，物料温度一般不宜超过35℃。

这一设备系统的停机工序如下：

① 关闭加料器停止加料，用若干量（由螺杆大小决定纯树脂用量）的纯树脂推出含有固化剂的物料，使纯树脂充满挤出机，防止挤出机中的物料固化。

② 不再有挤出物料出来时，挤出机转速调至零位，关闭挤出机主电机和挤出机加热系统。

③ 当完成挤出物料的压片冷却和破碎后，关闭压片冷却机和破碎机开关。

④ 当挤出机螺杆温度降至60℃以下时，关闭总电源和冷却水系统。

（4）细粉碎和分级过筛

经熔融挤出和冷却破碎的物料，须进一步粉碎和分级过筛得到粉末涂料产品。在粉末涂料的制造过程中，细粉碎和分级过筛设备是一套不可分离的联动装置。这一系统的主要设备为空气分级磨（粉碎电机）、螺旋加料器、旋风分离器、筛粉机、袋式过滤器、旋转阀、引风机和脉冲振荡器。细粉碎和分级过筛联动装置电器控制柜见图6-8。

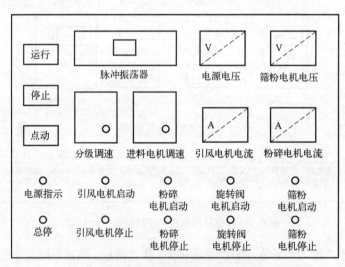

图6-8 细粉碎和分级过筛联动装置电器控制柜

从螺旋加料器输送至空气分级磨的物料，经内部装置粉碎达到一定粒度以后，由于内部分级装置的作用，粗粒子会被反复粉碎，细粒子在引风机的吸力作用下进入旋风分离器。在旋风分离器中，由于旋风的离心作用，粗粉末往下运动，经过旋转阀进入筛粉机，超细粉末涂料则进入袋式过滤器。由于袋式过滤器中布袋的过滤作用,超细粉末涂料留在布袋外面,空气通过布袋排放到大气中。进入筛粉机的粉末涂料经筛粉机过筛,通过筛网的是产品,未过筛网的是粗粉。根据设备情况,粗粉可以重新进入粉碎机再粉碎,也可作为副产品供再加工时使用。

生产过程中应注意以下事项:根据设备的生产能力和粉末涂料产品的种类、生产经验,在保障产品质量的前提下确定最佳加料量提高生产效率;根据粉末涂料的涂抹厚度和类型选择合适的材质和目数的筛网,经常检查筛网是否破损并更换破损筛网;为防止细粉碎设备过热使粉末涂料软化、结团而附着于设备,车间应尽量采取降温措施,一般要求生产车间温度控制在30℃以下;为了防止粉尘爆炸,粉末涂料生产车间所有设备要接地,避免产生静电火花,还要防止使用明火,严禁吸烟。基本操作如下:

① 检查设备,开启总电源,检查电压电流是否正常。
② 启动副磨(分级转子),根据需求调整适当的转速。
③ 启动旋转阀。
④ 启动旋转筛,检查电机电流是否正常。
⑤ 启动引风电机,检查电机电流是否正常。
⑥ 启动细粉碎机主磨(空气分级磨)电机,根据需求调整适当的转速。
⑦ 启动供料器,根据需求调整适当的供料量,并检查粉碎机主磨电机电流是否稳定。
⑧ 启动脉冲振荡器。
⑨ 启动冷风系统给粉碎机供冷风。

生产停止时,先停止供料器供料,再按如下程序关闭设备:气阀(打开)→副磨→主磨→旋转阀→旋转筛→脉冲振荡器→引风电机,同时也可以关闭冷风机系统。

(5)包装

因为粉末涂料在贮存和运输过程中易吸潮和受热,也易受压结团,所以一般使用聚乙烯薄膜口袋包装(要求高时采用双层聚乙烯薄膜包装),然后严密扎好装到纸箱或纸桶里。为了防止粉末涂料受潮或雨淋,有些纸箱和纸桶表面还会涂清漆保护。粉末涂料成品最好存放在室温30℃以下、空气干燥的库房内,并要远离火源和热源。另外,堆放粉末涂料成品时,应严格控制堆放高度,防止受压过重造成包装箱损坏以及粉末涂料受压结团。

6.7 涂料的涂装技术

将涂料薄而均匀地涂布于基材表面并使之形成连续、致密涂膜的施工工艺称为涂装。涂装材料(包括涂料、前处理液等)、涂装技术与设备以及涂装管理对整个涂膜的质量起决定性作用,三者相互联系、相互影响,称为涂装三要素。涂装技术与设备是涂层质量的关键,主要包括所用涂装设备及涂装工艺条件。为了使涂料取得应有的效果,涂装施工非常重要。俗话说"三分油漆,七分施工",说明了施工的重要性。

施工前首先要对被涂物表面进行处理,然后才可进行涂装。表面处理有两个目的:一方面是消除被涂物表面的油脂、污垢、灰尘、氧化物及水分、锈蚀产物、油污等;另一方面是对表面进行适当改性,包括进行表面化学转换或机械处理以消除缺陷或增加涂膜的附着力,延长涂膜的使用寿命。不同的材质有不同的处理方法,一般要根据涂料的特性、被涂物的性质和形状及质量要求而定。

（1）手工涂装

包括刷涂、辊涂、揩涂、刮涂等。其中刷涂是最常见的手工涂装法，适用于多种形状的被涂物，省漆、工具简单。涂刷时，机械作用较强，涂料较易渗入底材，可增强附着力。辊涂多用于乳胶涂料的涂装，但只能用于平面的涂装。刮涂则多用于黏度高的厚膜涂装方法，一般用来涂布腻子和填孔剂。

（2）浸涂和淋涂

将被涂物浸入涂料中，然后吊起滴尽多余的涂料，经过干燥而达到涂装目的的方法称为浸涂。淋涂则是用喷嘴将涂料淋在被涂物上以形成涂层，与浸涂方法一样适用于大批量流水线生产方式。对于这两种涂装方法最重要的是控制好黏度，因为黏度直接影响漆膜的外观和厚度。

（3）空气喷涂

空气喷涂是通过喷枪喷出涂料，使其迅速扩散呈雾状飞向被涂物表面形成连续的涂膜。这种方法施工简单、效率高、作业性好，但漆料损失大。喷涂装置包括喷枪、空气压缩机、油水分离器、除尘设备、输漆装置等。喷涂应在具有排风及清除漆雾的喷漆室中进行。

（4）高压无空气喷涂

高压无空气喷涂是利用压缩空气驱动高压泵将涂料增压至 5~35MPa，然后从特制的喷嘴小孔喷出，由于速度快（约 100m/s），涂料内溶剂急速挥发并剧烈体积膨胀而雾化成极细的漆粒，并在高速冲击下附着于被涂物表面，形成均匀涂层。这种方法因不采用空气雾化，涂料飞散少，可减少对环境的污染，同时提高了涂料的利用率。高压无空气喷涂的生产效率高，是刷涂的 10 倍左右，是空气喷涂的 3 倍左右，特别适用于造船、建筑等大型施工领域。不足之处是：操作时不能调节喷雾的幅度和出漆量，必须更换喷嘴才能调节，不适于薄层的装饰性涂装。

（5）静电喷涂

静电喷涂是利用被涂物为阳极，涂料雾化器或电栅为阴极，形成高压静电场，喷出的漆滴由于阴极的电晕放电而带上负电荷，在电场作用下，漆滴沿电力线并高效地吸附在被涂物上。静电喷涂是由手工喷涂发展而来的，可节省涂料，易实现机械化和自动化，生产率高，适用于流水线生产，减少了涂料和溶剂的飞散、挥发，且所得漆膜均匀、质量好。但静电喷涂对环境的温度、湿度要求较高，对涂料和溶剂的导电性、溶剂的挥发性有特定要求。

（6）粉末涂装

粉末涂装的方法有：火焰喷射法、流化床法、静电流化床法、静电喷射及粉末电泳法等。粉末涂装是用喷粉设备（静电喷塑机）把粉末涂料喷涂到工件的表面，在静电作用下，粉末会均匀地吸附于被涂物表面，形成粉状的涂层。粉末涂装的喷涂效果在力学强度、附着力、耐腐蚀、耐老化等方面优于喷漆工艺，但成本高于喷漆工艺。过量的涂料还可回收利用，粉末涂料的利用率超过 95%，降低了能源的消耗，节省了资源。

（7）电泳涂装

电泳涂装，也称电沉积涂装，是将被涂物浸在水溶性涂料的漆槽中作为电极，通电后，涂料立即沉积在物件表面的涂漆方法。在直流电场中，离子化的水溶性涂料将同时发生电泳、电解、电沉积和电渗四个过程，并沉积在被涂物表面，最后经烘烤交联固化成膜。电泳涂装是一项先进的施工新技术，与一般浸涂或喷涂相比，有利于实现涂装连续化、自动化，大大提高了劳动生产率并减轻了劳动强度。

6.8 涂料与绿色可持续发展

党的十八大以来，在"调结构，转方式，稳发展"的基本方针指引下，我国涂料行业由高速增长进入稳中向好的缓速增长阶段。在推进供给侧结构性改革的进程中，涂料行业把"以环保促转型，以绿色谋发展"作为主线，以科技创新为驱动力，以"双碳"目标为指引，布局低碳可持续发展，培育"专精特新"重点企业，构建产业高质量发展新生态。同时，行业积极推动监测和认证体系建设，借力智能化、数字化，做好产品分级管理，保障了供应链的安全与稳定。

涂料发展的早期，人们关心的只是其涂膜的外观和保护功能，最早的热塑性油漆固体含量仅有 5%，其他 95% 的成分都以溶剂的形式挥发至大气中，无形中对人类健康、人类生存的环境造成了极大的伤害和污染。早期的涂料虽然有毒有害，但是对人类文明历史发展的贡献是不可磨灭的，至今市场还有一定的份额。随着人类生活品质需求的提高，无毒无害的绿色涂料替代有毒有害涂料是未来涂料发展的必然趋势。人类自意识到毒性涂料对人类健康和环境的负面影响以来，相继制定了一系列的法令法规以限制或禁止毒性涂料的生产和使用。1966 年美国洛杉矶首次制定了 66 项法规以限制反应型溶剂涂料的生产，后继又提出涂料固含量必须高于 60%，以达到降低溶剂挥发量的规定。自此以后，世界各国也相继对涂料中毒性溶剂的使用做了严格的限制规定。1971 年美国环保局又提出，涂料中重金属铅的固含量不得超过 1%，1976 年又将指标提高到 0.06%；广泛用于建筑行业的乳胶漆中有机汞的含量也受到了限制，含有机汞的固体含量不得超过 0.2%；水性涂料中的致癌物质乙二醇醚和醚酯类物质被禁用。这些严格的法令法规以及措施给涂料的发展带来了严峻的挑战，涂料的研究应用也自然集中到绿色环保这一目标。因此，发展无毒无公害的绿色涂料是涂料行业研究的首要目标，发展水性涂料、无溶剂涂料、粉末涂料、高固体分涂料是涂料科学研究的前沿课题。

涂料发展面临的另一个挑战是对涂料性能上的要求。随着生产力和科学技术的发展，更多条件苛刻的环境需要涂料行业的配套服务，也因此对涂料的性能要求越发的严苛。例如：用于航天航空、船舰、核工业、兵器领域的军用涂料的防腐防污性、耐热耐候性都须比常规涂料更加严格；用于微电子工业的封装涂料需要满足更好的耐高温、导热性和绝缘性能；还有其他一些特殊领域需求的重防腐、隔热、防污等具有特殊性能的专用涂料。发展这些高性能的特种涂料不仅是涂料界研究的重要任务，也是其他行业的重要研究课题。

另外，涂料作为半成品，需要施工固化成膜后才是成品，很多涂料的施工需要高温烘烤，必然会造成大量的能量消耗。为了节约能源，在保证涂料质量的前提下，如何降低施工烘烤温度或缩短烘烤时间，开发"低温快固"涂料涂膜技术也是涂料绿色发展的一个重要方向。

参考文献

[1] 鲁刚, 徐翠香, 宋艳.涂料化学与涂装技术基础 [M]. 2 版.北京：化学工业出版社, 2020.
[2] 张爱黎, 孙海静.涂料科学与制造技术 [M].北京：中国建材工业出版社, 2020.
[3] 闫福安.涂料树脂合成及应用 [M]. 2 版.北京：化学工业出版社, 2022.
[4] 官仕龙.涂料化学与工艺学 [M].北京：化学工业出版社, 2013.
[5] 王凤洁, 刘效源.涂料与胶黏剂 [M].北京：中国石化出版社, 2019.
[6] 朱爱萍.涂料基础与新产品设计 [M].北京：化学工业出版社, 2020.

［7］ Fürbeth W.Advanced coatings for corrosion protection［J］.Materials, 2020, 13（15）: 3401.

［8］ Motlatle A M, Ray S S, Ojijo V, et al. Polyester-Based coatings for corrosion protection［J］.Polymers, 2022, 14（16）: 3413.

［9］ Akkerman J M. Effect coatings: The future paint?［J］.Progress in Organic Coatings, 1989, 17（1）: 53-68.

［10］ Ho J, Mudraboyina B, Spence-Elder C, et al. Water-Borne coatings that share the mechanism of action of oil-based coatings［J］.Green Chemistry, 2018, 20（8）: 1899-1905.

［11］ Cherrington R, Marshall J, Alexander A T, et al.Exploring the circular economy through coatings in transport［J］.Sustainable Production and Consumption, 2022, 32: 136-146.

［12］ Wu T, Qi Y, Chen Q, et al. Preparation and properties of fluorosilicone fouling-release coatings ［J］.Polymers, 2022, 14（18）: 3804.

［13］ Feng Z, Wang Z M, Song G L, et al. Modification of an alkyd resin coating by airflow［J］.Materials and Corrosion, 2020, 71（4）: 637-645.

思考题

1. 涂料的定义及分类方法是什么？
2. 涂料的一般组成及功能是什么？
3. 简述醇酸树脂的制造方法。
4. 简述聚氨酯的制备方法及特点。
5. 简述聚氨酯涂料的类型及固化机理。
6. 简述氨基树脂的应用及固化机理。
7. 简述水性涂料与溶剂型涂料的异同点。
8. 如何实现丙烯酸酯树脂、聚氨酯树脂的水性化？
9. 粉末涂料的制造方法有哪些？涉及哪些设备以及所涉及设备的功能是什么？
10. 涂料施工过程中，涂装前处理的目的和作用是什么？
11. 封闭型聚氨酯涂料除采用苯酚作为封闭剂以外，还可采用什么化合物作为封闭剂？给出封闭机理。

第7章 橡胶

  学习目标

(1) 了解橡胶的应用及发展历程。
(2) 掌握通用橡胶和特种橡胶的种类。
(3) 理解橡胶结构与性能的关系(重点)。
(4) 掌握橡胶的硫化体系和作用机制。

7.1 橡胶概述

橡胶的结构与性能

橡胶 (rubber) 作为高分子材料的一种,具有独特的高弹性,用途十分广泛,是人类社会不可缺少的重要材料之一。其应用领域包括人们的日常生活、医疗卫生、文体生活、交通运输、电子通信和航空航天等,是国民经济建设与社会发展不可缺少的高分子材料之一。橡胶作为战略物资,历经两次世界大战的巨大需求,橡胶科学技术和工业得以蓬勃发展。目前,从天然橡胶到人工合成橡胶,世界橡胶制品的种类和规格约有十万多种,在其他行业实属罕见。随着航空航天、电子和汽车产业的发展,特种橡胶得到日益广泛的应用。

从使用性能上来看,橡胶主要有以下基本特征:

① 弹性模量非常小。这是橡胶的最大特征,橡胶的弹性模量仅为 2~4MPa,为钢铁的 1/30000,而橡胶的伸长率则高达钢铁的 300 倍;橡胶的伸长率与塑料接近,但模量只有塑料的 1/30。橡胶的拉伸强度约为 5~40MPa,破坏时的伸长率可达 100%~1000%。在 350%的范围内伸缩时,回弹率可达 85%以上,即永久变形在 15%以内。橡胶最宝贵的性能是在-50~130℃的广泛温度范围内均能保持正常的弹性。

② 综合性能优良。橡胶具有良好的耐透气性、耐化学介质性和电绝缘性。某些特种合成橡胶更具有耐油性及耐温性,能抵抗脂肪油、润滑油、液压油、燃料油以及溶剂油的溶胀。某些橡胶的耐寒性可达-80~-60℃,而耐热性则可达 180~350℃。橡胶还能耐各种弯曲变形,因为滞后损失小,变形往复 20 万次以上仍无裂口现象。

③ 橡胶能与多种材料并用、共混、复合,由此极大地拓展了橡胶的使用性能和应用领域。橡胶用炭黑等填料进行补强时,能使耐磨性提高 5~10 倍,对于非结晶性的合成橡胶则可提高力学强度 10~50 倍;不同橡胶品种的互相并用,以及橡胶与多种塑料的共混,可使橡胶的性能得到质的改进与提高;橡胶与纤维、金属材料的复合,更能最大限度地发挥橡胶的特性,形成

各式各样的复合材料和制品，这是橡胶的生命力所在。

由于橡胶在室温上下很宽的温度范围内具有优越的高弹性、柔软性，并且具有优异的耐疲劳强度，很高的耐磨性、电绝缘性、致密性以及耐腐蚀、耐溶剂、耐高温、耐低温等特殊性能，因此成为了重要的工业材料，广泛用于制造轮胎、胶管、胶带、胶鞋、电线、电缆，以及其他工业制品如减震制品、密封制品、化工防腐材料、绝缘材料、胶辊、胶布及其制品等。这些产品在交通运输、工业、农业、能源建设、医疗卫生、文化体育、日常生活等方面都有着极其广泛的用途。同时，在国防军工、航天、航海、宇宙开发等现代科学技术的发展中，都离不开各种耐高低温、耐辐射、耐腐蚀、耐真空、高强度、高绝缘性、减震性和密封性优异的具有特殊性能的橡胶材料和制品。

7.1.1 橡胶的发现与发展历史

"橡胶"一词源于橡胶树汁（胶乳）。考古发现在 11 世纪时，南美洲海地岛上的印第安人最早发现天然橡胶（natural rubber），用来制作娱乐用的弹性橡胶球。这种球由当地的高大树木上割取的白色浆液——caout-chouc（印第安语"树的眼泪"）制得，这种树木后来被称为巴西三叶橡胶树。哥伦布第二次航行（1493~1496 年）时将橡胶球带回了欧洲，自此人们开始了解天然橡胶。19 世纪初，橡胶的工业研究和应用开始发展起来，建立了用苯溶解橡胶制造雨衣的工厂，成为橡胶工业的起点。1823 年，世界上第一个橡胶工厂在英国建立。1826 年 Hancock 发明了开放式炼胶机，1839 年 Goodyear 发现了加入硫黄和碱式碳酸铝可以使橡胶硫化，这两项发明奠定了橡胶加工业的基础。1879 年，布恰尔达特在实验室第一次将异戊二烯制备成类似橡胶的弹性体，标志着合成橡胶（synthetic rubber）开始登上历史舞台。1888 年 Dunlop 发明了充气轮胎，汽车工业的发展促进了橡胶工业真正的起飞。1904 年 S.C.Mote 用炭黑使天然橡胶的拉伸强度提高，找到了橡胶增强的有效途径。20 世纪 30 年代，乳液聚合的丁苯橡胶、丁腈橡胶、氯丁橡胶实现了工业化生产。20 世纪 50 年代中、后期（1955~1960 年）发现的齐格勒-纳塔（简称 Z-N）催化剂和锂系引发剂（如 RLi），促进了立构规整橡胶如异戊橡胶（曾称作合成天然橡胶）、顺丁橡胶，新型橡胶如乙丙橡胶、溶液聚合丁苯橡胶等的诞生和蓬勃发展；20 世纪 60 年代以后，随着各种活性聚合和新型聚合反应的发现，序列规整聚合物［如苯乙烯-丁二烯-苯乙烯嵌段共聚物（SBS）、苯乙烯-异戊二烯-苯乙烯嵌段共聚物（SIS）、仲烷基磺酸钠和氢化苯乙烯-丁二烯嵌段共聚物等］和各类热塑性弹性体（或称热塑性橡胶）迅速成为合成橡胶的重要分支。20 世纪 70 年代以后，进入橡胶分子的改性、设计以及大规模生产时期。到 2000 年世界合成橡胶的产、耗量已达 1000 万 t/d 左右，是天然橡胶年产量的 2 倍。合成橡胶工业已成为提供弹性材料的支柱产业。

1915 年我国在广州建立了第一个橡胶加工厂——广东兄弟创制树胶公司，生产鞋底；1919 年在上海建立了上海清和橡皮工厂；1927 年建立了现在的上海正泰橡胶厂，生产著名的"回力"牌球鞋；1928 年建立上海大中华橡胶厂，生产胶鞋，1932 年开始生产"双钱"牌轮胎，首次实现我国轮胎工业的国产化。20 世纪 30 年代以后在山东、辽宁、天津等地逐步建立了橡胶厂，我国的橡胶工业逐步由胶鞋等生活用品转向轮胎，中国橡胶工业初具雏形。我国有海南、云南、两广等地域适于种植天然橡胶，是天然橡胶重要生产国之一。1949 年新中国成立，西方国家对我国实行全面经济封锁，天然橡胶作为重要战略物资，是禁运的重点。1950 年，朝鲜战争爆发，我国天然橡胶的供应关系更趋紧张。在此背景下，中共中央果断作出"一定要建立我国自己的橡胶生产基地"的战略决策。20世纪50年代末,乙炔法制氯丁橡胶(CR)、乳聚丁苯橡胶(ESBR)及丁腈橡胶(NBR)三套生产装置的建成投产,标志着我国合成橡胶工业正式步入发展阶段。

2001年我国加入WTO,使我国的经济发展与世界全面接轨,对外开放的程度也达到了前所未有的广度和深度。2001~2012年这12年间,我国GDP年均增长9.5%,我国已经成为仅次于美国的世界第二大经济体。我国经济的快速发展带动了汽车工业的迅猛发展,2012年我国汽车产、销量分别达到1927万辆和1930万辆,连续4年成为世界第一大汽车产销国,增长势头异常迅猛。汽车工业的迅猛发展推动了轮胎工业的高速发展,2012年中国轮胎产量达到4.7亿条,占全球轮胎产量的1/3还多。繁荣的轮胎工业需要大量橡胶原材料的支撑,2012年我国消耗橡胶原材料730万吨,占世界橡胶总消耗量的近1/3,其中消耗合成橡胶385万吨,占53%,消耗天然橡胶345万吨,占47%。我国合成橡胶工业经过70余年的发展,目前已形成比较完整的生产体系,SR生产能力稳居世界第二位,进入世界合成橡胶生产、消费大国行列,具有相当的规模和实力。随着我国经济的快速发展,橡胶工业将迎来新的发展时期。

7.1.2 橡胶的分类

按照分类方法的不同,可以形成不同的橡胶类别。

① 按来源分为天然橡胶与合成橡胶两大类(图7-1),分别占全球消耗量的1/3和2/3。天然橡胶是从自然界含胶植物中提取的一种高弹性物质。合成橡胶是用人工合成的方法制得的高分子弹性材料,具有良好的耐疲劳强度、电绝缘性、耐化学腐蚀性以及耐磨性。

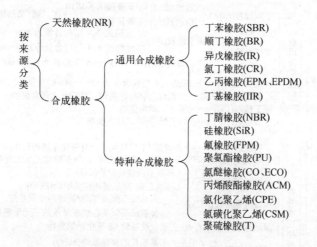

图7-1 橡胶按来源分类

② 按化学结构分为碳链橡胶及杂链橡胶(图7-2)。其中,碳链橡胶根据主链特征,可分为不饱和非极性、不饱和极性、饱和非极性、饱和极性橡胶。杂链橡胶是指主链上引入Si、O等杂原子的橡胶。

③ 按外观表征分为固态橡胶(solid rubber,又称干胶)、乳状橡胶(简称胶乳,latex)、液体橡胶(liquid rubber)和粉末橡胶(powdered rubber)四大类。其中固态橡胶的产量约占全球总的85%~90%。

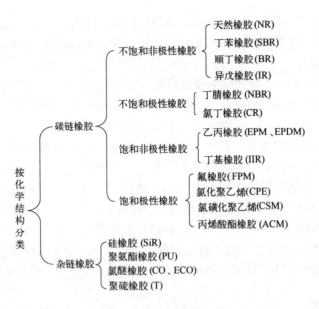

图 7-2 橡胶按化学结构分类

另外，还可按照橡胶中填充材料的种类、单体组分、聚合方法、橡胶的工艺加工特点等方法进行分类。图 7-3 列出了一个可概括橡胶热性能、来源、组成、结构和用途的框架式分类。

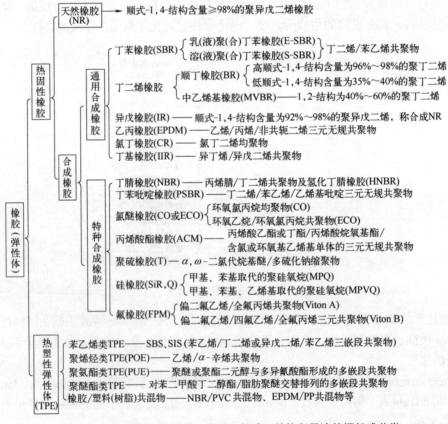

图 7-3 可概括橡胶热性能、来源、组成、结构和用途的框架式分类

7.1.3 橡胶的应用

橡胶是制造飞机、军舰、汽车、拖拉机、收割机、水利排灌机械、医疗器械等所必需的材料。其中，合成橡胶是以石油、天然气为原料，以二烯烃和烯烃为单体聚合而成的高分子，在20世纪初开始生产，40年代后得到了迅速的发展。合成橡胶一般在性能上不如天然橡胶全面，但它具有高弹性、绝缘性、气密性、耐油、耐高温或低温等性能，因而广泛应用于工农业、国防、交通及日常生活中。

（1）橡胶与交通运输

橡胶工业是随着汽车工业发展起来的：20世纪60年代汽车工业与石油化学工业高速发展，使橡胶工业生产水平有了很大的提高；进入70年代，为适应汽车的高速、安全和节约能源，消除污染、防止公害等方面的需要，新品种轮胎不断出现。原料胶消耗在交通运输方面占有相当大的比重。作为运输工具，轮胎是主要的配件。除生产普通轮胎外，还大力发展了子午线轮胎、无内胎轮胎，有的地铁也采用了橡胶轮胎；铁路车辆及汽车应用橡胶弹簧减震制品、气密橡胶；大型商店、车站、地铁也采用橡胶制成的载人运输带。此外，还有用橡胶制作的"气垫船""气垫车"等。

（2）橡胶与工业矿山

工业部门所需要的大大小小的橡胶制品，品种多、用途广，有的还有特殊要求。主要的制品有胶带、胶管、密封垫圈、胶辊、胶板、橡胶衬里及劳动保护用品。在矿山、煤炭、冶金等工业方面应用胶带来运输成品，为了大型生产的需要，还生产出钢丝绳芯运输带和合成纤维运输带。矿用磨机橡胶衬里，以锻胶代替锰钢，使用寿命提高了二至四倍，还减小了噪声，这一产品已经在世界范围内推广。

（3）橡胶与农林水利

农林水利事业的发展，需要各种各样的橡胶制品。除拖拉机和农业机械用各种轮胎外，联合收割机用的橡胶履带，灌溉用水池、水渠和水库采用的橡胶防渗层及橡胶水坝，橡胶船、救生用品等用量都在增长，在农副产品加工设备和林、牧、渔业技术装备等方面也都有橡胶配件。随着农业机械化、农田水利的大发展，所需橡胶制品也会愈来愈多。

（4）橡胶与军事国防

橡胶是重要的战略物资，在军事国防上应用更是十分广泛，军事装备、空军设施、国防工程都有橡胶的足迹。使用橡胶制作的船舶、帐篷、仓库以及防护用具、御水服装等品种也很多。国防尖端技术需要的耐高温、耐低温、耐油、耐高度真空等具有特殊性能的橡胶产品更是不可缺少。随着国防现代化的发展，对制品耐-100~400℃的温度范围，并能抵抗各种酸、碱和氧化剂且具有特殊性能的橡胶的需求日益增长，目前正在研制生产中。

（5）橡胶与土木建筑

现代化建筑中橡胶更是大有用武之地。例如，在建筑物中使用的玻璃窗密封橡胶条、隔音地板、消声海绵、橡胶地毯、防雨材料以及乳状涂料。从20世纪60年代中期开始在建筑物中安装大型橡胶弹簧座垫，以减少地铁所造成的震动和噪声。国外还在试制可以减轻地震对建筑物破坏作用的橡胶座垫，这种橡胶制品的研制具有十分重要的意义。制造混凝土空心构件应用的充气橡胶、软橡胶乳液水泥和橡胶沥青在建筑工程中的应用日趋广泛。把胶乳混入水泥，可以提高水泥的弹性和耐磨性，在沥青中加入3%的橡胶或胶乳铺设路面，可防止路面龟裂，并提高耐冲击性。在建筑施工中所使用的机械、运输设备、防护用品等都有橡胶制品的配件。

（6）橡胶与电气通信

橡胶的另一特性是绝缘性能好，不易导电，各种电线电缆多采用橡胶制成。硬质橡胶也多用来制作胶管、胶棒、胶板、隔板以及电瓶壳。此外，橡胶还广泛用作防护用品如绝缘手套、绝缘胶靴鞋等。

（7）橡胶与医疗卫生

在医疗卫生部门有许多橡胶制品在应用，如医院里的麻醉科、泌尿科、外科、脑外科、骨科、五官科、放射科等的诊断、输血、导尿、洗肠胃的各种手术用的手套冰囊、海绵坐垫等多是橡胶制品。作为医疗设备和仪器的配件也有橡胶制品。医用橡胶制品往往有特殊要求，如无毒、杀菌、生理惰性、耐放射等。橡胶中的丁基橡胶就具有较高的生物惰性、化学稳定性和较微的透水透气性，用来加工橡胶瓶塞，能保证高吸湿抗生素和抗癌制剂的保存。近年来，硅橡胶在制造医用制品方面愈来愈广泛，如采用硅橡胶制造人造器官及人体组织代用品有了很大进展，还可用来制作药物胶囊，放入体内适当位置，使囊内药物缓慢连续地释放出来，既能提高疗效又比较安全。

（8）橡胶与商品储存

橡胶不仅可用于医疗卫生，还可用于储藏水果和蔬菜。自1954年以来气调技术取得很大进展，使橡胶薄膜广泛地应用于硅橡胶窗气调储藏水果。硅橡胶对二氧化碳和氧气有着优越的透气性及适当的透气比，二者之比为6∶1。也就是说，二氧化碳透过硅橡胶窗的速度比氧气要快六倍，比聚乙烯塑料薄膜透过二氧化碳和氧气的速度要快300倍。根据不同果品蔬菜的呼吸强度及数量等的差异，制成各种大小的硅橡胶窗镶嵌在塑料薄膜袋上，即可使袋内维持适量的二氧化碳和氧气比，形成良好的气体储藏环境，从而抑制果品蔬菜的呼吸强度，延缓代谢速度，推迟果品蔬菜的成熟过程，减少水分蒸发以防腐烂。从储藏苹果的试验对比来看，采用塑料薄膜包装储藏五个月，自然消耗的氧气为0.7%以下，未用的自然消耗的氧气可达5.83%。再如，用硅橡胶薄膜窗气调保存番茄一个月，好果率达70%以上，失重为3.6%，取出后全部果实都能正常转红成熟；不用气调袋的番茄一周内就转红成熟，不能再储藏。

7.2 通用橡胶

7.2.1 天然橡胶

7.2.1.1 天然橡胶的来源

天然橡胶（natural rubber，NR）是一种从天然植物中采集出来的，以异戊二烯为主要成分的天然高弹性材料。在自然界中含橡胶成分的植物，约有两千种，包括乔木类、灌木类、草本类和爬藤类等；其生长地区也分布很广，主要生长在热带、亚热带、温带地区，极少量品种生长在寒带地区。尽管含有橡胶成分的植物种类很多，但真正有经济价值的只有少数几种，包括三叶橡胶树、杜仲树、橡胶草，其中以三叶橡胶树产量最大、质量最好。

三叶橡胶树原产巴西，故又称为巴西橡胶，这是一种乔木，原野生于巴西的亚马孙河流域一带的森林，后被移植到了欧洲、亚洲各国，成为人工栽培的橡胶树。该种植物的叶片由三片组成，故称为三叶橡胶树。其树皮中含有大量的白色乳汁，称为胶乳，将其收集起来便可制造橡胶块。

杜仲树主要生长在马来半岛和中国的长江流域，是一种灌木，可从其枝叶和根基中提取橡胶。这种橡胶在我国被称为杜仲胶（图 7-4），在国外则被称为马来树胶、巴拉胶和古塔波胶等。

橡胶草是一类草本植物，包括青蒲公英、银色橡胶菊等许多品种。主要产地是美国、墨西哥、俄罗斯和我国新疆等地，可从其根茎中提取橡胶。

工业上应用的天然橡胶主要来源是三叶橡胶树。在合成橡胶大量生产前，天然橡胶是橡胶工业及其制品的万能原料，有"褐色黄金"之称。如今，合成橡胶产量已大大超过天然橡胶，但天然橡胶仍被公认为是性能最佳的通用橡胶，在橡胶工业的应用极为广泛。

图 7-4 杜仲树树叶中的胶乳

7.2.1.2 天然橡胶的采集、制造与分级

（1）天然橡胶的采集与制造

天然橡胶以胶乳的形式存在于橡胶树中。三叶橡胶树的树皮中含有许多细微的乳管，乳管中充满胶乳，一旦把树皮划破后，胶乳就会慢慢自动地流出来。在橡胶园中采集天然橡胶的过程大致如下：每天（或隔几天）清晨由割胶工人用割胶刀在树干上按一定的倾斜度把树皮割破，然后用杯子将流出来的胶乳收集起来，这些刚从树上流出来的胶乳，称为新鲜胶乳或田间胶乳。新鲜胶乳很容易受细菌的侵蚀而凝固，不便于保存，所以为了克服这种缺陷，通常在采集胶乳时都要加入一点氨水，并且在送往收集站后的胶乳中需再加入适量的 0.8%氨水才能进行储存；经过加氨处理的胶乳，称为保存胶乳。氨水在其中起着杀菌和保持分散体稳定的作用。新鲜胶乳和保存胶乳大约含有 30%的橡胶，可用作制造干胶块的原料。若将新鲜胶乳和保存胶乳再经浓缩加工，则可得到含胶量达到 60%左右的浓缩胶乳。浓缩胶乳是供给制造胶乳制品（如医用手套、气球等）的原料。

天然橡胶是直接由田间胶乳或保存胶乳制造的，其制法是将胶乳稀释后，加入稀醋酸溶液进行凝固，然后经过压片、干燥、打

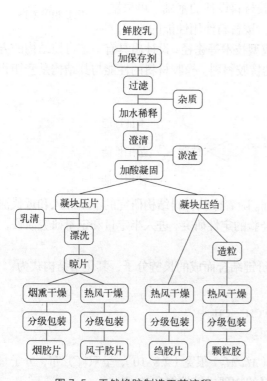

图 7-5 天然橡胶制造工艺流程

包等处理，其制胶工艺流程如图 7-5 所示。根据生产方法的差异，天然橡胶通常包括烟胶片、绉胶片、颗粒胶等品种，各品种的制法有所不同，具体制备方法这里不再赘述。

（2）天然橡胶的分级

对于天然橡胶的分级,过去是沿用外观分级标准(国际贸易天然橡胶分级标准)。1949年曾有人提出改用工艺分类规格,即除按外观标准外,还增添了塑性和硫化速度两项指标作为分级标准,但是这种方法检验麻烦,并未真正得到实施。1964年马来西亚提出了以工艺性能为分级基础的马来西亚标准橡胶分级标准,这个分级标准后来得到国际标准化组织的同意,作为国际标准的基础。因此,目前国际上对天然橡胶所采用的分级方法是:对于旧品种(如烟胶片、绉胶片等)是按外观分级法进行分级,对于新品种(如颗粒胶等)则按马来西亚标准橡胶的分级法。我国一向是采用自定的方法(中国国家标准)进行分级,即按外观、化学成分和物理力学性能等三个方面的指标进行分级。以烟胶片为例,我国国家标准分有一级、二级、三级、四级、五级。一级质量最高,以后质量逐级下降。例如要求一级胶片无霉、无氧化斑点、无熏不透、无熏过度、无不透明等。而二级烟胶片可允许胶片有少量干霉、轻微胶锈,无氧化斑点和熏不透等。各级烟胶片均有标准胶样,以便参照。

7.2.1.3　天然橡胶的化学组成及其与性能间的关系

研究橡胶的性能必然涉及橡胶的结构,结构是性能的物质基础,性能是结构特征的宏观反映。研究结构的目的在于了解材料结构与性能的关系,指导人们正确地选择和使用材料,并通过各种途径改变材料结构,有效地改进其性能。本章所提及的相关术语见二维码。

橡胶相关术语

结构与性能关系的理论和实验研究,是橡胶材料设计的基础。可根据已了解的关于橡胶分子结构与性能关系的规律,按材料使用性能的要求,从化学合成或改性,从凝聚态物理性质或加工成型技术等途径,设计出具有一定可控结构的方案、配方和制造技术等,来制备符合使用要求的橡胶材料。橡胶材料的性能与其结构是密切相关的,可以概括地表示为:

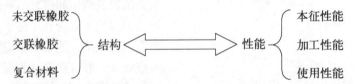

橡胶材料的性能多种多样,具有不同的特征。随着橡胶材料结构研究的不断深入和近代测试方法的进步,橡胶材料性能的研究已经从纯经验的定性研究,进入半定量和定量研究阶段。

（1）天然橡胶的结构

天然橡胶是以异戊二烯为单元链节,以共价键结合而成的长链分子,其化学结构式为:

$$\left[-CH_2-C=CH-CH_2- \atop CH_3 \right]_n$$

n值平均为1500~10000,分子量分布指数(M_w/M_n)很宽(2.8~10),呈双峰分布,分子量在10万~100万之间。因此,天然橡胶具有良好的物理机械性能和加工性能。

天然橡胶在常温下是无定形的高弹态物质,但在较低的温度(-50~10℃)下或应变条件下可以产生结晶。天然橡胶的结晶为单斜晶系,晶胞尺寸a=1.246nm,b=0.899nm,c=0.810nm,$\alpha=\beta=90°$,$\gamma=92°$。在0℃下,天然橡胶结晶极慢,需几百个小时,在-25℃时结晶最快,天然橡胶结晶速率与温度的关系如图7-6所示。天然橡胶在拉伸应力作用下容易发生结晶,拉伸结晶度最大可达45%。软质硫化天然橡胶的伸长率与结晶程度的关系如图7-7所示。

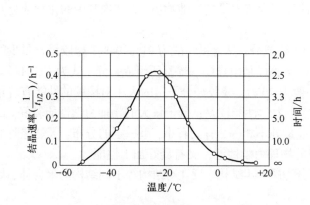

图7-6 天然橡胶结晶速率与温度的关系

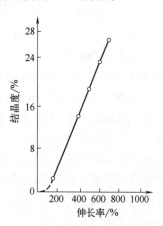

图7-7 硫化天然橡胶的伸长率与结晶程度的关系

天然橡胶大分子有顺、反两种空间排列位置的异构体。比如天然三叶橡胶为顺-1,4-结构，在室温下具有弹性及柔软性；而杜仲橡胶为反-1,4-结构，在室温下无弹性，可作为塑料使用。由此可知，这种差别主要是由于它们的立体结构不同。

天然橡胶的主要成分是橡胶烃，另外还含有 5%~8%的非橡胶成分，如蛋白质、脂肪酸、灰分等（这些统称为非橡胶成分）。橡胶烃和非橡胶成分的含量随天然橡胶的品种不同而不同。例如烟胶片、风干胶片和颗粒胶片的各种化学成分的含量如表7-1所示。

天然橡胶具有很好的弹性，在通用橡胶中仅次于聚丁二烯橡胶。天然橡胶大分子链本身有较高的柔性，在常温下呈无定形状态，其主链上与双键相邻的σ键很容易旋转；分子链上的侧甲基体积小，数目少，位阻效应小，不密集（每4个碳原子主链上才有一个）；天然橡胶为非极性物质，分子间作用力小，对分子链内旋转约束和阻碍小。因此，天然橡胶的回弹率在0~100℃范围内可达50%~85%以上。

表7-1 烟胶片、风干胶片和颗粒胶片的化学组成　　　　　　　　　　　　　　　　单位：%

组分	烟胶片	风干胶片	颗粒胶片	组分	烟胶片	风干胶片	颗粒胶片
橡胶烃	92.8	92.4	94.0	灰分	0.2	0.5	0.2
蛋白质类	3.0	3.3	3.1	水溶物	0.2	0.2	0.2
丙酮抽出物	3.5	3.2	2.2	水分	0.3	0.4	0.3

（2）天然橡胶的性质

天然橡胶的密度为 0.91~0.93g/cm³，能溶于苯、汽油中。

天然橡胶受热会逐渐变软。在130~140℃时会软化，在150~160℃时会变黏，在200℃左右时会开始分解，而在270℃下会急剧分解。天然橡胶的玻璃化转变温度为-71℃，呈玻璃态。天然橡胶冷却至一定温度或将其进行拉伸，可使橡胶部分结晶。通常，-26℃时会达到天然橡胶的最大结晶速率。

天然橡胶为非极性大分子，具有优良的介电性能，但耐油、耐溶剂性差。因为天然橡胶分子结构中含有不饱和双键，易进行氧化、加成等反应，所以耐老化性不佳。

天然橡胶是最好的通用橡胶，用途广泛，是制造轮胎等工农业橡胶制品、电器用品等高级橡胶制品的重要原料。

天然橡胶的主要成分为橡胶烃，此外还含有少量的其他物质，天然橡胶中的化学成分及其对橡胶性能的影响如下。

① 橡胶烃。橡胶烃是天然橡胶的主要成分，其含量一般为91%~94%；橡胶烃含量少的称为生胶，其杂质含量较多，质量较差。橡胶烃是由异戊二烯基所组成，分子式为（C_5H_8）$_n$，n约为1500~10000，橡胶烃的分子量一般为70万。橡胶烃分子量的大小对橡胶的性能有着重要的影响。分子量小的可塑性较大，但物理力学性能较差；分子量大的物理力学性能较好。试验表明，天然橡胶中的每个橡胶烃分子质量并不相等，有大有小，呈一定的分布。天然橡胶的分子量分布范围较宽，以致其既有良好的物理力学性能，又有良好加工性能。

异戊二烯基按其结合的方式，可分为顺-1,4-结构、反-1,4-结构等不同结构的聚合体，如图7-8所示。

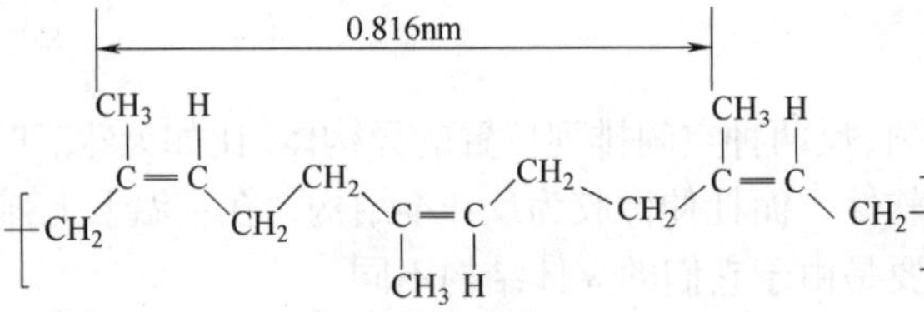

(a) 顺-1,4-结构

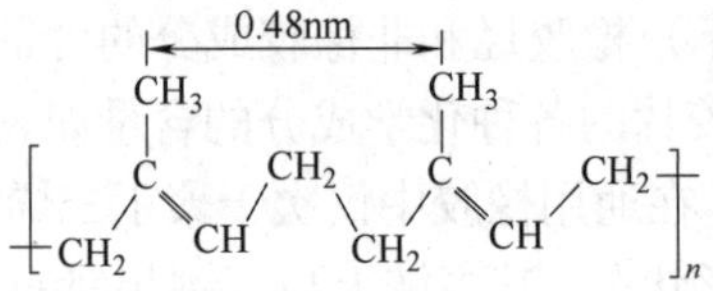

(b) 反-1,4-结构

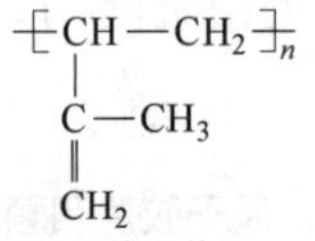

(c) 3,4-结合体

图7-8　异戊二烯基结合方式

一般天然橡胶（三叶橡胶）的橡胶烃是由含98%以上的顺-1,4-聚异戊二烯所组成（其中含不到2%的3,4-结合体）。这种聚合体的空间结构重复周长（为0.816nm），分子链柔性大，具有较好的弹性和其他物理力学性能。杜仲胶、卡拉胶、古塔波胶等一类天然橡胶，其橡胶烃则是由反-1,4-聚异戊二烯所组成，这种聚合体的空间结构重复周期短（为0.48nm），分子链柔性小，弹性较差，在室温下呈皮革状。

② 蛋白质。蛋白质存在于胶乳中的橡胶粒子表面，起着稳定橡胶粒子分散于水介质中的作用。但当胶乳凝固后，蛋白质便会与橡胶粒子凝聚在一起而成为天然橡胶的成分之一。在天然橡胶中，蛋白质的含量一般在3%以下（但胶清橡胶中可达8%~20%），含蛋白质多的胶料其吸水性大、绝缘性差。而且蛋白质在加热时会分解成氨基酸，加速橡胶的硫化，且容易使制品产生气孔。含蛋白质多的胶料其硫化胶的硬度较大、生热性大。

③ 丙酮抽出物。丙酮抽出物主要是某些高级脂肪酸、水溶性脂肪酸、甾醇类等物质，能被丙酮抽提出来，故得此名。这类物质能对橡胶起增塑作用，以及活化硫化和抗老化的作用。因此，含丙酮抽出物多的生胶，其可塑性较大、硫化速率较快，且不易老化。

④ 水分天然橡胶烃干燥后，一般都含有1%以下的水分，若含水分过多，则容易引起生胶发霉，硫化时容易起泡，绝缘性降低。

⑤ 水溶物。天然橡胶中的水溶物主要是一些糖类和水溶性的盐类。这些组分含量大时，胶料的吸水性大、绝缘性差。

⑥ 灰分。天然橡胶中的灰分主要为一些无机物质，其中包括钾、镁、钙、钠等的氧化物，碳酸盐和磷酸盐等物质以及 Cu、Fe、Mn 等微量元素。其中的 Cu、Fe、Mn 等微量元素能促进橡胶的老化，所以应严格控制其含量。通常含 Cu 量应控制在 2mg/kg 以下，含 Mn 量应控制在 10mg/kg 以下。

7.2.1.4 天然橡胶的特性和用途

① 不饱和性。天然橡胶化学性质活泼，能进行加成反应和环化反应，以及与硫黄反应（硫化）和与氧反应（氧化）。其硫化反应速率较快，但也易氧化。

② 非极性。易与烃类油及溶剂作用，所以不耐油。

③ 高弹性。天然橡胶在室温时呈无定形态，当在低温下或伸长时能出现结晶，属结晶型橡胶，具有自补强作用，在-70℃时，则呈现玻璃态。

④ 良好的综合性能。如拉伸强度较高、弹性大、伸长率高、耐磨性和耐疲劳性好、生热低等，而且其加工性好。

⑤ 良好的耐气透性和电绝缘性。

天然橡胶广泛用于制造各类轮胎（特别适用于制造载重量大的大型轮胎和卡车轮胎）。此外天然橡胶还用于胶管、胶带、胶鞋、雨衣、工业及医疗卫生等橡胶制品的制造。

7.2.2 丁苯橡胶

合成橡胶可分为通用合成橡胶与特种合成橡胶两类，性能与天然橡胶相近，其物理力学性能和加工性能较好。能广泛用于轮胎和其他一般橡胶制品的橡胶称为通用合成橡胶；具有特殊性能，专供耐热、耐寒、耐化学物质腐蚀、耐溶剂及耐辐射等特定场合使用的橡胶都称为特种合成橡胶，但两者并无严格的界限。

合成橡胶

丁苯橡胶（styrene-butadiene rubber，SBR）是最早工业化的通用合成橡胶，具有优异的力学性能和良好的加工性能，是天然橡胶最好的代用胶种之一，广泛应用于轮胎、鞋、汽车零部件、胶管、胶带等各类橡胶制品，其年耗用量占合成橡胶的首位。目前，世界上有30多个国家和地区生产丁苯橡胶，全球年生产能力为650万~700万吨。在全球合成橡胶总生产能力中，丁苯橡胶占30%~35%。预计2030年，世界丁苯橡胶生产能力将达到750万~800万吨。

7.2.2.1 丁苯橡胶的生产方法及其分子结构

丁苯橡胶（SBR）是丁二烯和苯乙烯的共聚物，是最早工业化的合成橡胶，其分子结构式为：

$$+CH_2-CH=CH-CH_2\frac{1}{x}CH_2-CH\frac{1}{y}CH_2-CH\frac{1}{2}_n$$
$$\qquad\qquad\qquad\qquad\qquad |\qquad\quad |$$
$$\qquad\qquad\qquad\qquad\qquad CH_2\quad C_6H_5$$

丁苯橡胶是由单体丁二烯和苯乙烯按一定的比例（70:30），在一定的温度条件下采用乳液聚合法或溶液聚合法共聚而得。其中，采用乳液聚合法制得的 SBR 称为乳聚丁苯橡胶（emulsion polymerized styrene-butadiene rubber，ESBR）；而采用溶液聚合法制得的 SBR 则称为溶聚丁苯橡胶（solution polymerized styrene-butadiene rubber，SSBR）。其共聚反应式如下：

$$nCH_2=CH-CH=CH_2 + nCH_2=CH-C_6H_5 \xrightarrow{1,4-结合} +CH_2-CH=CH-CH_2\frac{1}{x}CH_2-CH\frac{1}{y}$$
$$\qquad\qquad\qquad\qquad\qquad\qquad\qquad\qquad\qquad\qquad\qquad\qquad\qquad\qquad |$$
$$\qquad\qquad\qquad\qquad\qquad\qquad\qquad\qquad\qquad\qquad\qquad\qquad\qquad\qquad C_6H_5$$

$$\xrightarrow{1,2-结合} +CH_2-CH-CH_2-CH\frac{1}{n}$$
$$\qquad\qquad\qquad\qquad |\qquad\quad |$$
$$\qquad\qquad\qquad\qquad CH_2\quad C_6H_5$$

在上述共聚反应中，丁二烯单元可能以顺-1,4-结合、反-1,4-结合和1,2-结合等方式与苯乙烯单元进行连接。另外，丁二烯单元和苯乙烯单元可能是以交替间隔有规律的方式进行排列；也可能是以非交替的无规方式进行排列。因此，共聚后所得的丁苯橡胶，其分子结构情况如何，要视聚合的条件而定。用乳液聚合法容易得到无规排列的橡胶；而用溶液聚合法生产的丁苯橡胶，则可分为无规型、嵌段型和星型。其中无规型溶聚丁苯橡胶具有分子量分布窄、支化少，丁二烯单元中顺式结构含量高、非橡胶成分低等特点。在高温和低温聚合条件下得到的丁苯橡胶中，各种结构的含量如表7-2所示。

表7-2 丁苯橡胶中各种结构的含量   单位：%

丁苯橡胶类型	结合苯乙烯	顺式结构	反式结构	乙烯基
乳液高温丁苯（1000系列）	23.4	16.6	46.3	13.7
乳液低温丁苯（1500系列）	23.5	9.5	55	12

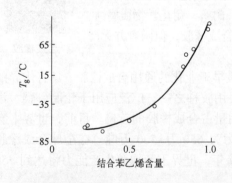

图7-9 结合苯乙烯含量对玻璃化转变温度的影响

不同品种的丁苯橡胶分子的宏观、微观结构是不同的。宏观和微观结构共同决定了丁苯橡胶的性能。

单体比例直接影响聚合物的性能。随着丁苯橡胶中结合苯乙烯含量的增加，其玻璃化转变温度升高（图7-9），模量增加，弹性下降；拉伸强度先升高后下降，当含量为50%时达到极值；热老化性能变好，耐低温性能开始下降，压出制品收缩率下降，表面光滑。

丁苯橡胶的分子结构不规整，是非极性橡胶，不结晶；分子链侧基（如苯基和乙烯基）的存在导致大分子链柔性较差，分子内摩擦增大。因此，丁苯橡胶的生胶强度低，只有加入炭黑、白炭黑等增强剂增强，才具有实际使用价值。此外，丁苯橡胶的弹性、耐寒性较差，生热高,耐屈挠龟裂性、耐撕裂性和黏着性均较天然橡胶差。

丁苯橡胶的不饱和度(双键含量)比天然橡胶低,由于分子链侧基的弱吸电子效应和位阻效应,丁苯橡胶中双键的反应活性也略低于天然橡胶。因此,丁苯橡胶的耐热性、耐老化性、耐磨性均优于天然橡胶,但高温撕裂强度较低。而且在加工过程中分子链不易断裂,硫化速率较慢,不容易发生焦烧和过硫现象。

7.2.2.2 丁苯橡胶的品种、类型和牌号

丁苯橡胶的品种很多,通常根据聚合条件、填料含量和苯乙烯含量等分为以下几种类型,如表 7-3 所示。

表 7-3 丁苯橡胶类型

类型	特点
高温丁苯橡胶	在 50℃下乳液聚合,含凝胶量多,性能较差
低温丁苯橡胶	在 5℃下乳液聚合,无凝胶,性能较好
充油丁苯橡胶	充有矿物油,易加工、成本低、性能良好
充炭黑丁苯橡胶	加有炭黑,工艺性能好,性能较稳定
充油充炭黑丁苯橡胶	加有矿物油和炭黑,便于加工,性能也较好
高苯乙烯丁苯橡胶	含有 40%~50%的苯乙烯,具有较高的耐磨性和硬度
羧基丁苯橡胶	加入少量(1%~3%)丙烯酸单体共聚而成,物性、耐老化性较好
溶聚丁苯橡胶	采用烷基锂催化剂溶液聚合而成,与低温丁苯橡胶性能相同
醇烯橡胶	用醇烯溶液聚合,性能优于低温丁苯橡胶

目前各国生产的丁苯橡胶的商品牌号很多,有 500 余种。各种牌号都用符号和数字标明其特征。现摘其主要的介绍如下。

美国生产的丁苯橡胶的牌号为 SBR(过去都用 GB-S 表示),并标以数字来表示其类型。根据国际合成橡胶生产商协会(IISRP)使用的术语,用数字表示乳聚丁苯橡胶,分为六大类。

① 1000 系列,是 50℃下聚合的无填料丁苯橡胶。
② 1100 系列,是 50℃下聚合的丁苯橡胶炭黑母炼胶。
③ 1500 系列,是 5℃下聚合的无填料丁苯橡胶。
④ 1600 系列,是 5℃下聚合的丁苯橡胶炭黑母炼胶。
⑤ 1700 系列,是 5℃下聚合的充油丁苯橡胶。
⑥ 1800 系列,是充油丁苯橡胶炭黑母炼胶。

日本生产的丁苯橡胶的牌号为 JSR,其后面标注的数字与 SBR 牌号的意义相同。

国产乳聚丁苯橡胶目前有 SBR-1500、SBR-1502、SBR-1712、SRB-1778 等系列牌号商品。其中 SBR-1500 是通用污染型低温丁苯的典型品种。其生胶自黏性好,容易加工,硫化胶性能较好,适用于制造轮胎胎面、管带和模制品。SBR-1502 是通用非污染型低温丁苯的典型品种。其硫化胶的拉伸强度、耐磨、抗挠曲性较好,适用于制造轮胎胎侧、鞋类、胶布等。SBR-1712、SBR-1778 分别是充 37.5 份(相对 100 份纯胶)高芳烃油和环烷油的充油丁苯橡胶。

7.2.2.3 丁苯橡胶的特性和用途

① 丁苯橡胶是非极性橡胶，能溶于烃类溶剂中，不耐油。

② 属不饱和性橡胶，可用硫黄硫化，也可以氧化，但其化学活性较天然橡胶低，硫化速率较慢，耐热、耐老化性较好。

③ 丁苯橡胶为非结晶型橡胶，纯胶强度较低，需用炭黑补强。

④ 具有良好的耐磨性和耐气透性。

⑤ 其弹性、耐寒性、自黏性较差，生热大，在加工中收缩率大。

⑥ 丁苯橡胶的加工性能不如天然橡胶，不容易塑炼，对炭黑的润湿性差，混炼生热高，压延收缩率大，等等。丁苯橡胶的力学性能和加工性能的不足可以通过调整配方和工艺条件得以改善或克服。

⑦ 丁苯橡胶的抗湿滑性好，对路面的抓着力大，且具有一定的耐磨性，是轮胎胎面胶的好材料。目前，丁苯橡胶主要应用于轮胎工业，也应用于胶管、胶带、胶鞋以及其他橡胶制品。高苯乙烯丁苯橡胶适于制造高硬度、质轻的制品，如鞋底、硬质泡沫鞋底、硬质胶管、软质棒球、打字机用滚筒、滑冰轮、铺地材料、工业制品和微孔海绵制品等。

在使用时，常将丁苯橡胶与天然橡胶并用，以弥补其性能上的不足。

7.2.3 聚丁二烯橡胶

7.2.3.1 聚丁二烯橡胶的分子结构与制备方法

聚丁二烯橡胶（poly butadiene rubber，BR）的聚合方法有乳液聚合和溶液聚合两种，以溶液聚合方法为主。溶聚丁二烯橡胶是丁二烯单体在有机溶剂（如庚烷、加氢汽油、苯、甲苯、抽余油等）中，利用齐格勒-纳塔催化剂、碱金属或其有机化合物催化聚合的产物。聚合过程中单体丁二烯的加成方式既可以是1，2-加成，也可以是1,4-加成，1,4-加成中又存在顺式结构和反式结构。

聚丁二烯橡胶的结构式为：

$$-(CH_2-CH=CH-CH_2)_m-(CH_2-CH)_n-$$
$$\qquad\qquad\qquad\qquad\qquad\qquad |$$
$$\qquad\qquad\qquad\qquad\qquad\quad CH$$
$$\qquad\qquad\qquad\qquad\qquad\quad \|$$
$$\qquad\qquad\qquad\qquad\qquad\quad CH_2$$

丁二烯聚合时，1,4-键合（顺式和反式结构）、1,2-键合（全同、间同和无规结构）的含量和分布是通过选择不同的催化体系加以控制的，因此，聚丁二烯橡胶是由上述几种结构组成的无规共聚物。例如，镍系高顺式聚丁二烯橡胶（也称顺丁橡胶）中含顺-1,4-结构为97%，反-1,4-结构为1%，1,2-结构为2%。

聚丁二烯可以采用乳液法或溶液法生产。按分子结构可以分成顺式和反式1,4-聚丁二烯。1,2-聚丁二烯还可能是无规、全同、间同构型。全同1,2-、间同1,2-和反式聚丁二烯都呈现塑料性质，而顺-1,4-聚丁二烯则显示橡胶的高弹性，玻璃化转变温度为-120℃，是重点胶种。

① 乳液法制得的聚丁二烯橡胶结构包含：14%顺-1,4-、60%反-1,4-、17%1,2-，各单元无规分布。其特点是加工和共混性能好，多与其他胶种并用，显示出优良的抗挠曲、耐磨和动态力学性能。

② 高顺-1,4-聚丁二烯橡胶采用镍系、钛系、钴系或稀土体系等催化剂，由丁二烯配位聚合而成。其中顺-1,4-含量高达 92%~97%，玻璃化转变温度为-120℃，橡胶弹性佳，是合成橡胶中的第二大胶种，仅次于丁苯橡胶。

③ 低顺-1,4-聚丁二烯橡胶采用丁基锂/烷烃或环烷烃体系，经阴离子溶液聚合而成，其中顺-1,4-含量约 35%~40%，反-1,4-约 45%~55%，数均分子量约 13 万~14 万，主要用于塑料改性和专用橡胶制品。

④ 中 1,2-聚丁二烯和高 1,2-聚丁二烯采用丁基锂/烷烃或环烷烃体系，经阴离子溶液聚合而成。中 1,2-聚丁二烯约含 35%~65%的 1,2-结构，其特点是耐磨性优异，可以单独或与其他胶混用，制作轮胎胶面。

⑤ 高 1,2-聚丁二烯含有大于 65%的 1,2-结构，其含量受齐格勒引发体系和丁基锂体系的影响。例如，在钼系/加氢汽油体系中，1,2-结构的含量可达 84%~92%。在钴系中，1,2-结构的含量可大于 88%。在丁基锂/烷基/四氢呋喃体系中，1,2-结构的含量可大于 70%。高 1,2-聚丁二烯具有生热少、抗湿滑性好的特点，在轮胎胎面中具有良好的应用前景。

7.2.3.2 聚丁二烯橡胶的性能

聚丁二烯橡胶的玻璃化转变温度 T_g 主要决定于分子中乙烯基的含量。当乙烯基含量为 10%时，T_g 为-95℃；乙烯基含量为 95%时，T_g 为-15℃，两者几乎呈线性关系。随着乙烯基含量的增加，耐磨性、弹性、耐寒性变差，抗湿滑性变好。乙烯基质量分数为 35%~55%的中乙烯基聚丁二烯橡胶具有较好的综合性能。

聚丁二烯橡胶的结晶性能因分子结构中顺式、反式、乙烯基结构含量的不同而存在差异。高顺式含量的顺丁橡胶的结晶温度约为-40℃，室温下伸长率超过 200%时也能结晶。反式含量为 70%~80%的聚丁二烯橡胶，在很宽的范围内都能结晶。与顺式聚异戊二烯橡胶相比，顺丁橡胶的结晶对应变的敏感性低，对温度的敏感性高。图 7-10 表示半结晶时间与温度的关系。这种敏感性的差异也是顺丁橡胶的自增强性优于天然橡胶的原因之一，使用时必须加入增强剂增强。

在顺丁橡胶中，顺-1,4-聚丁二烯的质量分数高达 96%~98%，分子结构比较规整，主链上无取代基，分子间作用力小，分子中有大量容易发生内旋转的 C—C 键，分子链非常柔顺。

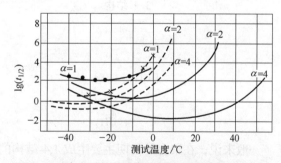

图 7-10 在各种拉伸比下半结晶时间与温度的关系

● 高顺式聚异戊二烯实验值；—高顺式聚异戊二烯计算值；×高顺式聚丁二烯实验值；----高顺式聚丁二烯计算值

7.2.4 氯丁橡胶

7.2.4.1 氯丁橡胶的生产方法及其分子结构

氯丁橡胶是利用 2-氯-1,3-丁二烯单体采用自由基乳液聚合制备的。氯丁橡胶按其特性和用途可分为通用型、专用型和氯丁胶乳三大类。

氯丁橡胶的结构为：

硫黄调节型 $+CH_2-\underset{\underset{Cl}{|}}{C}=CH-CH_2\xrightarrow{}_n S_x-$ $x=2\sim6$；$n=80\sim110$

非硫黄调节型 $+CH_2-\underset{\underset{Cl}{|}}{C}=CH-CH_2\xrightarrow{}_n$

氯丁橡胶分子结构中反-1,4-加成结构占 88%~92%，顺-1,4-结构占 7%~12%，其余约 1%~5%的 1,2-结构和 3,4-结构，属结晶不饱和极性橡胶。氯丁橡胶的分子链上主要含有反-1,4-加成结构。

氯丁橡胶（chloroprene rubber，CR）是由氯丁二烯单体经乳液聚合而成的聚合物，是合成橡胶中最早研发的品种之一，其合成反应式为：

$$nCH_2=\underset{\underset{Cl}{|}}{C}-CH=CH_2 \longrightarrow +CH_2-\underset{\underset{Cl}{|}}{C}=CH-CH_2\xrightarrow{}_n$$

与异戊橡胶相似，氯丁二烯在聚合时也能生成1,4-结构和1,2-结构及3,4-结构等，此外还可能生成环形 1,4-结构。如：

1,4-结构

$+CH_2-\underset{\underset{Cl}{|}}{C}=CH-CH_2\xrightarrow{}_n$

1,2-结构

$+CH_2-\underset{\underset{\underset{CH_2}{\|}}{C-Cl}}{}\xrightarrow{}_n$

3,4-结构

环形1,4-结构

$+\underset{\underset{\underset{CH_2}{\|}}{C-Cl}}{CH_2}\xrightarrow{}_n$

$\begin{matrix}CH_2-\underset{|}{C}-CH_2\\ Cl\\ CH_2-\underset{|}{C}-CH_2\\ Cl\end{matrix}$

一般来说，在聚合的初期主要生成 1,4-结构的线型分子结构（称为 α-聚合体），然后随着聚合程度的加深，逐渐生成其他类型的结构，并且还会转变成有支链或桥键的聚合物（称为 μ-聚合体）。通常在实际生产中应使聚合反应在生成 25%~30%的 α-聚合体时停止。氯丁橡胶在存放中还会继续聚合，直至生成 μ-聚合体。

氯丁橡胶分子的空间立体结构主要为反-1,4-结构（约占 85%~86%）。从结构上看，氯丁橡胶分子链由碳链所组成，但在分子链中含有电负性强的侧基（氯原子），因而氯丁橡胶具有较强的极性。而且其周长短（0.48nm），因而在常温下容易结晶。

7.2.4.2 氯丁橡胶的品种、类型和牌号

氯丁橡胶根据其用途和性能的不同，可以分为通用型和专用型两大类。根据硫化体系的不同，通用型又可分为 G 型（硫黄调节型）和 W 型（非硫黄调节型），每个类别下的细分类型

具有不同的调节方式，以满足不同行业和产品的需求。

(1) G型（硫黄调节型）

通过在原料中加入硫黄与促进剂，在一定温度下进行加热处理，使橡胶分子链交联，形成三维网络结构。这个过程不仅能增强橡胶的物理性能，还能提高其耐热性和耐老化性。硫黄的调节量直接影响橡胶的交联密度和最终性能。G型氯丁橡胶广泛用于生产密封件、汽车部件、胶管、胶带、鞋类、传送带等。相较于非硫黄调节型氯丁橡胶，硫黄调节型通常具有较好的物理机械性能，例如提高耐磨性和抗压强度。商品牌号有：杜邦的 Vistalon® 2500、Vistalon® 450；中国石化的 Sinopec CR-2500、Sinopec CR-3210；赛米控的 Kraton® G1650、Kraton® G1700；三菱化学的 ExxonMobil™ CR 102、ExxonMobil™ CR 202；克劳斯玛菲的 Kraton® D 系列，包括 Kraton® D1100、Kraton® D1300；乐克公司生产的 Bayprene® 200、Bayprene® 300；富士胶的 Nipol 系列；巴斯夫（BASF）生产的 Buton® 150；等等。

(2) W型（非硫黄调节型）

采用传统的硫化工艺，而不涉及硫黄调节技术。与硫黄调节型氯丁橡胶相比，非硫黄调节型主要在加工性、硫化速度和最终物理性能上有所差异。这种类型的橡胶主要用于要求耐油、耐热、耐化学腐蚀以及耐候性的应用中，如高性能胶带、耐低温胶管、特种涂料等。非硫黄调节型氯丁橡胶的耐候性和耐氧化性更强，适合在一些特殊环境下使用。商品牌号有：杜邦的 Vistalon® W1500、Vistalon® W1600；赛米控的 Kraton® W1300、Kraton® W1400；三菱化学的 ExxonMobil™ CR-105、ExxonMobil™ CR-120；乐克的 Bayprene® W100、Bayprene® W110；中国石化的 Sinopec CR-W2000、Sinopec CR-W1800；等等。

(3) 专用型

这类氯丁橡胶专用于制造胶黏剂或耐油制品。国产氯丁橡胶牌号是由"CR"及后列四个数字表示，即CR-1211等，数字分别表示型号、结晶速率、分散剂及污染程度以及黏度大小等。

国产氯丁橡胶的部分品种及性能见表7-4。

表7-4 国产氯丁橡胶的部分品种及性能

品牌	型号	调节剂	结晶速度	分散剂	污染程度	门尼黏度 $ML_{1+4}^{100℃}$
中国石化（Sinopec）	CR-W2000	硫化剂、抗老化剂	中等	聚四氟乙烯	低	60~70
中国石化（Sinopec）	CR-W1800	硫化促进剂、抗氧剂	快速	硅油	低	55~65
中国石化（Sinopec）	CR-W1500	橡胶交联剂、抗紫外线剂	中等	乙烯基硅烷	中等	50~60
中国石化（Sinopec）	CR-W1200	调节剂、抗老化剂	慢	无机填料	中等	70~80
中化蓝天（Sinochem）	CR-100	硫化促进剂、抗老化剂	中等	氧化锌、硅胶	低	65~75
中化蓝天（Sinochem）	CR-300	硫化促进剂、助剂	快速	聚乙烯蜡	低	55~65

续表

品牌	型号	调节剂	结晶速度	分散剂	污染程度	门尼黏度 $ML_{1+4}^{100℃}$
中石化长岭（Sinopec Changling）	CR-500	交联剂、抗氧剂	中等	羟基硅油	中等	70~80
中石化长岭（Sinopec Changling）	CR-700	硫化促进剂、抗紫外线剂	快速	乙烯基硅烷	低	80~90
福建厦门（Xiamen）	CR-12	硫化剂、抗老化剂	慢	氧化锌	低	50~60
福建厦门（Xiamen）	CR-18	硫化促进剂、抗氧剂	中等	聚氨酯	中等	65~75
兰州化工（Lanzhou Chemical）	CR-1000	硫化剂、助剂	快速	硅油、氧化锌	低	75~85
兰州化工（Lanzhou Chemical）	CR-2000	抗老化剂、交联剂	中等	聚四氟乙烯（PTFE）	低	80~90

注：① 调节剂主要是用于调节氯丁橡胶的交联速率、提高加工性能及改善抗老化性能的助剂。

② 结晶速度用于描述氯丁橡胶结晶的速度。快速结晶的材料一般具有更好的物理性能，但加工时更具挑战性。

③ 分散剂用于改善橡胶中填料的分散性。常见的分散剂包括无机和有机化合物，如氧化锌、聚四氟乙烯等。

④ 污染程度用于描述氯丁橡胶在加工过程中产生的污染水平。通常较低污染程度的产品更适用于高端行业应用。

⑤ 门尼黏度表示材料在一定温度下的黏度，通常在100℃时测量，反映了橡胶的流变性能。较高的门尼黏度通常意味着橡胶更具黏性和更适合特定的应用。

7.2.4.3　结构与性能间的关系

氯丁橡胶易于结晶，且其结晶能力高于天然橡胶、顺丁橡胶和丁基橡胶。氯丁橡胶大分子链中95%以上的氯原子直接连在有双键的碳原子上，即—CH=CH—Cl结构，此时氯原子的p电子与π键形成p-π共轭，氯原子又具有吸电子效应，综合作用的结果使C—Cl键的电子云密度增加，氯原子不易被取代，双键的电子云密度降低，也不易发生反应。所以氯丁橡胶的硫化反应活性和氧化反应活性均比天然橡胶、丁苯橡胶、丁腈橡胶和顺丁橡胶低，不能采用硫黄硫化体系硫化，耐老化性、耐臭氧老化性比一般的不饱和橡胶好得多。

硫黄调节型氯丁橡胶（简称为G型）采用硫黄和秋兰姆类促进剂作调节剂，结构比较规整，分子链中含有多硫键。由于多硫键的键能远低于C—C键或C—S键，在一定条件下（如热、氧、光的作用）多硫键容易断裂，生成新的活性基团，从而导致发生交联，生成不同结构的聚合物，所以G型氯丁橡胶储存稳定性较差。正是由于存在多硫键，在塑炼时才会使其分子在多硫键处断裂，形成硫氢化合物（—SH），使氯丁橡胶分子量降低，故塑炼效果与天然橡胶近似。G型氯丁橡胶硫化时必须使用金属氧化物（MgO或ZnO）。

非硫黄调节型氯丁橡胶（简称为 W 型）采用硫醇作调节剂。与 G 型氯丁橡胶相比，W 型氯丁橡胶储存稳定性好、加工性好，加工过程中不容易焦烧，也不容易黏附，操作条件容易掌握，制得的硫化胶有良好的耐热性和较低的压缩变形性；但硫化速率慢，结晶性较大。W 型氯丁橡胶硫化时不仅要使用金属氧化物，还要使用硫化促进剂。

专用型氯丁橡胶系指用作黏合剂及其他特殊用途的氯丁橡胶。这些橡胶多为结晶性很大的均聚物或共聚物，具有专门的性质和特殊用途，可分为黏结型和其他特殊用途型。

氯丁橡胶是所有合成橡胶中相对密度最大的，约为 1.23~1.25。由于其结晶性和氯原子的存在，氯丁橡胶具有良好的力学性能和极性橡胶的特点。氯丁橡胶属于自增强橡胶，生胶具有较高的强度，硫化胶具有优异的耐燃性和黏合性，耐热氧化、耐臭氧老化和耐气候老化较好，仅次于乙丙橡胶和丁基橡胶，耐油性仅次于丁腈橡胶。氯丁橡胶的耐低温性和电绝缘性较差。氯丁橡胶的最低使用温度是-30°C，体积电阻率为 10^{10}~$10^{12}\Omega\cdot cm$，击穿电压为 16~24MV/m，只能用于电压低于 600V 的场合。

7.2.4.4 氯丁橡胶的特性和用途

① 氯丁橡胶为结晶型橡胶，其纯胶强度较高，可不加炭黑补强。其他物理力学性能也很好，但耐寒性差。

② 氯丁橡胶为极性橡胶，有较好的耐油性和气密性。

③ 具有良好的化学稳定性，耐氧化、耐臭氧老化和耐化学腐蚀。

④ 燃烧时能产生氯化氢，起到阻燃作用，耐燃性好。

⑤ 需用金属氧化物（一般为氧化锌或氧化镁）来硫化。

⑥ 在储存时会逐渐变硬而失去弹性，因此各种类型的氯丁橡胶都有一定的储存期（其中 G 型储存期为 10 个月，W 型则可达 40 个月）。

⑦ 加工时对温度的敏感性大，容易出现黏辊现象。

⑧ 具有良好的黏着性，容易与金属、皮革等进行黏结。

氯丁橡胶主要用于制造耐油制品、耐热输送带、耐酸碱胶管、密封制品、汽车飞机部件、电线包皮、电缆护套、印刷胶辊、垫圈（片）、胶黏剂等制品。

7.2.5 乙丙橡胶

7.2.5.1 乙丙橡胶的主要品种及结构

乙丙橡胶（ethylene-propylene rubber，EPR）是以乙烯和丙烯为基础单体，采用齐格勒-纳塔催化剂由溶液聚合而成的无规共聚物。根据橡胶分子链中单体的组成不同，可分为二元乙丙橡胶（乙烯和丙烯的共聚物，EPM）、三元乙丙橡胶（乙烯、丙烯和少量第三单体的共聚物，EPDM 或 EPT）、改性乙丙橡胶和热塑性乙丙橡胶四大类。而每一类又按乙烯与丙烯比例、门尼黏度大小、碘值高低等分成不同品种和牌号。

（1）二元乙丙橡胶（EPM）

二元乙丙橡胶是由乙烯和丙烯（含量约为 30%~50%）共聚而成的。其结构式可表示为：

$$-(CH_2-CH_2)_x-(CH_2-CH)_y-$$
$$\qquad\qquad\qquad\qquad|$$
$$\qquad\qquad\qquad\qquad CH_3$$

从结构上看，可认为二元乙丙橡胶是在聚乙烯的结构中引入了丙烯链段，由于丙烯与乙烯的结合是无规的，因而二元乙丙橡胶为无规共聚非结晶橡胶，同时又保留有聚乙烯的某些特性。二元乙丙橡胶在分子链中不含双键，属完全饱和性的橡胶，具有优异的耐老化性能，但不能用硫黄硫化，只能用过氧化物来硫化。

（2）三元乙丙橡胶（EPDM）

三元乙丙橡胶是在乙烯、丙烯共聚单体中加入非共轭二烯类不饱和的第三单体共聚而成的。常用的第三单体为亚乙基降冰片烯（ENB）、1,4-己二烯（1,4-HD）、双环戊二烯（DCPD）等几种。其共聚体结构式如下。

① 亚乙基型（E 型）：

$$\bf{\left\{CH_2-CH_2\right\}_x\left\{CH_2-CH\atop CH_3\right\}_y\left\{CH-CH\atop CH-CH_2-CH\atop CH_2-CH\atop CH_3\right\}_z}$$

② 双环型（D 型）：

$$\bf{\left\{CH_2-CH_2\right\}_x\left\{CH_2-CH\atop CH_3\right\}_y\left\{CH-CH\atop CH-CH_2-CH\atop H_2C \quad CH\atop CH_2-CH_2\right\}_z}$$

③ 1,4-己二烯（H 型）：

$$\bf{\left\{CH_2-CH_2\right\}_x\left\{CH_2-CH\atop CH_3\right\}_y\left\{CH_2-CH\atop CH=CH-CH_3\right\}_z}$$

三元乙丙橡胶由于引入了少量的不饱和基团，因而能采用硫黄硫化，但又因其双键是处于侧链上，因此它基本上仍是一种饱和性的橡胶。在性质上与二元乙丙橡胶无大差异。

（3）改性乙丙橡胶

三元乙丙橡胶可以改性制成溴化乙丙橡胶、氯化乙丙橡胶、氯磺化乙丙橡胶、丙烯腈及丙烯酸酯改性等品种。一般来说，乙丙橡胶引入极性基团后，其耐油、耐化学腐蚀、耐燃及黏结性都能改善，从而扩大乙丙橡胶的应用范围。

乙丙橡胶的特点是具有优异的耐老化性，其电绝缘性、耐化学腐蚀性、耐冲击性、耐寒性等也较好，但其硫化速率慢，力学强度不高，自黏性和互黏性都很差，可用硫黄硫化，也可用过氧化物来硫化。

7.2.5.2 乙丙橡胶的性能

乙丙橡胶的非极性、饱和分子主链赋予其一系列独特性能。

① 乙丙橡胶具有优异的热稳定性和耐老化性，是现有通用橡胶中最好的。耐天候老化性好，能长期在有阳光、潮湿、寒冷的自然环境中使用，如含炭黑的乙丙橡胶硫化胶在阳光下暴

晒三年不发生龟裂,具有突出的耐臭氧性,优于氢化橡胶(HR)、CR。

② 耐化学腐蚀性好,乙丙橡胶对各种极性的化学药品和酸、碱有较强的耐性,长时间接触后其性能变化不大。

③ 具有较好的弹性和耐低温性,在通用橡胶中弹性仅次于天然橡胶和顺丁橡胶,在低温下仍能保持较好的弹性,其最低极限使用温度可达-50℃或更低。

④ 电绝缘性优良,尤其是耐电晕性极好。另外,乙丙橡胶的吸水性小,故浸水后的电绝缘性变化不大。乙丙橡胶的体积电阻率在 $10^{16}\Omega\cdot cm$ 数量级,击穿电压为 30~40MV/m,介电常数也较低。

⑤ 乙丙橡胶具有优异的耐水、耐热水和水蒸气性。从表 7-5 看出,在四种橡胶中,EPDM 的耐热水性是最突出的。

表 7-5 160℃过热水中 EPDM 与其他橡胶的性能对比

橡胶类型	拉伸强度下降的时间/h	5天拉伸强度下降/%	橡胶类型	拉伸强度下降的时间/h	5天拉伸强度下降/%
EPDM	10000	0	NBR	600	10
IIR	3600	0	MVQ(甲基乙烯基硅橡胶)	480	58

⑥ 乙丙橡胶的密度为 0.86g/cm³,在所有橡胶中最低。具有高填充性,可大量填充油和填料,有利于降低成本。

乙丙橡胶也存在一些缺点:采用硫黄体系硫化速率慢,难以与不饱和橡胶共硫化,因而难以与不饱和橡胶并用。乙丙橡胶的包辊性差,不易混入炭黑,硫化时需采用超速促进剂,但用量多会喷霜。乙丙橡胶的自黏性与互黏性较差,往往会给加工工艺带来很大困难。此外,乙丙橡胶的耐燃性、耐油性和气密性差。

7.2.5.3 乙丙橡胶制品的组成、加工与应用

(1) 组成

二元乙丙橡胶由于分子结构中不含双键,因此不能用硫黄进行硫化,而一般采用过氧化物硫化体系,如过氧化二异丙苯(DCP)等。同时,为提高交联效率,防止二元乙丙橡胶在硫化过程中主链上的丙烯链断裂,降低胶料黏度,以改善加工性能,提高硫化胶的某些物理力学性能,通常在过氧化物硫化体系中还会加入一些共交联剂,常用的共交联剂有硫黄、硫黄给予体、丙烯酸酯、醌类、马来酰亚胺等。

三元乙丙橡胶中由于引入第三单体而含有双键,因此,既可以采用普通的硫黄硫化体系,也可以采用过氧化物、醌肟及反应性树脂等其他硫化体系进行硫化。不同的硫化体系对其混炼胶的门尼黏度、焦烧时间、硫化速率以及硫化胶的交联键型、物理力学性能等有着直接的影响。因此,一般要根据所用三元乙丙橡胶的类型、制品的物理力学性能要求、胶料的操作安全性以及产品成本等因素来选择适当的硫化体系。

另外,乙丙橡胶是一种无定形的非结晶橡胶,其分子主链上的乙烯和丙烯单体呈无规排列,因此,其纯胶硫化胶的强度较低(约为 6~8MPa),一般情况下必须加入补强剂后才有实用价值。乙丙橡胶所用补强填充剂与其他通用橡胶基本相同,其规律也类似。各种炭黑对三元乙丙橡胶的补强效果如表 7-6 所示。

（2）加工

乙丙橡胶的塑炼效果差，一般不经塑炼而直接混炼。二元乙丙橡胶的混炼比较容易进行，可以用一般方法在开炼机或密炼机上混炼，过氧化物一般在开炼机温度为100℃以下时加入，某些硫化速率慢的过氧化物（如DCP）也可以在密炼机上加入。而三元乙丙橡胶则由于缺乏黏结性，混炼时不易"吃"炭黑，也不易包辊。因此，应当选择适当的混炼工艺操作条件。

（3）应用

乙丙橡胶常用于制造轮胎胎侧、内胎、汽车配件、蒸汽导管、耐热输送带、电线电缆、实心或海绵压出制品、建筑防水材料，以及要求耐化学腐蚀、耐候和耐低温的特殊制品等。另外还可用作聚丙烯等塑料的抗冲改性剂（可用作制造汽车保险杠）等。

表7-6　各种炭黑对三元乙丙橡胶的补强效果（硫黄硫化体系）

补强后的性能	槽黑	超耐磨炭黑	炉黑（高耐磨）	快压出炭黑	热裂法炭黑
300%定伸应力/MPa	7.3	12.3	12.3	11.0	3.7
抗拉伸强度/MPa	30.4	30.9	24.5	19.6	8.2
断裂伸长率/%	670	500	500	500	540

7.2.6　丁基橡胶

丁基橡胶（butyl rubber 或 isobutylene isoprene rubber，IIR）是异丁烯与少量异戊二烯（0.5%~3%）的共聚物，是以CH_3Cl为溶剂，以三氯化铝（或三氟化硼）为催化剂，在低温（-100~-90℃）通过阳离子溶液聚合而制得的。

7.2.6.1　丁基橡胶的结构

丁基橡胶的结构式为：

$$\left[\begin{array}{c}CH_3\\|\\-C-CH_2-\\|\\CH_3\end{array}\right]_x CH_2-C=CH_2-\left[\begin{array}{c}CH_3\\|\\C-CH_2-\\|\\CH_3\end{array}\right]_y$$

丁基橡胶的分子主链上含有极少量的异戊二烯，双键含量少，不饱和度极低，大约主链上每100个碳原子仅含有一个双键。分子主链的周围含有数目多而密集的侧甲基。丁基橡胶的分子排列比较规整，X射线衍射仪发现IIR有部分结晶，熔点T_m为45℃。

7.2.6.2　丁基橡胶的性能

丁基橡胶在低温下不易结晶，高拉伸状态下会出现结晶。在低于-40℃下拉伸，结晶较快。因此，丁基橡胶是一种非极性的结晶橡胶。丁基橡胶最独特的性能是气密性非常好，气透性是SBR的1/8、EPDM的1/13、NR的1/20、BR的1/30，特别适合制作气密性产品，如内胎、球胆、瓶塞等，作充气制品时有长时间保压作用，不必经常打气。丁基橡胶内胎与天然橡胶内胎的保压情况见表7-7。

丁基橡胶和乙丙橡胶同属非极性饱和橡胶，具有很好的耐热性、耐天候老化性、耐臭氧老化性、化学稳定性和绝缘性。丁基橡胶的水渗透率极低，耐水性优异，在常温下的吸水速率是其他橡胶的1/10~1/15，适用于高耐热、电绝缘制品。

表 7-7　丁基橡胶内胎与天然橡胶内胎对空气气密性对比

内胎胶料	原始压力/MPa	压降/MPa		
		一周	二周	一个月
NR	0.193	0.028	0.056	0.114
IIR	0.193	0.003	0.007	0.014

　　丁基橡胶的硫化速率慢，与天然橡胶等高不饱和度的二烯烃类橡胶相比，其硫化速率慢至 1/3 倍左右，需要高温或长时间硫化；但不能采用过氧化物硫化，因为过氧化物会降解丁基橡胶分子链。丁基橡胶的自黏性和互黏性差，与天然橡胶、其他通用合成橡胶的相容性差，不宜并用，仅能与乙丙橡胶和聚乙烯等并用。丁基橡胶的包辊性差，不易混炼；生热高，加工时容易焦烧。

7.2.7　集成橡胶

　　集成橡胶的概念是德国的 Nordsiek 等在 1984 年提出的。同年，德国的 Huls 公司用苯乙烯（St）、异戊二烯（Ip）、丁二烯（Bd）作为单体合成了集成橡胶（SIBR）。SIBR 的概念提出以后不久，美国 Goodyear 橡胶轮胎公司开始研究 SIBR，并将 SIBR 确定作为生产轮胎的新型橡胶，1991 年便推出了商品名为 Cyber 的 SIBR 胎面胶，应用于该公司生产的 S 速度级 Aquatred 乘用轮胎及防水滑轮胎等新型轮胎。1997 年，Goodyear 公司又试制出低滚动阻力子午线轮胎用 Sibrflex2550 型 SIBR，2000 年又推出了第三代轮胎产品 Aquatred Ⅲ型。与天然橡胶和丁苯橡胶相比，集成橡胶在降低轮胎滚动阻力的同时，会增加湿抓着力，改善抗湿滑性能。

7.2.7.1　集成橡胶的结构

（1）共聚组成

　　集成橡胶（SIBR）一般以苯乙烯（St）、异戊二烯（Ip）和丁二烯（Bd）为单体制成，其共聚组成一般为：St 含量为 0%~40%，Ip 含量为 15%~45%，Bd 含量为 40%~70%。当然，由于各个国家的资源分布不同，这些组分的含量也有所不同。

（2）序列结构

　　集成橡胶的序列结构分为完全无规型和嵌段-无规型两种，生产实际中，以后者居多。完全无规型集成橡胶中，三种单体无规地分布于分子链上，其生产方式是将苯乙烯、异戊二烯和丁二烯三种单体一次投料聚合。嵌段-无规型集成橡胶是指分子链一端为丁二烯或异戊二烯均聚嵌段，一端为丁二烯、苯乙烯、异戊二烯无规共聚的聚合物。这种聚合物一般通过多步加料方法获得。

（3）微观结构

　　各种结构在各嵌段中的含量影响产物的性能。为使均聚嵌段 PB 或 PI 能提供良好的低温性能，要求其中的 1,2-结构和 3,4-结构含量低，一般不超过 15%；为使无规共聚段提供优异的抓着性能，要求 1,2-结构和 3,4-结构含量比较高，一般在 70%~90%。

（4）分子链结构

　　SIBR 的分子链可以是线型结构，也可以是星型结构。偶联剂用量较少时，产物主要为线型结构，门尼黏度值在 40~90 之间，通常为 50~70，分子量分布在 2.0~2.4 之间；偶联剂用量较大时,产物主要为星型结构,门尼黏度值在 55~65 之间,分子量分布在 2.0~3.6 之间。

(5) 微观相态

同其他嵌段共聚物一样,由于集成橡胶的链段结构不同,各链段间彼此相容性不好,会出现球状、柱状、层状等微观相分离现象。

7.2.7.2 集成橡胶的性能

集成橡胶中,既有顺丁橡胶(或天然橡胶)链段,又有丁苯橡胶链段(或丁二烯、苯乙烯、异戊二烯三元共聚链段)。这种橡胶的 $\tan\delta$ 曲线为一宽峰,如图 7-11 所示。

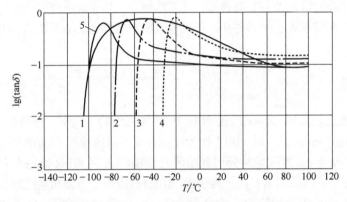

图 7-11 集成橡胶和各通用橡胶的 $\tan\delta$ 曲线
1—BR;2—NR;3—SBR1500;4—SBR1516;5—SIBR

与各种通用橡胶相比较可以看出,集成橡胶的玻璃化转变温度与顺丁橡胶相近(-100℃左右),因而其低温性能优异,即使在严寒地带的冬季仍可正常使用;其 60℃ 时的 $\tan\delta$ 值低于各种通用橡胶,因此,用集成橡胶制造的轮胎滚动摩擦阻力小,能量损耗少。集成橡胶综合了各种橡胶的优点而弥补了各种橡胶的缺点,同时满足了轮胎胎面胶的低温性能、抗湿滑性及安全性的要求,这是各种通用胶种无法相比的。

集成橡胶优异的低温性能来源于丁二烯或异戊二烯的均聚段,优异的湿滑性能来源于分子链中的 S-I-B 或 S-B 共聚段;共聚段中的乙烯基、烯丙基和苯侧基有利于提高聚合物的抓着性能;集成橡胶的低滚动阻力来源于分子链的偶联,因为偶联反应减少了分子链的末端数目,可以大幅度降低滚动阻力。

集成橡胶不仅具有优异的动态力学性能,同时还具有很好的力学性能。其门尼黏度为 70~90,拉伸强度为 16~20MPa,断裂伸长率为 450%~600%,邵氏硬度为 70~90,是一种很好的胎面胶用胶。

7.3 特种橡胶

特种橡胶是指用途特殊、用量较少的一类橡胶,多属饱和橡胶(丁腈橡胶除外);其分子主链有的是碳链,有的是杂链,除硅橡胶外都是极性橡胶。由于这些橡胶结构上的多样性,所以特种橡胶性能上各独具特色,也正是这些独特的性能才能满足那些独特的要求。因此,这些橡胶尽管用量很少,在国防、军事和民用领域却发挥着十分重要的作用。

7.3.1 丁腈橡胶

7.3.1.1 丁腈橡胶的品种

丁腈橡胶（NBR）是目前用量最大的一种特种合成橡胶，于1937年由德国开始工业化生产。NBR是丁二烯和丙烯腈的乳液共聚合产物，其分类如图7-12所示，早期的丁腈橡胶是高温（30~50℃）乳液聚合的产物，由于分子链的支化度较高，性能较差，现在已被低温（5~30℃）乳液聚合丁腈橡胶所替代。

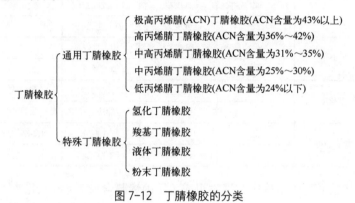

图 7-12 丁腈橡胶的分类

7.3.1.2 丁腈橡胶的特点

① 耐油性好。丁腈橡胶具有强极性，因此对非极性和弱极性油类及溶剂有优异的耐性，且丙烯腈单体含量越高，耐油性越好，优于氯丁橡胶。比如耐汽油、脂肪族油、植物油和脂肪酸等，但不耐芳香族溶剂、卤代烃及酯类等极性溶剂。

② 抗静电性好。具有半导体性能，丁腈橡胶的体积电阻率为 $10^{10}\Omega\cdot cm$ 数量级，等于或低于半导体材料的体积电阻率，是目前橡胶中唯一的半导体材料，可制作抗静电制品。

③ 耐热性和耐老化性较好。丁腈橡胶分子中的氰基吸电子能力较强，使烯丙基位置上的氢比较稳定，故耐热性和耐老化性随—CN基团含量的增加而提高，可在120℃以下中长期使用，短时耐温可达150℃。

④ 耐化学品腐蚀性较好。丁腈橡胶对碱和弱酸具有良好的耐性，但对强氧化性酸的抵抗能力较差。

⑤ 丁腈橡胶是非结晶型的，本身强度较低，必须经补强后才具有使用价值。

7.3.1.3 丁腈橡胶的结构与性能

丁腈橡胶是自由基引发的聚合反应产物，聚合过程以氧化还原体系为引发剂（如过氧化氢和二价铁盐组成的催化体系），以硫醇作为调节剂（链转移剂）控制分子量，聚合温度为5~30℃。反应式如下。

$$H_2C=CH-CH=CH_2 + H_2C=CH-CN \longrightarrow \underset{}{[(CH_2-CH=CH-CH_2)_n CH_2-\underset{\underset{CH_2}{\overset{|}{CH}}}{CH}]_x [CH_2-CH]_y}$$
$$\underset{CN}{|}$$

丁腈橡胶分子结构中两种单体的键接是无规的。其中丁二烯主要以反-1,4-结构键合，例如在 28℃下聚合制得的含 28%丙烯腈的丁腈橡胶，反-1,4-键合占 77.6%，顺-1,4-键合占 12.4%，1,2-键合占 10%。丁腈橡胶的分子结构与性能的关系见表 7-8。

表 7-8　丁腈橡胶的分子结构与性能的关系

项目		丁腈橡胶的性能				
共聚物组成	丙烯腈含量	低	强度小	耐油性小	耐寒性好	密度小
		高	强度大	耐油性大	耐寒性差	密度大
分子量		低	强度小	加工性能好		
		高	强度大	加工性能差		
橡胶的大分子结构	交联度	低	溶解性大	加工性好		
		高	溶解性小	加工性差		
	支化度	低	强度大	定伸应力大	硬度大	
		高	强度小	定伸应力小	硬度小	
丁二烯加成方式	聚合温度	低	反-1,4-多	顺-1,4-少	1,2-结构少	综合性能好
		高	反-1,4-少	顺-1,4-多	1,2-结构多	综合性能差

通用型丁腈橡胶的分子结构中共聚物组成（用丙烯腈含量表示）、组成分布、分子量、分子量分布、支化度、凝胶含量、丁二烯链段的微观结构、链段分布等，都会对其性能产生影响。丁腈橡胶中丙烯腈的存在使分子具有强的极性。丙烯腈含量增加，大分子极性增加，内聚能密度迅速增高，溶度参数迅速增加，从而引起一系列性能上的变化。表 7-9 进一步表明了丙烯腈含量对丁腈橡胶性能的影响。随着丙烯腈含量增加，加工性能变好，硫化速度加快，耐热性、耐磨性、气密性改善，但弹性降低，永久变形增大。不同类型的丁腈橡胶都存在一个丙烯腈含量分布范围，范围若较宽，则硫化胶的物理机械性能和耐油性较差，因此在聚合时应设法使其分布范围变窄。

表 7-9　丙烯腈含量对丁腈橡胶性能的影响

丙烯腈含量增高	密度	流动性	硫化速度	定伸应力拉伸强度	硬度	耐磨性	永久变形	耐油性	耐化学药品性	耐热性	与极性聚合物的相容性	弹性	耐寒性	透气性	与增塑剂的相容性
变化趋势	增大	改善	加快	增大	增大	改善	增大	改善	改善	改善	增大	降低	降低	减小	减小

丁腈橡胶的分子量可由几千到几十万，分子量低的为液体丁腈橡胶，分子量高的为固体丁腈橡胶。工业生产中常用门尼黏度来表示分子量的大小。通用型丁腈橡胶的门尼黏度（$ML_{1+4}^{100℃}$）一般在 30~130 之间，其中门尼黏度在 45 左右称为低门尼黏度，门尼黏度在 60 左右称为中门尼黏度，门尼黏度在 80 以上称为高门尼黏度。分子量和分子量分布对橡胶性能有一定的影响。当分子量大时，由于分子间作用力增大，大分子链不易移动，其拉伸强度和弹性等力学性能提高，但可塑性降低，加工性变差。当分子量分布较宽时，由于低分子量级分的存在，使分子间

作用力相对减弱，分子易于移动，故可塑性增大，加工性较好。但分子量分布过宽时，因为低分子量级分过多而影响硫化交联，反而会使拉伸强度和弹性等力学性能降低。因此，聚合时必须控制适当的分子量和分子量分布范围。

丁腈橡胶属于非结晶性的极性不饱和橡胶，具有优异的耐非极性油和非极性溶剂的性能，耐油性仅次于聚硫橡胶、氟橡胶和丙烯酸酯橡胶，并随着丙烯腈含量的增加而提高，同时耐寒性却降低，因此应注意两者之间的平衡。根据美国汽车工程师学会（SAE）对橡胶材料的分类（J200/ASTM D2000），将各种橡胶按耐油性和耐热性分为不同的等级，如图 7-13 所示，其中英文缩写代表物质见表 7-10。丁腈橡胶的耐热性不高，仅达 B 级；但耐油性很好，达到了 J 级。图 7-14 是不同丙烯腈含量与丁腈橡胶在 ASTM 2# 油中的溶胀率及 T_g 的关系。

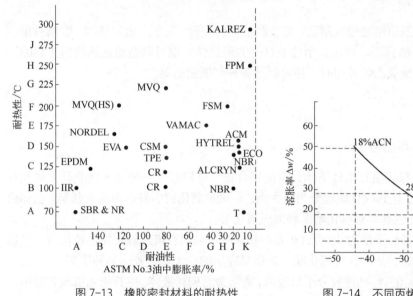

图 7-13　橡胶密封材料的耐热性和耐油性

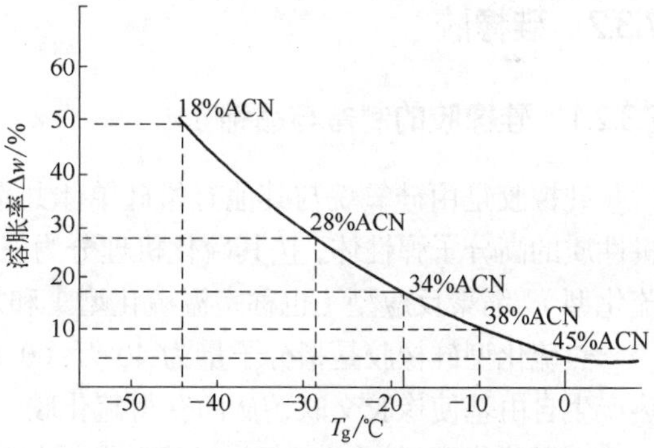

图 7-14　不同丙烯腈含量的丁腈橡胶在 ASTM2# 油中的溶胀率及与 T_g 的关系

表 7-10　橡胶英文缩写及中文名称

代号	名称	代号	名称
SBR&NR	丁苯橡胶&天然橡胶	ACM	丙烯酸酯橡胶
T	热塑性橡胶	HYTREL	热塑性聚酯弹性体
IIR	丁基橡胶	ECO	环氧氯丙烯橡胶
CR	氯丁橡胶	NORDEL	乙烯丙烯二烯三元共聚物
NBR	丁腈橡胶	VAMAC	乙烯丙烯酸酯橡胶
EPDM	三元乙丙橡胶	MVQ（HS）	甲基乙烯基硅橡胶（高苯乙烯橡胶）
ALCRYN	聚烯烃类热塑性弹性体	FSM	硫化超弹橡胶
EVA	乙烯-醋酸乙烯酯共聚物	MVQ	甲基乙烯基硅橡胶
CSM	氯磺化聚乙烯橡胶	FPM	氟橡胶
TPE	热塑性弹性体	KALREZ	全氟橡胶

丁腈橡胶属于非自增强橡胶，需加入炭黑、白炭黑等增强性填料增强后才具有较好的力学性能和耐磨性。丁腈橡胶的耐臭氧性优于通用的二烯烃类不饱和橡胶，逊于氯丁橡胶；丁腈橡胶的耐热性优于天然橡胶（NR）、丁苯橡胶（SBR）和丁二烯橡胶（BR），可长时间在100℃温度下使用，并可在120~150℃时短期或间断使用。含有40%丙烯腈（ACN）的丁腈橡胶的气密性与丁基橡胶相当。丁腈橡胶的体积电阻率为10^9~$10^{10}\Omega \cdot cm$，具有良好的抗静电性。总体来说，丁腈橡胶易于加工，但由于ACN单元会降低硫黄的溶解度，因此在混炼时应优先加入硫黄。此外，丁腈橡胶的自黏性较低，混炼时会产生较多的热量，包辊效果也不够理想，因此在加工过程中需要注意。

7.3.1.4 丁腈橡胶的应用

丁腈橡胶主要用于制造耐油橡胶制品，如接触油类的胶管、胶棍、密封垫圈、贮槽衬里、飞机油箱衬里以及大型油囊等。利用丁腈橡胶良好的耐热性，也可制造运送热物料（140℃）的输送带。丁腈橡胶与聚氯乙烯并用时，还可制造各种耐燃制品等。

7.3.2 硅橡胶

7.3.2.1 硅橡胶的制备与品种

硅橡胶是由硅氧烷与其他有机硅单体共聚的聚合物。硅橡胶是一种分子链兼具无机和有机性质的高分子弹性体，按其硫化机理分为三大类：有机过氧化物引发自由基交联型（也称热硫化型）、缩聚反应型（也称室温硫化型）和加成硫化型。

热硫化型硅橡胶是指分子量为40万~60万的硅橡胶。采用有机过氧化物作硫化剂，经加热产生自由基使胶交联，从而获得硫化胶，是最早应用的一大类橡胶，品种很多。

室温硫化型（缩合硫化型）硅橡胶分子量较低，通常为黏稠状液体，按其硫化机理和使用、工艺性能分为单组分室温硫化硅橡胶和双组分室温硫化硅橡胶。其分子结构特点是在分子主链的两端含有羟基或乙酰氧基等活性官能团，在一定条件下，这些官能团会发生缩合反应，形成交联结构而形成弹性体。

加成硫化型硅橡胶是指官能度为2的含乙烯基端基的聚二甲基硅氧烷在铂化合物的催化作用下，与多官能度的含氢硅烷发生加成反应，从而发生链增长和链交联的一种硅橡胶。其生胶一般为液态，聚合度为1000以上，通常称为液态硅橡胶。

7.3.2.2 硅橡胶的结构、性能及应用

（1）硅橡胶的结构

硅橡胶依其烃基种类的不同，可分为如下几类：

① 二甲基硅橡胶：

$$\left[\begin{array}{c}CH_3 \\ | \\ Si-O \\ | \\ CH_3\end{array}\begin{array}{c}CH_3 \\ | \\ Si-O \\ | \\ CH_3\end{array}\begin{array}{c}CH_3 \\ | \\ Si-O \\ | \\ CH_3\end{array}\right]_n$$

② 甲基乙烯基硅橡胶：

$$\{Si(CH_3)(CH_2CH=)-O\}_m\{Si(CH_3)_2-O\}_n$$

③ 甲基苯基硅橡胶：在甲基乙烯基硅橡胶中引入如下结构即可得到。

$$\{Si(CH_3)(C_6H_5)\}_n \text{ 或 } \{Si(C_6H_5)_2\}_n$$

④ 氟硅橡胶（或称氟化硅橡胶，含氟硅橡胶）：在甲基乙烯基硅橡胶中引入 $\{Si(CH_3)(CH_2CH_2CF_3)-O\}_n$

等即可得到。

甲基乙烯基硅橡胶是一种典型产品，乙烯基单元摩尔分数为 0.1%~0.3%，提供了反应交联点。

硅橡胶的分子主链由硅原子和氧原子交替组成（—Si—O—Si—），主链高度饱和；Si—O 键的键能为 165kJ/mol，比 C—C 键的键能（84kJ/mol）要大得多；Si—O 柔顺性好，分子内、分子间作用力较弱。所以，硅橡胶属于一种半无机的饱和杂链非极性弹性体。

（2）硅橡胶的性能及应用

通用型硅橡胶具有优异的耐高、低温性，在所有的橡胶中具有最宽广的工作温度范围（-100~350℃）；具有优异的耐热氧老化、耐天候老化及耐臭氧老化性；硅橡胶具有出色的疏水性，因此具有优异的电绝缘性、耐电晕性和耐电弧性。其低表面张力和表面能使其具有特殊的表面性能和生物惰性，并且具有高透气性，适用于生物医学材料和保鲜材料的制备。然而，硅橡胶不耐酸和碱，遇到酸性或碱性环境会发生解聚。硅橡胶的生胶强度较低，仅约为 0.3MPa，因此需要增强剂进行增强。其中，气相法白炭黑是最有效的增强剂，同时需要结构控制剂和耐热配合剂的配合使用。常用的耐热配合剂是金属氧化物，如 Fe_2O_3 通常使用 3~5 份；常见的结构控制剂包括二苯基硅二醇和硅氮烷等。有机过氧化物如过氧化苯甲酰（BPO）和过氧化二异丙苯（DCP），被用作硅橡胶的交联剂。硅橡胶通常需要进行两个阶段的硫化过程，以挥发低分子物质，进一步提高交联程度，从而改善硫化橡胶的性能。

硅橡胶无味、无毒，具有生理惰性，对人体无不良影响，其主要特性如下：①硅橡胶因分子量不同，可呈固体、半流体或液体状态；②硅橡胶是结晶型橡胶，但其结晶温度很低，而且分子间作用力较小，在室温下难以生成晶体，所以其纯胶的强度极低，需用白炭黑补强（经补强后的胶料其拉伸强度仍不太高）；③弹性好，玻璃化转变温度低，耐寒性好，有优异的电绝缘性；④具有优异的耐热性，能长时间地耐高温；⑤有优异的耐氧、耐臭氧及耐化学腐蚀的性能，也具有一定的耐油性；⑥硅橡胶是饱和性橡胶，不能用硫黄硫化，而需用过氧化物进行交联，硫化分两段进行。

此外，通用型硅橡胶通常以二甲基型硅橡胶或甲基乙烯基型硅橡胶为原料，其硬度范围为 30~90，拉伸强度为 3~7MPa，伸长率约为 60%~300%。低压缩永久变形型的硅橡胶以甲基乙烯基硅橡胶为原料，经过 150℃、70h 的测试后，其压缩永久变形仅为 7%~15%；而通用型硅橡胶经过 150℃、22h 的测试后，其压缩永久变形约为 25%。低温型硅橡胶引入了苯基的聚合物，在-90℃的低温下不会丧失挠曲性。而超耐热型硅橡胶多采用甲基乙烯基型聚合物，能够耐受的高温范围为 250~300℃。

硅橡胶具有卓越的耐高低温性、优异的耐候性、电绝缘性以及特殊的表面性能，广泛应用于宇航工业，电子电气工业的防震、防潮灌封材料，建筑工业的密封剂、汽车工业的密封件以及医疗卫生制品等。

7.3.3 氟橡胶

7.3.3.1 氟橡胶的品种

第二次世界大战期间，军事工业的发展促进了氟橡胶（FPM 或 FKM）的开发和研究。氟橡胶是指主链或侧链的碳原子上含有氟原子的一类高分子弹性体，主要分为四大类：①含氟烯烃类氟橡胶；②亚硝基类氟橡胶；③全氟醚类氟橡胶；④氟化磷腈类氟橡胶。其中最常用的一类是含氟烯烃类氟橡胶，是偏氟乙烯与全氟丙烯或再加上四氟乙烯的共聚物。

最常用的含氟烯烃类氟橡胶有凯尔型（Kel-F）和维通型（Viton）两种。

（1）凯尔型氟橡胶（23 型）

凯尔型氟橡胶是一种含氟橡胶，国内常称为 1 号胶。它是由三氟氯乙烯（VDF）和偏氟乙烯（HFP）在-20~50℃下共聚而成的。凯尔型氟橡胶的含氟量为 50%，其反应式如下：

$$n CF_2=CFCl + n CH_2=CF_2 \longrightarrow \begin{bmatrix} F & F & H & F \\ | & | & | & | \\ -C-C-C-C- \\ | & | & | & | \\ F & Cl & H & F \end{bmatrix}_n$$

从结构上来看，该种氟橡胶的主链为单链的碳原子相连，而氟原子位于碳链的两边呈对称分布，氟原子的半径又较小，故会对碳链产生屏蔽作用。其分子结构规整，且极性强，容易结晶，但分子链中引入氯原子后，可减少结晶的倾向而提高耐寒性；而且氯原子比较容易取代，因此，凯尔型氟橡胶较容易进行硫化。

凯尔型氟橡胶的主要性能如下：

① 为结晶型、饱和、极性的橡胶，具有良好的耐热性、耐臭氧老化性、耐化学腐蚀和耐油性等，但耐寒性差。

② 具有很好的气密性（与丁基橡胶接近）。

③ 需用过氧化物、有机胺类及其衍生物等来硫化，硫化需分两段进行。

凯尔型氟橡胶主要用于制造耐高温、耐腐蚀、耐油的制品，如胶管、垫圈等。

（2）维通型氟橡胶（26 型）

维通型氟橡胶，国内俗称 2 号胶，杜邦牌号 Viton A 是偏二氟乙烯与六氟丙烯的共聚体，其中含氟 65%。

$$n CH_2=CF_2 + n CF_3-CF=CF_2 \longrightarrow \begin{bmatrix} -CH_2-CF_2-CF-CF_2- \\ | \\ CF_3 \end{bmatrix}_n$$

维通型氟橡胶的性能与凯尔型氟橡胶相似，但其耐热性、耐溶剂性及化学稳定性都比凯尔型的好。在我国市场上，进口氟橡胶供应商除了最大的美国杜邦公司外，还有美国 3M、日本的大金和欧洲的 Solvay。我国生产的牌号有 3F、晨光、东岳等。

7.3.3.2 氟橡胶的结构、性能

氟橡胶的分子主链高度饱和，氟原子的原子半径小，极性非常大，分子间作用力大，属于碳链饱和极性橡胶。氟橡胶中氟原子的存在赋予其优异的耐化学性和热稳定性，其耐化学性和腐蚀性在所有橡胶中最好，而且可以在250℃下长期使用；燃烧后会放出氟化氢，具有一定的阻燃性，但弹性小、低温性能差，不易加工。氟橡胶中的氟含量直接影响其性能，氟含量越高，耐化学性越好（表7-11），但低温性能会下降。

表7-11 氟含量对氟橡胶耐溶剂性的影响

氟橡胶种类	氟含量/%	体积溶胀度/%	
		苯（21℃）	飞机液压油（121℃）
VDF-HFP	65	20	171
VDF-HFP-TFE	67	15	127
VDF-HFP-TFE-CSM	69	7	45
TFE-PMVE-CSM	71	3	10

26型氟橡胶具有优异的耐燃料油、润滑油以及脂肪族和芳香族烃类溶剂的能力，但由于偏氟乙烯单元的存在，易脱去氟化氢，形成双链，对低分子量的脂类、醚类、酮类、胺类等亲核性的化学品耐性较差，这些化学品会使氟橡胶的交联度增加，发生脆化。如油品中有抗氧添加剂胺类物质，燃料油中的甲醇、叔丁基醚以及脂类和酮溶剂易使氟橡胶受到破坏。四丙氟橡胶的氟含量相对较低，然而由于分子链中没有偏氟乙烯单元，通常采用过氧化物硫化，因而对丙酮类、胺类、蒸汽、热酸等极性物质的耐性较强，但对芳烃类、氯代烃及乙酸等物质的耐性较差。23型氟橡胶耐含氯、氟烃类溶剂的能力较26型氟橡胶和氟醚强。

氟醚橡胶除对液压油（尤其是含磷酸三乙酯）、二乙胺、发烟硝酸、氟代烃类溶剂的耐性较差外，对各种级别的化学品均有较强的抗耐性。

氟橡胶常用的硫化体系有三种：过氧化物硫化体系、二胺类硫化体系和双酚硫化体系。不同硫化体系硫化的氟橡胶对化学品的耐性也有所差别，如过氧化物体系硫化的氟橡胶比双酚硫化体系硫化的氟橡胶具有更好的耐酸、耐水蒸气的能力，二胺类硫化体系形成的亚胺交联键易水解。值得注意的是，双酚硫化体系对混合过程中的污染物较为敏感，即极少量的硫就能完全阻碍硫化。与硅橡胶一样，氟橡胶在硫化过程中会产生低分子物质（如HF、HCl、H_2O以及过氧化物的分解产物等），因此尚需在高温敞开系统中进行二段硫化，以使低分子物质充分逸出，提高硫化胶的交联密度，从而提高硫化胶的定伸应力，降低压缩永久变形性。

氟硅橡胶由于分子主链上氧原子的存在使其具有高度柔顺性，因而其耐低温性优异；在高低温下，均具有较小的压缩永久变形。但由于氟含量较低，氟硅橡胶的耐溶剂性和高温性能会受到影响。氟化磷腈橡胶的耐高、低温性与氟硅橡胶相当，在使用温度范围内还具有优异的阻尼特性和耐弯曲疲劳性，适于制造在动态条件下使用的制品。

7.3.3.3 氟橡胶的应用

氟橡胶的最主要用途是制作密封制品，因而压缩永久变形、伸长率、热膨胀特性等是重要的性能指标。选择高分子量氟橡胶和双酚硫化体系硫化，其硫化胶的耐压缩永久变形性优异；过氧化物硫化体系制得的硫化胶在高温下也具有良好的耐压缩永久变形性。压缩永久变形对

填料的类型也具有较强的依赖性，常用的填料为热裂法炭黑（MT）、半补强炭黑（SRF）、硅藻土、硫酸钡和粉煤灰等。使用粉煤灰时，硫化胶的拉伸强度和伸长率较低。氟橡胶中全氟橡胶的热膨胀系数最大。

氟橡胶具有优异的耐高温以及耐化学性，但价格昂贵，主要用于现代航空、导弹、火箭、宇宙航行等尖端科学技术部门，以及其他工业部门的特殊场合下的防护、密封材料和特种胶管等。

7.3.4 氯醚橡胶

7.3.4.1 概述

氯醚橡胶是指侧基上含有氯的聚醚型橡胶，过去习惯上又称作氯醇橡胶。这种橡胶根据聚合方式的不同，可分为均聚型和共聚型两种。前者由环氧氯丙烷均聚而成，常用 CHR 表示，ASTM 命名为 CO。后者通常由环氧氯丙烷与环氧乙烷共聚而成，常用 CHC 表示，ASTM 命名为 ECO；或是由环氧氯丙烷-环氧乙烷-烯丙基缩水甘油醚三元共聚而成的不饱和聚合物，ASTM 命名为 GCO。各结构式如下：

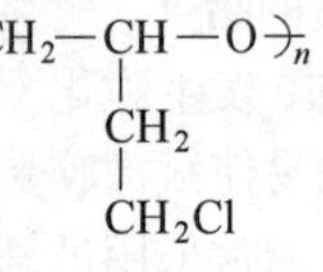

CO(CHR) 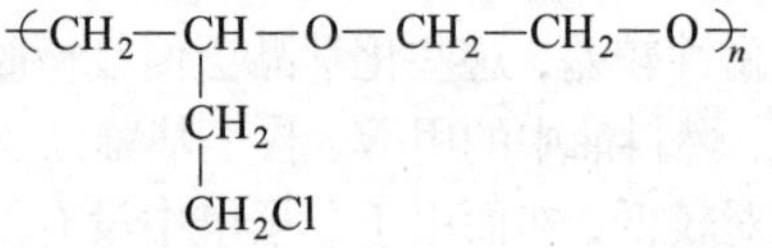   ECO(CHC)

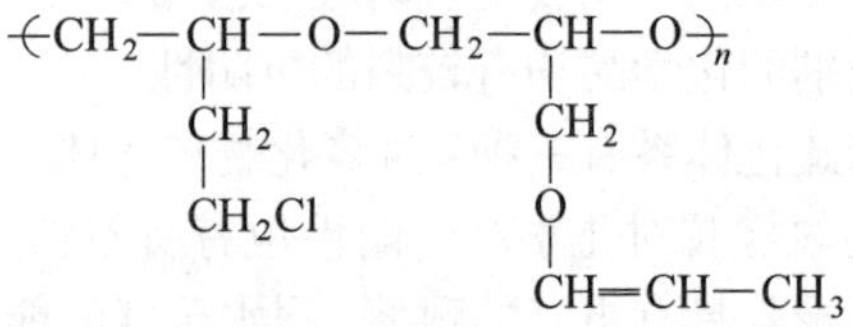

GCO

7.3.4.2 氯醚橡胶的结构和性能

（1）氯醚橡胶的化学结构特征

氯醚橡胶由于其主链上含有—C—O—C—键，旋转自由度较高，其分子链有较好的柔顺性，因而其弹性和耐寒性都很好（结晶度仅为百分之几）；又因为分子链中含有—CH_2Cl 极性基团，凝聚力较高，使其具有相当好的耐油性；同时还因其主链不含不饱和键，具有良好的耐热老化性。引入烯丙基缩水甘油醚的目的，除了利用侧链上的不饱和基团进行硫黄交联外，还可改善耐臭氧性和防止软化老化。

CO 是兼具耐热老化性、耐油性、耐臭氧性、耐气体透过性的氯醚橡胶。但是，其侧链上氯甲基的内聚力会使低温柔软性降低，成为了实际应用中的难题。ECO 是为了改善 CO 这一缺点而另行开发的氯醚橡胶品种，它能在不影响原有耐油性的情况下达到改善低温柔软性的效果。在丙烯酸酯橡胶（ACM）和丁腈橡胶（NBR）中，一种共聚物系列无论怎样重组共聚物的成分，当低温柔软性提高时，其耐油性均会变差。要同时满足这两种性能是比较困难的，因为两者的性质基本上由同一凝聚力决定。而对于氯醚橡胶来讲，提供低温柔软性的氧化乙烯单元同时也显现出一定的耐油性，所以可以改善氯醚橡胶的耐油性（图7-15）。三元共聚氯醚橡胶（GCO）既避免了氯醚橡胶低软化老化性这一缺点，同时又改善了耐臭氧性。

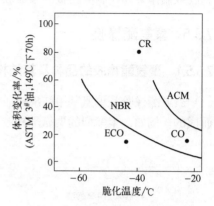

图 7-15　不同橡胶耐油性与低温柔软性的关系

（2）氯醚橡胶的性能

氯醚橡胶的基本性能如表 7-12 所示。均聚型 CO 是耐热、耐油、耐候、耐气透性良好的橡胶；共聚型 CO 是耐油、耐寒、耐候、耐热性良好的橡胶，二者与树脂的共混性也均良好。

表 7-12　氯醚橡胶的基本性能

指标	CO	ECO	GCO	指标	CO	ECO	GCO
门尼黏度 $ML_{1+4}^{100℃}$	40~75	50~110	60~90	耐磨性	D	D	D
拉伸强度/MPa	18.0	20.0	20.0	耐臭氧性	A	A	A
断裂伸长率/%	350	350	350	耐气透性	A	B	B
最低使用温度/℃	−15	−35	−35	耐酸性	B	B	B
最高使用温度/℃	140	120	130	耐碱性	C	C	C
体积变化率/%	100℃下 ASTM3# 油浸泡 70h 后	6	7	耐水性	B	C	B~C
	室温下 ASTM B 燃料油浸泡 70h 后	22	23	耐燃性	A	B	B
				压缩永久变形性	C	B	B
弹性	D	A	A	体积电阻率/(Ω·m)	10^9	10^9	10^9

注：1. A、B、C、D 代表性能等级；A 为最佳，D 为最差；

2. 表中数据来自：郭守学，刘毓真. 橡胶配合加工技术讲座（第十一讲　氯醚橡胶），橡胶工业，1999, 46：436-444。

（3）氯醚橡胶的应用

氯醚橡胶作为一种特种橡胶，其综合性能良好，用途较广，具体如下。

① 可用于汽车、飞机及各种机械的配件中，用作垫圈、O 形圈、隔膜等。采用 CO 做密封填料，可用于压缩机和泵的轴承处。使用氟利昂（Freon）的冷冻机需使用弹性体密封件，而多数橡胶长期在 Freon 和冷冻机油的浸渍下将会溶胀、变形，从而导致制品报废。而 CO 对 Freon 和机油的耐性较好，适用于冷冻机弹性密封件。

② 用于耐油胶管、印刷胶辊、胶板、衬里、充气房屋及其他充气制品等。

③ 用于制造耐热制品。电机引接线是电机工业大量使用的配套产品，其中对耐热性的要求通常为 F 级（155℃）。上海电线二厂采用 CO 作线护套，效果良好。

④ 用作胶黏剂。CO 因含有大量的氯甲基，具有优良的黏结性，可制作胶黏剂，用于纤维

黏胶或用作柔韧印刷电路板的柔韧胶黏剂。

7.3.5 聚氨酯橡胶

7.3.5.1 聚氨酯橡胶的品种及其结构

聚氨酯橡胶是聚氨基甲酸酯橡胶的简称，是由聚酯（或聚醚）与二异氰酸酯类化合物缩聚而成的。例如，聚酯型的聚氨酯橡胶其缩聚反应式可表示为：

$$O=C=N---N=C=O + HOCH_2CH_2\!-\!\!\left[\!O-C(=O)-(CH_2)_4-C(=O)-O-CH_2-CH_2\!\right]\!\!-\!OH \longrightarrow$$

4,4'-联苯二异氰酸酯　　　　　　　　　　聚酯

$$\cdots\!-\!O\!-\!C(=O)\!-\!N(H)\!-\!\!-\!\!-\!N(H)\!-\!C(=O)\!-\!O\!-\!聚酯链\!-\!O\!-\!C(=O)\!-\!N(H)\!-\!\!-\!\!-\!N(H)\!-\!C(=O)\!-\!O\!-$$

$$\cdots\!-\!\!-\!\!-\!N(H)\!-\!C(=O)\!-\!O\!-\!聚酯链$$

从分子结构上看，聚氨酯橡胶的主链是一种由 C、O、N 等元素以单键形式组成的杂链，因此，其主链具有很好的柔顺性；但在分子链中又含有—NH—COO—和苯环以及在交联后形成的—CONH—等基团，又赋予其分子链很好的刚性，加之存在分子间氢键的作用，使得聚氨酯橡胶具有很高的强度和一系列优异的性能。

聚氨酯橡胶由于制造时所用的原料及制造条件不同，分为很多品种。从化学结构上这些品种可分为聚酯型和聚醚型两类；从加工方法上则可分为浇注型、混炼型和热塑型三类。聚酯型（AU）的耐磨性、耐油性、耐氧性较好；聚醚型（EU）的耐寒性和耐水解性较佳。

浇注型聚氨酯橡胶是一种端基为异氰酸基的预聚体，可用多元醇或多元胺作扩链剂，通过浇注的方法成型。这种橡胶的物理性能较好，硬度变化范围较宽，加工简便，是最常用的一种聚氨酯橡胶。混炼型聚氨酯橡胶是一种端基为异氰酸基或羧基的预聚体，可用水、二元醇等含有活泼氢的化合物或多异氰酸酯作固化剂，经一般橡胶加工的方法制成硫化胶。这种橡胶的物理性能较差，硬度变化范围窄。

热塑性聚氨酯橡胶是由多异氰酸酯和多羟基化合物，借助扩链剂的加聚反应而形成的线型嵌段共聚物。柔性链段和刚性链段经过共价键尾-尾相连，软段由脂肪族聚酯或聚醚组成，硬段由二异氰酸酯与二元醇或二元胺聚合而成。热塑性聚氨酯橡胶的特点是硬度高、拉伸强度高、耐磨、耐油、耐有机溶剂、耐臭氧老化、不透气和易于加工，可按热塑性塑料成型的方法成型，不需硫化。但胶料永久变形较大，耐腐蚀性较差。

7.3.5.2 聚氨酯橡胶的特性

与其他材料比较，聚氨酯橡胶的杨氏模量居于橡胶和塑料之间。因而，聚氨酯橡胶的用途并不限于橡胶领域，而且涉及塑料领域。其最大的特点在于既为高硬度，又具有高弹性，这是其他橡胶或塑料所不具备的。此外，耐磨耗性非常优异也是其一大特征。

① 耐高温性。在高于室温的环境下，聚氨酯橡胶的性能会降低，这与分子间氢键所形成

的二级交联键对力学强度的影响有关。随着温度升高，分子间氢键力逐渐减弱，物理性能降低，然而此时亦完全能够比得上普通橡胶的强度。有人认为，聚氨酯性能的下降是其主链中的酯键或醚键氧化断裂的结果。酯键和醚键相比，前者是更稳定的交联键。

② 耐低温性。虽然低温会影响聚氨酯橡胶的性能，但不会导致大分子降解，且这种影响是完全可逆的。低于 0℃时，其杨氏模量增大，硬度、拉伸强度、撕裂强度的扭转刚性增大，回弹性降低。

③ 耐水性。聚氨酯橡胶的耐水性不太好，高温下尤甚，其中聚醚类优于聚酯类。水会对聚氨酯橡胶产生两种作用。一种是产生增塑作用，即吸入的水与聚氨酯中的极性基团形成氢键，使聚合物分子间的氢键削弱，从而降低物理性能。但是此吸水过程是可逆的，干燥后又能复归如初。第二种作用是使聚氨酯橡胶水解，此为不可逆过程。

④ 耐油和耐溶剂性能。聚氨酯橡胶的耐油和耐溶剂性一般是很好的，特别适用于耐润滑油和燃料油，但必须注意在芳香族溶剂和极性溶剂中会发生溶胀。

⑤ 耐候性和耐臭氧性。聚氨酯橡胶经长时间的日光照射会变色发暗，物理性能逐渐降低。因聚氨酯橡胶结构中不含不饱和键，故其耐臭氧性极佳。

⑥ 其他性能。浇注型聚氨酯橡胶可用于电器件的嵌埋。此外，人们很早就发现，聚酯型聚氨酯橡胶的抗霉菌性很差，成为其耐老化性差的原因之一；而聚醚型的抗霉菌性则很好。

7.3.5.3 聚氨酯橡胶的应用

聚氨酯橡胶有着卓越的性能，因此其应用范围甚广。图 7-16 为聚氨酯橡胶的硬度范围与用途的关系。按照其不同特性，其用途分类如下。

① 利用其耐磨耗性，可将其用来制造实心轮胎和车轮（注意：聚氨酯橡胶的高蓄热性导致其仍不能作为充气轮胎的材料）、鞋底和后跟、耐磨胶带、印刷胶辊以及工业泵体的衬里材料等。

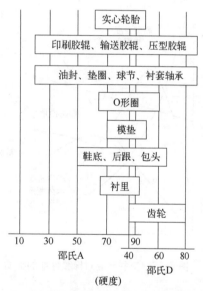

图 7-16 聚氨酯橡胶的硬度范围与用途的关系

② 利用其耐油性，可将其用于制作印刷胶辊、油封、挡油圈和阀座等，也可用于制造密封圈、活塞皮碗及其他氯丁橡胶、聚四氟乙烯和天然橡胶所不能及的领域。但需要注意油中的添加剂可能对聚氨酯橡胶有侵蚀作用，故使用前应做试验。

③ 因聚氨酯橡胶具有高硬度、高弹性及良好的耐油性，同时还具有较好的缓冲性。利用其缓冲性，可将其用于制作各种压力机具中的模垫及冲孔用的模板、钣金加工用橡皮锤、各种机械的缓冲垫。

④ 利用其低摩擦系数制作马达联轴节及汽车球承密封件等。聚氨酯橡胶的摩擦系数一般偏高，但添加二硫化钼或硅油等后便会大大降低，而耐磨耗性则进一步提高，成为一种具有自润滑性的材料。

⑤ 利用其良好的绝缘性，可将其用于电器件及电缆端等的嵌埋。当所要求的电性能非常

高时，可采用在浇注型预聚体中加入环氧树脂并以二元胺将其固化的方法。

⑥ 其他用途。聚氨酯橡胶还可用溶液浸涂法或喷涂法对织物或金属挂衬，同时还可用作海绵胶、密封胶等方面。随着技术的改进，今后还有更加宽广的应用领域。

7.4 橡胶的硫化（交联）反应

天然橡胶与由各类聚合反应或相应聚合方法制得的合成橡胶都是线型长链分子的聚集体——生胶。尽管它们的各项分子参数都能满足橡胶基料的基本要求，但是由于线型长链分子间作用力小，容易发生滑移、流动、变形，导致其强度低、弹性恢复能力差，且冷则发硬、热则变黏。因而必须经过填料补强和硫化（交联）才能使其转变成强度高、弹性得以充分发挥的、有使用价值的高弹体材料。所以，橡胶的硫化（交联）反应是使生胶转变成有用材料所必经的关键反应，也是最重要的橡胶改性反应。本节中为了阐述方便，交联与硫化两词混用。

7.4.1 硫化的定义

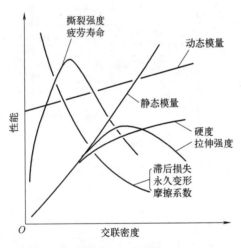

图7-17 交联反应对橡胶性能的影响

橡胶的交联反应是指生胶或混炼胶在能量（如加热或辐射）或外加化学物质（如O_2、S_8、有机过氧化物、金属氧化物和二胺类等）存在下使聚合物分子间形成共价或离子交联（或称硫化、架桥）网络结构的化学过程。因此，交联反应是橡胶分子由线型结构变为三维网络结构的化学转变。这种结构的转变会引起宏观上物理机械性能和化学稳定性的重大变化，使橡胶具有广泛的应用价值。图7-17为交联反应对橡胶性能的影响。对于塑料、纤维和涂料，常借助分子链之间的交联来提高材料的强度、耐热性和耐溶剂性；而对于橡胶来说，除以上目的外，更重要的是为了抑制线型分子的塑性变形，赋予橡胶以高弹性（可逆形变）。

实现交联反应的主要方法有三种：一种是交联剂参与的交联反应，包括以硫黄及其同系物和以树脂、胺类化合物等有机化合物为交联剂；一种是自由基引发剂引发的交联反应，例如过氧化物交联和辐射交联等；还有一种是利用活性基团间的交联反应，例如金属氧化物交联等。有时为提高交联效率或调节交联反应速率，还可以应用催化剂或交联助剂等。因此橡胶的交联反应是非常复杂的化学反应。

7.4.2 硫化体系

"硫化"一词最早源于天然橡胶加硫黄硫化。橡胶单用硫黄硫化不仅硫化效率低（每个交联键约含40~50个硫原子），而且硫化速度很慢（数小时）。后来工业生产中又加入一系列有机硫化物，如以TMTD之类的化合物作硫化促进剂来提高硫化效率和硫化速度。大量的研究和实践发现，单加硫化促进剂硫化效率和速度仍增加很少，只有同时添加一些金属氧化物（如

ZnO）和硬脂酸等活化剂才能活化整个硫化体系，使硫化速度从单用硫黄硫化的数小时缩减至数分钟；同时发现某些硫黄/促进剂/活化剂体系可使每个交联键所含的硫原子数小于 2，大大改善了硫化胶的耐热老化性。所以平常所说的硫化体系至少含有三个组分，即硫黄/促进剂/活化剂。又由于上述硫化体系经常是在混炼时与其他填充剂一并加入，且混炼胶历经混炼、压延或挤出等多步、长时间受热过程，难免会引起生胶过早硫化（即焦烧）。为了抑制某些硫化体系的过早硫化，所以在配制硫化体系时又常加入一些防焦剂。因此硫化体系实际上是由硫化剂、促进剂、活化剂和防焦剂等组成的。

随着合成橡胶品种的日益增多，除通用合成橡胶品种（不饱和橡胶）外，又出现了一些饱和橡胶如二元乙丙橡胶（EPR）、丙烯酸酯橡胶（ACM）、氯醚橡胶（CO）和硅橡胶（MQ）等。由于它们的分子主链不含—C═C—，所以不能用硫黄硫化体系硫化，只能用过氧化物、金属氧化物或多元胺类等交联。在橡胶行业里"硫化"和"交联"是同义词，而且会把硫化体系分为硫黄硫化体系和非硫黄硫化体系。

7.4.2.1 硫黄硫化体系

按照硫黄在交联反应中的利用率和交联有效程度，硫黄硫化体系又可分为普通硫化（conventional vulcanization，CV）、半有效硫化（semi-efficient vulcanization，SEV）和有效硫化（efficient vulcanization，EV）体系三类。

（1）普通硫化体系

又称常规或传统硫化体系，是指对二烯类橡胶普遍采用的硫化体系。该体系主要由硫黄和少量促进剂、活化剂组成。普通硫化体系对几种橡胶的适宜用量见表 7-13。

表 7-13　普通硫化体系　　　　　　　　　　　　单位：份

配方	NR	SBR	NBR	IIR	EPDM
硫黄	2.0	2.0	1.5	2.0	1.5
ZnO	5.0	5.0	5.0	3.0	5.0
硬脂酸	2.0	2.0	1.0	2.0	1.0
促进剂	0.6	1.0			
促进剂 DM			1.0	0.5	
促进剂 M					0.5
促进剂 TMTD			0.1	1.0	1.5

从表 7-13 所列的不同橡胶所用的硫化体系可以看出：二烯类共聚橡胶 SBR、NBR、IIR 等分子链结构中的不饱和度比 NR 低，硫黄用量与 NR 一样均较少，同时形成的硬脂酸皂又会显著降低硫化速度，所以可通过适当增加促进剂的用量来提高硫化速度；对于不饱和度极低的 IIR 和 EPDM，其硫黄用量也较少，此时主要是靠并用高效快速的促进剂如秋兰姆类 TMTD、TRA 和二硫代氨基甲酸盐类作主促进剂，噻唑类作副促进剂来提高硫化速度。

用普通硫黄硫化体系硫化的硫化胶在室温下有优良的动态和静态性能，其最大的缺点是硫化胶不耐热老化。

（2）有效硫化体系和半有效硫化体系

所谓有效和半有效是指硫黄硫化体系中硫黄的利用率和有效交联程度的高低。例如单用硫黄硫化，每个交联键中平均含有 40~50 个硫原子，也就是说很多硫原子都集中在一个交联

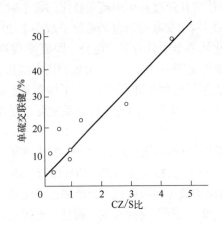

图 7-18 单硫键含量与促进剂/硫黄比率之间的关系

（胶料配方：NR 100份，炭黑N330 50份，防老剂IPPD 5份，硬脂酸3份，塑化剂3份，硫黄和促进剂CZ适量）

键中，导致交联度低，且硫黄的利用率也低。通过提高促进剂/硫黄比率就可有效地提高单硫交联键的百分数和交联度。如图 7-18 所示，促进剂 CZ/S 比增大，单硫交联键含量几乎呈直线上升。这一体系实际上就是有效硫化体系。促进剂/硫黄的比率或促进剂促进程度介于普通和有效硫化体系之间者称为半有效硫化体系。

图 7-18 的结果还说明，提高促进剂/硫黄比率还可在硫黄用量较少的情况下提高交联效率和交联密度，这就意味着硫化胶性能的改善是通过改变硫化胶网络结构而达到的。一般说来，橡胶的交联度增大，动态性能会变好，疲劳寿命会下降。对丁苯橡胶来说，采用 CV 硫化体系，其硫化胶已含有相当多的单硫键，硫化结果相当于 EV 体系硫化 NR。但 SBR 的抗疲劳寿命却比 NR 长。

上述三类硫化体系只是依据促进剂类型和促进剂/硫黄比率对形成单硫键是否有利的单一指标进行粗略划分的，因而不能由此得出哪一类硫化体系更为优越、有效的结论。实际上，由于它们的硫化温度不同，所得硫化胶的物性也各有优缺点（表 7-14），可分别适用于不同场合。

表 7-14　CV、SEV 和 EV 硫化体系的比较

硫化体系	优点	缺点	应用范围
CV	常温下优良的动态和静态性能，适于一般加工工艺要求	不耐热氧老化，易产生硫化返原	常温下各种动态、静态条件下用的制品
EV	优良的耐热氧化老化性，硫化返原程度低，优良的静态性能	不耐动态疲劳	高温硫化、厚制品，耐热和常温静态下用的制品
SEV	中等温度下的耐热氧老化性好，耐屈挠性中等		中等温度下耐热氧的各种动态静态、橡胶制品

（3）平衡硫化体系

这是一类由硅烷偶联剂 Si-69［双（3-三乙氧基丙基硅甲烷）四硫化物］与硫黄、促进剂等摩尔比组成的硫化体系，可在较长的硫化周期内把硫化返原性降到最低，使其交联密度处于动态恒定状态（即 300%定伸应力在较长的硫化时间内保持不变），因而其硫化胶具有优良的耐热老化和耐疲劳性。

加有促进剂的 Si-69，其交联速度常数比相应的硫黄硫化体系的低，达到正硫化的速度要比硫黄硫化慢。因此在超过硫黄正硫化后的长时间区域内，硫化返原导致交联密度下降的部分正好由 Si-69 生成的新多硫键和双硫键所补偿，从而使整个交联密度保持常量，如图 7-19 所示，其硫化反应机理见 7.4.3。

研究表明，当硫黄、Si-69 和促进剂用量为等摩尔比，且硫黄用量在 1.0~1.5 份范围内时，促进剂 DM、NOBS 会在 170℃时组成平衡硫化体系，在 140~150℃之间就会表现出优良的平衡性能。各种促进剂在天然橡胶中的抗硫化返原能力顺序如下：DM>NOBS>TMTD>DZ>CZ>D。

平衡硫化体系的胶料具有高强度、高抗撕裂性、耐热氧、抗硫化返原、耐动态疲劳性和生热低

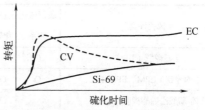

图 7-19 EC、CV 及 Si-69 的硫化特性

等优点，因此主要用于长寿命动态疲劳制品、巨型工程轮胎、大型厚制品的硫化。

7.4.2.2 非硫黄硫化体系

非硫黄硫化体系包括过氧化物、金属氧化物、酚醛树脂、多元胺、马来酰亚胺衍生物等。饱和橡胶一般采用非硫黄硫化体系。

过氧化物不但能硫化饱和的碳链橡胶、杂链橡胶，也能硫化不饱和的碳链橡胶。除丁基橡胶等少数胶种外，大部分橡胶均可用过氧化物硫化。此时硫化胶的网络结构为稳定的 C—C 键，故具有优越的抗热氧老化性，压缩永久变形小，因此广泛地应用在静态密封制品中。过氧化物硫化剂中以 DCP（过氧化二异丙苯）最常用。

金属氧化物（常用氧化锌和氧化镁）可用于氯丁橡胶、卤化丁基橡胶、氯磺化聚乙烯、氯醚橡胶、聚硫橡胶以及含活泼基团的基橡胶的硫化，特别是氯丁橡胶和卤化丁基橡胶常用金属氧化物硫化。

胺类（二元胺和多元胺）对丙烯酸酯橡胶、氟橡胶、氯醇（聚醚）橡胶及聚氨酯橡胶等是比较重要的硫化剂。常用的胺类有己二胺、多亚乙基多胺等。

用马来酰亚胺硫化不饱和二烯类橡胶是较新的方法。如山西省化工研究院近年来研究开发的耐热硫化剂 DL-268，即 N,N′-间亚苯基双马来酰亚胺，系多功能硫化剂，可用于通用橡胶和特种橡胶的硫化，是高温硫化首选的硫化剂；有良好的抗硫化返原性，可改善胶料的耐热性和黏着性及抗焦烧性，既可单用，也可与硫黄、过氧化物等并用。

酚醛树脂可作为丁基橡胶、丁苯橡胶、丁腈橡胶等合成橡胶和天然橡胶的硫化剂，特别适用于丁基橡胶。丁基硫化胶的耐热性很好，并有良好的耐挠曲性，压缩永久变形小，适于制造轮胎定型硫化机中的硫化胶囊、水胎等耐热制品，不易过硫化，几乎无硫化返原现象。常用的酚醛树脂为对叔丁基苯酚-甲醛树脂。

除上述化学交联方法外，二烯类橡胶等还可采用高能辐射法硫化，但此时交联反应与裂解倾向并存，何种反应为主取决于橡胶分子结构。辐射硫化有许多优点：无污染，无副反应，能获得高质量的卫生健康制品；配方简单，辐射穿透力强，可制造厚制品。高能辐射法所得硫化胶的耐热氧化性好，但其力学性能差，设备费用较高，因此尚未得到广泛应用。各种橡胶用的主要硫化体系见表 7-15。

表 7-15 各种橡胶用的主要硫化体系

橡胶种类	硫黄硫化体系	过氧化物	金属氧化物	多官能团	对醌二肟	羟甲基树脂	氯化物	偶氮化合物	聚异氰酸酯	有机金属（硅）化合物	辐射硫化
二烯类橡胶（NR、SBR、BR、IR 和 NBR）氯丁橡胶（CR）	O (O)	O	O		O	O		O		O	O

续表

橡胶种类	硫黄硫化体系	过氧化物	金属氧化物	多官能团	对醌二肟	羟甲基树脂	氯化物	偶氮化合物	聚异氰酸酯	有机金属(硅)化合物	辐射硫化
丁基橡胶(IIR)	O				O	O					
乙丙橡胶(EPM、EPDM)	O	O			O	O					O
乙烯-醋酸乙烯酯橡胶(EVA)		O									O
硅橡胶(SiR)	(O)	O						(O)	O		O
聚氨酯橡胶(PU)	O	O		O						O	
氯磺化聚乙烯(CSM)、氟橡胶(FPM)		O	O		O	(O)					O
氯醚橡胶(CHC、CHR)		O	O								
丙烯酸酯橡胶(ACM)			O								
氯化聚乙烯(CPE)	O	O									
聚硫橡胶(T)			O		O						

注:(O)表示可作硫化剂,但未工业化。

7.4.3 硫化历程

硫化是橡胶加工最后的也是最重要的一个工艺过程。在加热和加压条件下,将胶料中的生胶与硫化剂发生化学反应,使橡胶由线型结构的大分子交联成为立体网状结构的大分子,从而使胶料的物理力学性能及其他性能有明显的改善,这个过程称为硫化。这是一般意义上的硫化。随着生产和技术的发展,硫化的概念也有新的发展,硫化剂和高温、高压不再是硫化的必要条件,有些胶料可在较低的温度下甚至在室温下硫化,也有的胶料不需加硫化剂,而采用物理的方法(如辐射)进行交联。硫化的本质是使橡胶由塑性状态转变为高弹性状态,而热塑性弹性体则不需硫化,它在室温下就会呈现出高弹性,加热至熔融会表现出塑性流动行为。本节仍以硫化剂高温硫化反应作为讨论的对象。

7.4.3.1 硫化历程

在硫化过程中,胶料的一系列性能会发生显著的变化,取不同硫化时间的试样作各种物理-力学性能试验,一般可得出图 7-20 所示的曲线。可以看出拉伸强度、定伸强度、弹性等性能指标先是随着硫化时间的延长而提高达到峰值,再继续延长硫化时间反而下降;硬度到达一定值后则随硫化时间延长变化不大;伸长率、永久变形等性能则随硫化时间增加而下降,有硫化返原性的天然橡胶和其他合成橡胶的伸长率会出现再随硫化时间增加而上升的现象。

胶料在硫化时,其性能随硫化时间延长而变化的曲线称为硫化曲线。从天然橡胶用硫黄硫化时的硫化时间对胶料定伸强度的影响过程看,可以将整个硫化过程分为四个阶段:硫化诱导阶段、预硫阶段、正硫化阶段及过硫化阶段,如图 7-21 所示。

(1) 硫化诱导阶段

硫化诱导阶段指硫化时胶料开始变硬而后不能进行热塑性流动之前的阶段。在此阶段,交联尚未开始,胶料在模内有良好的流动性。在模压硫化过程中,胶料的流动、充模要在此阶段进行。这一阶段的长短决定胶料的焦烧性和操作安全性。

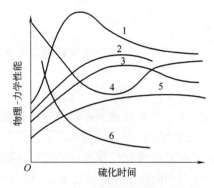
图 7-20　硫化过程胶料性能的变化
1—拉伸强度；2—定伸强度；3—弹性；4—伸长率；
5—硬度；6—永久变形

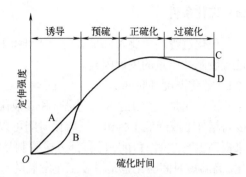
图 7-21　硫化过程的各阶段
A—起硫快速的胶料；B—有迟延特性的胶料；C—过硫后定
伸强度继续上升的胶料；D—具有复原性的胶料

（2）预硫阶段

诱导阶段至正硫化之间的阶段称为预硫阶段。继诱导阶段之后，交联便以一定的速度开始进行（其速度的快慢取决于配方及硫化温度）。在预硫阶段的初期，胶料交联程度较低，即使是此阶段的后期，硫化胶的主要力学性能如拉伸强度、弹性等仍未能达到最佳状态，但其抗撕裂性、耐磨性和抗动态裂口性等则可能优于达正硫化的胶料。

（3）正硫化阶段

在这一阶段中，硫化胶的主要力学性能均达到或接近最佳值，或者说硫化胶的综合性能达到最佳值。这一阶段所采用的温度和时间，分别称为正硫化温度和正硫化时间，总称为正硫化条件。正硫化时间的测定方法见二维码。

正硫化时间的测定方法

（4）过硫化阶段

正硫化后，继续硫化便进入过硫化阶段。在过硫化阶段中，不同的橡胶会出现不同的情况：天然橡胶胶料会出现各项力学性能下降的现象；而合成橡胶胶料在过硫阶段中各项力学性能变化甚小或保持恒定。这是由于对于不同的胶料，始终贯穿于橡胶硫化过程的交联和热裂解两种反应，处于硫化过程的不同阶段时所占的地位不同。

7.4.3.2　正硫化阶段的测定

前已述及，只有当胶料达到正硫化时，硫化胶的某一特定性能或综合性能才最好，而过硫化或欠硫化都会对胶料的性能产生不良影响。因此，准确测定和选取正硫化时间就成为确定正硫化条件和使产品获得最佳性能的决定性因素。测定正硫化时间的方法很多，工艺上常用的方法可分为物理-化学法，物理-力学性能法和专用仪器法等。

门尼黏度计和各类硫化仪

测定正硫化时间的专用仪器有门尼黏度计和各类硫化仪，见二维码。这类仪器可以测量胶料在硫化过程中剪切模量的变化，而剪切模量与交联密度有比例关系。因此剪切模量实际上反映了胶料在硫化过程中交联度的变化。这些仪器都可连续地测定硫化全过程的参数，如初始黏度、焦烧时间、硫化速度、正硫化时间等。但门尼黏度计不能直接测得正硫化时间。

7.4.3.3 硫化条件

控制硫化过程的主要条件是温度、时间和压力。正确设计和控制硫化条件特别是硫化温度，是保证橡胶制品质量的关键因素。

（1）硫化温度和时间

橡胶的硫化是一个化学反应过程，和其他化学反应一样，其硫化速度随温度的升高而加快。当温度每增加（或降低）8~10℃，硫化时间可以缩短（或增加）一半，说明可以通过提高硫化温度来提高生产效率。目前，已有部分橡胶制品特别是某些连续硫化的橡胶制品实现高温短时间硫化。高温短时间硫化也是橡胶工业发展的趋势之一，但不能任意提高硫化温度，这与胶种、胶料配方、制品尺寸、硫化方法等有密切关系。

确定硫化温度需考虑多种因素，主要是胶种、硫化体系、骨架材料、制品厚度等。天然橡胶和异戊橡胶随硫化温度升高，其 K 值有减小的趋势，也就是说提高硫化温度，总的硫化速度反而有所下降。不同的硫化体系赋予硫化胶交联键的性质各不相同，特别是硫黄硫化所生成的多硫交联键，因其键能较低，故硫化胶的热稳定性差。所以提高硫化温度易造成硫化胶的物理-力学性能下降，对于需要高温硫化的不饱和橡胶，可以考虑采用低硫高促的硫化体系。在有骨架材料（纺织物）的橡胶制品中，当胶料在硫化时，纺织物的强度损失会随硫化温度的升高而增加，尤其是棉织品和人造丝更为显著。由于橡胶热传导性差，所以当橡胶制品的断面比较厚时，其硫化过程中断面各部位的温度需要一定时间才能达到一致。如果硫化温度过高，则制品表面可能已达到正硫化，而其断面中部可能尚未开始硫化或欠硫；当其断面中部达到正硫化时，制品表面也可能早已过硫化了，这都将导致制品性能变坏。所以，当以一般方法硫化厚制品时，通常采用低温长时间进行。

因此，在确定硫化温度时应对胶种、硫化体系及产品结构进行综合考虑。

① 胶种。从胶种考虑，天然橡胶的硫化温度一般不宜大于 160℃，因为当天然橡胶在大于 160℃的温度下硫化时，由于返原现象十分严重，平坦线十分短促，仅为 15s；丁苯橡胶、丁腈橡胶可以在 150℃以上，但不大于 190℃的温度下硫化；氯丁橡胶的硫化温度则不应大于 170℃；硅、氟等特种橡胶能承受 200℃烘箱的长时间硫化，而且同时也不会除尽胶料中的挥发组分。

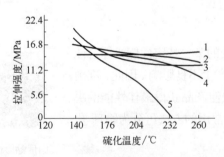

图 7-22 不同硫化剂对天然橡胶高温硫化时强度的影响

1—2,2′-四亚甲基双(4-氯-6-甲苯酚)；2—叔辛基酚醛树脂；3—DCP；4—对醌二肟；5—硫黄

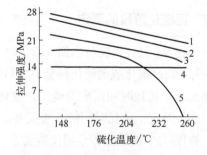

图 7-23 不同硫化剂对合成橡胶强度的影响

1—硫黄硫化丁腈橡胶；2—金属氧化物硫化通用型氯丁橡胶；3—金属氧化物硫化54-1型氯丁橡胶；4—酚醛树脂硫化丁基橡胶；5—硫黄硫化丁基橡胶

② 硫化体系。硫化体系与硫化温度也有很大关系。以天然橡胶为例,采用不同硫化剂时,其制品性能水平有很大的差异(图7-22),这是因为硫黄交联时形成的多硫键键能较弱。这种情况同样存在于合成橡胶中(图7-23)。低硫高促的硫化体系也适用于高温硫化。实验表明,各种胶料最宜硫化温度见表7-16。

表7-16 各种胶料最宜硫化温度

胶料类型	最宜硫化温度/℃	胶料类型	最宜硫化温度/℃
天然橡胶胶料	143	丁基橡胶胶料	170
丁苯橡胶胶料	150	乙丙橡胶胶料	160~180
异戊橡胶胶料	151	丁腈橡胶胶料	180
氯丁橡胶胶料	151	硅橡胶胶料	160

(2)硫化压力

目前,大多数橡胶制品是在一定压力下进行硫化的,只有少数橡胶制品(如胶布)是在常压下进行硫化的。

硫化时对橡胶制品进行加压的目的有:防止在制品中产生气泡,以免在硫化后的制品中出现一些空隙,导致橡胶制品的性能下降;使胶料流散且充满模型,防止出现缺胶现象,保证制品的花纹完整清晰;提高胶料与织物或金属的黏合力;对于有纺织物的制品(如轮胎),在硫化时施加合适的压力可以使胶料很好地渗透到纺织物的缝隙中,从而增加胶料与纺织物之间的黏合力,有利于提高其强度和耐挠曲性。

硫化压力的大小,要根据胶料性能(主要是可塑性)、产品结构及工艺条件而定。其原则是:胶料流动性小者,硫化压应高一些;反之,硫化压力可以低一些;产品厚度大、层数多和结构复杂的需要较高的压力。多数制品的硫化压力通常在2.5MPa以下。

在加热硫化过程中,凡是借以传递热能的物质通称为硫化介质。常用的硫化介质有:饱和蒸汽、过热蒸汽、过热水、热空气以及热水等,近年来还有采用共熔盐、共熔金属、微粒玻璃珠、高频电场、红外线、γ射线等作硫化介质的。目前,国内广泛使用饱和蒸汽、过热水、热空气和热水作为硫化介质。

7.5 橡胶的新发展

7.5.1 热塑性弹性体

热塑性弹性体(thermoplastic elastomers,TPE)也称热塑性橡胶,是指在常温下具有弹性,而在高温下具有塑性的一类聚合物。它能像塑料那样加工成各种制品,且不需热炼和硫化,可使橡胶工业生产流程缩短1/4,能耗节约25%~40%,效率提高10~20倍,堪称橡胶工业又一次材料和工艺技术革命。40多年前作为介于橡胶和塑料之间的中间材料,热塑性弹性体具有不需硫化、自补性、成型性、循环利用性、节能性等优越特性,而今已成为继橡胶、塑料之后的一种新型材料,在世界各地的生产量急剧增长。

热塑性弹性体有多种分类方法:按制备方法分类,可分为化学合成法和物理共混法两大类(图7-24);按聚合物的结构特点分类,又可分为嵌段共聚物、接枝共聚物和均聚物。习惯上是根据其化学组成进行分类：①聚苯乙烯类（TPS）；②聚烯烃类（TPO）；③聚氯乙烯类（TPVC，TCPE）；④二烯烃类（TPB，TPI）；⑤工程塑料类，包括聚酯类（TPEE）、聚酰胺类（TPAE）、聚氨酯类（TPU）；⑥其他类，包括硅氧烷类（TPQ）、氟碳类（TPF）、乙烯类（EVA）。目前在TPE消费结构中，TPS约占44%，TPO约占31%，TPU约占9.5%，其他TPE占15%左右。

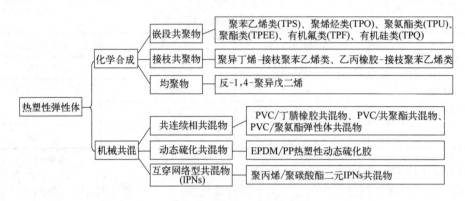

图 7-24　热塑性弹性体分类

热塑性弹性体是一种介于橡胶和塑料之间的材料，其结构既有别于橡胶，又有别于塑料。从其分子结构来说，热塑性弹性体的大分子链中包含硬链段和软链段两部分，以嵌段共聚或接枝共聚的形式聚合。如以苯乙烯与丁二烯嵌段共聚物（SBS）来说，其分子结构就是由作为硬链段的聚苯乙烯和作为软链段的聚丁二烯所组成，即聚苯乙烯-聚丁二烯-聚苯乙烯的结构。苯乙烯链段接在线型聚丁二烯的两端，成为双嵌段型共聚物。因此，聚丁二烯链段的两端都受到苯乙烯链段的约束。其中苯乙烯链段是热塑性聚合物，由于其分子内聚力很大，容易聚集在一起而形成聚集体，即物理交联区，同时还有补强作用；而中间的线型聚丁二烯则显示出橡胶的弹性。所以热塑性弹性体在常温下能显出类似硫化胶的弹性，而在高温下，由于苯乙烯链段熔融发生流动，聚合物的整体就会很容易流动，因而又能显示出塑性。这种交联性质的可逆性是热塑性弹性体的特性。

此外，热塑性弹性体的每一嵌段都具有足够的长度，硬链段不能过长，软链段不能过短。热塑性橡胶的结构模型如图7-25所示。从微观结构上看，热塑性弹性体是一种双相体系，这一微相分离结构的特点可通过差热分析法测出各嵌段的玻璃化转变温度 T_g 来证实。其中软链段呈无定形态，构成连续相；而硬链段则呈玻璃态或结晶相，构成分散相。在室温下，胶料具有较高的强度；但在高温下，由于结晶熔解，结晶相消失，在外力作用

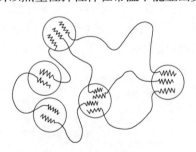

〰〰 为硬链段部分(如S)
── 为软链段部分(如B)

图 7-25　热塑性弹性体的结构模型

下能发生塑性流动，因此可像塑料那样进行加工。

7.5.1.1　苯乙烯类热塑性弹性体（TPS）

在热塑性弹性体中，苯乙烯类嵌段共聚物型热塑性弹性体是最早研究的热塑性弹性体之一，也是目前世界上产量最多、发展最快的热塑性弹性体材料之一。典型的TPS是采用苯乙烯和二烯烃单体通过定向阴离子聚合制备的嵌段共聚物，主要包括聚苯乙烯/聚丁二烯共聚物

(SBS)和聚苯乙烯/聚异戊二烯共聚物(SIS)。这种嵌段共聚物与无规共聚物最大的差别在于嵌段共聚物是两相分离体系,即聚苯乙烯和聚二烯烃两相保留了各自均聚物的许多性能,如具有两个玻璃化转变温度,分别对应于各自的均聚物,而无规共聚物只有一个玻璃化转变温度。

从应用的角度来看,苯乙烯类热塑性弹性体最令人感兴趣的是其室温下的性能与硫化橡胶相似,而其弹性模量异常高,且不随分子量变化。TPS凭借其强度高、柔软、橡胶般的弹性、永久变形小等特点,在制鞋业、塑料改性、沥青改性、防水涂料、液封材料、电线电缆、汽车部件、医疗器械部件、家用电器、办公自动化和胶黏剂等方面都有广泛的应用。

SBS和SIS的最大问题是不耐热,使用温度一般不超过80℃。同时,其拉伸性、耐候性、耐油性、耐磨性等也都无法与橡胶相比。加氢改性后的氢化SBS(SEBS)和氢化SIS(SEIS),在实际应用中的性能远高于普通的线型和星型SBS,使用温度可达130℃,尤其是具有优异的耐臭氧、耐氧化、耐紫外线和耐候性,在非动态用途方面可与乙丙橡胶媲美。

7.5.1.2 聚氨酯类热塑性弹性体(TPU)

热塑性聚氨酯弹性体一般是由平均分子量为600~4000的长链多元醇、分子量为61~400的扩链剂和多异氰酸酯为原料制得的。所得聚氨酯弹性体通常由两种嵌段构成:一种为硬嵌段,由扩链剂(如丁二醇)加成到二异氰酸酯(如MDI)上所形成;另一种为软嵌段,由镶嵌在两个硬段之间的柔软的长链聚醚或聚酯构成(图7-26)。室温下,低熔点的软段与极性、高熔点的硬段是不相容的,从而导致微相分离。当加热至硬段的熔点以上时,体系变为均一的熔体,可以用热塑加工技术进行加工,如注塑成型、挤出成型、吹塑成型等。而冷却或溶剂挥发后,软、硬段重新相分离,再次形成交联网络,从而恢复弹性。

图7-26 由二异氰酸酯、长链二元醇和扩链剂组成的热塑性聚氨酯的分子结构
⁓⁓⁓ 长链二元醇;— 扩链剂;—— 二异氰酸酯;• 氨基甲酸酯基团

一般来说,软段形成连续相,主要控制其低温性能、耐溶剂性和耐候性,而硬段则起着物理交联点和引入增强填料的作用。由于软、硬段的配比可以在很大范围内调整,因此所得到的热塑性聚氨酯既可以是柔软的弹性体,又可以是脆性的高模量塑料,也可制成薄膜和纤维,这也是TPE中唯一能够做到的品种。

软段常用的原料包括端羟基聚酯类和端羟基聚醚类。能用于制备热塑性聚氨酯弹性体的硬段仅有几种异氰酸酯类化合物,如4,4′-二苯基甲烷二异氰酸酯(MDI)、1,6-六亚甲基二异氰酸酯(HDI)等。热塑性聚氨酯弹性体最重要的扩链剂为线型二元醇,如乙二醇、1,4-丁二醇、1,6-己二醇、1,4-二(羟基乙氧基)苯等。扩链剂和二异氰酸酯的种类决定了硬段的性质,进而影响整个材料的性能。

热塑性聚氨酯弹性体具有非常优异的性能,如良好的耐磨性、抗刺穿性、抗撕裂性、弹性等,常用来制作各种传送带;又由于其透气性较低,可将其制成各种阻隔制品;用热塑性聚氨酯弹性体作为消防水管的内衬层可以减轻水管的重量,便于消防队员操作。另外,常利用聚氨酯弹性体材料的耐磨性好等特点,将其用于制作滑雪鞋的表层以及运动鞋的鞋底。其在汽车工业中也有广泛应用,如制备汽车的外部制品时可通过注塑方法加工。热塑性聚氨酯弹性体与人体皮肤具有良好的相容性,输血管即是采用TPU制作的。人们甚至还开发了用热塑性聚氨酯弹性体制成的微孔型、可生物降解、柔性的且与血液相容的人造血管。

7.5.1.3 聚烯烃类热塑性弹性体（TPO，TPV）

聚烯烃弹性体包括 TPO 和 TPV 两种，热塑性聚烯烃弹性体（TPO）是由软链段（大于 20%）的橡胶和硬链段的聚烯烃构成的共混物。TPO 硫化后的硫化弹性体称为 TPV，是与 TPO 不可分割的、相辅相成的热塑性弹性体，也是今后 TPO 主要的发展趋势。TPO 的制备方法有两种：一种是原位合成法，另外一种则是机械共混法。所得 TPO 根据微观组成又可分为嵌段共聚物、接枝共聚物和共混物。其中嵌段共聚物又包括无规嵌段共聚物（例如乙烯/丙烯无规嵌段共聚物、乙烯/高级 α 烯烃共聚物、丙烯/高级 α 烯烃共聚物以及无规立构嵌段聚丙烯等）和规则嵌段共聚物[如 A-B-A 型三嵌段共聚物，即氢化聚丁烯/异戊二烯/丁二烯三嵌段共聚物 H（B-I-B）]。接枝共聚物包括聚异丁烯-g-聚苯乙烯、EPDM-g-聚新戊内酯等。TPO 共混物包括 EPDM/异戊烯基焦磷酸（iPP）共混物、动态硫化的 EPDM/结晶聚烯烃共混物以及全同立构聚丙烯/EVA 共混物等。

TPO 是一种高性能的弹性体材料，作为橡胶的换代品种而得到广泛应用。TPO 有三个主要的应用领域：汽车、电线电缆、机械制品。其中约 60%以上的 TPO 用于汽车业，约占汽车橡胶用量的 90%，如空气阀、保险杠护套、挡泥板、网床、胶条、导管、密封垫圈、内部装潢材料等。而其在电线电缆方面也已经在很多场合取代了 PVC 和硫化橡胶，如软线、升压电缆、仪表用线、低压护套等。

为了加工方便，市售的 TPO 为粒状产品，可以采用大多数热塑性塑料的加工方法进行加工，例如注射成型、挤出成型、吹塑成型、真空成型、吹膜等。

7.5.2 微孔高分子材料

微孔高分子材料又称微孔聚合物，此概念是由美国麻省理工学院（MIT）的 N.P.Suh 教授于 1980 年左右提出的。微孔聚合物制备的中心思想是：用大量比聚合物内已有的缺陷还小的微孔代替聚合物。微孔聚合物一般是特指孔的密度在 10 个/cm³ 以上、孔径在 0.1~10μm 的多孔发泡材料。许多研究结果表明，微孔发泡材料在维持材料必要的机械性能的前提下，可以显著降低制品的重量，从而实现减少原料消耗和降低生产成本的目的。微孔发泡聚合物可视为以气体为填料的聚合物基复合材料，其密度可比发泡前减少 5%~98%；同时，孔密度较高、孔径较小的泡孔形态还赋予微孔发泡材料很多未发泡聚合物和传统发泡材料所无法比拟的优异性能，比如具有较高的冲击强度、韧性和抗疲劳寿命等。而传统的发泡聚合物具有较宽的孔径分布、不足 106 个/cm³ 的孔密度和超过 300μm 的孔径，这些大而尺寸不均的孔会导致产品力学性能下降，限制了其应用范围。

7.5.2.1 制备技术

根据聚合物发泡成型中发泡动力的来源，一般可将微孔高分子材料的制备技术分为三种类型：机械发泡、物理发泡和化学发泡。机械发泡是借助机械的强烈搅拌，使气体均匀地混入液态树脂中，形成气泡再硬化定型。物理发泡是借助发泡剂在树脂中物理状态的改变，形成大量的气泡。化学发泡是在发泡过程中使化学发泡剂发生化学反应，从而分解并产生气体，使树脂发泡的过程。

发泡剂是指使聚合物或其他材料形成海绵状结构或蜂窝状结构的物质，能在特定条件下产生大量气体，在聚合物或其他材料内形成多孔结构。发泡剂又分为物理发泡剂和化学发泡剂。物理发泡剂在参与发泡过程中，本身不发生化学变化，只是通过物理状态的改变来产生大量的气体，使聚合物发泡。按照发泡成型的特性，物理发泡剂又包括三种，即惰性气体、低沸点液体和固态空心微球。化学发泡剂的类型很多，一般可分为有机和无机两大类。无机化学发泡剂主要有碳酸氢钠、碳酸铵等。有机化学发泡剂主要包括偶氮类、亚硝基类和磺酰肼类的化合物，其中偶氮二甲酰胺（俗称 AC 发泡剂）应用很广，属于高效发泡剂。

国内外研制微孔聚合物的技术主要有三种，即间歇成型法、连续挤出成型技术和注射成型技术。

（1）间歇成型法

间歇成型法是最早提出的微孔发泡聚合物成型方法，由 Jane Martini 在 1981 年提出的。图 7-27 为其工艺流程图：第一步是将已预成型的聚合物件或坯件放入充满高压气体的压力容器中，在温度低于聚合物件玻璃化转变温度条件下，气体通过扩散渗透并溶解在固体聚合物件中，得到聚合物-气体均相体系；第二步是将溶有大量气体的聚合物件从压力容器中取出，放入温度控制在玻璃化转变温度附近的油浴槽中，由于外部压力急剧下降，聚合物件内气体具有过高的饱和度，气体在聚合物件内部瞬间形成大量的气泡核并且开始长大；第三步将泡孔长大到规定尺寸的聚合物件放入冷水槽中急冷，使泡体定型得到微孔发泡聚合物材料。

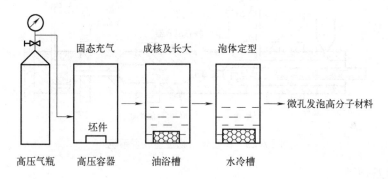

图 7-27　微孔聚合间歇成型法

（2）连续挤出成型技术

Waldman 于 1982 年首次提出连续挤出微孔发泡聚合物的概念。图 7-28 为采用快速释压口模作压力降元件的微孔发泡聚合物连续挤出系统，其工艺过程为：聚合物在挤出机中熔融，再用高压泵向挤出机内注入一定量的惰性气体（例如超临界 CO_2 气体）或者直接介入发泡剂母粒，利用挤出机良好的混合作用（可串联静态混合器增强混合效果）形成聚合物-气体均相体系；再使熔体通过特殊的成核口模（或毛细管口模），快速降低体系的压力或快速升温，使体系中的气体进入超饱和态，引发气泡核的形成；最后通过降低口模温度抑制泡孔长大，得到微孔发泡聚合物材料。尽管微孔发泡聚合物挤出成型的原理与普通挤出发泡成型基本相似，但由于微孔发泡聚合物的发泡密度、泡孔尺寸与普通发泡聚合物相差的数量级较大，因此生产装置在结构设计和工艺控制上都具有较高的难度。

（3）注射成型技术

图 7-29 是典型的微孔发泡聚合物注射成型系统。微孔发泡注射成型技术是利用快速改变

模具型腔中聚合物熔体-气体均相体系的温度和压力进行微孔发泡的。由图 7-29 可知，聚合物熔体-气体均相体系由静态混合器进入扩散室内，通过加热器快速加热，由于温度急剧升高，气体在熔体中的溶解度显著下降，过饱和气体从熔体中析出形成大量的微细气泡核。为了防止扩散室内形成气泡核膨胀，扩散室内要保持高压。在进行注射操作前，型腔中应充满压缩空气。当螺杆前移使含有大量微细气泡的聚合物熔体注入型腔时，由压缩空气提供的压力会阻止气泡在充模过程中膨胀。与此同时，模具的冷却作用使泡体硬化定型。

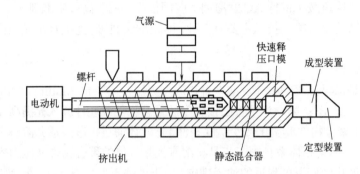

图 7-28 微孔发泡聚合物连续挤出成型系统

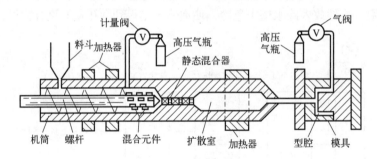

图 7-29 微孔聚合物注塑成型系统

7.5.2.2 特性及用途

微孔高分子材料具有质量轻、绝热、吸声、防震、耐潮湿、耐腐蚀等优良特性。其密度可比未发泡的高分子材料轻 5%~95%，摆锤冲击强度比未发泡材料高 5 倍，刚性/质量比比未发泡材料高 3~5 倍，疲劳寿命比未发泡材料高 5 倍，热稳定性高，介电常数小，热传导性更低。且在微孔发泡材料加工中会形成聚合物-饱和气体体系，使得聚合物熔体的加工温度、锁模力下降，加工周期缩短。在微孔发泡的加工过程中，一般不使用化学和氟、氯等发泡剂，无环境污染的问题。微孔发泡的高分子材料中均匀分布着尺寸极小的泡孔，起到了一种类似橡胶颗粒增韧塑料的作用，即微孔周围引发大量银纹和剪切带，可吸收能量达到增韧的效果，使得微孔发泡材料的许多力学性能明显优于普通发泡材料及不发泡材料。因此，微孔发泡材料被认为是 21 世纪的新型材料。

根据微孔结构的不同，微孔高分子材料可用于不同的领域。如闭孔型微孔聚合物可应用于汽车零部件、运动器材、食品包装和微电子等要求材料质量轻、力学性能高和热稳定性高的场合；而开孔型微孔聚合物则可应用于膜分离、离子交换树脂、吸附、吸声、过滤和组织工程支架材料等领域。

拓展阅读一

1839 年 C. Goodyear 获得了以硫黄作为交联剂，使天然橡胶生成三维网络结构的专利。这种交联方法最早用于橡胶工业，称为硫化。硫黄是第一例用于高分子领域的交联剂，至今硫黄交联剂在橡胶工业中仍占据统治地位。因此在橡胶工业中习惯上把所有交联剂统称为硫化剂，交联助剂称为硫化助剂，交联反应统称为硫化反应。

19 世纪美国发明家查尔斯·固特异于 1839 年发明了橡胶的硫化，作为橡胶工业史上具有里程碑意义的发明，查尔斯·固特异被誉为"橡胶之父"。然而这并未为自己带来财富，他一生执着于研究橡胶，先后因负债而几次入狱，但是他从未放弃研究橡胶的改性。固特异无意中将硫黄和橡胶藏于炉子中，发现加热一段时间之后橡胶富有弹性，即使在很低的温度下也具有较好的柔韧性，并且在高温下能够保持干燥。于是固特异于 1842 年申请了金属橡胶弹性体化合物的专利，2 年后授权。这种改性工艺因此得名为硫化。

拓展阅读二

我国天然橡胶的种植始于 1904 年，刀安仁从海外购买了 8000 多株三叶橡胶树苗，在云南建起了我国第一个橡胶园。目前仅存的一棵三叶橡胶树被称为"中国橡胶母树"。1906 年何麟书筹集资金引进了橡胶树苗，在海南建立了第一个橡胶种植园。到 1949 年，橡胶种植园历经了 45 年的惨淡经营，年产天然橡胶干胶不超过 200 吨。中华人民共和国成立后，百废待兴，民用工业和国防工业都急需大量的天然橡胶，天然橡胶成了重要的战略物资。三叶橡胶树对地理环境、土壤、温度和湿度等自然条件要求极为苛刻，当时国际上普遍认为三叶橡胶树只能在赤道南北大约 10° 以内范围内种植，而我国华南地区适宜大面积植树的最南端也只有北纬 18°，这对我国天然橡胶工业带来了巨大的挑战。时兼任华南垦殖局局长的叶剑英和中国天然橡胶事业创始人何康亲自率领考察队深入广东各地考察，为大面积种植橡胶树提供了理论基础。我国天然橡胶事业吸引了一大批能人志士，他们为天然橡胶工业的发展做出了巨大的贡献，黄宗道院士便是其中的一位。经过不懈的努力，我国在北纬 18°~24° 之间成功种植了天然橡胶，打破了"中国不能生产天然橡胶"的论断。目前我国天然橡胶产量达到 80 万吨左右，增长了 4000 多倍。党和国家高度重视天然橡胶的发展，强调天然橡胶是不可替代的重要战略物资，一定要发展好天然橡胶产业。

参考文献

[1] Das M, Parathodika A, Naskar K, et al. Dynamic chemistry: The next generation platform for various elastomers and their mechanical properties with self-healing performance [J]. European Polymer Journal, 2023, 186: 111844.

[2] Khelevina O, Malyasova A, Koifman O. Cross-Linking of Oligosiloxanediols and element-oligosiloxane diols. properties of materials on their basis [J]. Russian Journal of General Chemistry, 2020, 90 (9): 1646-1659.

[3] Tang S, Li J, Zhang L, et al. Current trends in bio-based elastomer materials [J]. Susmat, 2022, 2 (1): 2-33.

[4] Li Q, He Y, Wang Z, et al. From rosin to novel bio-based silicone rubber: A review [J]. Biomaterials Science, 2023, 11 (22): 7311-7326.

[5] Roy K, Debnath S, Potiyaraj P, et al. Review on the conceptual design of self-healable nitrile rubber composites [J]. Acs Omega, 2021, 6 (15): 9975-9981.

[6] Singaravel D, Sharma S, Kumar P. Recent progress in experimental and molecular dynamics study of carbon nanotube reinforced rubber composites: a review [J]. Polymer-Plastics Technology and Materials, 2022, 61 (16): 1792-1825.

[7] Costa N, Hiranobe C, Cardim H, et al. A review of EPDM (Ethylene Propylene Diene Monomer) rubber-based nanocomposites: Properties and progress [J]. Polymers, 2024, 16 (12): 1720.

[8] Sani N, Majid N, Khimi R, et al. A review of the recent development in self-healing rubbers and their quantification methods [J]. Progress in Rubber Plastics and Recycling Technology, 2024, 40 (2): 203-241.

[9] 唐帆, 聂卫云. 橡塑共混型热塑性弹性体的研究进展 [J]. 橡胶科技, 2024, 22 (08): 425-431.

[10] 岳欣彦, 任腾, 王仕峰, 等. 橡胶再生用解交联助剂研究进展 [J]. 高分子通报, 2024, 37 (02): 205-214.

[11] 吕浩浩, 李杰, 郭安儒, 等. 室温硫化硅橡胶固化体系改性研究进展 [J]. 中国胶粘剂, 2022, 31 (06): 60-64.

[12] 徐忠亮. 动态硫化热塑性弹性体结构与性能研究进展 [J]. 石化技术, 2019, 26 (06): 377-380.

[13] 牛慧, 刘姝慧, 何宗科, 等. 乙丙橡胶可逆交联研究进展 [J]. 石油化工, 2019, 48 (06): 642-651.

[14] 须辑, 张智亮, 张雁. 橡胶助剂制备新工艺: 上 [M]. 上海: 华东理工大学出版社, 2022.

[15] 杨慧, 翁国文. 橡胶配方技术问答 [M]. 北京: 化学工业出版社, 2023.

[16] 约翰·S.迪克. 提高橡胶胶料性能实用方案1800例 [M]. 史新妍, 译. 北京: 机械工业出版社, 2021.

[17] 橡胶产品制造装备编委会. 橡胶产品制造装备 [M]. 杭州: 浙江大学出版社, 2019.

[18] 杜爱华. 橡胶工艺学 [M]. 北京: 化学工业出版社, 2022.

[19] 王者辉, 孙红. 橡胶加工工艺 [M]. 北京: 化学工业出版社, 2021.

[20] 詹姆斯·E.马克(James E.Mark), 布拉克·埃尔曼(Burak Erman), C.迈克尔·罗兰(Mike Roland). 橡胶科学与技术 [M]. 伍一波, 郭文莉, 李树新, 译. 北京: 化学工业出版社, 2019.

[21] 严玉蓉, 邓博豪. 高分子材料加工工艺及设计实验教程 [M]. 北京: 中国纺织出版社, 2023.

[22] 韩长日, 宋小平. 橡塑助剂生产工艺与应用技术 [M]. 北京: 中国石化出版社, 2024.

[23] 成都科技大学合编, 王贵恒主编. 高分子材料成型加工原理 [M]. 北京: 化学工业出版社, 2021.

[24] 徐云慧. 农业轮胎用SBR/TRR共混胶制备、性能及机理分析 [D]. 徐州: 中国矿业大学, 2020.

思考题

1. 天然橡胶中的非橡胶成分对天然橡胶的性能有什么影响?
2. 简要介绍丁苯橡胶的结构和性能之间的关系。
3. 顺丁橡胶的主要优点和其结构之间有何关系?制作轮胎时,顺丁橡胶的缺点是什么?如何克服?
4. 异戊橡胶和天然橡胶既然化学结构完全相同,为什么性能上还有差异?
5. 为什么要对丁基橡胶进行卤化改性?改性后的性能将有哪些变化?为什么?

6. 二元和三元乙丙橡胶的区别是什么?它们的共同优点是什么?与结构有何关系?

7. 随着丙烯腈含量的提高,丁腈橡胶的性能将发生哪些变化?为什么?

8. 列表比较 NR、SBR、BR、CR、NBR、IIR、EPDM(E型)的分子结构式、结晶性、柔性、极性、不饱和性以及炭黑补强硫化后的拉伸强度、耐磨性、弹性、耐寒性、气密性、耐油性、耐化学腐蚀性、耐热性、耐臭氧性及电绝缘性。

9. 写出硅橡胶的化学结构通式,分析其结构与性能的关系。

10. 写出23型、26型氟橡胶的分子结构式,并指出其结构与性能的共同点和区别点。

11. 写出聚氨酯橡胶的结构通式,并写出其结构与性能之间有怎样的关系。聚氨酯如何选择配合体系?为什么?

12. 丙烯酸酯橡胶、氯醚橡胶、氯磺化聚乙烯橡胶、聚硫橡胶最突出的优缺点是什么?

13. 橡胶高弹性的定义是什么?试从分子链结构、聚集态结构分析橡胶具有高弹性的本质原因。

14. 何谓橡胶的硫化?橡胶的硫化历程分为几个阶段?各阶段的实质和意义是什么?

15. 列表比较促进剂 M、DM、CZ、NOBS、TMTD、D 的化学结构、酸碱性、临界温度、硫化特性(包括焦烧时间、硫化速度、硫化平坦性、交联度)以及硫化胶性能(拉伸强度、定伸强度、硬度、耐老化性等)。

第 8 章 功能高分子材料

> **学习目标**
> （1）了解通用功能高分子材料的应用及发展历程。
> （2）理解通用功能高分子材料结构与性能的关系（重点）。
> （3）掌握通用功能高分子材料加工成型的特点。
> （4）掌握通用功能高分子材料的改性方法。

8.1 功能高分子材料概述

功能高分子材料是一种能够在外部受到刺激时通过化学或物理方法进行相应输出的高分子材料。该材料是在高分子的主链或支链上引入具有某种功能的官能团形成的具有特殊功能的高分子材料。这类材料具有光、电、热、磁、声、化学、生物和医学等方面特殊的性能。

功能高分子材料是 20 世纪 60 年代开发的一种新兴材料，可对能量、信息和物质进行传递或存储，因其催化活性、生物活性、光敏性、导电导热性和导磁性等特殊功能而备受欢迎。随着我国工业的发展，对功能高分子材料提出了更高要求。优化制备方法并进一步研究结构与性能之间的关系，可以推动其实际应用并发挥其价值，为我国综合国力的提升及人们生活水平的提高做出贡献。

8.1.1 功能高分子材料的分类

功能高分子材料有多种分类方法，常用的分类方式有根据材料的组成、结构、功能和应用特点等。这些分类方法存在交叉，如结构型导电高分子材料和复合型导电高分子材料均包含了结构与功能的双重特点。

本章根据材料的功能、性质或实际用途将功能高分子材料分为以下几种类型：

① 光敏型功能高分子材料。一种在光照作用下能够迅速发生化学或物理变化的高分子材料，或者是通过光反应基团引起的光化学反应和相应的物理性质变化得到的小分子或高分子。

② 电功能高分子材料。可因特定条件而呈现多种电性质，如热致电、压致电、铁磁电、光致电、介电或导电等性能，该材料含有反应基团。

③ 分离功能高分子材料。可以利用其特定的功能基团和被分离物质之间的物理或化学相互作用（如氢键、分子间作用力、离子键、配位键、偶极相互作用、静电吸引力等）实现可逆性结合，从而从原体系中分离出物质。

④ 吸附功能高分子材料。具有卓越的吸收或吸附能力。

⑤ 智能高分子材料。又称为响应型或环境敏感型材料，展示了刺激-响应效应或者对环境的敏感性。

⑥ 医药用高分子材料。被应用于制造人工器官、医疗器械或药物剂型。

⑦ 反应型高分子材料。高分子试剂和高分子催化剂可改进化学反应的工艺过程。

根据材料所表现出来的机械、化学或者物理化学性质，功能高分子材料又可分成以下四类：

① 力学功能高分子材料：强化型和弹性型功能材料。

② 化学功能高分子材料：分离型、生物型和反应型三种不同类型。

③ 物理化学功能高分子材料：能耐受高温的耐温型、电学型、光学型和能量转换型四种不同的材料。

④ 生物化学功能高分子材料：人工脏器用材料、高分子药物和生物降解材料三种类型。

8.1.2 功能高分子材料的应用

功能高分子材料现已在能源、生物、电子信息、农业等多个领域取得广泛的应用，对人们的生活产生了巨大的影响。电磁功能高分子材料在特定条件下将发生导电性的改变。例如，早在二十世纪八十年代末，我国魏同贞等成功研制了塑料电池；在国家大力推动新能源汽车产业发展的今天，全塑料电池与全树脂电池成为了研究的焦点。具有分离或化学功能的高分子材料可通过选择性过滤或吸附完成对特定物质的分离。光功能高分子材料在光的作用下可表现出特殊的物理或化学性质。以光刻胶为例，我国光刻胶为半导体产业的转移提供了重要的助力。生物医用高分子材料通常具有细胞相容性、血液相容性和组织相容性等，可用于制作医疗材料。经过几十年的发展，功能高分子材料在生产、生活中的价值已取得了广泛的认可，随着新兴产业与新技术的发展，相信功能高分子材料也将得到进一步的发展。

功能高分子材料的应用是通过其特殊功能解决实际问题，利用知识造福于人类的。功能高分子材料的应用研究通常需要多学科的知识融合，根据其研究方向分为两种类型。一、新型替代材料。新型替代材料指通过功能高分子材料替代目前已有的材料，在满足功能的同时可以提高其使用性能或降低成本。比如，无机非金属光导电材料作为激光打印和静电复印机的核心材料，采用功能高分子光导电材料替代后可以提高性价比，从而在工业领域中大规模生产。功能高分子压电材料替代无机压电材料，在机械能与电能转换设备（如微型麦克风）中应用广泛。二、全新功能材料。功能高分子材料具备全新的功能，可以解决在生产实践中的特殊问题。例如：本征电子导电高分子材料在掺杂和去掺杂过程中，其吸收光谱可以发生显著变化，可以制备出电致变色材料，在显示装置和化学敏感器制备领域具有应用价值；导电高分子材料在掺杂后其导电能力会大幅度提升，可以作为新型电子器件的制备材料；氧化型掺杂和还原型掺杂产生的氧化还原功能也可以使其成为新型电极材料。功能高分子材料的应用应考虑实际应用的需求和应用环境的因素，以充分发挥其优势。

8.1.3 功能高分子材料的结构与性能

功能高分子材料研究的主要目的之一是为现有材料的利用和新型功能材料的开发提供理论依据。众所周知，功能高分子材料之所以具有特殊的性能与功能，本质是其特殊的结构，而结构与功能之间的相互关系是功能高分子材料研究的核心内容。那么研究材料的性能与其结构的关系，即材料的构效关系就显得格外重要。与其他材料一样，功能高分子材料的性能与其化学组成、分子结构和宏观形态存在密切关系，这些相互关系称为构效关系。比如：电子导电型聚合物的导电能力依赖大分子中的线性共轭结构；高分子化学试剂的反应能力和选择性不仅与分子中的反应性官能团有关，而且与其相连接的高分子骨架相关；光敏高分子材料的光吸收和能量转移性质也都与其内部官能团的结构和聚合物骨架存在对应关系；功能高分子膜材料的性能不仅与材料的微观组成和结构相关，而且与其分子结构和宏观结构相关。功能高分子的构效关系研究的基本目的之一就是研究高分子骨架、功能化基团、分子组成和材料宏观结构形态与材料功能之间的关系。只有了解了构效关系，才有可能为已有功能高分子材料的改进和新型功能高分子材料的研制提供设计方法。

8.1.3.1 功能高分子材料的结构层次

作为构效关系研究的基础，功能高分子材料的结构可以分成以下几个层次：

（1）构成材料分子的元素组成

元素是构成任何物质的基础，不同元素间电子结构和核结构的不同会造成其性质的不同，如氧化还原性是形成不同化学键的因素。因此，元素组成是影响材料性能最基本的因素之一。比如，高分子材料的阻燃性能与材料分子中是否含有磷、硫等阻燃元素以及它们的相对含量有关；高分子螯合剂的性能则直接与其分子结构中所含有的配位元素的种类和状态有关。因此，调整材料的元素组成是改变材料性能最基本，也是最有效的研究方法之一。

（2）材料分子中的官能团结构

有机材料组成元素的种类有限，大量的有机化合物及其千变万化的复杂性质，更多地取决于材料分子中的官能团结构。有机化学中的官能团主要是确定分子物理和化学性质的特殊结构片段，由分子中有限的元素种类，通过共价键组合而成。多数情况下官能团结构决定了分子大部分化学性质，如氧化还原性质、酸碱性质和配位性质等，因此材料的许多物理性质也与官能团密切相关。比如材料的亲油和亲水性、溶解性、磁性和导电性等都在一定程度上与其所具有的官能团的结构有关。

（3）聚合物的链段结构

聚合物大分子结构中的一个重要部分是骨架的链段结构，聚合物一般都是由结构相同或相似的结构片段连接而成，这种结构片段称为链段。链段结构包括化学结构、链接方式、几何异构、立体异构、链段支化结构、端基结构和交联结构等，如均聚物中有直链结构、分支结构等，在共聚物中还包括嵌段结构、无规则共聚结构等，这些结构主要影响材料的物理化学性质。一般来说无支链结构的分子间力大，结晶性好，溶解性差；相反，有分支结构的分子间力小，结晶度低，溶解性好。上述性质直接影响材料的机械性能和热性能。

（4）高分子的微观构象结构

高分子微观构象结构指具有相同分子结构的高分子，其分子骨架和官能团的相互位置和排列指向，如分子在空间上呈棒状、球状、片状、螺旋状或无定形状等。高分子的微观构象结构主要取决于材料的分子间力，如范德华力、氢键和静电力等。微观构象结构直接影响材料的渗透性、力学强度、结晶度、溶液黏度等性能。

（5）材料的超分子结构和聚集态

材料的超分子结构和聚集态指聚合物分子相互排列堆砌的状态，通常为热力学非平衡态，包括分子的排列方式和晶态结构等。如高分子液晶的液晶态结构、纤维的高取向结构等。广义上讲也包括分子的微结构（尺度在几百纳米以内），包括晶胞结构、微孔结构、取向度等。该结构层次直接影响材料的某些物理性质，如吸附性、渗透性、透光性、力学强度等。高分子液晶的性能在相当大程度上取决于分子的超分子结构和聚集态结构。

（6）材料的宏观结构

材料的宏观结构包括材料的立体形状、宏观尺寸、组合形式、复合结构等。如高分子吸附剂的多孔结构、分离膜的膜形结构、管形结构和中空纤维结构，以及层状结构、包覆结构、微胶囊结构等。许多由功能高分子材料制备的各种光电子器件、功能器件的功能，都与其宏观结构密切相关。

功能高分子材料的构效关系就是上述结构的变化与其所产生的性能变化之间的因果关系。所有人们期待的特殊功能都与其上述结构相关联。因此，分析研究上述功能高分子的结构层次是功能高分子材料研究的基础部分。

8.1.3.2 功能高分子材料构效关系分析

功能高分子材料之所以能够在应用中表现出许多独特的性质，主要与其结构有关。不同的功能高分子材料，因为所需功能不同，依据的结构层次也有所不同。关于化学结构与其性能的分析在许多有机化学、高分子化学、高分子物理和小分子功能材料书籍中已经有详细的介绍，这里着重讲述功能高分子与功能型小分子、普通聚合物之间相比而产生的特殊构效关系的一般规律。

（1）官能团的性质与聚合物功能之间的关系

一个化合物表现出来的物理化学性质往往取决于分子中官能团的种类和性质，如乙醇中的羟基（—OH）、酸中的羧基（—COOH）。在功能高分子材料中官能团一般起以下几种作用：

① 功能高分子材料的性质主要取决于所含官能团的种类和性质，制备这类功能高分子材料主要是将功能型小分子通过高分子化方式获得，其性质主要依赖结构中官能团的性质，这时高分子骨架仅仅起支撑、分隔、固定和降低溶解度等辅助作用。比如：高分子氧化剂的氧化性产生于其所含氧化性官能团；柔性聚合物链上连接刚性侧链，可以形成高分子液晶；含有季氨基和磺酸基的高分子材料具有离子交换功能；等等。这一类功能高分子材料的研究开发都是围绕着如何发挥官能团的作用而展开的，一般都是从小分子功能出发，通过聚合、接枝、共混等过程制备得到高分子，此过程往往会使功能小分子的性能得以保留，同时赋予材料更多高分子材料的性能。

② 功能高分子材料的性质取决于聚合物骨架与所含官能团的协同作用。这类高分子材料所期望的性质需要分子中所含的官能团与高分子骨架的作用相互结合才能实现。其中固相合成用高分子试剂是比较有代表性的例子。固相合成试剂是带有化学反应活性基团的高分子，固相合成过程即采用在反应体系中不会溶解的固相试剂作为载体。小分子试剂与固相试剂进行单步或多步高分子反应，并与固相试剂之间形成化学键，过量的试剂和副产物通过简单的过滤方法除去，得到的合成产物通过水解从载体上分离。人们经常利用电活性高分子材料对电极表

面进行修饰制备化学敏感器,测定某些活性物质。此时可以在聚合物中引入第二种基团来控制敏感器的作用,如利用氧化还原基团控制修饰层的离子交换能力等都是这种例证的典型代表。

③ 官能团与聚合物骨架在形态上不能区分时,官能团是聚合物骨架的一部分,则聚合物骨架本身就起着官能团的作用。这方面的例子包括主链型聚合物液晶和电子导电聚合物。主链型高分子液晶在形成液晶时起主要作用的刚性结构处在聚合物主链上,如:电子导电型聚合物是由具有线性共轭结构的大分子构成的,如聚乙炔、聚芳香烃以及芳香杂环聚合物,线性共轭结构在提供导电能力的同时,也是高分子骨架的一部分;离子导电型聚合物是由对离子有较强的溶剂化能力,同时黏弹性较好,允许离子在其中做相对扩散运动的聚合物组成的,如聚环氧乙烷等。

④ 官能团在功能高分子材料中仅起辅助作用。除上面三种情况以外,也有以聚合物骨架为完成功能的主体,而所谓官能团仅仅起辅助效应的情况。如引入官能团以改善溶解性、降低玻璃化转变温度、改变润湿性和提高力学强度等作用。如在主链型液晶聚合物的芳香环上引入一定体积的取代基可以降低其玻璃化转变温度,从而降低使用温度。在高分子膜材料中引入极性基团可以改变润湿性。在这种情况下,这类官能团对功能的实现一般贡献较小,是次要结构。

(2) 功能高分子材料中聚合物骨架的作用

具有高分子骨架是功能高分子材料区别于功能小分子的主要标志。通过比较可以发现,带有同样功能基团的高分子化合物的物理化学性质不同于其小分子类似物,这种由于引入高分子骨架后产生的性能差别被定义为高分子效应。高分子效应在许多方面有所表现:有物理性质方面的,如高分子化之后其挥发性、溶解性和结晶度一般会下降;也有化学性质方面的,如形成的高分子骨架在反应型高分子化学反应中会产生无限稀释作用、高度浓缩作用和模板作用等。由于相当一部分新型功能高分子材料都是以功能小分子为基本结构,通过高分子化过程制备出来的,因此从聚合物的结构、性能以及理论上分析研究高分子效应,对于深入研究已有功能高分子材料的构效关系,开发新型功能高分子材料具有重要意义。在功能高分子材料中表现较为突出的有以下几种高分子效应。

① 高分子骨架的溶解度下降效应。高分子骨架的引入,由于聚合物分子量的增大,分子间力大大增强,最直接的作用是使聚合物溶解性大大下降,特别是引入交联型聚合物,使其在溶剂中只能溶胀,而不能溶解。在反应型功能高分子中,溶解度的降低可以使常见的均相反应转变成多相反应。其优点是反应体系中呈固相的高分子试剂易于与呈液相的其他组分分离,使高分子试剂容易回收再生,并使固相合成成为现实。将某些性能优异的络合剂、萃取剂等通过高分子化过程,可以制成用途广泛的络合树脂和吸附性树脂等重要功能材料,而作为高分子催化剂也可以改变反应工艺,简化工艺过程,提高合成效率。高分子试剂利用其不溶性在水处理、环境保护、化学分析等方面得到广泛应用,使用范围大大扩展。

② 高分子骨架的机械支撑作用。由于大部分功能高分子材料中的功能基团是连接到高分子骨架上的,因此起支撑作用的高分子骨架会对功能基团的性质和功能产生许多重要影响。例如,在相对刚性的聚合物骨架上"稀疏"地连接功能基团,制成的高分子试剂具有类似合成反应中的"无限稀释"作用,骨架上各功能基团之间没有相互作用和干扰。在用固相法合成时就需要这种"无限稀释"作用,以获得纯度高的产物。同样在聚合物骨架上相对"密集"地连接功能基团,可以得到由相邻官能团相互作用而产生的所谓"高度浓缩"状态,产生明显邻位效应,即相邻基团参与反应,以促进反应的进行。

③ 高分子骨架的模板效应。模板效应是指利用高分子试剂中高分子骨架的空间结构包括

构型和构象结构，在其周围建立起特殊的局部空间环境，在有机合成和其他应用场合提供一个类似于工业上浇铸过程中使用的模板的作用，这种作用与酶催化反应有相近的效应，可以大大提升化学反应的选择性。最近自主成型大分子研究的进展为开发和利用高分子试剂的模板效应提供了非常有利的条件，比如分子印迹聚合物（molecularly imprinted polymers，MIPs），通过在聚合反应中引入模板分子来形成具有模板效应的孔洞结构。MIPs 可以选择性地与模板分子进行识别和结合，从而实现分子的选择性捕获和检测。这一技术在生物传感、药物分析、环境监测等领域具有潜在的应用价值。

④ 高分子骨架的稳定作用。由于引入高分子骨架之后分子的熔点和沸点均会大大提高，其挥发性大大减小，扩散速率随之降低，这样就可以大大提高某些敏感性小分子试剂的稳定性。如某些易燃易爆的化学试剂，经过高分子化后稳定性得到大大增强，同时也有利于消除某些小分子的不良气味和毒性。相对来说，由于高分子化后分子间力的提高，材料的力学强度也会得到提高。

⑤ 高分子骨架在功能高分子材料中的其他作用。高分子骨架在功能高分子材料中除起到以上介绍的那些比较常见的作用之外，由于某些高分子骨架本身结构的特殊性，还可以产生一些比较少见的特殊功能。比如，由于大多数高分子骨架在体内的不可吸收性，可以将有些曾经对人体有害的食品添加剂，如色素、甜味素等高分子化，利用其不被人体吸收的特性消除其有害性。另外，在高分子液晶中聚合物链直接参与液晶态的形成，对形成的液晶态有稳定和支撑作用。将有机染料高分子化不仅可以利用其固定作用降低其有害性，还能够减少染料的迁移性，提高着色牢度。

毫无疑问，无论哪一种功能高分子材料，聚合物的结构（包括微观结构和宏观结构）、聚合物的化学组成以及聚合物的物理化学性质都会对其功能的实现产生巨大影响。比如，反应型功能高分子材料要求聚合物要有一定的溶胀性，或者一定空隙度和孔径范围，以满足反应物质在其中进行扩散运动的需要。功能高分子膜材料要求聚合物要有微孔结构，或者扩散功能，以满足被分离物质在膜中的选择性透过功能。其他功能高分子材料对聚合物化学性、机械性和热稳定性均有一定要求。

（3）聚合物骨架的种类和形态的影响

作为一种高聚物，功能高分子材料的性能必然也受到聚合物骨架的种类和形态的影响。根据形成高分子骨架的聚合物的类型，目前在功能高分子材料中主要有以下几种类型骨架得到应用：

① 以聚乙烯、聚苯乙烯、聚醚等为代表的饱和碳链型聚合物，其特点是链的柔性好。
② 以聚胺骨架为代表的聚合物，特点是强度较高。
③ 以多糖和链为代表的大分子，多数是天然高分子或经过改造修饰的天然高分子，常见的如改性纤维素，特点是生物相容性较好。
④ 以聚吡咯、聚乙炔、聚苯等为主链的，带有线性共轭结构的聚合物，这类聚合物的骨架具有电子传导性质。

根据聚合物骨架的形态，可以将聚合物骨架分成三种：第一种是线型聚合物，即聚合物有一条较长的主链，没有或含较少分支，这类聚合物的结晶度较高；第二种是分支型聚合物，即聚合物没有明显的主链或者主链上带有较多分支，这类聚合物容易形成非晶态结构；第三种是交联聚合物，是线型聚合物通过交联反应生成的网状大分子，这类聚合物不能形成分子分散溶液。在化学组成相同的情况下，这三种聚合物具有明显不同的物理化学性质。作为功能高分子材料的骨架，上述不同骨架形态的聚合物具有各自的优缺点，其使用范围不同。

线型聚合物分子呈线状，根据链的结构和链的柔性，构象种类多样，聚合物可以呈非晶态或者不同程度的结晶态。线型聚合物在适宜的溶剂中可以形成分子分散态溶液，在多数分散态溶液中分子链呈随机卷曲态。在良性溶剂中分子呈伸展态，而在不良溶剂中分子趋向于卷曲。与交联聚合物相比，线型聚合物的溶解性比较好，在聚合物制备和加工过程中溶剂选取比较容易。此外，线型聚合物的玻璃化转变温度一般较低，黏弹性比较好，小分子和离子在其中比较容易进行扩散运动。这些性质对于作为反应型功能高分子材料和聚合物电解质都是非常重要的考虑因素。当然，线型聚合物的易溶解性也降低了力学强度和稳定性。作为反应型功能高分子，溶解的高分子对产物的污染和高分子试剂的回收都会造成一定困难。

交联型聚合物由于各分子链间可以相互交联，形成网状，因此在溶剂中不能充分溶解，不能形成分子分散态溶液，在严格热力学意义上认为是不溶解的。一般交联型聚合物在适当的溶剂中可以溶胀，溶胀后聚合物的体积会大大增加。增加的程度根据交联度的不同而呈现较大差别。比如，适度交联的某些吸附树脂具有高吸水性，可以吸收数百倍于自身重量的水。同时交联度还会直接影响聚合物的力学强度、物理和化学稳定性以及其他与材料功能发挥相关的性质。交联型聚合物的不溶性克服了线型聚合物对产物的污染和高分子试剂回收困难等问题，力学强度同时得到了提高。高分子骨架交联造成小分子或离子在聚合物中扩散困难的问题可以通过减小交联度，或者提高聚合物空隙度的办法来解决。

8.1.4 功能高分子材料的成型加工

功能高分子材料可以通过三种不同的成型加工方法来制备。首先，可以使用带有功能性基团的小分子与高分子化合，使其具备类似于高分子的性质和特征。其次，已有的高分子材料可以进行功能化处理，从而获得新的特性和功能。第三种方式是将多种不同的功能材料组合在一起形成多功能复合高分子材料，以满足更广泛的应用需求。

8.1.5 功能高分子材料的发展趋势

功能高分子材料是一种高分子材料，通过在其主链或支链上引入某些功能官能团而具有特殊功能，例如光学、电学、热学、磁学、声学、化学、生物和医学等方面的特性。功能高分子材料与其他功能材料相比具有质量轻、结构可设计性强等特点，因此可以广泛满足各个应用领域的要求。

近年来，我国在功能高分子材料领域取得了许多重要成果，促进了其他行业的发展，同时也为我们的生活带来了更多便利。国家高度重视新材料产业的发展，在一些"卡脖子"领域中，功能高分子材料得到了自主研发和生产，并且研究成果已达到国际领先水平。功能高分子材料的发展正向着高功能化、高性能化、智能化和绿色化等趋近。

增强高分子材料的高功能化是扩展其原有功能，以拓展其在更多领域的应用。功能高分子材料的性能主要包括耐高温性、耐腐蚀性、抗老化性等，这对于材料的应用具有较高的价值。功能高分子材料通过高分子改性能够具有综合性能，例如可以合成同时具备导热性、导磁性和导电性的多功能高分子材料。电磁功能高分子材料具有导电性和导磁性，可以制成导电聚合物膜、电磁制动器、电磁屏蔽材料等。材料的不同功能可以在特定条件下相互转换，比如具有光电效应的材料可以实现光功能和电功能的可逆转换。光功能高分子材料能吸收、储存和转换光，可制成有机玻璃眼镜、光纤和光致变色材料等。生物医用功能高分子材料在医药领域广泛应用，能制造人工器官和药物载体等。

功能高分子材料的智能化是利用其存储、传输和处理信息的能力，推进智能材料和人工智能领域的发展。众多新型智能高分子材料被研究开发，比如分子自组装材料、形状记忆材料、智能水凝胶和纳米复合材料等。

习近平总书记在 2019 年中国北京世界园艺博览会开幕式的重要讲话中提出，"我们应该追求携手合作应对。建设美丽家园是人类的共同梦想。面对生态环境挑战，人类是一荣俱荣、一损俱损的命运共同体，没有哪个国家能独善其身。唯有携手合作，我们才能有效应对气候变化、海洋污染、生物保护等全球性环境问题，实现联合国 2030 年可持续发展目标。只有并肩同行，才能让绿色发展理念深入人心、全球生态文明之路行稳致远。"为了推动社会可持续发展，功能高分子材料的绿色化是必要的。因此，我们需要减少功能高分子材料对环境的负面影响，使其符合环保要求，并成为绿色可持续的材料。例如，吸附分离功能型高分子材料可通过离子交换进行物质的纯化和提取，在自然产物分离、血液净化治疗等领域被广泛应用。塑料污染是当今社会急需解决的环境问题，光降解功能高分子材料可在光作用下发生降解作用。其中，高分子在光的照射下吸收了光能而自行分解，称光分解；高分子在光和氧或空气的存在下发生氧化称光氧化。可降解塑料的问世实现了人与自然的和谐共生。

8.2 光敏型功能高分子材料

8.2.1 光敏型功能高分子材料的概述

光敏型功能高分子材料是一种能够在受到光照射时很快发生化学和物理变化的高分子材料。这些高分子材料可以通过内部或外部的光敏官能团引发光化学反应，从而改变它们的物理性质。随着光化学和光物理科学的不断发展，这些材料在功能材料领域扮演着越来越重要的角色，被广泛用于电子、印刷、塑料、纤维、医疗和精细化工等多个领域。

根据在光的作用下发生的反应类型以及表现出的功能分类，光敏型高分子材料可分为以下几类。

① 光敏涂料。在光照射下可以发生光聚合或者光交联反应，有快速光固化性能，这种特殊材料可以用于材料表面保护。

② 光刻胶、光致抗蚀剂。在光的作用下可以发生光化学反应（光交联或者光降解），反应后其溶解性能发生显著变化，具有光加工性能，可以用于集成电路工业。

③ 高分子光稳定剂。加入高分子材料中，由于能够大量吸收光能并且以无害方式将其转化成热能，以阻止聚合材料发生光降解和光氧化反应，从而形成具有抗老化功能的高分子光稳定剂材料。

④ 高分子荧光剂、高分子夜光剂。有光致发光功能的荧光或磷光量子效率较高的聚合物，用于制备各种分析仪器和显示器件。

⑤ 光能转换聚合物。能够吸收太阳光，并将太阳能转化成化学能或者电能的聚合物，起能量转换作用的装置称为光能转换装置，用于制造聚合物型光电池和太阳能水解装置。

⑥ 光导电材料。在光的作用下电导率能发生显著变化，可以制作光检测元件、光电子器件和用于静电复印、激光打印。

⑦ 光致变色高分子材料。在光的作用下其吸收波长发生明显变化，从而使材料外观的颜色发生变化。

光敏型功能高分子材料的光刻胶在集成电路制造中扮演着至关重要的角色，是大规模集成电路印刷电路板技术中的关键材料。光刻胶的质量和性能直接影响集成电路的性能及国家信息产业的发展和安全。2019年，日本针对芯片产业链上游的三种重要材料实施了半导体材料禁令，对韩国实施出口限制，严重打击了三星等半导体企业。日韩两国的光刻胶争端，表明了先进技术是有国界的，解决工业界"卡脖子"技术问题关乎国家的发展。

光敏型高分子材料具有光敏官能团，当其在光辐射的作用下发生化学反应时，其物理性质发生变化。这种材料可按其高分子合成的目的进行分类：

① 主链或侧链上含有光敏官能团的高分子。
② 在存在高效光引发剂的情况下，单体或预聚体可以经过交联聚合反应而形成高分子。
③ 由二元或多元光敏官能团构成的交联剂。

根据应用技术不同分类：

① 用于成像体系，如光加工工艺、信息记录和显示等。
② 用于印刷油墨、光固化涂层、黏合剂和医用材料等非图像体系的应用。

8.2.2　光敏型功能高分子材料的应用

光敏型功能高分子材料有着广泛的应用，可分为以下几个领域：

（1）高分子光敏涂料

这类涂料包含一种可被光线激发的高分子材料，该材料可以在反应过程中进行固化，从而使其快速干燥。它们通常不需要或只需要少量溶剂。

（2）高分子光刻胶

高分子光刻胶是一种能够在受到光辐射后进行交联或降解反应的材料。这种材料具有迅速干燥的特性，并且需要很少的溶剂，由于其具有很好的光加工性能，因此常用作集成电路制造过程中的光敏涂料。

（3）高分子光稳定剂

高分子光稳定剂是一种高分子材料，具有光学特性，能够吸收光并将其转化为热能从而发生光化学反应。这种反应可以遏制材料的光降解和光氧化，并表现出快速干燥和需少量溶剂的特性。

（4）高分子荧光/磷光材料

高分子荧光/磷光材料是一种具有荧光或磷光发射性质的高分子涂料。该涂料具有快速干燥和节省溶剂用量的特点，并可避免材料的光降解和光氧化。此外，由于其出色的发光性能，广泛应用于多个领域，包括但不限于显示器、传感器和LED。

（5）高分子光催化剂

高分子光催化剂是一种重要的高分子材料，可用于能量转换设备，以实现有效的能量转换。它通过促进光能转换过程，如聚合物型光电池和太阳能储存装置等，在各种领域中发挥着重要作用。此类材料具有快速转化能量的特性。

（6）高分子光导电材料

高分子光导电材料是一种在光照射下表现出显著电导率变化的高分子材料，被广泛地应用于基于光电效应的静电复印和激光打印技术等领域中。这种材料具有快速响应光的特性,因此能够实现在这些设备中的高效能量转换。

（7）高分子光致变色材料

高分子光致变色材料呈现一种独特的特性,即可在受到指定波长的光线激发后,其外观颜色会发生明显变化。

（8）高分子非线性光学材料

高分子非线性光学材料是指在受到电场强度作用下产生明显的二阶或三阶非线性极化现象的高分子材料。随着科技的不断发展和需求的不断增长,高分子非线性光学材料在未来仍将保持重要地位,并有望成为非线性光学领域的典型代表之一。

（9）高分子光力学材料

高分子光力学材料具有高度可控机械运动的特性,是一种特殊的高分子材料,其特异性在于能够在受到特定波长的光线刺激后表现出明显的形变。这种材料能够通过接收光信号来实现分子结构变化,从而发生相应形态变化,并引起机械运动。因此高分子光力学材料被广泛应用于微电机、光机器人、传感器等领域。

8.2.3　光敏型功能高分子材料的结构与性能

光敏型功能高分子材料的吸光过程会使分子从基态跃迁到激发态,进而产生更高的能量及反应活性。在激发态下,分子容易发生光化学或光物理现象,如光聚合、光降解、光致发光和光导电等。光化学和光物理现象可以导致激发态能量碎裂或传递到其他分子中,在分子间或内部进行传递,以及产生激态复合物。这些现象是研究光敏型功能高分子材料的理论支撑。在高分子领域中不同光化学反应成为研究高分子结构与性能的重要依据之一。

分子结构对这种材料的光吸收能力有很大影响。其中,发色团是一些敏感基团,可以吸收紫外线和可见光,并产生明显的颜色。发色团包括有机羰基化合物、过氧化物、偶氮化物、硫化物以及卤化物等。此外,助色团,如羟基、胺基和卤素等,也能够增强材料的摩尔吸收系数。

光敏型高分子材料各种功能的发挥都与光的参与有关,所以光（包括可见光、紫外线和红外线）是研究光敏型高分子材料的主要介质。从光化学和光物理原理可知,包括高分子在内的许多物质吸收光子以后,可以从基态跃迁到激发态,处在激发态的分子容易发生光化学变化（如光聚合反应、光降解反应）和光物理变化（如光致发光、光导电）。

8.2.4　光敏型功能高分子材料光化学反应

在光敏型功能高分子材料中,常常会发生光化学反应,包括光聚合或光交联、光降解和光异构化等。它们都是在分子吸收光能后发生能量转移,进而发生化学反应。不同点在于前者反应产物是通过光聚合或光交联生成分子量更大的聚合物,溶解度降低。后者是生成小分子产物,溶解度增大。利用上述光化学反应性质可以制成许多在工业上有重要意义的功能材料。

（1）光聚合或光交联反应

光敏型功能高分子材料在吸收光能后,会发生光聚合或光交联反应,这些反应可以增加聚合物的分子量。这两种反应可在广泛的温度范围内进行,并且易于在低温下进行。

光聚合是指化合物由于吸收了光能而发生化学反应,引起产物分子量增加的过程,此时反应物是小分子单体或分子量较低的低聚物。光聚合除光缩合聚合外,就其反应本质而言,都是链反应机理。只不过光聚合和引发活性中心由光化学反应产生，随后的链增长与链终止等过程都是相同的，因此光聚合只有在链引发阶段需要吸收光能。光交联反应是指线型聚合物在光引发下，高分子链之间发生交联反应生成三维立体网状结构的过程。交联后，聚合物分子量增大，并失去溶解能力。交联反应可以通过交联剂进行，也可以发生在聚合物链之间。当反应物为分子量较低的低聚物或单体时，会生成分子量更大的线型聚合物，同样会引起溶解度的下降。光聚合和光交联反应的主要特点是反应的温度适应范围宽，可以在很大的温度范围内进行，特别适合于低温下进行聚合反应。

（2）光降解反应

光降解反应是指在光的作用下聚合物链发生断裂，分子量降低的光化学过程。光降解反应的存在使高分子材料老化，力学性能变坏，从而失去使用价值。当然光降解现象的存在对环境保护也有有利的作用。高分子光降解除会发生上述的老化现象外，还有另外的工业应用，利用高分子光分解和光氧化作用，制取可光降解的高分子材料，以解决大量废弃的塑料包装材料和农用护根薄膜造成的固体环境污染问题。

（3）光异构化反应

通过光化学反应，羰基能够吸收光能并进入激发态，促使聚合物内部发生一系列的化学反应。这些反应产生强烈的活性物质，如自由基等，能够催化聚合物的降解反应。虽然产物结构可能会发生变化，但聚合物分子量不会改变。

8.2.5 光敏型功能高分子材料的改性及创新

从高分子设计角度考虑，有以下方法可构成感光高分子体系。

（1）将感光性化合物加入高分子中

常用的感光性化合物有重铬酸盐类、芳香族重氮化合物、芳香族叠氮化合物、有机卤素化合物和芳香族硝基化合物等。其中重氮与叠氮化合物体系尤为重要。例如，由环化橡胶与感光性叠氮化合物构成的光刻胶，其感光度与分辨率好，价格也便宜。

（2）在高分子主链或侧链引入感光基团

这是广泛使用的方法，引入的感光基团种类很多，主要有重氮或叠氮感光基团、丙烯酸酯基团以及其他具有特种功能的感光基团（如具有光催化性和光导电性基团）等。鉴于以单体和光敏剂所组成的光聚合体系在光聚合过程中收缩大，实用性受到限制，因此应将乙烯基、丙烯酰基、烯丙基、缩水甘油基等光聚合基团引入到各种单体和预聚物中，作为体系的主要组成，再配以光引发剂、光敏剂、除氧剂和偶联剂等各种组分。这类体系的组分与配方可视用途不同而设计，配方多变，便于调整。在光敏涂料、光敏黏合剂和光敏油墨等的制造中常用这种方法。这种体系的缺点是不宜用作高精细的成像材料。

8.3 电功能高分子材料

8.3.1 电功能高分子材料的概述

电功能高分子材料是指一类具有多种电性能的聚合物，如导电聚合物、电活性聚合物等。相对于金属，聚合物电极具有成本低廉、密度小、易于制备等优势。

随着时间的推移，高分子科学不断发展，更多的电功能高分子材料获得了实用价值。目前，具备极强电学功能的高分子材料在光电、量子信息技术，人类生命、材料科学与工程等空间领域的应用越来越广泛，并已成为未来信息科学以及相关领域中的坚实基石。电功能高分子材料的主要有：

（1）导电高分子材料

材料的导电特性是由电子和空穴中电子的运动所决定的，可以被描述为导电系数。参照物质的导电性，材料可分为绝缘体、半导体、超导体和导体四大类。导电高分子材料普遍应用于许多领域，如电池、电致变色材料、传感器、吸波材料、电磁屏蔽材料、抗静电和超导材料等。

（2）电致发光高分子材料

电致发光聚合物是指在电场的影响下，可以产生特定的物理化学性能的聚合物。这种转变主要表现在聚合物材料的组成、构型、构象以及超分子结构等方面，并伴随着一些新的物理化学特性的发生。主要种类有：高分子驻极体材料、电致变色材料、电致发光材料、介电材料和电极修饰材料。

8.3.2 电功能高分子材料的应用

8.3.2.1 导电功能高分子材料的应用

导电功能高分子材料具有独特的结构和卓越的物理化学性能，因此成为了材料科学领域的研究热点，被认为是新兴的基础有机功能材料之一。其在能源、光电器件、信息、传感器、分子导线和分子器件等领域以及电磁屏蔽、金属防腐和隐身技术等领域都具备广泛而远大的应用前景。迄今为止，导电功能高分子材料在分子设计与材料合成、掺杂方式与掺杂机理、溶解性和加工性、导电机理、光学、电学、磁学等物理性能及相关机理和技术应用等方面取得了很大的成就。

结构导电高分子材料已应用于大型器件中，如用导电高分子材料制成的高能量密度电容器、高功率聚合物电池、电致变色材料、吸波材料等。

复合导电高分子材料不同于结构导电高分子材料，它是绝缘的并且可充当黏合剂。导电介质起导电作用，主要涵盖碳纳米管、石墨烯、炭黑、金属粉末等，导电填料的浓度对这种复合材料的导电性能影响很大。当填料浓度较低时，填料颗粒会分散在聚合物中，彼此接触很少，导致电导率相对较低；当填料浓度逐渐提高时，填料颗粒相互间的接触机会提高，会导致复合材料的导电性增加；当填料浓度达到某一临界值时，填料颗粒相互接触，逐渐形成无限大的网状结构，使复合材料的电导率急剧提高。这个临界值称为"渗透阈值"。复合导电高分子材料在许多领域发挥着至关重要的作用，非常具有价值，如导电胶、导电橡胶、导电漆、电磁屏蔽材料和抗静电材料等。

8.3.2.2 电活性功能高分子材料的应用

（1）高分子驻极体材料

驻极体是一种特殊的材料，具有广泛的应用前景。它可以被用于制作各种电子设备，如麦克风（将声波振动转化为电信号）、驻极体耳机、血压计、水下声呐和超声波探头等。该材料还可以利用其压电效应和热释电效应来制作电控位移元件和温度测量装置，如光纤开关、磁头对准器、显示装置、红外传感器、火灾报警器、非接触式高精度温度计和热光电导摄像管等。

驻极体材料在生物医学领域是人工器官材料的重要研究对象之一。由于生物体的基本特性是存储更高密度的偶极子和分子束电荷，因此驻极体效应在生物体中具有重要意义。利用驻极体材料制成的人工器官具有提高生命力和加快疾病恢复作用并且具有抗菌能力的优势，可以提高人工器官置换手术的可靠性。

此外，无机非金属驻极体材料还可以被用于负离子空气净化器，如多孔结构形式的负离子空气净化器过滤装置或聚丙烯驻极体的无纺布和植物纤维烟草过滤器（替代合成纤维）。由于驻极体金属表面具备自由电子，在静电吸附的一般工作原理下，能够吸附甲醛等各种有害物质。

（2）高分子电致变色材料

在过去的十年中，人们成功研制出一种电致变色的无机非金属材料，并广泛应用于航天领域。这些应用包括信息光电器件、电致变色智能照明系统车窗、防眩光车内后视镜，以及电致变色存储器等。该材料可以用于反射或吸收热辐射。此外，这种无机非金属材料还可用于制造光致变色镜、高分辨率电子照相设备，电子化学和物理能量转换、存储芯片，电子束非金属印刷工艺等信息技术产品。

8.3.3 电功能高分子材料的结构与性能

8.3.3.1 导电高分子材料的结构与性能

导电高分子是指通过化学或电化学方法对其进行掺杂，使其由绝缘体变成导体的聚合物。按其结构和成分的差异，可将其划分为结构型和复合型两类。

（1）结构型导电高分子

高分子材料通常被认为是绝缘的，但在1977年，美国科学家黑格（A.J.Heeger）和麦克迪尔米德（A.G. MacDiarmid）以及日本科学家白川英树（H.Shirakawa）通过实验得知掺杂聚乙炔后高分子具有了导电性，这一发现打破了传统意义上高分子只能作为绝缘体的观念。人们也逐渐开始意识到有机高分子也能具有导电性。

结构型导电聚合物是一种利用自身的分子链为其传输并带一定电荷的聚合物。其高导电性是由于分子内存在共轭结构，共轭结构中 π 键的存在使得电荷能够相对自由地在分子间传递，从而形成了可传导电荷。这也是结构型导电聚合物在柔性显示、光伏等领域中得到广泛应用的原因之一。此外，相对较小的带隙（约1.4eV）有利于低能电子激发和氧化还原反应的发生，其中电子能够沿聚合物链自由移动，从而形成高电导率。另外，电荷运动受高分子的氧化程度影响，不同结构型导电聚合物的导电机制可能不同。例如，对于聚吡咯，当聚合物被氧化时，在聚合物链上会逐步形成局部正电荷，最终能够借助四个吡咯环上的几何变形（醌的芳香结构）来稳定。在禁带中，这种状态称为极化子结构。当聚合物失去一个电子时，会形成一个额外的正电荷，这可能会导致聚合物不稳定。

结构型导电聚合物的合成条件会影响材料的整体性能，如氧化程度、导电性、储能能力和循环寿命，这些影响可能与电子或形态学变化有关。合成条件包括掺杂剂、合成方法（通常通过化学氧化或电化学方法合成）、沉积的衬底、使用的电解质等。结构型导电高分子可分为：π共轭高分子（如聚苯硫醚、聚乙炔、聚苯胺、聚对苯、聚吡咯、聚噻吩）、金属螯合高分子、电荷转移高分子络合物。

高分子是由碳-碳键组成的主链结构,包括单键、双键和三键。高分子材料中有四种不同形式的电子:内壳电子、σ电子、n电子和π电子。其中,内壳电子是指离原子核最近的内电子;σ电子由碳碳单键逐渐形成;n电子为高分子材料中的碳、氧、氮、硫等元素与其他元素结合逐步形成的电子;π电子是分布在π轨道上的电子。因此,大多数由σ键和π键组成的独立σ聚合物材料都是绝缘体。只有共轭π电子体系才能使聚合物导电(表8-1)。

表8-1 共轭高分子材料的导电性

名称	电导率/(S/cm)	结构式
聚苯撑	10^{-3}	
聚并苯	10^{-4}	
聚丙烯腈	10^{-1}	
顺式聚乙炔	10^{-7}	
反式聚乙炔	10^{-3}	

(2)复合型导电高分子

复合型导电高分子材料是在非导电高分子材料中掺杂导电介质而制成的一种复合材料。物质的导电过程是载流子在电场作用下定向运动的过程。聚合物导电一定要满足两个条件:①聚合物内部形成足够数量的载流子(电子、空穴或离子等);②聚合物中大分子链内和大分子链之间逐步形成导电通道。例如,聚合物导电涂层是一种在非导电基底表面涂覆的具有导电性的聚合物材料。这种导电涂层可以通过掺入导电填料(如导电纳米颗粒、导电聚合物等)来实现导电性,被广泛应用于防静电涂层、导电薄膜开关和传感器等领域。

8.3.3.2 电活性高分子材料的结构与性能

(1)高分子驻极体材料

聚合物驻极体材料可以通过电场或电荷注入极化,使其成为半永久驻极体。一些特定的聚合物材料可以制成薄膜形式,并在其中引入极化基团。图 8-1 为高分子驻极体荷电状态和结构。这些薄膜材料在电场作用下可以发生半永久极化,例如聚偏二氟乙烯(PVDF)基薄膜。驻极体主要分为两种:一种是高绝缘性材料,如聚四氟乙烯或氟代乙烯与丙烯的共聚物,它们具有相当好的保持注入电荷的能力;另一种是可极化聚合物,如聚偏氟乙烯,分子内存在永久偶极矩,这种材料极化后,在一定温度范围内可以保持其偶极子的指向性,常常表现出压电和热电性质。上述两种驻极体都有广泛的实际用途。高分子驻极体的核心性质是带有显性电荷,这种电荷在外部是可测的,并且可以是由极化产生的极化电荷,也可以是通过注入载流子形成的实电荷。因此驻极体的基本特征是具有宏观极化特征,这种特征与永磁材料相比更容易理解。首先是驻极体与永磁体一样具有两极,一端带有正电荷为正极,另外一端带有负电荷为负极，分别与永磁铁的 N 极和 S 极相对应；其次是驻极体可以在其周边形成一个与距离和方向有关的电场，类似于永磁体的磁场，同时驻极体内的偶极子（电畴）类似于永磁体中的磁畴，偶极子的定向排列和磁畴的定向排列一样，是极化型驻极体产生的主要条件。衡量驻极体强度的指标是电矩，其定义也与永磁铁的磁矩相当。

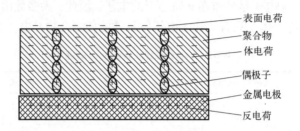

图 8-1　高分子驻极体荷电状态和结构

聚合物驻极体还具备压电和热电特性，其原理是：

① 压电性质。当外力作用于材料时，材料会形成可检测或输出的电荷；相反，当对材料施加电压（进一步增加原始材料的表面电荷）时，材料会发生变形，从而形成机械功，这种材料被称为压电材料。压电效应是不对称晶体在外力作用下极化，从而形成电压的过程。同样，在强电场作用下，极化晶体也能形成机械现象。考察高分子材料的压电特性主要以其结构形态划分。对于非极性高分子材料，一般只有空间电荷型驻极体表现出压电性质。在这种聚合物驻极体中，利用材料的绝缘性来保持材料中空间电荷型的不均匀分布。一般空间电荷型驻极体对于均匀型形变不显示压电特性，其压电效应的产生是由于材料受到非均匀性的应力诱导的形变。当材料受到这类应力作用时，材料内部的空间电荷的平均深度相对变化，并诱导出材料两侧电极上感应电荷密度的变化，导致压电效应。高分子驻极体电容麦克风就是基于这种机理设计的。

② 热电性质。材料的热电性质是一种具有热敏性质的材料。热电性质是由于材料的极化状态随着温度的变化而变化，极化强度的改变使束缚电荷失去平衡，多余的电荷被释放出来，因此也称为热释电效应。当材料本身的温度发生变化时，材料表面的电荷就会发生变化，这种变化是能够被检测到的；反之，当材料承受电压时（表面电荷提高），材料的温度也会发生变化。因此，这类物质被称为热电材料。

从某种角度来看，热电效应的机理有多种解释，其中最主要的一种是根据"结晶区被无序的非晶区包围"的假设。换句话说，在结晶区内，分子偶极矩彼此平行，极化电荷集中在结晶区和非晶区相互间的界面处。每个晶体区域逐步形成一个大偶极子。假设材料的结晶区和非晶区具备不同的热膨胀系数，并且整个材料也是可压缩的，因此，当材料受外力变形（或温度变化）时，带电晶体区的位置和方向会因变形而发生变化，从而使整个材料的总带电状态也相应发生变化，形成压电（热电）现象。其中，随着温度改变而材料极化状态发生改变，材料两端电压发生变化称为正热电效应。而当对材料施加电压，材料温度发生变化时，称为逆热电效应。图 8-2 为驻极体压电和热电现象原理图。

（2）高分子电致变色材料

电致变色是指在外加电场作用下材料的吸收波长发生可逆变化的现象，其本质是一种电

图 8-2 驻极体压电和热电现象

化学氧化还原反应。通过这种反应，材料会在外观上表现出可逆的颜色变化。聚合物电致变色材料的变色机理如下：

① 无机电致变色材料变色原理。金属离子的氧化还原反应能够导致离子价态发生变化，使得这些材料对光的吸收波长也产生改变。常见的变色材料包括过渡金属的氧化物和络合物、普鲁士蓝以及杂多酸。这些材料的结构和氧化还原特性决定了其电致变色的机理，但这些机理仍未完全被理解。

② 有机电致变色材料变色原理。聚合物电致变色材料是一种包括有机阳离子盐和具备有机配体的金属络合物的材料。这些材料中，紫精化合物代表了有机阳离子盐，其完全氧化态是稳定的，单一氧化态则表现为变色态，还原态颜色不显著。该物质可作为阴极变色材料，并且会在带负电荷时发生还原反应，改变其氧化状态而改变颜色。

有机电致变色材料因其变色范围广、导电性能强、来源广泛且成本低廉等优点而备受关注。根据变色原理的不同，这些材料可以分为导电聚合物、金属有机螯合物和氧化还原物质三类。紫精电致变色材料被认为是典型的氧化还原型有机电致变色材料，是目前研究最多的一类物质。+2 价阳离子的颜色在获得一个电子后会由无色变为蓝色。导电高分子材料还可以存在三种不同的氧化还原态，即在获得一个电子后颜色会变深，紫精取代基的烷基长度不同也会形成不同的颜色。

8.3.4 电功能高分子材料的改性及创新

电功能高分子材料的改性及创新主要目的是制成既有常规材料的使用性能，又有适当电性能的复合材料。在改性方法研究方面主要有以下内容：高分子基体材料和导电填充材料的选择与处理，复合方法与工艺研究，复合材料的成型与加工研究，等等。

复合型导电高分子材料的制备主要是将连续相聚合物与分散相导电填料均匀分散并结合在一起，制成既有常规材料的使用性能，又有适当导电性能的复合材料。

8.3.4.1 导电填料的选择

目前可供选择的导电填料主要有金属材料、碳系材料、金属氧化物和本征型导电聚合物四类。从导电性能提升角度考虑，采用金属导电填料对于提高高分子复合材料的导电性能是有利的，特别是采用超细银或者金粉体时可以获得电阻率仅为 $10^{-4}\Omega\cdot cm$ 的高导电复合材料，但其高价格是不利因素。铜虽然也具有低电阻率，但由于易于氧化等使用得不多。其次，采用金属填料的复合型导电高分子材料其导电临界浓度比较高，一般在 50% 左右，因此需要量比较大，往往会对形成的复合材料的力学性能产生不利影响，并增加制成材料的密度。金属填料与高分子材料的相容性较差，密度的差距也比较大，作为涂料和黏合剂使用时对稳定性影响很大。此外，采用银和金等贵金属作为导电填料时会增加产品的成本。为了避免上述缺点，目前主要采用填加金属纤维替代金属粉料，会更容易地在较低浓度下在连续相中形成导电网络，降低临界浓度，降低金属用量；或者在其他低密度和低价值材料颗粒表面涂覆金属，构成薄壳型导电填加剂，同样可以在保证较低电阻率的情况下减少金属用量。常用的金属纤维除了金和银之外，还有不锈钢纤维、黄铜纤维。导电纤维添加型复合材料不仅具有获得良好的导电性能，材料的力学性能也得到大大改善，但是加工难度提高，因此仅限于使用导电性短纤维。

在自然界中碳系材料是除金属材料之外导电性能最好的无机材料，主要包括石墨、炭黑、碳纤维三种。其中炭黑是有机物经过碳化后获得的不定形多孔粉体，密度小，比表面积大，目前是复合型导电聚合物制备过程中使用最多的填料。主要原因是炭黑的密度低、导电性能适中，而且价格低廉、规格品种多、化学稳定性好、加工工艺简单。制成的聚合物/炭黑复合体系的电阻率稍低于金属/聚合物复合体系，一般可以达到 $10\Omega\cdot cm$ 左右。其他主要缺点是产品颜色受到炭黑材料本色的影响，不能制备浅色产品。炭黑的种类很多，用途多种多样，作为复合导电材料的填料，主要使用导电炭黑粉体，粉体的粒度越小，比表面积越大，分散越容易，形成导电网络的能力越强，从而导电能力越高。超细炭黑粉体的导电性能最好，被称为超导炭黑。炭黑表面的化学结构对其导电性能影响较大，表面碳原子与氧作用会生成多种含氧官能团，增大接触电阻，降低其导电能力。因此，在混合前需要对炭黑进行适当处理，其中保护气氛下的高温处理是常用方法之一。

石墨是一种天然碳元素结晶矿物，为完整层状结构。在石墨晶体中，同层的碳原子以 sp^2 杂化形成共价键，每一个碳原子以三个共价键与另外三个原子相连，另外一个 p 电子与其他平面内碳原子中的 p 电子相互重叠构成离域性很强的共价键。其中的电子相当于金属中的自由电子，所以石墨能导热和导电。石墨矿体由于含有杂质，电导率相对较低，而且密度比炭黑大，直接作为复合型导电物填料的情况比较少见，一般需要经过加工处理之后使用。但是最近的研究表明，石墨粉体与高密度聚乙烯复合可以得到具有良好导电性能，且具有非常高正温度系数效应的温度敏感功能材料。

碳纤维通常是由有机纤维经过高温碳化处理之后，形成石墨化纤维结构后得到的一维碳材料，同样具有导电能力，也是一种常用的碳系导电填料，特点是填加量小，同时可以对形成的复合材料有机械增强作用。

多种金属氧化物都具有一定导电能力，因此也是一种理想的导电填充材料，如氧化钒和氧化锌等。金属氧化物的突出特点是无色或浅色，能够制备无色透明或者浅色复合导电材料。以氧化物晶须作为导电填料还可以大大减少填料的用量，降低成本。电阻率相对较高是金属氧化物填料的主要缺点。本征型导电高分子材料是近 20 年来迅速发展起来的新型导电高分子材料，高分子本身具有导电性质。采用本征导电聚合物作为导电填料是目前一个新的研究趋势，例如导电聚吡咯与聚丙烯酸复合物的制备、导电聚吡咯与聚丙烯复合物的制备，以及导电聚苯胺复合物的制备等都属于该范畴。

8.3.4.2 聚合物基体材料的选择

在导电复合材料中，聚合物基体作为连续相起黏结作用，以及均衡载荷、分散载荷、保护纤维的作用。聚合物基体材料的选择主要依靠导电材料的用途进行，考虑的因素包括力学强度、物理性能、化学稳定性、温度稳定性和溶解性等。比如：制备导电弹性体可以选择天然橡胶、丁腈橡胶、硅橡胶等作为连续相；导电黏合剂的制备需要选择环氧树脂、丙烯酸树脂、酚醛树脂类高分子材料；导电涂料的制备常选择环氧树脂、有机硅树脂、醇酸树脂等；采用腈纶可以制备复合型导电纤维。除聚合物的种类选择之外，聚合物的分子量、结晶度、分支度和交联度都会对复合材料的机械和电学性质产生影响。由于导电填料只分散在聚合物的非结晶相中，因此选择结晶度高的聚合物有利于导电网络的形成，并降低临界浓度，节约导电填料的使用量。聚合物基体的热学性质直接影响复合材料的使用温度；同时复合材料的压敏效应均与复合材料的玻璃化转变温度相关。

8.3.4.3 导电聚合物的混合工艺

将导电填料、聚合物基体和其他助剂经过成型加工工艺组合成具有实际应用价值的材料和器件，是复合型导电聚合物研究的重要方面。从混合型复合导电材料的制备工艺而言，目前主要有三种加工方法获得了应用，即反应法、混合法和压片法。

8.4 分离功能高分子材料

8.4.1 分离功能高分子材料的概述

分离有机化合物是物理、化学和化学工业中的一个重要研究课题。在分离过程中，可以利用非金属无机物的强选择性分离功能，采用筛分、过滤、酒精蒸发等特定方法来解决最常见的分离问题。这些方法能够有效地提高有机化合物的纯度和产量，对于化学工业生产具有重要意义。

分离在化石能源燃料的净化、聚合物初级原料的提纯以及惰性气体的纯化富集等方面都发挥着至关重要的作用。短链烯烃作为一种重要的化工生产原料，其聚合级产物的纯化是石油化工生产中最重要的过程之一。以蒸馏或精馏为主体的化工分离过程，依靠热驱动提供相变分离所需的能量可以实现沸点、密度和挥发性差异较小物系的有效分离；同时因大量热源的输入使得该分离过程能耗巨大，其分离能耗约占全球总能耗的10%~15%。分离过程中大量能源的消耗增加了污染物的排放，对全球环境造成了极大危害。此外，能量密集型的分离过程也显著增加了工业生产成本，造成了极大的资源浪费。因此，开发节能环保的可持续分离技术对于缓解能源消耗和环境污染问题意义重大。

吸附分离过程以具有较高比表面积和微孔体积的多孔材料为分离介质，通过调控材料的自身的物理化学性质，促进对目标气体分子的特异性结合，可以实现对不同组分气体的选择性吸附分离。以多孔材料为主体的固体吸附技术通过对具有不同物系吸附特性的多孔吸附剂进行串联组合，可以同时实现对于多种复杂混合物系中不同目标产物的分步分离纯化。由于极性较强的不饱和烯烃或炔烃易与吸附剂主体骨架产生一定化学结合作用，被吸附的客体分子需要在一定外加的热效应驱动下以实现脱除。此外，有限的吸附容量以及吸附剂的再生性能降低则会显著影响分离效率并增加分离成本。

8.4.2 分离功能高分子材料的应用

离子交换树脂在矿物加工中有广泛的应用。将离子交换树脂加入矿浆中，可以改变水中的离子组成，从而使得浮选剂更容易吸附目标金属，进一步提高了浮选剂的选择性和选矿效率。

此外，离子交换树脂还可以用于金属离子的分离和富集，通过选择合适的交换基团和操作条件，可以有效地将目标金属离子从混合物中分离出来，并得到高纯度的金属产物。

离子交换树脂在原子能工业中的应用也非常广泛，如核燃料的分离、提纯、精炼和回收，以及制备高纯水等方面。此外，离子交换树脂还是去除原子能工业废水中放射性污染物的主要方法之一。在化学实验、化工生产以及蒸馏、结晶、萃取、过滤等单元操作中，离子交换树脂也扮演着重要的角色，如各种无机和有机化合物的分离、纯化、浓缩和回收。离子交换树脂还可以作为化学反应催化剂，大大提高催化效率，简化后处理操作，避免出现设备腐蚀等问题。

离子交换树脂在医疗卫生行业中有着更广泛的应用。特别是在药品生产过程中，离子交换树脂被用于中草药的脱盐、吸附分离、纯化、脱色、中和以及有效成分的提取等方面。此外，离子交换树脂本身可以作为口服药物使用，具有解毒、通便和去酸的作用；还可用于治疗胃溃疡、促进食欲以及清除肠道辐射物质等方面。在医学检测领域，离子交换树脂也被广泛应用于血液透析、尿液分析等方面。总之，离子交换树脂在医疗卫生行业中的应用极为广泛，并且对人类健康发挥着重要的作用。

膜分离材料是一种高效的过滤介质，在饮用水制备、阳极和阴极电泳涂料生产、污水处理以及电子行业高纯水制备等领域都有着广泛的应用。尤其是反渗透膜在海水淡化方面具有最为重要的应用，美国尤马海水淡化厂就利用反渗透技术建造了大型淡水处理厂。此外，我国甘肃省膜科学技术研究院也采用圆管反渗透装置成功对含盐量为 3000~5000mg/L 的微咸水进行了脱盐处理。总之，膜分离材料在环保、节能、资源利用等方面发挥着越来越重要的作用，成为现代工业中不可或缺的一部分。

随着生物医药技术的高速发展，大量的生物大分子如疫苗、抗体等需要分离纯化，因此发展快速、高效的分离技术成为发展趋势。高分子聚合物具有比表面积大、强度高、耐受 pH 值范围广等特点，被广泛地应用于色谱分离纯化中。

8.4.3 分离功能高分子材料的结构与性能

8.4.3.1 离子交换树脂

离子交换树脂的高分子链上含有许多化学官能团，这些官能团由两种不同的酸离子组成，具有正负自由电子。其中一类酸离子可与区块链网络结合；另一类酸离子则可与未固定的酸离子结合，称为反酸离子。在某些条件下，反酸离子如果不能与周围相同类型的酸离子进行交换，则会解离并变成自由移动的酸离子。比如在低浓度条件下，反酸离子与相同类型的酸离子之间的碰撞频率会降低，交换速率也会减慢。如果交换速率无法维持与酸离子的平衡，反酸离子可能会解离并变成自由移动的酸离子。由于离子交换树脂的反应通常是不可逆转的，因此被交换的酸离子在一定条件下可以被催化氧化，从而使得离子交换树脂能够再生并重复使用。

凝胶型离子交换树脂是一种由丙烯酸树脂构成的均质非金属无机材料，具有半透明的外观和凝胶基本结构。这种树脂内部含有许多毛细孔，待交换的离子会通过扩散方式被输送到交换基团处进行反应。在这些毛细孔中，离子可以与交换基团发生化学反应，完成离子交换。

8.4.3.2 膜分离材料

膜传输过程可以是主动的或被动的。被动传输过程的驱动力可以是压力差、浓度差、温度差、电位差等。膜分离过程如图 8-3 所示。第一阶段是原料或上游侧，第二阶段是渗透物或下游侧。原料混合物中的某一组分能够比其他组分更快地借助膜到达下游侧，从而做到分离。例如，反渗透膜（RO 膜）是一种被动传递过程的膜分离技术，其驱动力是水压差。在 RO 膜中，高压被施加于原料侧（第一阶段），导致溶剂（通常是水）通过膜向下游侧（第二阶段）转移，而非目标组分则被截留下来。因此 RO 膜在海水淡化、饮用水生产和废水处理等领域中得到广泛应用。

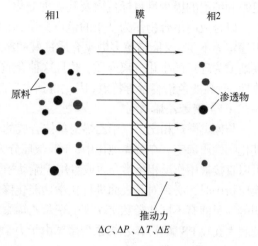

图 8-3 膜分离过程

功能高分子膜是以高分子聚合物为原料，通过物理溶剂蒸发或化学交联等过程制备得到的一种致密无孔的自支撑膜分离材料。其中，高分子链段未经交联而无需堆积形成的聚合物膜为橡胶态，通常具有较高的自由体积和透气性，例如典型的硅橡胶类聚二甲基硅氧烷（PDMS）。另一类聚合物膜是由一系列聚合和缩合反应交联后形成的部分玻璃态薄膜，其聚合物链段有序排列，链段之间无法移动而会形成较低的自由体积，表现出较低的气体渗透性。常见的玻璃态高分子聚合物膜包括聚酰亚胺（PI）、聚丙烯腈（PAN）和聚醚砜（PSF）等。

高分子膜材料种类丰富、成本较低、可加工性强以及易于规模化连续制备，近几十年以来，已有多达上百种高分子材料被开发并用于膜分离过程，但已实现商业化应用的膜分离材料仍仅局限于聚砜、醋酸纤维素、聚酰亚胺、聚氧化苯酯、聚碳酸酯、聚芳烃和硅橡胶等。在新型聚合物材料的研发中，大量的研究工作聚焦于对高分子聚合物材料结构和化学特性的定向设计，以增强聚合物膜在实际应用中的分离性能，但新型聚合物材料高昂的合成成本及其在应用中有限的经济性贡献使其难以在实际工业生产中形成较强竞争力。

理想条件下，高气体渗透性的膜分离材料如果同时可以实现目标产物的高选择性分离，将会极大地提高膜分离效率并最大程度降低生产成本。而渗透性和分离选择性通常由材料自身的结构与性质所决定。对于大多数聚合物膜而言，其气体渗透性与分离选择性间存在内在的权衡关系，即较高的气体渗透性通常会伴随分离选择性的降低，反之亦然。这主要是由于聚合物膜结构中高分子链段的可移动性使其具有较高的自由体积，有利于气体分子的传输扩散，但降低了膜材料对于不同气体分子的选择渗透性，因此造成了较低的分离选择性。通过化学交联可以促进高分子链段的有序排列而降低膜材料的自由体积，以提升气体的分离选择性，但同时也极大地降低了气体渗透性。新型高分子材料的开发提升了聚合物膜在小分子气体分离中的应用优势，但实现气体的高效分离仍充满挑战。

8.4.3.3 生物分离介质

生物分离的核心是高选择性分离材料的开发。一些研究借助设计一连串生物分子响应聚合物做到了对手性生物分子的识别。生物样本种类繁多、结构多样、高度复杂。以蛋白质分析为例,一个关键的技术挑战是如何进一步降低样本的复杂性,特别是动态识别和捕获来自不同组织和细胞的极少量目标蛋白及其病理变化,要求很高。

以合成高聚合物作为基质的色谱介质,不仅能克服多糖类基质易受微生物侵蚀,物理性能不稳定等不足,又能借鉴多糖类介质良好的亲水性和生物相容性等优点,深受使用者的喜爱,逐渐成为理想的生化分离介质。并且这种介质具有力学强度大、化学稳定性高、容易进行化学改性、较高的色谱容量等特点,因此得到了广泛的应用。合成高聚物的种类主要分为以下几种:

(1) 聚苯乙烯系列

与糖类微球相比,以苯乙烯为单体合成的聚苯乙烯微球(PS 微球)具有良好的力学强度,其化学性质稳定。在分离纯化中,PS 微球分为有孔和无孔两类。由于该类微球的疏水性很强,可以直接被用作反相色谱介质或者用于流动相为有机溶剂的排阻层析中。PS 微球被用在离子交换层析中时,必须对其表面进行化学功能化修饰,比如使其表面带有亲水基团的羟基、磺酸基团等。目前有不同孔径和交联度的聚苯乙烯微球,如中国科学院过程工程研究所周炜清等研发的超大孔径 PS 微球。苯乙烯系列微球由于力学强度高,被广泛应用在快速、高效的生化分离中。

(2) 聚乙烯醇系列

以聚乙烯醇为基质的色谱介质早已在 20 世纪 80 年代由美国 R&H 公司与日本东洋曹达公司(现东曹株式会社)的联合企业 TosoHass 开发出来。由于聚乙烯醇分子链上具有大量的羟基,所以该类介质具有良好的生物相容性,同时可以利用羟基衍生出更多的功能基团,从而制备出亲和、离子等类型的色谱介质。

(3) 聚丙烯酸系列

丙烯酸系列的合成高聚物类微球早已被用于生物分离纯化中。聚甲基丙烯酸羟乙酯与多糖类相似,含有大量的羟基,可以进行多功能基团的修饰。以聚甲基丙烯酸缩水甘油酯为骨架的分离介质已有报道。同时具有双键和环氧基两种活性功能基团的分离介质,其表面能够很容易地进行化学反应。由于环氧基的反应活性高,可以在十分温和的条件下实现基质的改性,以获得具有多功能性的介质。

8.4.4 分离功能高分子材料的改性及创新

最早人们制作分离膜的原料仅限于改性纤维素及其衍生物。随着高分子合成工业的发展,高分子膜的制备材料早已不限于纤维素类衍生物。以天然高分子材料为例,主要包括改性纤维素及其衍生物类,这种材料原料易得、成膜性能好、化学性质稳定,但是力学和热性能较差,限制了应用范围,其分离膜主要用于各种医疗透析、微滤、超滤、反渗透、膜蒸发、膜电泳等多种场合。近年来甲壳质类材料成为一种新的分离膜制备材料,化学结构上与纤维素类似,特点也是原料成本低,而且成膜后力学性能较好,具有良好的生物相容性,适合用来制作人工器官内使用的透析膜,因此具有良好的发展前景。此外,海藻酸钠类也是天然分离膜原料。

8.5 吸附功能高分子材料

8.5.1 吸附功能高分子材料的概述

吸附功能高分子材料是一类能够选择性地吸附某些特殊的酸根离子或大分子的材料,但只是暂时结合或耗尽,效果不是很好。这种必需的材料对改善生态环境和发展高科技技术具有重要作用,是功能强大的非金属无机材料中最古老、发展最快的。例如,高流动性丙烯酸树脂涵盖高吸水性丙烯酸树脂和高吸油性丙烯酸树脂。两者以相当独特而强大的吸附功能在制造业、日常生活和工作中发挥着至关重要的作用,非常具有价值。

根据性质与用途,吸附功能高分子材料可以划分为:

① 非离子型吸附树脂。这种树脂没有特殊的离子和官能团,主要通过分子间的范德华力吸附。

② 金属阳离子配位型吸附剂。其骨架具备核外配位电子或官能团,可与特殊金属离子发生络合反应逐步形成配位键,进而吸附和富集各种非金属,具有过滤作用。

③ 离子型吸附树脂。高分子材料中含有碱性物质或碱性官能团,可以在溶液中解离并与对应的离子形成盐,借助静电引力而吸附。

④ 吸水性高分子吸附剂。这种树脂的分子结构具备网状结构,具有亲水性,且能够通过吸水膨胀而吸附,因此具有很强的吸水和保水能力。

高吸附性聚合物是由单体和交联剂经共聚反应制备的,该反应可构成三维网状聚合物,该聚合物具有适当的交联度。

根据使用条件和外观形态,吸附功能高分子材料主要分为以下四大类:

① 微孔型吸附树脂。在比较干燥的常态下,微孔型吸附树脂外部的微孔结构也很小,用作催化剂载体时,一定要用特殊溶剂溶解,以便形成三维网状结构,并填充其内部空间,从而使其形成凝胶状物质,因此这种树脂也被称为凝胶型吸附树脂。一般来说,这种树脂采用悬浮聚合技术制备。

② 米花型吸附树脂。由于其独特的膨胀米花状结构,这种树脂的外表呈现出一片洁白的晶莹,而且具有多孔结构,无需溶解;体积密度也极低,尤其是在大多数溶剂中都无法溶解,也无法发生变质。因此,米花型吸附树脂只能在极端情况下使用。采用本体聚合法制备的米花型吸附树脂,其交联剂的用量可以达到 0.1%~0.5%,以满足不同的应用需求。

③ 大孔型吸附树脂。该树脂非凡的比表面积和极大的孔径,在任何环境下都能发挥出最合适的品质和性能,无论是湿润还是干燥的环境,大孔型吸附树脂都能够提供良好的吸附效果。

④ 交联大网状吸附树脂。该树脂是一种三维聚合网状物,在聚合基础上添加交联剂反应后制得。但其机械稳定性较低,故使用范围受限。

8.5.2 吸附功能高分子材料的应用

8.5.2.1 水处理方面

吸附法是一种低成本、简易、高效、稳定地处理重金属或染料废水的方法。同时,在不产生二次污染的情况下,吸附剂可以再生和循环使用。因此,高分子吸附法是一种具有广泛用途的分离技术。吸附过程主要是通过物理和化学吸附来完成的。物理吸附是由具有多孔结构或高比表面积的吸附材料通过范德华力、氢键、电子相互作用力与污染物分子相结合。化学吸附是吸附材料与污染物借助化学键发生的化学反应。这两种吸附过程通常同时出现。活性炭、树脂、氧化铝、天然黏土等在废水处理中被广泛使用。总之,与其他方法相比,吸附法具有操作简单、使用周期长等优点,被认为是最有效的废水处理方法,现广泛应用于去除环境中的重金属和染料污染物。

大孔吸附树脂是一种特殊的吸附树脂,一般以吸附为特征,大部分不具备强官能团和交换中心。大孔吸附树脂不仅具备活性炭的吸附潜力，而且具备解吸效率高的特点。其理化生物制品性能稳定，但在无机废水资源化处理领域具备广阔的发展前景。与预想不同的是，国内外市售吸附树脂的实际吸附容量、孔结构质量和性能、物理机械性能等方面仍有待进一步提升。利用具备物理机械性能的吸附树脂提取垃圾渗滤液中有毒精细化学品是当今物理学家、化学家和绿色环保工作者最重要的研究课题之一。能够预见随着时间的推移，人民不懈的科研努力，国家和人民将更加珍惜绿水青山。精细化工生产企业的长足发展，必将为我国环境保护和可持续发展做出巨大的贡献。

随着世界对环境问题的日益关注，人们越来越关注环保的天然高分子材料。天然高分子是自然界中自然存在的化合物，不需要人工合成，通常来自微生物、植物和动物。根据其化学结构和组成可分为几类，如多糖、蛋白质、核酸和脂类。天然高分子材料不仅来源广泛，可生物降解，还具有安全无毒、环保可再生等优点。因此，对天然高分子的开发和使用正在不断地深入研究，以下是一些常见的天然高分子材料。

壳聚糖（CS）是一种无毒、耐腐蚀的天然碱性多糖，含有大量的活性官能团，可以通过静电作用、离子交换和螯合作用与废水中的有害物质发生反应，因此壳聚糖作为一种吸附材料，引发了人们的兴趣和研究。此外，通过对壳聚糖的氨基、羟基进行化学改性，可以得到其衍生物，提高壳聚糖在水介质中的溶解度和抗菌性能。

海藻酸钠的分子链中含有大量的羟基、羧基官能团，对重金属和染料都有较强的亲和性。但是直接使用海藻酸钠作为吸附剂，其吸附量和选择性都不高。于是可以运用物理和化学方法对其进行修饰，使其赋有优异的性能，扩大其应用领域。

纤维素作为一种天然的有机高分子材料，不仅来源广泛、价格低廉、对环境友好，还具有众多的应用可能性。纤维素含有丰富的官能团，容易产生凝胶结构，因此成为了受欢迎的研究材料。特别是在环境处理领域，纤维素可以用来创造一种新型的吸附剂，这种吸附剂效率高，容易回收，而且不会产生二次污染。因此，大多数研究人员利用纤维素稳定骨架结构，通过对纤维素的各种物理和化学修饰生产出具有高稳定性、高吸附能力和高再生性的吸附剂材料。

瓜尔胶（GG）是从瓜尔豆中提取的天然半乳甘露聚糖，在食品中用作增稠剂。瓜尔胶是一种固体粉末，可溶于水，在水溶液中基本是中性的；在极性溶剂和非极性溶剂中会膨胀和溶解，前者产生强氢键，后者产生弱氢键。瓜尔胶分子中的羟基对瓜尔胶的氢键有一定的影响，能与纤维素、水化矿物进行氢键反应。由于其独特的物理化学性质，瓜尔胶可以接枝并与其他材料结合，从而产生用于生物医学和废水处理的水凝胶。

8.5.2.2 医药卫生方面

随着高分子科学与生命科学交叉的不断发展，高分子在生物领域也从传统的高分子材料的制备向分子、超分子及生物微体系层面上发展。在生物分子层面，蛋白质作为生物体内种类繁多、数量最大、功能最为复杂的基本组成单元，是由许多氨基酸通过肽键连接而成的具有多级结构的含氮天然高分子，几乎参与生命体所有的生理活动过程，是生物功能的执行者。因此，将合成的功能化高分子与蛋白质的调控相结合，如改性蛋白质或者调控蛋白质在材料表面的吸附等，作为当前新兴的前沿课题，无论是从理论上还是从实际应用上都有着重大的意义。与蛋白质相关的合成高分子，常见的有生物相容性聚合物，通常为生物惰性，可与生物体内天然大分子稳定互存，用于直接改性蛋白质或者间接调控蛋白质的吸附行为。

当生物材料植入人体时，首先发生的是体液或血液中的蛋白迅速在材料表面发生非特异性吸附，经过一系列复杂的反应后，最终导致凝血的发生，从而使生物材料的应用受到了极大的限制。因此，阻止非特异性蛋白在生物材料表面的吸附是控制凝血反应的重要途径。材料表面的性质直接决定了蛋白的吸附情况，故对生物材料表面改性是提高其生物相容性的一条有效的途径。生物相容性高分子一般分为生物惰性高分子和生物活性高分子。生物惰性高分子修饰的材料表面可以抗非特异性蛋白吸附，阻止了血浆蛋白在材料表面的黏附，进而抑制了凝血反应的激活；而对于生物活性高分子修饰的表面，则可以特异性地吸附目标蛋白，从而激活抗凝血系统和纤溶系统，进而溶解材料表面由于凝血反应而形成的初级血栓。因此利用生物相容性高分子来修饰材料表面有望实现对蛋白吸附的调控。

高分子吸附剂广泛应用于吸附红细胞的胆红素，清除肾衰竭患者体内积累的毒性成分肌酐和生物制药的分离纯化，以及作为缓释药物的基体、药片药丸的崩解剂和药物微胶囊的皮膜，具有广泛的应用前景。此外，高分子吸附剂除应用在人工肾脏、人造皮肤、消炎止痛膏等领域外，还可作为隐形眼镜的制造材料。

中草药是中国珍贵的医药资源，在提高人民生活质量、保障人们的健康方面发挥了极为重要的作用。然而，中药的复杂成分和无法确定的特性限制了中药的应用发展。因此，中药现代化的实现已成为中药领域中亟需解决的问题。中药现代化的关键技术之一是对有效成分或有效部位进行提取和分离。传统的溶剂萃取技术虽然是天然产物分离的经典技术，但由于溶剂消耗量大、效率低、操作不够安全，因此只适用于实验室中小样品的制备，而不适用于工业生产。针对中药提取液的分离，可以采用色谱分离法，该方法的固定相是一种特定的色谱填料，可以有效地分离出不同的成分。这种方法操作简单，适用于工业生产。随着高分子产品的发展，现在有越来越多的色谱填料可使用，包括离子交换树脂、大孔吸附树脂和聚酰胺等。在中药现代化的进程中，研究中药的药用成分并将其高纯度分离提取出来是一项重要的任务。因此，研究新型分离方法刻不容缓。高分子吸附剂是一种新型的色谱填料，具有使用方便、种类繁多、吸附作用专一等优异性能，因此备受关注。将其应用于中草药成分的分离提取中，将必然发挥重要的作用。

8.5.2.3 机械加工方面

高分子吸附剂在机械加工领域的运用主要在于油中微量水的去除。在机械设备运作过程中，汽轮机油很容易被水污染，将影响其性能并导致设备故障。因此，除去油中的微量水是至关重要的。采用丙烯腈或其他聚合物纤维制成管状脱水过滤器，利用材料将油中微小而稳定的水滴变成较大的水滴，该方法能够有效去除油中的微量水。应用高分子吸附剂可有效除去油中的微量水，净化效果卓越且成本低廉，也不会影响油品质。同时，利用高分子吸附剂去除气体中有害成分的研究也在不断进行。新型高分子吸附剂采用丙烯腈、苯乙烯作为共聚单体，二乙烯基苯为交联剂，交联共聚制成多孔网络树脂。在性能测试中，能有效吸附二氧化硫气体。

8.5.3 吸附功能高分子材料的结构与性能

8.5.3.1 化学组成与功能基团

（1）元素组成的影响

如果聚合物分子中含有配位原子，如 O、N、S、P 等，这些原子都具有未成键电子对，这些聚合物便具有潜在的络合能力，有可能作为高分子络合剂与特定的金属离子形成配位键。如果聚合物的主链被 Si 等替换，氢被氟替换都会大大影响其化学和物理稳定性以及吸附性能。

（2）功能基团的影响

化合物中具有特殊作用的化学结构被称为官能团，这些基团可以在聚合物主链内，但是更多是作为侧基连接在主链上。当聚合物中含有不同官能团时，该官能团的性质往往决定了吸附树脂的不同选择性。比如，聚合物链上连接强酸性基团，解离后的高分子酸根能够与阳离子结合成盐，具有阳离子交换和吸附能力；反之，连接季铵基团，可以与阴离子结合，具有阴离子交换能力。由于不同离子型基团与各种离子结合的能力和稳定性不同，因此各种离子型树脂便呈现选择性离子交换能力。

在分子结构层面，树脂带有特定的官能团的种类和数量决定了吸附树脂的吸附特征和作用方式，比如引入极性官能团可以调节树脂的极性特征，用以改变对不同极性物质的吸附选择性。当引入酸性或者碱性官能团并经过水解产生离子化结构，能够对相应的反离子通过静电引力产生吸附性，例如将强酸性基团连接到聚合物链上后，高分子酸根发生解离并能够与阳离子结合形成盐。图8-4为典型的强酸性苯乙烯系阳离子交换树脂的结构式，该聚合物具备了阳离子交换和吸附的能力。

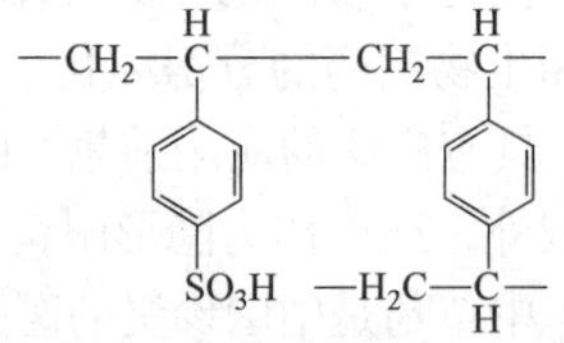

图8-4 典型的强酸性苯乙烯系阳离子交换树脂的结构式

（3）分子极性的影响

非极性树脂能从极性溶剂中吸附非极性有机物，极性树脂则能从非极性溶剂中吸附极性有机物。非极性吸附树脂是由偶极矩很小的单体聚合制得的不带任何功能基团的吸附树脂。如苯乙烯-二乙烯苯体系的吸附树脂。这类吸附树脂孔表面的疏水性较强，可通过与小分子的疏水作用吸附极性溶剂（如水）中的有机物。中等极性吸附树脂系含有酯基的吸附树脂，例如丙烯酸甲酯等交联的一类树脂，其表面疏水性和亲水性部分共存。极性吸附树脂是指含有酰胺基、氰基、酚羟基等含硫、氧、氮极性功能基团的吸附树脂，例如聚丙烯酰胺等，它们通过静电相互作用和氢键等进行吸附，用作非极性溶液中的吸附性物质。

8.5.3.2 聚合物的链结构和超分子结构

聚合物链的基本结构和超级蛋白质分子借助整体强度对聚合物的分子量形成不利影响，从而影响聚合物的分子量和机械性能。例如，较短的链长度会导致聚合物分子量降低，从而降低聚合物的机械性能。

（1）吸附树脂的宏观结构

吸附树脂的宏观结构决定了催化剂载体的质量和性能，如吸附容量、物理机械性能、吸附速度等。一般来说，吸附树脂的结构可以分为两种类型：孔隙型和表面型。孔隙型吸附树脂具有内部微孔，可以通过孔道来吸附溶液中的物质。表面型吸附树脂则具有较高的比表面积，可以通过表面吸附来分离物质。此外，吸附树脂的结构还受到其交联程度、孔径大小、表面化学性质等因素的影响。

（2）吸附树脂的显微结构

吸附树脂的显微结构多呈规则颗粒状和多孔结构（图8-5）。规则颗粒状树脂有利于在吸附装置中均匀装填，在使用过程中易于操作和处理。多孔结构可以提供更大的比表面积，以提高吸附容量（吸附容量与吸附剂的比表面积成正比）。对于某些微孔型吸附树脂，则要求在特定溶剂进行溶胀后再作为吸附剂使用。大孔吸附树脂包含许多具有微观小球组成的网状孔穴结构，因此颗粒的总表面积很大，加上合成时引入了一定的极性基团，使大孔树脂具有较强的吸附能力。而且，这些网状孔穴在合成树脂时具有一定的孔径，使其根据通过孔径的化合物分子量的不同而具有一定的选择性。通过以上吸附性和筛选原理，有机化合物可以根据吸附力的不同及分子量的大小，在大孔吸附树脂上经一定的溶剂洗脱而达到分离的目的。

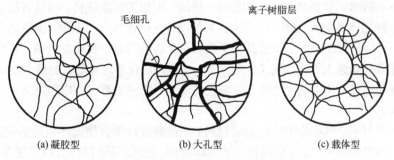

(a) 凝胶型　　　　　(b) 大孔型　　　　　(c) 载体型

图 8-5　不同物理结构离子交换树脂的模型

（3）吸附树脂不溶不熔的特征

吸附性高分子材料在使用过程中为了保持结构的稳定性，一般都具有不溶不熔的特征，以利于吸附树脂的使用和回收。在制备过程中进行交联反应使树脂形成具有一定交联度的三维网状聚合物是必要的。

8.5.4　吸附功能高分子材料的改性及创新

由于吸附功能高分子结构的多样化和可设计性，因此能够实现多种功能。在分子结构层面，树脂带有特定的官能团，这些官能团的种类和数量决定吸附树脂的吸附特征和作用方式。例如：引入极性官能团可以调节树脂的极性特征，用以改变对不同极性物质的吸附选择性；引入O、N、S、P等带有未成键电子的元素构成配位结构，可以与金属阳离子形成配位键产生选择性吸附；引入酸性或者碱性官能团并经过水解产生离子化结构，能够对相应的反离子通过静电引力产生吸附性。其次，吸附性高分子材料在使用过程中一般都具有不溶不熔特征，所以在制备过程中通常会使其进行交联反应形成具有一定交联度的三维网状聚合物。在树脂的合成工艺中主要是由单体和适量交联剂通过共聚反应合成或直接生成具有交联结构的聚合物。由于加入了具有两个以上可聚合基团的交联单体，在聚合过程的链增长阶段会形成分支结构并最终形成三维网状结构。这类聚合物的交联度可以通过调节加入的双聚合基团单体的比率进行控制。不过这类聚合物的网状结构多为随机形成，规律性不强。为了获得精确规律的三维网状结构，可以通过两步合成反应来实现：先合成带有一定活性官能团结构的线型高分子，然后加入具有双功能的基团，将具有确定长度的交联剂与线型聚合物进行交联反应，最后形成具有特定三维网状结构的吸附树脂。由于这类合成方法可以控制吸附树脂形成网状结构的网孔大小，对于提升吸附的选择性有利，不过这类树脂一般只在溶胀状态下使用。

8.6　智能高分子材料

8.6.1　智能高分子材料的概述

智能高分子材料指能够感知和接收外部环境的信息，如声、光、电、磁、酸碱度、温度、力等,并可根据环境变化自动改变自身形态的一类高分子材料。智能高分子材料是智能材料大家族的一个主要成员。智能材料按照其材质的不同,大体上可以分为金属类智能材料、无机非金属类智能材料以及智能高分子材料。智能高分子材料与金属类智能材料和无机非金属类智能材料相比具有较多的优越性能,比如质轻、价廉、可加工性能优良,而且有机分子的结构上较容易接入各种功能性的官能团,以丰富材料的功能,拓宽其应用范围。智能高分子材料的品种多、范围广,包括智能凝胶、智能高分子膜材料、智能纤维、智能黏合剂、智能药物缓释体系等。外界环境的刺激方式主要有力、热、光、电、磁、化学环境等;材料的响应方式也多种多样,主要有几何尺寸(形状)的改变、颜色的变化、电流的感应、电阻的变化,以及表面浸润性的改变等。

智能高分子材料,也称为响应性所需材料、刺激响应性聚合物或环境敏感聚合物,是一种具有先进技术的新兴材料。它可以模拟生物体的传感、处理和执行功能,以实现多种高级功能,达到自动化、智能化和可持续化的应用。通过分子设计和有机合成技术制造的智能聚合物材料,可具有自我修复、自我繁殖、辨识和识别、对外界刺激的响应以及对环境变化的适应性等功能。智能高分子材料能有效地应对各种环境因素,如温度、离子、pH值、磁场、电场、反应物、溶剂、光照、应力和识别等。随着外部环境的变化,智能聚合物的特性也会发生相应的改变,进而影响其性能和功能。

智能高分子材料是近几年的一种新型高分子材料,由于其优良的性能而引起了各国的重视,发展极为迅速。早在2002年,美国和德国科学家就研发出可自动打结的智能塑料线。这种智能塑料是由有形状记忆功能、可生物降解的聚合物制成,具备自动打结的功能,并随着伤口愈合可自动"拆线",在伤口缝合等医疗领域有潜在用途。2011年,美、日科学家就提出了将智能高分子材料作为新兴的高分子材料这一概念。2011年4月,美国科学家首次发明了一种在光的作用下可自行修复的智能高分子材料。专家称这种神奇的材料不但能延长塑料的寿命,还能提高以塑料为原料的产品的持久性,例如常见的家居用品袋子、储物箱、内胎,甚至是十分昂贵的医疗设备。同年6月,在奥地利林茨电子艺术中心举行了第一届国际智能塑料会议。来自法国、德国、瑞士、荷兰和奥地利的50个公司参加了这次会议。专家们大胆地提出要将塑料与电子相结合的想法,例如设计不需要开关和按钮的仪表盘,具有灵活性的太阳能电池,或者是将医疗诊断系统与塑料技术相结合。英国斯特拉斯克莱德大学教授安德鲁·米尔斯研发出一款能辨认食物是否过期、食物新鲜程度的智能高分子塑料袋。米尔斯在接受英国《每日邮报》采访时表示,如果肉、鱼和蔬菜等食物超过保质期或放置冰箱外过长时间,这种智能塑料包装袋就会改变颜色,提醒人们把密封的食物储存在冰箱中。米尔斯表示这一项目着重于将研究理念变成商业产品,并希望它能直接地对肉类和海鲜工业产生积极影响。

根据智能功能高分子材料的功能可以进行如下分类:

(1)智能高分子凝胶

智能高分子凝胶是由液体与高分子网络组成的,由于高分子网络与液体之间的亲和性,液体被高分子网络封闭在内部,失去了流动性,因此凝胶能像固体一样显示一定的形状。这是一种区别于通常的工程材料的一种软湿材料,不能像工程材料一样承受较高的机械作用力,但具有一些特殊的功能。自然界中存在着大量的凝胶体系。一些生物组织在受到外界刺激时,会迅速作出反应,如:海参与外界接触时柔软的躯体会瞬间变得僵硬或部分体壁产生黏性物质;生物体肌肉收缩和松弛时,肌球蛋白间的纤维(可交联为凝胶状)产生很大的收缩或溶胀。在许多类似自然现象的启示下,人们日益重视对高分子凝胶特别是刺激响应性智能凝胶这种"软湿"材料的研究，逐渐发现它在柔性执行元件、微机械、药物释放体系、分离膜、生物材料等方面具有广泛的应用前景。

① 温敏性凝胶

温敏性凝胶是体积能随温度变化的高分子凝胶，分为高温收缩性凝胶和低温收缩性凝胶。聚异丙基丙烯酰胺（PNIPAM）水凝胶是典型的高温收缩性凝胶，它呈现低临界溶解温度（LCST）。在低于 32℃水溶液中溶胀时，该凝胶大分子链会因与水的亲和性而伸展，分子链呈伸展构象；而在 32℃以上凝胶发生急剧的脱水缩合作用时，由于疏水性基团的相互吸引作用，链构象会收缩而呈现退溶胀现象。上述现象是由水分子和 PNIPAM 亲水基团间氢键的形成和解离所致。在低于 LCST 时，水分子会与其相邻的 PNIPAM 上的氨基形成氢键，导致大量的水分子进入高分子链间，使其呈现溶胀的状态；而在高于 LCST 温度时，氢键被破坏，由于疏水基团间相互作用，水分子会被排除在高分子链外，高分子链收缩而使凝胶收缩。聚丙烯酸（PAAC）和聚 N,N-二甲基丙烯酰胺（PDMAAM）所形成的互穿网络凝胶是典型的低温收缩性凝胶，在低温时（低于 60℃）凝胶网络内会形成氢键，体积收缩，在高温时（高于 60℃）氢键解离，凝胶溶胀。

② pH 敏感性凝胶

pH 敏感性凝胶是指其体积能随环境 pH、离子强度变化而变化的高分子凝胶。这类凝胶大分子网络中具有可解离的基团，如羧基或氨基，其网络结构和电荷密度会随介质的 pH 变化而变化，并对凝胶网络的渗透压产生影响，同时网络中离子强度的变化也会引起体积的变化。离子化基团主要是通过以下作用对水凝胶的溶胀度产生影响：当外界 pH 变化时，这些基团的解离程度会相应发生改变，造成凝胶内外离子浓度改变，引起凝胶渗透压的变化；这些基团的离子化会破坏凝胶内相关的氢键，使凝胶网络的交联点减少，造成凝胶网络结构发生变化，引起凝胶溶胀；这些基团的离子化将产生荷电基团，这些荷电基团产生的静电斥力也会使凝胶的溶胀性发生突变。

（2）形状记忆高分子材料

形状记忆高分子（SMPs）材料是利用结晶或半结晶高分子材料，经过辐射交联或化学交联后具有记忆效应的原理而制造的一类新型智能高分子材料。形状记忆过程可简单表述为：初始形状的制品—二次形变—形变固定—形变恢复。其性能的优劣可用形状恢复率、形变量等指标来评价。在医疗领域，形态记忆树脂可代替传统的石膏绷带，具有生物降解性的形状记忆高分子材料可用作医用组合缝合器材、止血钳等。在航空领域，形状记忆高分子材料被用作机翼的振动控制材料。利用该材料的形状记忆功能可制备出热收缩管和热收缩膜等。

形状记忆
高分子材料

8.6.2 智能高分子材料的应用

利用智能高分子凝胶的变形、收缩、膨胀可以产生机械能的特性，从而建立起将化学能转变为机械能的系统。有些凝胶产品已进入市场，由凝胶材料构成的仿生系统现阶段只能在某种程度上达到自我感知和自我控制的能力，还远无法与人体的肌肉、神经系统等相提并论。

Katchalsky 等在 20 世纪 50 年代就发现在不同浓度盐水溶液中浸渍胶原纤维，可根据胶原的结晶-熔融产生的伸缩机理制备机械化学动力机，即环境变化的信息输入凝胶后，可使其产生非线性的形状和性能变化，进而将化学能或物理能等转变为机械能。利用凝胶在外界环境刺激下的变形，可以设计出多种"化学-机械系统"，它们可以用于制造人工肌肉、微机械、化学阀、智能药物释放体系等。

如以γ射线和电子束辐照交联的聚乙烯基甲基醚（PVME）水凝胶（LCST 为 38℃）与赋形用高分子混合制成多孔泡沫状凝胶，并将其制成集束纤维人工肌肉模型，当交替供给冷、温水时，凝胶反复溶胀与收缩，单丝可产生 2.94mN 的收缩应力，相当于肌肉的 1/10~1/3，其伸缩动作时间远小于 1s。日本北海道大学利用凝胶的这种特点，在世界上首次研制成功"人工爬虫"，在不断变化的电场的作用下，它能实现爬虫动物一样柔软的动作。"人工爬虫"是由聚 2-丙烯酰胺基-2-甲基丙磺酸（PAMPS）凝胶制成的，通过两端的金属挂钩悬挂在装有不对称齿轮的杆上，将凝胶浸入含有表面活性剂及低分子盐的溶液中，在凝胶的上下装上电极后，通过凝胶的弯曲，伸展动作即可向前运动，其原理如图 8-6 所示。

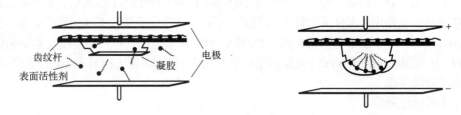

图 8-6 "人工爬虫"的动作原理

在智能型药物控释体系中，具有人体亲和性和生物降解性的一些聚合物受到了重视。如具有生物黏连性和 pH 响应性的聚丙烯酸-聚氧化丙烯-聚氧化乙烯的三嵌段共聚物构成的凝胶体系能响应温度的变化，在体温时疏水嵌段会聚集形成凝胶，能增溶水溶液中的亲脂性药物，使其缓慢释放。用这种凝胶可制成眼药水，在室温时为流体，在体温下为黏稠态，可将其作为长效的眼药水，同时该凝胶对剪切力敏感，可利用眨眼使其在眼内完全铺展。

形状记忆高分子材料是一类智能材料，可以在特定条件下恢复到其起始状态。当环境和条件发生变化时，该材料能够参照环境变化的程度改变其形状，使其不固定；当外部环境条件恢复时，它就能够通过倒退回到初始状态。这些材料通常由结晶或半结晶高分子组成，在辐射或化学交联后产生形状记忆效应。这种材料具有广泛的应用领域，例如医疗器械、航空工业和管道密封等。具有形状记忆功能的高分子材料有以下应用：

（1）热致形状记忆高分子材料

热致形状记忆聚合物能够在热驱动下实现形状记忆过程，是所有形状记忆高分子材料中最常见的一类。

（2）光致形状记忆高分子材料

光致 SMPs 是指在光的驱动下能够实现形状记忆过程的材料，根据形状记忆机理可分为光热效应型和光化学反应型。光热效应型形状记忆高分子材料是指通过在形状记忆高分子基材上引入具有光热效应的填料（如多巴胺、碳纳米管和石墨烯等），利用其光热转换能力，将吸收的光能转变为热能，进而实现形状记忆行为。光化学反应型形状记忆高分子材料是通过在形状记忆高分子基材上引入光敏感基团（如醋酸、蒽和香豆素等）作为"分子开关"，这些"分子开关"会在外界光源的刺激下，发生交联与解交联作用，从而实现形状记忆过程。在医疗领域中，形状记忆高分子材料可以用于代替传统的石膏绷带来固定创伤部位，并且也可制造各种医用器械，如血管阻塞防止器、止血钳等。

（3）电致形状记忆高分子材料

电致形状记忆高分子材料是通过在形状记忆高分子基材上添加导电填料（如石墨烯、碳纳米管和金属颗粒等），导电填料会在基质中形成导电通路，当有电流经过导电通路时，会产生热量使材料温度升高，进而实现形状回复过程。电致形状记忆高分子其实也是一种热致 SMPs，但与热致形状记忆高分子相比，电致形状记忆高分子可控性好，操作简单且能实现远程控制，可通过改变导电填料和调节驱动电压实现多领域应用。

（4）磁致形状记忆高分子材料

磁致形状记忆高分子材料是通过在形状记忆高分子基材上引入磁性填料（如 Fe_3O_4），磁性填料在交变磁场中往复运动，与基体摩擦产生热量，当温度达到转变温度（Ttrans）以上时即可实现形状回复，也属于热致形状记忆高分子材料。磁致形状记忆高分子能够解决热致形状记忆高分子需要直接加热的弊端，有望作为植入材料应用在医学领域。但磁致形状记忆高分子存在可控性低、产热效率低和回复时间长等问题，有待进一步解决。

此外，还开发了石油化工、通信光缆、天然气和市政工程供水等领域所使用的形状记忆高分子材料。采取特殊聚全氟乙烯（FEP）油漆生产工艺制成的收缩包装管是一种快速收缩所需的新型高效材料，具备优异的物理机械性能、电气性能和良好的耐腐蚀性能，并且非常耐用。

8.6.3　智能高分子材料的结构与性能

智能型凝胶的高分子主链或侧链上通常存在着离子化基团、极性和疏水性基团，从而使其具有类似生物体的特性，其结构、物理特性（如体积）会随外界环境（如溶剂的组成、离子的强度、温度、光强度、电场刺激等）以及某些特异性化学物质的变化而改变。这种变化是根据蛋白质分子和无机非金属材料的基本结构和生命形式的变化，以及分子量、可移动酸离子的抵抗力等方面的结构和功能的变化而产生的。智能高分子材料在生物医学领域具备广阔的应用前景。例如，对于血糖浓度响应的胰岛素释放体系来说，借助多价基团与硼酸基团相互间的不可逆键，能够有效地使糖尿病患者的胰岛素水平保持在正常水平。另外，非金属无机材料和高分子化合物对有机化合物有很强的渗透和分离作用。借助不可逆构象和分子量聚集体的变化，使用稳定性和安全性优异的聚氨酯材料制成生物膜。有机化合物的膜快速渗透反应速率会随着时间的推移而变化，具体取决于碳酸氢盐氢离子浓度、pH 值和磁感应促进作用。形状记忆高分子能够实现形状记忆效应的主要原因是其结构中包含确定初始形状的固定相和改变临时形状的可逆相。

8.6.4　智能高分子材料的改性及创新

当对智能高分子材料进行改性时，常常使用各种增强剂和填充剂来改善其力学性能、导电性能和热性能等方面的特性。

8.7　医药用高分子材料

8.7.1　医药用高分子材料的概述

科技成就未来——
人工皮肤

我国生物医用高分子材料产业正处在孕育阶段，新型生物材料和器件正在逐步实现产业化。根据医药用高分子材料的性能可以进行如下分类：

8.7.1.1 生物惰性高分子材料

生物惰性高分子材料是一种特殊的高分子材料,与生物体组织的相容性很高,不会引起免疫反应或排异反应。这种材料通常被用于人工器官、医疗设备等医疗领域。

生物惰性高分子材料具有以下优点:

① 生物相容性好。不会产生免疫排斥现象,生物体内不会引发免疫反应或过敏反应。

② 化学稳定性强。在生理环境下不会分解或变质,具有较长的使用寿命。

③ 力学强度高。具有优异的力学强度和稳定性,在使用过程中不易断裂或失效。

④ 加工方便。可以通过多种方法进行成型加工,如注射成型、挤出成型、压制成型等。

⑤ 可调节性好。可以通过调整材料成分及处理方式等来调节其性能,以适应不同的应用需求。

⑥ 具有较好的防污染能力。对于附着于其表面的物质(如蛋白质等)具有较低的黏附能力,能够有效地防止细菌等微生物的污染。

常见的生物惰性高分子材料主要有硅胶、聚乙烯醇等。这些材料具有上述优点,在医疗领域被广泛应用于人工心脏瓣膜、血管支架、假肢和人工眼球等多个领域。

8.7.1.2 生物活性高分子材料

相比生物惰性高分子材料,生物活性高分子材料具有一定的生物活性和生物功能,其表面可以与生物体组织发生特定的化学反应或产生相互作用,从而在生物体内发挥特定的作用。生物活性高分子材料在医疗领域中也被广泛应用。

生物活性高分子材料具有以下优点:

① 与人体组织相容性好。生物活性高分子材料可以与人体组织完美结合,不会引起排异反应和其他副作用。

② 具有生物活性。生物活性高分子材料具有一定的生物学功能,可以与体内细胞或生物分子进行特定的相互作用,从而发挥治疗、修复和再生的作用。

③ 可控释药效应。由于其内部结构和化学组成的设计,生物活性高分子材料可以在一定程度上控制药物释放速率和目标区域,从而实现精准治疗。

④ 具有多种形态和结构。生物活性高分子材料可根据需要设计成不同形态和大小的微粒、纤维、薄膜等形式,便于适应不同的临床需求。

常见的生物活性高分子材料包括羟基磷灰石、胶原蛋白、聚乳酸等多种类型,它们具有良好的生物相容性和可降解性,在医学中有着广泛而重要的作用。这些材料通常应用于骨修复、软骨再生、皮肤再生、药物控释等方面,并在人工心脏瓣膜、血管支架等多个领域展现出了巨大的潜力。

8.7.1.3 生物吸收高分子材料

生物吸收高分子材料是一类具有特殊生物可降解性的高分子材料。这种材料由生物可降解高分子化合物构成,可以在人体内逐渐被降解并代谢掉,不留下任何有害物质,以达到治疗或修复组织的目的。目前广泛应用于医学、生物科技、环境工程等领域。

生物吸收高分子材料具有以下优点:

① 生物相容性好。生物吸收高分子材料和生物体组织相容性良好,可以通过化学或生物

反应在体内降解、代谢而不留下任何残留物，从而避免了异物留存的问题。

② 无需二次手术。当使用非可降解材料时，通常需要对患者进行第二次手术来去除植入物。而使用生物吸收高分子材料制成的植入物可以随时间自行被吸收，避免了再次手术的痛苦和风险。

③ 可控释药效。在医疗领域中，可以将药物包裹在生物吸收高分子材料中制成缓释剂。这种方法能够使药物缓慢释放，并防止药品过早地被代谢或排泄。

④ 能够促进组织生长。生物吸收高分子材料广泛应用于软骨修复中。一些生物吸收高分子材料具有模仿人体软骨组织的能力，并且可以促进血管和神经的生成，从而帮助组织恢复生长。

常见的生物吸收高分子材料包括聚羟基酸、聚乳酸、聚己内酯以及其共聚物等，它们既可以进行二次加工制成医疗器械，也可以进行组织工程方面的应用，如软骨修复材料等。同时，生物吸收高分子材料具有较好的调控能力，在实现临床治疗方案的个性化和精准化方面也具有广阔前景。

8.7.2 医药用高分子材料的应用

在医学领域，生物惰性高分子材料主要被应用于体内植入材料的制造，比如人工骨骼和人工关节等器官修复材料，同时也可用于人工组织和器官的制造。由于这些生物惰性高分子材料需要与机体组织长时间接触，因此对其质量的要求非常严格。聚乙烯、聚四氟乙烯、硅橡胶、脂肪族聚氨酯等高分子材料被认为是在这方面表现较好的选择。

聚乙醇酸（PGA）、聚乳酸（PLA）、聚己内酯（PCL）及其功能高分子材料是常用的可生物降解性原材料，因为它们含有较少毒素，结构稳定性不高，但在高聚物状态下具有很好的性能和强度，并且可以作为骨科植入器械原材料。在低聚物状态下，分解速度相对较快，可以用于输送药物系统等。此外，这些材料具有良好的生物相容性。

8.7.2.1 药用高分子材料

药用高分子是指利用功能高分子聚合物的主链或支链结合具有药理活性的某些药物基团，使其成为在体内容易降解控释、有足够药理活性的高分子药物，这类新型药物具有低毒、高效、长效、定向、控释等特点。高分子药物系指在药物制造过程中，根据功能高分子聚合物的物化特性，分别用于药物的稀释剂、黏合剂、包埋材料、微型胶囊、包衣或内外包装材料等。其本身并不具有药效，只是在药物成品过程中起着不可缺少的从属辅助作用或者强化作用。实际上两者并没有严格界限。作为药用高分子必须具备下列条件：本身及其分解产物应无毒，不会引起炎症和组织变异反应，无致癌性；进入血液系统的药物不会引起血栓，具有水溶性，能在体内水解为具有药理活性的基团；能有效到达病灶处，并且积累到一定浓度后，口服药剂的高分子残基能通过排泄系统排出体外。对于经导入方式进入循环系统的药物，聚合物主链必须易降解，使其有可能排出体外或被人体吸收。

根据结构与制剂的形式，药用高分子可分为三类：

（1）具有药理活性的高分子药物

这类高分子本身具有药理作用，断链后即失去药性，是真正意义上的高分子药物。具有药理活性的天然高分子有激素、肝素、葡萄糖、酶制剂等。合成药理活性高分子如聚乙烯吡咯烷酮是较早研究的代用血浆。有些阳离子或阴离子聚合物也具有良好的药理活性。例如主链型聚阳离子季铵盐具有遮断副交感神经，松弛骨骼、筋的作用，是治疗痉挛性疾病的有效药物。

（2）高分子化的低分子药物

低分子药物在体内新陈代谢速度快，半衰期短，体内浓度降低快，会影响疗效，故需大剂量频繁进药，而过高的药剂浓度又会加重副作用。此外，低分子药物也缺乏进入人体部位的选择性。将低分子药物与高分子结合的方法有吸附、共聚、嵌段和接枝等。

（3）药用高分子微胶囊

将细微的药粒用高分子膜包覆起来形成微小的胶囊是近年来生物医药工程的一场革命。药物经微胶囊化处理后可以达到下列目的：延缓、控制释放药物，提高疗效；掩蔽药物的毒性、刺激性和苦味等不良性质，减小对人体的刺激；使药物与空气隔离，防止药物在存放过程中的氧化、吸潮等不良反应，增加贮存的稳定性。

药用高分子材料有天然高分子，如骨胶、明胶、海藻酸钠、琼脂等；半合成的高分子有纤维素衍生物等；合成高分子有聚葡萄糖酸、聚乳酸及乳酸与氨基酸的共聚物等。包覆方法有原位聚合法、界面聚合法、相分离法和溶液干燥法等。

8.7.2.2 医药包装用高分子材料

天然高分子材料已广泛应用于医药制造方面，主要是出于对人类身体的安全性和适应性。近几年，不同的高功能性和高分子材料被称为工程塑料，在医药包装方面正逐年增加。包装药物的高分子材料大体上可分为软、硬两种类型。硬型材料如聚酯、聚苯乙烯、聚碳酸酯等，由于其强度高、透明性好、尺寸稳定气密性好，常用来代替玻璃容器和金属容器制造饮片和胶囊等固体制剂的包装。软型材料如聚乙烯、聚丙烯、聚偏氯乙烯及乙烯-醋酸乙烯共聚物等，常加工成复合薄膜，主要用来包装固体冲剂、片剂等药物。而半硬质聚氯乙烯片材则被用作片剂、胶囊的铝塑泡罩包装的泡罩材料。至于药膏、洗剂、配剂等外用药液的包装，则用耐腐蚀性极强且综合性能优良的聚四氟乙烯来担任。

8.7.2.3 与血液接触高分子材料

与血液接触的高分子材料是指用来制造人工血管、人工心脏血囊、人工心瓣膜、人工肺等的生物医用材料，要求这种材料要有良好的抗凝血性、抗细菌附着性，即在材料表面不产生血栓、不引起血小板变形、不发生以生物材料为中心的感染。此外，还要求该材料具有与人体血管相似的弹性和延展性以及良好的耐疲劳性等。人工血管用材料有尼龙、聚酯、聚四氟乙烯、聚丙烯及聚氨酯等。人工心脏材料多用聚醚氨酯和硅橡胶等。人工肺则多用聚四氟乙烯、硅橡胶、超薄乙基纤维等材料。人工肾用材料除要求具备良好的血液相容性外，还要求材料具有足够的湿态强度、适宜的超滤渗透性等，可充当这一使命的材料有醋酸纤维素、铜氨再生纤维素、尼龙等。

8.7.2.4 组织工程用高分子材料

组织工程学是近十年来新兴的一门交叉学科，是应用工程学和生命科学的原理和方法来了解正常和病理的哺乳类组织的结构-功能关系，以及研制生物代用品以恢复、维持或改善其功能的一门科学。组织工程中的生物材料主要发挥下列作用：

(1) 提供组织再生的支架或三维结构

支架的具体作用如下：大多数哺乳动物的细胞都是固着型细胞，如果不给它们提供一个附着的基质，就难以存活，高分子支架具有高负载性和高效性，可以作为模板使细胞到达并固着于特定部位；高分子支架还可起到机械支撑作用，抵抗外来的压力，并维持组织原有的形状和组织的完整性；高分子支架可以作为宿主免疫系统分子或细胞的物理屏障，从而避免了人体的免疫反应；高分子支架还可作为活性因子的载体，有些改性的高分子支架载有一些生物活性物质，如生长因子，为细胞的生长、分化和增殖提供了养分。

(2) 调节细胞生理功能及器官的修复

其基本方法是将体外培养的高浓度组织细胞，扩增后附着于一种生物相容性好并可被人体逐步降解吸收的三维多孔人工细胞外基质（支架材料）上，细胞在该支架上可获取足够的营养物质，进行新陈代谢，并按预制形态的三维支架生长、增殖和组织分化；然后将这种组织工程化细胞和生物材料的结构物（组织工程构件）植入到机体缺损或病变部位。种植的细胞在支架上逐渐被降解吸收的过程中，继续增殖并进一步分化，最终组装成新的具有或部分具有原来特殊功能和形态的组织和器官，从而达到创伤修复和功能重建的目的。当完成自己的使命后，作为组织生长骨架的生物高分子材料则会降解为无毒的小分子被机体吸收。这种材料使用的聚合物主要有聚乳酸（PLA）、聚羟基乙酸（PGA）及其共聚物（PLGA）。

8.7.2.5　医疗器件用高分子材料

高分子材料制的医疗器件有一次性医疗用品（注射器、输液器、检查器具、护理用具、麻醉及手术室用具等）、血袋、尿袋及矫形材料等。一次性医疗用品多采用常见高分子材料如聚丙烯和聚 4-甲基-1-戊烯制造。血袋一般由软聚氯乙烯（PVC）或低密度聚乙烯（LDPE）制成。由聚氨酯（PU）制的绷带固化速度快，质轻层薄，不易使皮肤发炎，可取代传统的石膏用于骨折固定。硅橡胶、聚酯、聚四氟乙烯、聚酸酐及聚乙烯醇等都是性能良好的矫形材料，已广泛用于假肢制造及整形外科等领域。

8.7.3　医药用高分子材料的性能要求

8.7.3.1　医用高分子材料的性能要求

(1) 血液相容性

医用高分子材料的血液相容性指能够与心血管系统和血液直接接触，而不会引起血浆蛋白变性、破坏有效成分或导致血液凝固和血栓形成。人造脏器插入体内后会长时间与人体的血肉接触，所以血液相容性至关重要，是医用高分子材料各种特性中最关键的一个部分。

通过改善材料表面的接触性、生物化学反应、微相分离以及增加电荷、使表面呈现内皮化的状态，可以有效抑制或阻断血液凝结机制中的任意环节，从而实现良好的抗凝血性。这些是目前抗凝高分子生物材料设计中主要的方向。例如通过引入含有正电荷或负电荷的功能基团，可以调控材料的表面电荷性质。正电荷可以吸引含有负电荷的血浆蛋白，阻碍血小板和纤维蛋白的吸附。

(2) 组织相容性

当材料与人体心血管系统外的组织或器官接触时，不会产生任何不良刺激、炎症、排斥反应、致癌或钙沉积等现象，那么这种材料就具备了组织相容性。当不具备组织相容性的医疗用材料和装置被植入人体某一部位时，局部组织会做出机体防御性反应，导致白细胞、淋巴细胞和吞噬细胞聚集，从而产生不同程度的急性炎症。出于组织相容性要求，高分子材料需要具备以下特点：黏附性、不抑制细胞生长、不激活细胞、不转化原生质、抗炎性、无抗原、无致变异性、无致癌性和无致畸性等。为了提高高分子材料的组织相容性，需要解决以下问题：①提高纯度，减少有害杂质对老化和反应的影响；②稳定耐久，在体内环境中不容易分解或释放刺激物质；③增加力学强度和光滑表面，减少对组织的损伤和刺激；④使用与组织相容的材料进行表面复合以改善组织相容性。

（3）生物惰性

为了使一些在体内需要长期存在的材料具有生物惰性，即不产生有害反应，可以采用生物惰性高分子材料，也称为非生物可降解医用高分子材料。这种材料可表现出化学和物理上的惰性，同时对生物机体也呈现出足够的惰性。为确保机体安全，应严格要求这种材料不会对生物机体产生不良刺激和反应，并且具有足够的稳定性，在生物环境下不会发生化学和物理变化、老化、降解、干裂或溶解等现象。在体内对高分子材料有害的因素包括酶、酸、碱等能够造成化学结构改变的因素以及渗透、溶解、吸附等能够造成物理性能损害的因素。生物惰性主要取决于材料的化学结构，并且与纯度和聚合状态等因素有关。

（4）可生物降解性

与生物惰性的要求相反，在某些情况下，需要医用高分子材料具有可生物降解性，这意味着材料只能在有限的时间内使用，使用期过后就会被生物体分解和吸收。例如，手术缝合线和鼻窦支架可以使用可降解吸收材料来避免患者二次手术及减少痛苦和费用。生物可降解高分子材料的降解是通过微生物及其产生的酶进行水解、氧化等化学反应，将生物可降解高分子分解成小分子化合物，最终被代谢或排泄出体外。对于植入级产品而言，安全性能要求更高，必须具有生物相容性、降解发生在康复之后、降解产物可以代谢或排泄，并且结构设计和物理性能都应符合要求，这样才不会影响正常人体的功能及产品的疗效。人体皮肤组织愈合期为3~10天，膜组织的愈合期是15~30天，当使用可降解器械进行人体内的手术治疗时，人们希望可降解器械能够在生物组织愈合期间内被降解，并且希望降解时间与愈合期保持一致。

8.7.3.2 药用高分子材料的性能

由于药用高分子材料的使用对象是生物体，且是作为治疗和预防疾病使用的，故需要具备一些基本特性。对药用高分子材料的要求包括：

① 药用高分子和其分解的产物应当是无毒的、无致癌性的，不会产生任何有害影响，并且不会引起组织变异反应。

② 药物进入血液系统时不能引起血栓。

③ 药用高分子需要具有一定的亲水性或水溶性，从而可以在生物体内被水解，并释放出具有药理活性的基团。这种特性也能够使药用高分子在生物环境中更容易被吸收和代谢，从而发挥其疗效。

④ 在治疗过程中应该保证药物能够有效地到达病灶处，并可积累在该部位并达到一定浓度。

⑤ 对于口服的药剂而言，聚合物主链应当不易水解，以便最终被排出体外；对于导入循环系统的药剂而言，聚合物主链则需要较易分解以避免积累在体内。

这些基本要求可以确保药用高分子材料在治疗过程中安全可靠，并发挥良好的治疗效果。

8.7.4 医药用高分子材料的改性及创新

目前针对医药用高分子材料的改性及创新很多，大多是通过表面修饰或功能化高分子材料，以提高其与生物系统的相容性，减少毒性反应和免疫排斥反应。例如，通过共价结合或物理吸附等方式，在高分子材料表面引入亲水基团或生物活性分子，如羟基、氨基或羧基等。这些方式可以增加材料表面的亲水性，降低其黏附性，并提供更好的生物相容性。

8.8 反应型高分子材料

8.8.1 反应型高分子材料的概述

反应型高分子材料是经化学反应产生的拥有独特功能和性能的高分子材料。反应型高分子材料可以被分为两类，即高分子试剂和高分子催化剂。这些材料在结构上含有反应性官能团，可以参与或促进化学反应的进行，并且拥有特殊性质。这是由高分子效应造成的，并且这些性质是小分子同类物质所没有的。

反应型高分子材料在化学合成和化学反应中广泛应用，同时也被用于制备化学敏感器和生物敏感器。相较于小分子试剂和催化剂，这些高分子化的试剂和催化剂具有更多优秀的性质，并且可以解决许多小分子试剂难以解决的合成问题。此外，这些材料更符合21世纪绿色化学的要求。在有机合成反应中，化学反应试剂和催化剂发挥着至关重要的作用，能够对反应产率和产品品质起到决定性影响。随着化学工业和有机合成研究的不断深入，人们对新型化学试剂和催化剂提出了更高的需求。高反应活性、高选择性和高专一性是化学反应中试剂和催化剂必需的优秀性质，而且这些材料需符合绿色化学理念，以简化反应流程、提高反应效率和减少废弃物的排放。

高分子试剂和催化剂的制备路线主要有两条：一是从小分子试剂和催化剂出发，通过高分子化过程，得到带有高分子骨架的高分子试剂和催化剂；二是从常规高分子材料出发，通过高分子材料的功能化方法得到兼备化学试剂和催化剂功能的高分子材料。反应型功能高分子与常规化学试剂和催化剂相比具有某些特殊性质，包括不溶性、立体选择性（模板效应）、非挥发性、无限稀释效应等。由于引入了高分子骨架而带来的特殊性质被称为高分子效应。应用高分子试剂和高分子催化剂可以简化合成反应的后处理过程，得到纯度更高的产物；可以提高试剂的稳定性，消除某些试剂的易燃、易爆特性。此外，高分子化的固相合成试剂还可以使合成化学过程实现机械化和自动化。

反应型高分子材料的主要分类如下：

（1）交联型反应型高分子材料

交联型反应型高分子材料是指在高分子材料化学反应时，加入具有多个反应基团的交联剂，从而在高分子链之间形成交联结构。这种交联结构赋予聚合物优异的物理和化学特性，如高拉伸强度、耐热性、抗化学腐蚀等。环氧树脂和聚氨酯是常见的交联型反应型高分子材料。

（2）热塑型反应型高分子材料

热塑型反应型高分子材料是一种可以在特定条件下热塑性加工的高分子材料。这类材料不像交联反应型高分子材料那样会形成网络结构，而是在聚合物链上引入可反应官能团，通过化学反应发生交联或者多聚反应，从而形成三维结构。

热塑型反应型高分子材料的制备通常需要将单体、溶剂和催化剂混合在一起，热塑型反应型高分子材料是指可以在特定温度下进行聚合或缩合反应的材料。这些材料具有适当的软化温度，可以通过热塑性加工方式（如挤出、注塑、吹塑等）制成各种形态的制品。这些制品中，由于聚合物链之间没有形成稳定的交联结构，因此再次升温或加压时可以软化并重新进行加工。常见的热塑型反应型高分子材料包括聚丙烯和聚乙烯等。

（3）反应成型高分子材料

反应成型高分子材料是具有三维网络结构的高分子材料，需要在特定条件下混合具有多官能团或互相可以反应的单体或预聚物，通过化学反应加速它们之间的反应，从而形成交联或多聚物结构。

与热塑性材料不同，反应成型高分子材料在加工制品时不会流动，且无法回收再利用。形成的高分子物质比热塑性材料更稳定、更耐高温、化学稳定性更好、机械性能更高。常见的反应成型高分子材料有聚酰亚胺、脲醛树脂等。

（4）合金反应型高分子材料

合金反应型高分子材料是在高分子合成过程中加入金属元素或其他合金元素的高分子材料。这些元素与高分子基体之间会形成更强的相互作用，如共价键、离子键、配位键等。这种材料既保持了传统有机高分子的特性，如轻量化和可塑性，又增强了材料的力学性能和耐磨损性能等。常见的例子包括丙烯腈-丁二烯-苯乙烯共聚物（ABS）和聚丙烯（PVC）。

（5）其他类型反应型高分子材料

其他类型反应型高分子材料包括拥有形状记忆、自修复、自清洁等特殊功能的高分子材料，常见的材料如聚氨酯形状记忆材料、聚丙烯自修复材料等。

8.8.2 反应型高分子材料的应用

反应型高分子试剂的不溶性、多孔性、高选择性和化学稳定性等性质，大大改进了化学反应的工艺过程。高分子试剂和高分子催化剂的可回收再利用性质也符合绿色化学的宗旨，使其获得了迅速发展和应用。在高分子试剂和高分子催化剂研制基础上发展起来的固相合成法和固化酶技术是反应型高分子材料研究的重要突破，对有机合成方法等基础性研究和改进化学工业工艺流程作出了巨大贡献。随着研究的不断深入，每年都有大量新型高分子试剂和高分子催化剂出现。而报道更多的是高分子试剂和高分子催化剂的应用研究，其领域不断被拓宽，新的合成方法的不断出现。高分子固相合成试剂和酶是常见的反应型高分子材料。

高分子固相合成试剂是一种特殊的高分子化学试剂，主要用于蛋白质、多糖以及某些特殊化合物的合成反应。其特征是合成过程中的一系列反应步骤都在固相合成试剂上依次进行，最后通过特殊水解反应将产物与固相合成试剂分离。固相合成最突出的特点是所有反应都是多相反应，反应过程可以大大简化；反应过程和反应方向易于控制，可以实现机械化和自动化。此外，固相合成可以采用大大过量的反应试剂（试剂可以回收再用），显著提高合成的相对收率，可用于那些产率非常低的化学反应。

酶是一种生物大分子催化剂，具有特别高的催化活性和选择性，是非常理想的催化剂。但是酶的水溶性和不稳定性大大影响了酶在化学工业中的应用。通过物理和化学方法对酶进行固化处理，可以得到不溶解的固化酶而方便使用。化学法是通过键合法或交联法将酶连接到高分子载体上，或者将单体酶相互连接在一起，降低其溶解性。物理法是通过多孔性树脂或者半透性膜对酶进行包埋或者包裹进行固化，使反应物和产物小分子可以透过包埋物，而酶大分子则不能扩散。固化酶是一种特殊的高分子催化剂，可以大大降低合成设备要求，简化工艺，提高生产效率，是化学工业的重要发展方向之一。同时，固定化酶和高分子催化剂特别适合制作小巧灵敏的化学传感器，用于分析化学和临床检验。

固化酶在临床医学和化学分析方面也有广泛应用，酶电极就是其中一种。将活性酶用特殊方法固化到电极表面就构成了酶电极，也有人称其为酶修饰电极。用酶电极可以测定极微量的某些特定物质，不仅灵敏度高，而且选择性好。它的最大优势在于酶电极可以做得非常小，甚至小到可以插入某些细胞内测定细胞液的组成。因此在生物学研究和临床医学研究方面意义重大。

电极表面的酶修饰方法多种多样，包埋法是其中比较简便的一种。比如，将葡萄糖氧化酶用交联聚丙烯酰胺包埋在高灵敏度氧选择电极表面，形成厚度仅为微米数量级的表面修饰层。该酶修饰电极可以定量测定体液中的葡萄糖含量。固化酶与生物传感技术结合制成的乳酸盐分析仪则具有快速、准确、自动化、微量取血等四大优点。方法是乳酸电极表面覆盖一片含三层固化酶的膜，外层为聚碳酸膜，内层为醋酸纤维素膜，中层为乳酸盐氧化酶经表面处理技术被均匀地固定在两片不同的薄膜之间，起保护电极，限制扩散通路的作用。血中乳酸盐在渗透过外层膜后即被氧化为过氧化氢，透过内层由铂金电极检定其含量。信号经微机处理为乳酸盐浓度，直接出现在荧光屏上或打印在纸上或输送到电脑中做进一步分析。此外，固定化酶还可以与安培检流计配合，应用于啤酒中亚硫酸盐和磷酸盐的检测。乙酰胆碱酯固化酶还被用于蔬菜中农药残留的分析测定。当然，固化酶法也有不足之处，除了前面提到的几点之外，制备技术要求高、制备成本昂贵也限制了固化酶法在工业上的大规模应用。寻找廉价的载体，研究更简单的固化方法，将是下一步研究的主要目标。

8.8.3 反应型高分子材料的结构与性能

在化学反应中反应物之间会发生电子转移过程从而改变其氧化状态，这种反应前后反应物中氧化态发生变化的反应称氧化和还原反应。其中主反应物失去电子的反应称氧化反应，主反应物得到电子的反应称还原反应。相应地，能促使并参与氧化反应发生的试剂称氧化试剂（在反应中自身被还原），能促使还原反应发生的试剂称还原试剂（在反应中自身被氧化）。还有一些试剂在不同的场合既可以作为氧化反应试剂，也可以作为还原反应试剂，具体反应依反应对象不同，电子的转移方向也不同。这种既可以进行氧化反应，也可以进行还原反应的试剂称为氧化还原试剂。

8.8.4 反应型高分子材料的改性及创新

反应型高分子材料可以通过多种方法进行改性，以化学修饰举例来说，化学修饰通过在高分子材料表面引入化学官能团来改变其性质。这可以通过表面修饰剂的选用，如硅烷偶联剂、磷酸酯等，在高分子材料表面引入不同的官能团，如疏水基团或亲水基团。这种化学修饰可以改善高分子材料的润湿性，使其更易湿润或抗湿润。

拓展阅读

光刻胶在集成电路制造中扮演着至关重要的角色，是大规模集成电路印刷电路板技术中的关键材料。

　　当前我国光刻胶高端产品主要依赖进口，因此我国的光刻胶研发和生产尤为重要。我国光刻胶生产及研发企业主要集中在长三角、珠三角地区。我国本土企业主要在光刻胶中低端市场占有一席之位。北京科华、南大光电、晶瑞电材近年来不断专研半导体光刻胶技术，其中宁波南大光电自主研发的193nmArF光刻胶于2020年12月通过了客户的使用认证。随着我国光刻胶技术的不断进步和行业下游需求的持续增长，未来我国光刻胶将逐步完成国产替代进口，光刻胶的国产化趋势明显。

参考文献

[1] 殷勤俭, 江波, 王亚宁. 功能高分子 [M]. 北京: 化学工业出版社, 2017.
[2] 焦剑, 姚军燕. 功能高分子材料 [M]. 北京: 化学工业出版社, 2007.
[3] 韩超越, 候冰娜, 郑泽邻, 等. 功能高分子材料的研究进展 [J]. 材料工程, 2021, 49 (6): 55-65
[4] 郝丽娜, 李莹莹. 功能高分子材料的应用及发展前景 [J]. 现代盐化工, 2021, 48 (6): 16-17.
[5] 刘志远. 核电站阳离子交换树脂废弃物热解/气化特性实验研究 [D]. 北京: 北京交通大学, 2022.
[6] 樊祥博. 改性生物质炭复合天然高分子水凝胶的制备及其吸附性能研究 [D]. 镇江: 江苏大学, 2022.

思考题

　　1. 功能高分子材料可以分成几种类型？讨论上述根据材料功能给出的各类功能高分子材料表现出哪些特性。
　　2. 根据用途划分的功能高分子材料在应用方面各具有哪些鲜明特点？
　　3. 小分子功能材料通过高分子化后获得新功能的特征称为高分子效应，讨论常见的高分子效应有哪些。其中高分子骨架与官能团分别起哪些作用？高分子效应都有哪些实际应用意义？
　　4. 导电功能高分子材料有哪些种类？其导电载流子是什么？怎么判别载流子的类型？
　　5. 高分子吸附树脂通常是交联网状结构，讨论在制备过程中形成交联网状结构的主要方法，并给出不同工艺的特点和对产物结构的影响。在实际制备过程中如何控制交联度的大小？交联度的大小如何影响树脂的吸附性能？
　　6. 对于医用高分子材料与常规高分子材料相比，其要求有何不同？
　　7. 反应型高分子材料的主要性质有哪些？这些性质都可以在哪些领域获得应用？
　　8. 根据本章中列举的高分子试剂的制备方法，分析讨论各种制备方法的特点并提出自己的改进意见。

第 9 章 高分子共混材料和复合材料

 学习目标

(1) 了解高分子共混材料和复合材料的发展及应用。
(2) 理解高分子共混材料和复合材料的基本原理(重点)。
(3) 掌握高分子共混材料和复合材料的结构、性能及改性方法。

9.1 高分子共混材料概述

9.1.1 基本概念

高分子共混材料(polymer blend)指两种或两种以上均聚物或共聚物的混合物。高分子共混材料各组分之间主要是物理结合;对于反应性共混,不同高分子之间可能存在一定的化学键。

当高分子 A 和 B 混合在一起时,在给定条件下,其平衡态由热力学确定。由高分子共混热力学可知,在没有氢键、离子-离子等特殊相互作用存在的体系中,由于高分子的摩尔体积大,混合自由能往往大于零,高分子间不相容是普遍存在的现象。完全相容的两组分共混只能得到两组分性能加和的平均值,而具有微相分离结构的高分子共混物可以获得协同效应的性能提高,即共混物性能大于两个单组分的性能。

高分子通常是不相容的,因而亚稳态的概念在高分子共混材料的发展中起着重要作用。所谓亚稳态是指高分子共混在达到平衡状态之前,因动力学的原因或局部能量低于暂时稳定的状态。橡胶增韧是工业界获得成功应用的典范,在实际应用中,当塑料与橡胶的相分离达到一定程度时,共混物熔体冻结至低温,使共混物形态冻结,即处于亚稳态。这种亚稳态在低温或塑料的熔点以下能稳定存在很长时间,从而获得高性能的增韧塑料,汽车塑料保险杠就是很好的例子。

9.1.2 高分子共混材料的表征

高分子共混材料结构与形态的表征最直接的方法是用显微镜。对大尺寸的形态,可用光学显微镜;而对于较小和精细的相态尺寸(微米以下)采用电子显微镜。电子显微镜包括扫描电子显微镜和透射电子显微镜,借助计算机技术的发展,可进行复杂的图像分析,同时由于染色技术的建立,可获得很好的反差。近年来,原子力显微镜的应用为高分子共混材料的形态表征带来了更大的方便。

在表征共混物的形态方面,光散射和中子散射是两个强有力的工具,为区分共混物为单相或多相行为以及研究均相与多相之间转换的动力学过程提供了最灵活的方法。光散射和中子散射是间接的表征方法,常常需要与其他方法并用或互补。

在研究共混物相容性方面,用动态黏弹性(力学和介电)实验测定共混物的松弛与转变,或用差示扫描量热法测定共混物的玻璃化转变行为是最常见和应用最广的两种方法,已成为确定相分离共混物均一性的标准方法。

9.1.3 高分子共混与成型加工的特点

① 配方—过程—产品结构是决定高分子共混材料性能的三个主要环节,它们是一个有机整体。目前对结构形态的形成过程,即形态发展和结构变化的细节知之甚少,这主要是因为加工过程的时间很短,而加工是在密闭的螺杆中进行的,即为"暗箱"操作。

② 高分子共混物的形态依赖于加工中组分间的熔体相容性,通过高剪切引起的相容性或相分离可以控制共混物的相形态。通过特殊外场(如动态保压、复合力场、加振等)也可控制共混物的相形态。

③ 高分子共混物通常为非热导体,在冷却固化时试样内部存在温度梯度,表层冷却快,而中心层温度降低慢。因温度差引起的取向和结晶,使相分离程度在中心层和表层的情况不同,所以高分子共混物是一个多层结构复合材料,而实际研究中将其视为"各向同性"的共混材料。

④ 在特殊外场作用下共混物可能形成一些复杂有趣的形态结构,如"拉链"互锁结构,但目前尚缺乏说明这些特殊形态结构与产物性能关系的充分、确凿的实验数据,因而需要对共混物的形态进行详细地表征并提出结构模型,建立形态与性能的半定量关系。

9.1.4 高分子共混材料的发展趋势

高分子双组分乃至多组分共混体系是20世纪70年代以来高分子材料科学研究和应用中十分活跃的课题。近年来,国外高分子共混材料的研究主要涉及对一些基本现象提出更丰富、更充足的实验依据和理论解释,如剪切和流动引起的相容与相分离、高分子在应力场作用下的取向与结晶、不相容共混物在熔体挤出的形态发展(计算机模拟与实验论证),以及反应性共混挤出的分子与界面设计、反应过程与界面发展等。国内在国家自然科学基金委员会的支持资助下,取得了一系列的研究成果。如:共混物在外场作用下凝聚态结构的形成,相分离及动力学行为,不相容共混物在成型加工中形态发展的理论预测,反应性共混挤出,高剪切作用下高分子共混体系的相分离与形态和性能的关系,动态应力场作用下高分子共混物的形态控制与微相分离,等等。

高分子成型加工中,温度和力场对高分子的形态发展和结构具有重要影响,通过不同的成型加工方法控制高分子共混材料的形态和性能是获得高性能高分子材料的重要手段,如高压成型技术、动态保压技术、电磁振荡技术、体积拉伸流变成型加工技术、利用高剪切下液-液相分离控制高分子共混物的形态、反应性共混加工等技术与方法取得了重要的研究和应用成果。

高分子共混材料在成型加工中的形态发展与结构变化包括:①熔融塑化与剪切流动引起

的相容或相分离；②反应性共混引起的界面作用和原位增容；③固化成型时，结晶与取向的形成和发展以及相结构的演化、转变等。如何通过剪切流动控制相容与微相分离，如何通过分子与界面设计控制成型加工中高分子共混物的界面反应而实现原位增容以获得所需的相结构，以及如何控制冷却固化时共混材料的相形态与结晶形态是国际上高分子材料成型加工与共混材料研究的重点与热点。

研究高分子共混体系在成型加工过程中的形态发展与变化规律，以及相关的共混物热力学、相分离动力学、液-液相分离与结晶相分离竞争等基本理论问题，对于提高我国高分子共混改性水平、制备高性能共混材料具有重要的理论和实际意义。

9.2 高分子共混材料的相容性

9.2.1 高分子共混的目的与意义

单组分高分子不能满足迅速发展的应用需求，因此研究和制备高分子共混的目的是采用共混方法取长补短，获得兼具各组分优点、具有良好综合性能的多组分高分子材料，扩大高分子材料的应用领域。

通用塑料（如 PP、PS 等）力学性能的特点是硬（高模量）、强（高拉伸强度）和脆（低抗冲击性能）；而与此相反，橡胶则软（低模量、易大变形、弹性恢复好）和韧（高抗冲击性能）。可以通过共混的方式，对塑料进行增韧，而对橡胶进行增强。

聚丙烯（PP）综合性能好，其最大的缺点是低温韧性极差，且耐应力开裂性也差。为了利用 PP 的优点，弥补缺点，通常在 PP 中加入弹性体（如 EPDM、EPR、BR、SBS、EVA 等）改善其低温韧性，有时还加入其他组分以提高合金的成型加工性能和其他性能。另一方面，以橡胶为连续相，以塑料为分散相，此时共混体系就会保留橡胶的特点，即模量较小、容易变形，但塑料微区的存在又会使基质材料的拉伸强度和磨耗得到补偿，形成增强橡胶。

综上所述，高分子共混的意义包括以下几个方面的内容：①高分子共混物可以消除和弥补单一高分子性能上的弱点，取长补短，得到综合性能优良、均衡的理想高分子材料；②使用少量的某一高分子可以作为另一高分子的改性剂，改性效果明显；③改善高分子的加工性能；④可以制备一系列具有崭新性能的高分子材料。

9.2.2 高分子共混材料相容性的热力学理论

高分子共混物的热力学相容性（thermodynamic compatibility）是指在任何比例混合时，高分子共混物都能形成分子分散的、热力学稳定的均相体系，即在平衡态下高分子达到分子水平或链段水平的均匀分散。

一般来说，衡量高分子相容性有三个方面：①不同高分子在分子尺度上的混容；②高分子混合时没有明显相分离迹象；③高分子共混物具有所希望的物理性质。

由此可见，对高分子相容性的理解和评判方法是不尽相同的。如果共混时高分子各组分间存在一定的相界面亲和力，且分散较为均匀，分散相粒子尺寸不大，也能得到具有良好物理、机械性能的共混材料，这种相容性称为机械相容性，或工艺相容性。当然，高分子的热力学相容性和工艺相容性是密切联系的，高分子之间有适当的热力学相容性，才能有良好的工艺相容性。

9.2.3 高分子共混材料相容性的判据和测定方法

9.2.3.1 高分子共混材料热力学相容性的判据

判断高分子之间相容性的方法包括高分子溶度参数（solubility parameter）原则和高分子共混物相容热力学理论。高分子溶度参数 δ 是内聚能密度（cohesive energy density）的平方根，即 $\delta=(E/V)^{1/2}$，其中 E 是内聚能（理论上高分子从液体变为气体吸收的能量），V 是摩尔体积。一般规律是当混合体系两种材料的溶度参数接近或相等时，两种材料可以互相共混且具有良好的相容性，如 PVC/PMMA 共混体系。常见高分子的溶度参数见表 9-1。

表 9-1　常见高分子的溶度参数　　　　　　　　　　单位：$(J/m^3)^{1/2}$

高分子	δ	高分子	δ
聚四氟乙烯	6.20	聚甲基丙烯酸甲酯	9.28~9.50
硅橡胶	7.30	聚醋酸乙烯酯	9.43
聚异丁烯	7.70	聚碳酸酯	9.50
聚乙烯	7.90	聚甲基丙烯腈	10.70
丁苯橡胶（75:25）[①]	8.10	聚对苯二甲酸乙二醇酯	10.70
天然橡胶	8.15	环氧树脂	10.90
乙基纤维素	8.30	聚甲醛	11.10
聚丁二烯	8.32	聚偏氟乙烯	12.20
聚氯乙烯	8.88~9.70	尼龙 66	13.60
丁腈橡胶（75:25）[②]	8.90	聚丙烯腈	15.40
聚苯乙烯	9.11	聚乙烯醇	23.40

① 丁苯橡胶（75:25）是指乳聚丁苯橡胶中，丁二烯的含量为 75%，苯乙烯的含量为 25%。
② 丁腈橡胶（75:25）是指丙烯腈和丁二烯共聚物中，丙烯腈的含量为 75%，丁二烯含量为 25%。

因为溶度参数理论仅适合非极性高分子共混体系，只考虑了分子间色散力的贡献，忽略了高分子体系分子间作用力还存在极性基团间的偶极力及氢键的作用，所以不是对所有体系都适用。也可通过上述三种力的三维溶度参数来判断相容性，这种方法预测共混物相容性时考虑了分子间色散力、偶极力与氢键相互作用对相容性的影响。

高分子共混材料热力学相容性的基础理论研究体系是弗洛里赫金斯（Flory-Huggins）模型，该理论体系已应用半个世纪之久。共混体系热力学相容性的必要条件，可以通过混合吉布斯（Gibbs）自由能 ΔG_m 来表征。共混体系的混合吉布斯自由能在恒温条件下可表示为式（9-1）：

$$\Delta G_m = \Delta H_m - T\Delta S_m \tag{9-1}$$

式中，ΔH_m 为混合热焓；ΔS_m 为混合熵；T 为热力学温度。

当体系中 $\Delta G_m<0$，就可以满足热力学相容的必要条件。在混合过程中，熵总是增大的，混合熵 ΔS_m 总为正值。但对于高分子，ΔS_m 其值非常小，故对于高分子共混材料，特别是对于 ΔH_m 较大的体系，ΔS_m 对吉布斯自由能的贡献可以忽略不计。因此，$\Delta G_m<0$ 是否满足热力学相容性的必要条件主要取决于混合过程中的热效应（ΔH_m）。

Scott 和 Tompa 将 Flory-Huggins 高分子溶液理论推广到高分子共混体系，其 ΔS_m 最小。Flory-Huggins 圆满解释了为什么两种高分子共混很难得到一种均相共混物。ΔH_m 与共混材料中新的接触对的形成有关，正比于相互作用参数 χ。因此 ΔG_m 中唯一与分子性质有关的参数就是 χ，弗洛里赫金斯理论由于其简单性和所需实验参数少的特点广泛用于研究高分子共混材料的相行为。χ 一般为 0.01 左右。共混体系中，χ 大于 0.01 时即发生相分离。两种高分子间的 χ 大多大于此值，因此高分子共混体系真正达到热力学上相容的体系很少。

9.2.3.2　高分子共混材料相容性的测定方法

（1）目测法

稳定的均相混合材料是透明的，而不稳定的非均相混合材料，除非各组分的折射率相同，否则都是混浊的。一种稳定的均相混合材料，通过改变其温度—压力—组成，都能实现由透明到混浊的转变。浊点相当于这一转变点，也就是相分离开始点。上述颜色转变的现象并不一定是一种平衡过程，但是从温度—压力—组成做相反改变时，乳白色几乎总是消失，这一事实有力地表明了这种转变的推动力是起源于热力学。对于高分子共混材料，通常先将充分混合的共混物制成薄膜，然后通过显微镜照明灯相对于入射光作前后小角散射来观察薄膜，绘制浊点曲线（CPC）。

（2）T_g 测定法

确定高分子共混材料的相容性或共混材料中的部分相容性，最常用的方法是将共混材料的玻璃化转变（一个或几个）与未共混组分的玻璃化转变相对照。简单的均聚物和无规共聚物虽然也存在一个或多个次级转变，但通常会表现出一个主要的玻璃化转变。热力学相容的高分子共混体系，同样也只有一个玻璃化转变温度，其值介于两共混组分的玻璃化转变温度之间，且与两组分相对体积含量成正比。这说明两种高分子完全达到分子水平的混合时会形成均相体系；当两种热力学不相容高分子共混时，形成的两相体系分别保持原组分的玻璃化转变温度。

大多数共混物、嵌段物、接枝物以及互穿高分子网络（IPN）都呈现出两个主要的玻璃化转变温度。若两种高分子部分相容，随具体条件的不同可以看到有两个或三个玻璃态转化区。两个玻璃态转化区对应两相，其中每一相内都有两种相混的高分子中的一种高分子占据优势。当相互混容的程度较小时，高分子混合物的玻璃化转变温度与相混前各原组分的玻璃化转变温度相吻合。当部分相互混容时，体系中两相的每一相都是一种高分子在另一种高分子中的溶液。在这种情况下，高分子混合物的各个玻璃化转变温度分布得比相混前较为相互靠近。位移的大小取决于相混两组分的比例关系。当体系中存在两相状态时，在各相的界面上会因分子或链段的相互扩散而形成过渡层，过渡层构成第三个玻璃态转化区。

可用表征松弛性质与温度关系的各种方法来测定高分子的玻璃化转变温度。常用的有动态力学、介电松弛、差式扫描量热分析（DSC）、核磁共振等方法。其精度取决于混合方法和所选择的测定方法。用玻璃化转变温度来评定共混体系的相容性是一个常用的比较成熟的方法，但应注意以下两点：①两高分子组分的玻璃化转变温度相差不到 20℃时，各种测定玻璃化转变温度的方法的分辨能力都很差。②两高分子组分浓度相差太大时，以上测试方法对检测微量组分的灵敏度较差。

（3）光学显微镜法

光学显微镜包括透射光显微镜、反射光显微镜、暗场显微镜、偏光显微镜、相差显微镜和干涉显微镜。光学显微镜可以直接观察大块试样，但分辨率受光波衍射的限制，仅能提供微米数量级的形貌细节（约 200nm）。

（4）电子显微镜法

电子显微镜主要指透射电子显微镜（TEM）和扫描电子显微镜（SEM）。绝大多数利用电子显微镜照相进行半定量测定，以获得有关粒子尺寸、形状、分布、体积比和其他特性的近似数据。当然，进一步定量的数据可由分析大量的照相，最好是借助照相分析计算器来获得。用电子显微镜研究增韧塑料的结构，主要是对断裂面的考察。在仔细比较了增韧高分子和未增韧高分子的断裂面照相以后，学者们发现，只有橡胶增韧的材料在断裂表面上 1μm 半球状有低洼。而切片法则能分析出分散相的内部结构。

（5）散射法

散射法是利用体系对不同波长辐射的散射，测定体系内部某种水平上的不均匀性，以此推断混容性和分散程度。散射光包括可见光散射、小角 X 射线散射和小角中子散射。用于检测高分子共混体系相结构的光散射原理如下：光散射对于区域尺寸大于 50nm 相当敏感，所以其测得的相容性是分子尺度上的相容，而对于不相容的体系，则可获得表征体系分布均匀性等信息。

9.2.4 影响高分子共混材料相容性的因素

由组成或构型不同的均聚物或共聚物通过物理混合形成的共混材料，组分间只能相互影响构象和超分子结构，而不能影响组成和构型。因此，共混材料的相容性首先取决于分子结构，即分子量及其分布、化学结构，其次还与分子链的取向、排列以及分子链间的相互作用、聚集态、高次结构等因素有关。

（1）溶度参数 δ

高分子共混的过程实际上是分子链间相互扩散的过程，会受到分子链间作用力的制约。内聚能密度（CED）是分子链间作用力大小的量度。但由于高分子不能气化而无法直接测定其 CED，因而常用溶度参数 δ（CED 的开方值）来表征分子链间作用力的大小。高分子间的 δ 越接近，其相容性越好。

（2）共聚物的组成

对于均聚物/共聚物体系，相容性与共聚物的组成有关。在 PVC/EVA 中，相容性随醋酸乙烯（VAC）含量的增加而增加，VAC 含量为 65%~70%时共混材料为单相，45%时为两相。对氯苯乙烯-邻氯苯乙烯共聚物与 PPO 共混时，对氯苯乙烯含量在 23%~64%范围内时，用量热法观察到单一的 T_g。苯乙烯（St）与丙烯腈纤维（AN）的无规共聚物（SAN）与 PMMA 共混时，AN 含量在 9%~27%范围内时，电镜结果和力学性能表明二者相容。

（3）极性

由光谱和量热分析表明，分子间作用力是影响高分子相容性的重要因素。极性越大，分子间作用力越大。高分子的极性愈相近，其相容性愈好。因此，极性高分子共混时相容性一般较好，非（弱）极性高分子共混时相容性一般较差，极性/非极性高分子共混时一般不相容。但是也有例外，极性高分子共混时也会不相容，如 PVC/CR，PVC/CPE；非（弱）极性高分子共混时也会相容，如 PS/PPO。

（4）表面张力

熔融共混材料与乳状液相似，其稳定性及分散度由界面两相的表面张力决定。对于高分子，利用界面张力可以估计共混材料的界面状态。共混组分的表面张力愈接近，两相间的浸润、接触和扩散愈好，界面结合愈好。完全相容或不相容体系的性能都不理想，最理想的是两相不相容但界面结合很好的多相体系，其性能显著超过单一组分的性能，而不是简单的平均值。

（5）结晶能力

高分子结晶能力愈大，分子间的内聚力愈大。因此，共混组分的结晶能力愈相近，其相容性愈好。凡能使分子链间紧密而又规整排列的因素（包括构型和构象因素）皆有利于高分子结晶。在非晶态高分子共混时常有理想的混合行为，在晶态/非晶态（或晶态）高分子共混时，只有出现混晶才相容。

（6）黏度

黏度对相容性的影响较大。由于高分子的黏度很大，具有动力学稳定性，因而共混物的相行为极为缓慢。高分子的黏度愈相近，其相容性愈好。在 NR/BR 中，出现最小微相结构时二者的分子量正好相当；在 NR/SBR 中，两组分的门尼黏度愈接近，其微相结构愈小。

（7）分子量

减小分子量可增加相容性；分子量增加，体系黏度增大，不利于相容的动力学过程进行。例如，减小 PS 分子量，可增加 PS 在 IR 中的溶解度。均聚物（如 PS、PB、IR）与相应接枝共聚物（PS-g-PB）或嵌段共聚物（PS-b-IR）间的相容性，取决于均聚物和共聚物中相应嵌段的分子量大小，均聚物分子量较小时相容，否则不相容。

9.2.5 提高高分子共混材料相容性的方法

大多数高分子之间相容性较差，往往会使共混体系难以达到所要求的分散程度，导致共混材料性能不稳定或性能下降。可用增容来解决这一问题。增容作用有两方面含义：一是动力学作用，使高分子之间易于相互分散，以得到宏观上均匀的共混物；二是热力学作用，改善高分子之间相界面的性能，增加相间的黏合力，从而使共混材料具有长期稳定的优良性能。提高相容性的方法主要包括加入增容剂、增加共混组分之间的相互作用、形成交联结构、形成互穿网络结构等方法。

（1）加入增容剂

增容剂是指与两种高分子组分都有较好相容性的物质，可以降低两组分间的界面张力，增加相容性。增容剂的增容作用，一方面提高了共混物的分散度，使分散颗粒细微化，分布均匀；另一方面加强了共混两相间的黏合力，使不同相区间能更好地传递所受应力，使体系更相容。这就要求增容剂与共混物的两个相均具有良好的相容性和黏合力，并优先聚集在两相界面中而不是单独溶于共混物的其中任何一相。增容剂的类型有非反应性共聚物、反应性共聚物等，也可采用原位聚合的方法制备。

（2）化学反应增容作用

力化学反应：在高剪切混合机中，橡胶大分子链会发生自由基裂解和重新结合；在强烈混合聚烯烃时，也会发生力化学反应，形成少量嵌段或接枝共聚物，从而产生增容作用。为提高这一过程的效率，有时会加入少量过氧化物类的自由基引发剂。酯交换反应：缩聚型高分子在混合过程中，会发生链交换反应，也可产生明显的增容作用。例如聚酰胺 66 和 PET 在混合过程中，由催化酯交换反应所形成的嵌段共聚物可以提高共混物的相容性。结构交联：在混合过程中使共混物组分发生交联也是一种有效的增容方法。交联可分化学交联和物理交联两种情况。如辐照交联和结晶都会产生增容作用。

（3）高分子组分之间引入相互作用的基团

高分子组分中引入离子基团或存在离子-偶极相互作用可实现增容。例如，聚苯乙烯中引入大约5%（摩尔分数）的—SO_3H基团得到高分子1；将丙烯酸乙酯与约5%（摩尔分数）的乙烯基吡啶共聚得到高分子2；将这两种高分子共混，可制得性能优异且稳定的共混物。利用电子给体和电子受体的络合作用，也可产生增容作用。存在这种特殊相互作用的共混物，常表现出最低共溶温度（LCST）行为。

（4）共容剂和互穿高分子网络（IPN）

两种互不相容的高分子常可在共同溶剂中形成混合溶液。将溶剂除去后，相界面非常大，以致很弱的高分子-高分子相互作用就足以使形成的形态结构稳定下来。IPN技术是产生增容作用的新方法，其原理是将两种高分子结合成稳定的相互贯穿的网络，从而产生明显的增容作用。

9.3 高分子共混材料的形态结构

高分子共混材料形态学的主要课题之一就是研究共混材料中的相结构，包括形态类型、区域结构、尺寸形状、网络结构、结晶形态、界面等内容，这是因为共混材料的性能不仅与高分子组分自身性质有关，而且相结构也对共混材料的性能起着决定性的影响，同时相结构的研究对于理解共混材料的某些性能，特别是形变机理及其他力学性能也是非常重要的。

共混材料的形态结构是共混材料在加工过程中结构变化的记录，即加工方法决定了共混材料的形态结构，从而对共混材料的性能产生重要影响。例如用橡胶与PS共混制得的HIPS，尽管苯乙烯和丁二烯含量相同，但采用不同的制备方法（如机械共混、接枝聚合）及不同的工艺条件会产生极不相同的形态结构，因而共混材料的冲击性能就会产生很大的差别。另一方面，对形态的研究也可以揭示共混材料在加工过程中经过的结晶、退火或形变等过程，可以找出影响共混材料形态的加工条件，从而控制共混材料的形态，得到综合性能较好的共混材料。高分子共混材料的研究，即是要研究加工（制备）-形态结构-性能三者之间的关系。

9.3.1 高分子共混材料形态结构的基本类型

高分子共混材料是由两种或两种以上的高分子组成的，因此可能形成两个或两个以上的相。二元共混材料按相的连续性可分为三种基本类型。

9.3.1.1 单相连续结构（海岛结构）

一种组分或一相是连续相，此连续相可看作是分散介质，又称为基体（matrix），另外的组分以微区（phase domain）形式分散在连续相中，称为分散相（dispersed phase），似海洋中分散的小岛，俗称海岛结构。根据微区的形状、大小和微区内结构的不同，又有以下三种情况。

（1）分散相形状、大小不规则

机械共混物分散相（微区）一般具有形状不规则、分布不均的形态结构，共混材料中含量较高的组分构成连续相，含量较低组分成为分散相。分散相形状很不规则，粒子尺寸各异，一般在1~10μm左右。图9-1为机械共混PMMA/SAN材料的微观结构，PMMA为基体（连续相），分散相SAN分布在PMMA基体中。

（2）分散相形状较规则，一般为球形

粒子内部不含或只含有极少量的连续相成分，图 9-2 为苯乙烯-丁二烯-苯乙烯三嵌段共聚物（SBS）的微观结构，当丁二烯嵌段链较短并且含量较少（一般为 20%）时，丁二烯嵌段以均匀的球形粒子分散在 PS 嵌段形成的连续基体中，粒子的尺寸很小，一般直径为几纳米。

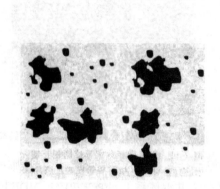
图 9-1 机械共混 PMMA/SAN 材料的微观结构（黑色为 SAN）

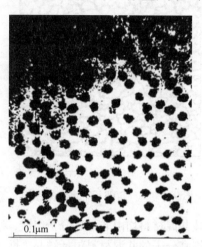
图 9-2 丁二烯含量为 20% 的 SBS 的微观结构（黑色小球为丁二烯嵌段聚集区）

（3）分散相为胞状结构或香肠状结构

分散相内含有连续相成分，在分散相粒子内部，分散相成分构成连续相，而包含在其中的连续相成分形成的细小包容物又构成分散相，也就是形成所谓的"包藏"结构。由于分散相粒子的截面形似香肠，所以称为香肠状结构。也可以把分散粒子当作胞，胞壁由连续相成分构成，胞本身由分散相成分构成，胞内又包含连续相成分构成的细小粒子，因此也称为胞状结构。图 9-3 为接枝共聚共混法制备的 HIPS 的微观结构，即属于胞状结构。

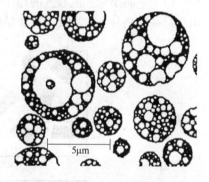
图 9-3 分散相为胞状结构的 HIPS 的微观结构

9.3.1.2 两相连续结构（海海结构）

两种组分均形成三维空间连续的形态结构，互穿高分子网络（IPN）就是典型例子。在 IPN 中，两种高分子网络相互贯穿，使整个试样成为一个交织网络。如果两种组分相容性差，则会发生一定程度的相分离，这时两种高分子网络的相互贯穿不是分子程度的相互贯穿，而是分子聚集态程度或相区程度的相互贯穿，但是两种组分的混合仍然很好，并且仍保持两相均为连续相。两种组分的相容性越好，交联度越高，则两相结构的相区越小。图 9-4 为顺-聚丁二烯（cis-PB）/PS IPN 的微观结构，即属于两相连续结构。

9.3.1.3 两相交错或互锁结构

每个组分都有一定的连续性，但都没形成贯穿三维空间的连续相，而且两相相互交错形成层状排列，难以区分连续相和分散相。当嵌段共聚物两组分含量相接近时易形成这种形态结构，图9-5为SBS三嵌段共聚物中丁二烯含量为60%时形成的微观结构。

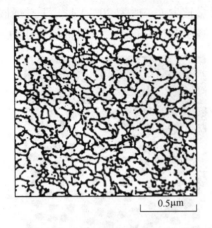 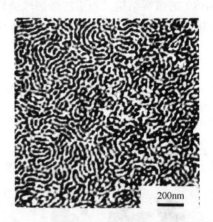

图9-4　cis-PB/PS IPN的微观结构　　　　图9-5　SBS微相分离形成的两相互锁结构

上述共混材料均由非晶高分子组成，对于含有结晶性高分子的共混材料，上述原则也适用。含结晶性高分子的共混材料包括结晶（性）/非晶（性）共混体系（如PCL/PVC、VDF/PMMA等）和结晶（性）/结晶（性）共混体系（如PE/PP、BT/PET等）。如图9-6所示，结晶（性）/非晶性体系的形态结构包括晶粒分散在非晶区中，球晶分散在非晶区中、非晶态分散在球晶中，以及非晶态聚集成较大的相区分散在球晶中等类型。对于结晶性共混/结晶性共混体系，由于结晶性高分子本身又含有非晶区，这时的形态结构更为复杂，如图9-7所示。

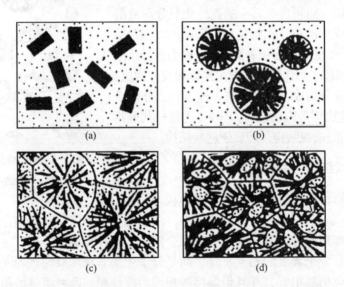

图9-6　结晶（性）/非晶（性）高分子共混材料的形态结构
（a）晶粒分散在非晶区；（b）球晶分散在非晶区中；（c）非晶态分散在球晶中；（d）非晶态聚集成较大的相区分散在球晶中

含结晶性高分子的共混材料的形态学研究内容还包括结晶性高分子的成核与晶体生长机理、结晶速率、结晶度、晶体结构、晶粒尺寸和分布、结晶形态、晶相与非晶相的界面、非晶区与晶区的关系、非晶相中两组分的相容性等。

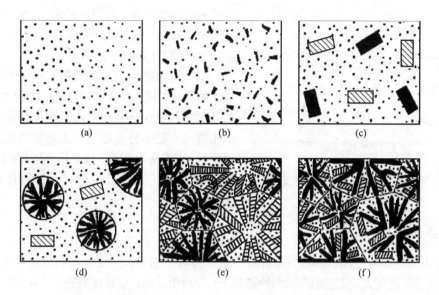

图 9-7 结晶（性）/结晶（性）高分子共混材料的形态结构

（a）形成的非结晶性共混体系相容性较好时；（b）形成的非结晶性共混体系相容性较差时；（c）两种高分子分别形成小晶粒分散于非晶介质中；（d）一种高分子形成球晶，另一种高分子形成小晶粒，分散于非晶介质中；（e）两种高分子分别结晶形成球晶，晶区充满整个共混物，非晶成分分散于球晶中；（f）两种高分子形成共晶，非晶成分分散于共晶中

9.3.2　高分子共混材料的界面

由两种高分子形成的共混材料中存在三种区域结构（图 9-8）：两种高分子各自独立的相和两相之间的界面层。界面层也称过渡区，在此区域会发生两相的黏合和两种高分子链段之间的相互扩散。界面层的结构特别是两种高分子之间的黏合强度，对共混材料的性能特别是力学性能有决定性的影响。

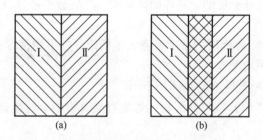

图 9-8 共混材料相界面的两个基本模型

（a）不相容体系或相容性很小的体系，Ⅰ组分与Ⅱ组分间没有过渡层；
（b）两相组分之间具有一定相容性，Ⅰ组分与Ⅱ组分之间存在一个过渡层

9.3.2.1　界面层的形成

高分子共混材料界面层的形成可分为两个步骤。第一步是两相之间的相互接触，第二步是两种高分子分子链段之间的相互扩散。最终扩散的程度主要取决于两种高分子的热力学相容

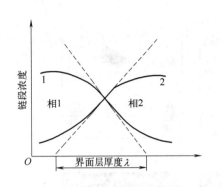

图 9-9　界面层中两种高分子链段的浓度梯度

性。扩散的结果使得两种高分子在相界面两边产生明显的浓度梯度，如图 9-9 所示。相界面以及相界面两边具有明显浓度梯度的区域构成了两相之间的界面层（亦称界面区）。

增加两相之间的接触面积有利于大分子链段之间的相互扩散，提高两相之间的黏合力。因此，在共混过程中保证两相之间的高度分散和适当减小相畴尺寸是十分重要的。为增加两相之间的接触面积、提高分散程度，可采用高效率的共混设备，如双螺杆挤出机和静态混合器，或采用 IPN 技术或添加增容剂等。

9.3.2.2　界面层的厚度

界面层的厚度可以反映共混材料的相容性。基本不相容的高分子，有明显相界面；相容性增加，界面层厚度变大；完全相容的两种高分子，为均相结构，相界面消失。一般情况下界面层的厚度为几纳米到几十纳米。当界面层占相当大的比例时，界面层可视为有独立特性的第三相。

9.3.2.3　界面层的性质

（1）两相之间的黏合

就两相之间黏合力而言，界面层有两种基本类型。第一类是两相之间由化学键结合，如共聚物；第二类是两相之间仅靠次价力作用而结合，如机械共混物。

（2）界面层大分子链的形态

在界面层大分子尾端的浓度要比本体高，即链端向界面集中。链端倾向垂直于界面取向，而大分子链整体则大致平行于界面取向。

（3）界面层分子量分级效应

Reiter 等的研究证明，若高分子分子量分布较宽，则分子量较低时，高分子相容性大而分子链熵值损失较小，低分子量部分向界面区集中，产生分子量分级效应。

（4）界面层的密度

两组分的相容性好时，界面层的密度可能大于两组分的平均密度；两组分的相容性差时，界面层的密度可能小于平均密度。

（5）界面层的力学松弛性能与本体相不同

界面层及其所占的体积分数对共混物的性能有显著影响。这也是相畴尺寸对共混物性能有明显影响的原因。

（6）其他添加剂

具有表面活性的添加剂、增容剂以及表面活性杂质等会向界面层集中。

9.3.3　高分子共混材料形态结构的影响因素

9.3.3.1　相容性

在许多情况下，热力学相容性是高分子之间均匀混合的主要推动力。高分子的相容性越好就越容易相互扩散而达到均匀的混合，过渡区也就宽广。相界面越模糊，相畴尺寸越小，两相之间的结合力也越大。有两种极端情况。第一是两种高分子完全不相容，两种高分子链段间相互扩散的倾向极小，相界面很明显，其结果是共混性较差，相之间结合力很弱，共混物性能不好。为改进共混物的性能需采取适当的工艺措施，例如采取共聚-共混的方法或加入适当的增容剂。第二是两种高分子完全相容或相容性极好，这时两种高分子可完全相容而成为均相体系或相畴尺寸极小的微分散体系。这两种极端情况都不利于共混改性（尤其指力学性能改性）。一般而言，共混物所需要的是两种高分子有适中的相容性，从而制得相畴尺寸大小适宜、相之间结合力较强的复相结构的共混产物。

9.3.3.2 制备方法

（1）机械共混

机械共混物是采用双辊塑炼、密炼、挤出机挤出等方式，将两种高分子在熔融状态下进行机械混合制备的。机械共混的特点是简单方便、操作容易，但也存在着明显的缺陷：一是高分子的熔体黏度通常较高，因此机械共混往往会出现分散不均匀的现象，导致分散相粒子较大；二是机械共混多是物理共混，两相之间仅以较弱的范德华力结合，导致改性效果不明显。

（2）接枝共聚

早在20世纪20年代人们就尝试用PS和橡胶进行机械共混来进行增韧。但是机械共混的效果被证明是有限的，要提高体系的抗冲击韧性，就必须加入大量的橡胶。由于橡胶自身的拉伸强度、模量较低，加之PS与橡胶粒子间的相容性差，使其界面黏合较差，从而会导致体系拉伸强度和模量降低过多，丧失刚性。这一矛盾直到20世纪50年代以后人们找到了接枝共聚这一方法才得以解决，从而使高抗冲聚苯乙烯（HIPS）和ABS的大规模工业化生产得以实现。

HIPS的接枝聚合反应是一个很复杂的反应过程，通过对反应动力学的研究可以揭示各种反应条件对聚合反应速度、接枝效率以及产物形态结构之间的关系。商品化ABS是由苯乙烯-丙烯腈的无规共聚物（SAN）及其和橡胶的接枝共聚物构成的，图9-10为用不同方法制备的ABS的形态结构。其中，橡胶通常为聚丁二烯（PB）、丁腈橡胶（NBR）或丁苯橡胶（SBR）等。与PS相比，SAN分子极性更大，模量、强度和韧性更高，因此用橡胶增韧SAN，其性能比HIPS有更大的提高。

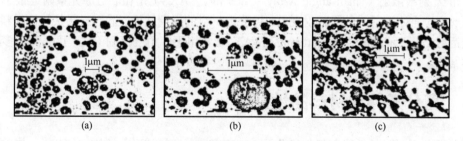

图9-10 不同方法制备的ABS形态结构
(a)本体-悬浮聚合；(b)乳液聚合；(c)机械共混

（3）嵌段共聚

嵌段共聚物两种嵌段之间是以化学键相互连接的，因此两种嵌段之间发生的相分离具有与一般（两相无化学键连接）相分离完全不同。这种两相分子链之间有化学键连接的相分离称为微相分离（microphase separation）。嵌段共聚物最大的特点是它们实现了高弹性、高强度和热塑性的完美结合，这类共聚物又被称为热塑性弹性体。当 SBS 或 SIS 的分子量达到一定范围以上时，嵌段共聚物便会表现出良好的力学性能。此外，嵌段共聚物相分离除与嵌段的组成（含量）有关外，还与嵌段链的分子量有关。当两种嵌段的含量接近时，产生相分离的临界嵌段分子量最小；当含量相差较大时，临界嵌段分子量也越大。嵌段链的分子量对微区尺寸也有影响，球状粒子的半径、柱状微区截面半径及层状微区的厚度均与分子量的 2/3 次方成正比。

（4）互穿高分子网络

互穿高分子网络（interpenetrating polymer networks，简称 IPN）是由两种或两种以上高分子，通过分子链网络的相互贯穿缠结并以化学键合方式各自交联而形成的一种网络状高分子共混材料。其组分高分子之间通常不存在化学键，因而不同于接枝或嵌段共聚物；IPN 的组分高分子之间存在交联网络（包括化学交联和物理交联）的相互贯穿、缠结，又不同于机械共混物。

根据制备方法的不同，IPN 可分为分步 IPN、同步 IPN、梯度 IPN、互穿弹性体网络（IEN）、胶乳 IPN、半 IPN、热塑性 IPN 等。IPN 的种类很多，其形态结构也不同，主要有胞状结构、界面互穿、双相连续等。作为一种多组分多相体系，各种 IPN 体系通常会显示出不同程度的相分离，其相区的尺寸、形态、连续性和界面状况各不相同，这些主要决定于两种高分子组分的相容性、交联密度、制备方法以及组成比等因素。

9.3.4 高分子共混材料形态结构的测定方法

（1）显微镜法

显微镜法包括光学显微镜（OM）、扫描电子显微镜（SEM）、透射电子显微镜（TEM）、原子力显微镜（AFM）等。光学显微镜仅用于较大尺寸形态结构的分析，常用于微米量级的观察，有透射或反射模式。SEM 是通过电子束在样品表面扫描激发二次电子来成像，高分子表面通常需喷金处理，可观察几十纳米以上的颗粒。TEM 可观察几十纳米以下甚至更小的颗粒。由于要使电子束透射，样品不能太厚，须在 0.2μm 以下，通常在 50nm 为最佳。直接测定高分子共混材料形态结构的方法主要是显微镜法。

（2）X 射线散射

小角 X 射线散射（small-angle X-ray scattering，SAXS）是在靠近原光束附近很小角度内（5°以下）电子对 X 射线的漫散射现象，可测定材料的周期结构，适用于层状结构材料。广角 X 射线衍射（wide-angle X-ray scattering，WAXS）常用于广角度范围（几十度）测定多晶材料的晶体结构。

9.4 高分子共混材料的性能

高分子共混材料的性能不仅与组分的性能有关，而且与其形态结构密切相关。与单一高分子相比，共混物的结构更为复杂，定量地描述性能与结构的关系更为困难，目前仅限于粗略的定性描述和某些半定量的经验公式。

9.4.1 性能与组成的一般关系

二元共混体系的性能与其组分性能之间的关系通常可以用简单的"混合法则"表示：

$$P = P_1\beta_1 + P_2\beta_2 \qquad (9\text{-}2)$$
$$1/P = \beta_1/P_1 + \beta_2/P_2 \qquad (9\text{-}3)$$

式中，P 为二元共混体系的某一指定性能，如密度、电性能、黏度、热性能、玻璃化转变温度、力学性能、扩散性能等；P_1 及 P_2 分别为组分 1 及 2 的相应性能；β_1 及 β_2 为组分 1 及 2 的浓度、质量分数或体积分数。

高分子具有多层次结构，不同的性能对各层次结构的敏感程度不同。化学性质主要取决于一次结构，玻璃化转变主要取决于一次和二次结构，力学性能则一般与三次结构和高次结构有更直接的关系。同一种高分子，结晶和非晶、取向与不取向，其力学性能迥然不同。加工也会影响制品内部的高次结构，从而改变制品的力学性能。如等规聚丙烯有很高的结晶度，在加工过程中，从熔融到冷却定型可形成球晶，球晶的形态、大小及分布对力学性能有很大影响，所以适当地控制加工过程，如添加适当的成核剂（如苯甲酸），减小球晶的尺寸可改进产品的性能。非晶性高分子也存在各种不同的超分子结构。如聚碳酸酯具有纤维状的原纤结构，聚苯乙烯具有球状的胶团结构等。

高分子结构上的复杂性，对于高分子共混物来说仍然存在。另外，还增加了更复杂的结构因素，这就是共混物的形态结构。共混物的性能与其组分性能的关系取决于共混物的形态结构，即两相之间的结合力大小、界面层的结构、界面层的厚度、两相的连续性、分散相的相区尺寸、分散相粒子的形状等。

9.4.2 玻璃化转变温度

与均相高分子相比，共混材料一般有两个玻璃化转变温度，且玻璃化转变区的温度范围有不同程度的加宽。高分子共混材料玻璃化转变的特性主要取决于两组分的相容性。如果两组分完全相容，那么共混材料就只有一个玻璃化转变温度，其值介于两共混组分的 T_g 之间，并与两组分的组成（体积分数）有关。对于不相容的共混体系，由于存在两相结构，因此共混材料存在两个 T_g 值，且保持与两组分的 T_g 相同。无论共混物的组成如何改变，总能观察到两个玻璃化转变温度。对于部分相容的共混体系，共混材料将呈现出两个或三个 T_g。两个 T_g 均偏离原组分的 T_g 值而相互靠拢，玻璃化转变区的温度范围加宽。相容性越好，则越相互靠拢，并取决于两组分的混合比例关系。当二元共混材料存在明显的界面过渡层时，则会形成第三相（界面相），得到一个不太明显的 T_g，即第三个 T_g。因此，决定高分子共混材料玻璃化转变温度的主要因素是两种高分子分子级的混合程度而不是超分子结构，这和其他力学性能的情况有所不同。

9.4.3 力学性能

（1）松弛时间

高分子共混材料力学松弛性能的最大特点是力学松弛时间谱的加宽。共混材料内特别是在界面层，存在两种高分子组分的浓度梯度。共混材料恰似由一系列组成和性能递变的共聚物所组成的体系，因此松弛时间谱较宽。由于力学松弛时间谱的加宽，共混材料具有较好的阻尼性能，可作防震和隔音材料，具有重要的应用价值。

（2）弹性模量

形变值不大时，高分子共混材料的形变与应力之间存在近似线性关系；当形变值较大时，这种线性关系不复存在。形变与应力之间的关系十分复杂。高分子共混材料的弹性模量可根据混合法则作近似估计，最简单的是根据式（9-2）及式（9-3）分别给出弹性模量的上、下限。一般而言，当弹性模量较大的组分构成连续相时较符合式（9-2）；若弹性模量较小的组分构成连续相时，较符合式（9-3）；对于两相都连续的共混物弹性模量，可按式（9-4）作近似估计。

$$P^n = P_1^n \varphi_1 + P_2^n \varphi_2 \tag{9-4}$$

式中，n 为与具体体系及性能有关的常数；φ_1、φ_2 为组分 1、2 的体积分数。

（3）强度

高分子共混材料是一种多相结构的材料，各相之间相互影响，有明显的协同效应，但其强度并非各组分力学强度的简单平均值。在高分子共混材料的各种力学性能中，冲击强度对表征材料韧性的大小具有特别重要的实际意义。高抗冲高分子共混材料需满足三个条件：所用橡胶的 T_g 必须远低于室温或远低于材料的使用温度；橡胶不溶于基体树脂以保证形成两相结构；橡胶与树脂之间要有适度的相容性以保证两相之间有良好的黏合力，可采用接枝共聚、加入增容剂等方法来提高两相之间的黏合力。当然，增韧塑料未必非用橡胶不可。凡能引发大量银纹而又能及时地将银纹终止，从而提高破裂能的因素大都可起到增韧的效果。

9.4.4 光学性能

高分子共混材料具有多相结构，大部分是不透明的或是模糊的，因此不适合在某些领域中应用。改进共混材料的透明度，可以把分散相粒子的尺寸降低到比可见光的波长更小，但分散相粒子太小常会使韧性下降。制备高度透明材料的较好方法是根据折光率来选择两种组分。如果两相的折光率相同，能得到透明的共混材料，与相分离形态结构无关。共混材料的透明度也与温度有关，只有在两种材料的折光率相同的温度，才能得到最好的透明度。另外，通过不同高分子共混可以得到珍珠般光泽，乳白色泽或大理石纹样等的共混材料。当两种高分子的折光率相差 0.1 左右时，共混后的发色效果最好。如 PC/PMMA、PC/PMMA/SAN、PMMA/SAN、PP/SAN 共混物，这些共混材料主要用作装饰性材料。

9.4.5 润滑与磨耗

在特殊情况下，分散相可以由一种低表面张力的高分子粒子构成，如用 PTFE 或 PE。PTFE 和 HDFE 的高分子链平整、无支链，摩擦系数低，耐摩擦性优良与其他高分子共混后所组成的非相容体系中，在加工或使用中会倾向于向表面迁移，使表面张力比原来的表面张力要低得多，所以特别利于制备自润滑材料和改善耐磨耗性能。

9.4.6 减震防噪

在玻璃-橡胶转变温度下，高分子链段的运动速率和用以测定转变的试验速率处于同一数量级。在相当于转变时的温度和频率下，机械能将被共混体系所吸收并转为热能。换言之，在玻璃化转变温度范围内，在流动状态（橡胶态）与非流动状态（玻璃态）之间，链段很难和振动力场（机械的或电的）同步，并且最大量的能都会以热的形式消耗掉。因此，在接近其玻璃化转变温度时高分子会显示出最大的损耗量及 $\tan\delta$ 值，这正是能量消耗的量度。更简单地说，高分子的能量"损耗"处在极大值。在谐振振动体系中应用这种高分子，就可能衰减不必要的噪音及振动。

均聚物的有用温度范围（固定频率）通常十分狭窄。通过时间-温度叠加原理可知，频率每增加 10 倍，相应地 T_g 会移动 6~7℃，而正常听觉范围是 20~20000Hz 相应的温度范围是 18~20℃。单一的高分子组分无法覆盖这么大范围。而采用几种高分子共混形成的部分相容体系，由于互相之间链段运动的影响，会使 T_g 内耗峰交叠而变宽，这样就能恰好衰减所有听觉范围的频率。

9.4.7 透气性和可渗透性

当高分子固体薄膜两边的气体压力不同时，气体分子会穿过高分子从压力较大的一边向压力较小的一边扩散，这就是高分子的透气性。若薄膜两边是浓度不同的溶液，则分子会穿过薄膜从高浓度的一边向低浓度的一边扩散。高分子的这种允许溶液中的分子或液体分子穿过的性质称为高分子的可渗透性。

高分子的透气性和可渗透性在薄膜包装、多组分物质的提纯与分离、污水净化、海水淡化以及医药等方面具有很大的实用意义。这往往需要高分子薄膜具有较好的力学强度、透过作用的高度选择性和较大的透过速率等。单一组分的高分子一般难以满足多方面的综合要求。采用高分子共混的方法制得性能优异的高分子共混物膜可解决这方面的许多问题。如：采用三醋酸纤维素与二醋酸纤维素的共混物制成的膜适用于海水淡化（浓度为 35%的食盐水，经单程处理可除去 99.9%的食盐）；由聚乙烯吡咯烷酮与聚氨酯的共混物制得的渗析膜，其渗析速率要比一般的玻璃纸渗析膜的渗析速率大一倍；磺酸化聚苯乙烯与聚偏氟乙烯共混制成的超滤薄膜具有良好的综合性能，适用于生物蛋白的浓缩、污水处理和纸浆废液的净化；由聚阳离子和聚阴离子共混而制得的络合物（聚盐）是一类特殊的均相共混物，用这种共混物制得的超滤薄膜具有很高的可渗透性，并且对水十分稳定。

9.4.8 其他性能

（1）老化

许多高分子会在某种程度上因气候老化而降解。就高分子共混材料来说，由于两相的老化速度不同和两相之间连续不断地相互作用，分析气候老化行为时就显得十分复杂。碳碳双键是氧侵袭的最重要目标，在氧化开始阶段，可以认为只有橡胶相氧化，而不侵袭塑料部分。在与低表面能的溶剂、润湿剂和去污剂接触后，高分子能在低于其短时力学强度的张应力下表面或内部产生裂纹。在高分子的储能等于或大于形成新的表面所需要的自由能时，裂纹将继续增长。溶剂和表面活性剂可以降低表面能、增加储能，因此能促使高分子产生延性开裂。某些高分子共混物能改善耐环境应力开裂性。如聚砜与聚乙烯共混、聚乙烯与丁基橡胶共混等可明显改善耐环境应力开裂性。

（2）燃烧

通过与另一种阻燃高分子共混，有时可以显著地降低高分子的燃烧性能。如 ABS 与 PVC 共混后，就具有阻燃性。利用高分子作阻燃剂的优点有：根据高分子之间的相容性，可以选择不同的阻燃性高分子以及自由调节共混比例，以获得不同程度阻燃性的共混物；在改善阻燃性的同时，还可改善其他性能，甚至高比例共混时，也不影响基体树脂的主要性能。这一点是低分子有机或无机阻燃剂所不具备的特性。高分子阻燃剂比低分子阻燃剂价廉，毒性低（或无毒），共混阻燃改性不需要特殊设备，工艺过程较简单。

9.5 高分子共混材料的制造工艺

9.5.1 简单机械共混

简单机械共混技术也称为单纯共混技术，是在共混过程中，直接将两种高分子进行混合制得高分子混合材料的技术。一般来说，简单机械共混的高分子均属于完全相容体系，其混合物的性能一般也是两种或多种高分子性能的线性加和。到目前为止，被认为具有完全相容性的体系有均聚物/均聚物、均聚物/共聚物、共聚物/共聚物。由于完全相容的高分子对很少，采用简单机械共混往往得不到理想性能的高分子共混物，只能是一种性能比较平庸的材料。但也有一些成功的实例，如 PPO/PS、PPO/HIPS 可以得到呈分子分散状态的两组分相容共混体系，除可以改善加工性能外，还可以提高力学性能、降低成本。

简单机械共混过程一般包括混合和分散两方面。混合系指不同组分相互分散到对方所占据的空间中，使两种或多种组分所占空间的最初分布情况发生变化；分散则指参与混合的组分的颗粒尺寸减小，达到分子程度的分散。实际上，混合作用和分散作用大多同时存在，那么就可以通过各种混合机械供给的能量（机械能、热能等）的作用，使被混物料粒子不断减小并相互分散，最终形成均匀分散的混合物。由此可见，组分的分散程度和混合物料的均匀程度是评定混合效果的两个尺度。大多数高分子共混物均可用简单机械共混法制备。此法依靠各种高分子混合、捏合及混炼设备实现。在混合、捏合和混炼操作中，通常仅有物理变化。有时，由于强烈的机械剪切作用会使一部分高分子发生降解，产生大分子自由基，继而形成少量接枝或嵌段共聚物，这种伴随有化学变化的机械共混可称为物理化学共混法。

高分子共混材料的简单机械共混可细分为：干粉共混、熔体共混、溶液共混和乳液共混。

(1) 干粉共混

将两种或两种以上品种不同的细粉状高分子，在各种通用的塑料混合设备中加以混合，从而形成各组分均匀分散的粉状高分子混合物。常用的混合设备有球磨机、V 形混合机、倒锥式混合机。这些设备主要是促使物料对流以实现组分的混合，球磨机还有较显著的粉碎作用。此外，用 Z 形捏合机、高速捏合机等具有较强剪切作用且可适当加热的设备进行干粉共混时，可以获得较好的混合效果。高分子干粉混合的同时，也可加入增塑剂、润滑剂、防老剂、着色剂以及填充剂等各种助剂。经干粉混合所得高分子共混物料，在某些情况下可直接用于压制、压延、注射或挤出成型，或经挤出造粒后再用以成型。干粉共混具有设备简单、操作容易的优点。

(2) 熔体共混

熔体共混又称为熔融共混，将共混所用的高分子组分在它们的黏流温度以上用混炼设备制取均匀高分子共混物，然后再冷却，粉碎（或造粒）。熔体共混法的原料准备操作较简单，混合效果显著高于干粉共混；共混物料成型后，制品内相畴尺寸较小；在混炼设备强剪切力作用下，会导致一部分高分子发生降解并可形成一定数量的接枝或嵌段共聚物，从而促进了不同高分子组分之间的相容。

（3）溶液共混

将各原料高分子组分加入共同溶剂中（或将原料高分子组分分别溶解、再混合）搅拌溶解混合均匀，然后加热蒸出溶剂或加入非溶剂共沉淀，便可获得高分子共混物。溶液共混适用于易溶高分子、某些液态高分子以及高分子共混物以溶液状态被应用的情况。此法在试验研究工作中有一定的意义，如在初步观察高分子之间的相容性方面，可根据高分子共混物的溶液是否发生分层现象以及溶液的透明性来判断，若出现分层和浑浊则认为相容性较差。但因溶液共混制得的高分子共混物混合分散性差，且此法会消耗大量溶剂，因而工业上意义不大。

（4）乳液共混

乳液共混的基本操作是将不同的高分子乳液一起搅拌混合均匀后，加入凝聚剂使异种乳液共沉析以形成高分子共混体系。单一的乳液共混尚难获得相畴尺寸细微的乳液共混物，通常与共聚-共混法联用作为熔融共混的预备性操作。

9.5.2 反应性共混

反应性共混是指两种或多种高分子在混炼的过程中同时伴随着其中一种或多种高分子参与的化学反应，而这种反应最终的结果是在高分子与高分子之间产生化学键。目前，最重要的反应性共混技术包括反应性密炼和反应性挤出，前者主要应用于热塑性橡胶（TPV）的制备，而后者由于设备的灵活性，在使用中更为广泛。

9.5.2.1 反应性密炼

反应性密炼技术的代表是动态硫化技术，是指在混炼过程中共混物的化学反应主要是橡胶组分的交联反应，共混物的形态结构则为：橡胶组分为分散相，塑料相成连续相，橡胶组分分散于塑料组分之中。动态硫化可使橡胶产生部分或全部交联结构，从而赋予共混物良好的物理机械性能以及良好的耐候性、耐热老化性、耐化学腐蚀性等。

9.5.2.2 反应性挤出

反应性挤出是指在高分子和可聚合单体的连续挤出过程中完成一系列化学反应的操作过程。反应物的物理形态必须适于挤出加工。化学反应在熔融态高分子和液化单体中，或者在高分子溶解/悬浮于溶剂内的环境中，或被溶剂塑化的高分子中发生和完成，有时将这一加工过程看作是反应性配混或反应性加工。通过反应性挤出完成的化学过程包括：本体聚合、接枝反应、链间共聚、偶联/交联等类型。

（1）本体聚合

在本体聚合中，单体或者单体混合物在仅有极少量或没有溶剂的情况下转化为高分子量高分子。在这一反应过程中，形成了单独的高分子相，这一高分子相常常溶于单体相，但也不总是溶于单体相。为了实现最大反应速率和最经济的操作过程，本体聚合可以在可能的最高温度下进行。热传递不仅能通过机筒壁而且还能通过螺杆自身内部的传热流体的循环来进行。啮合式螺杆改善了混炼过程，提高了反应速率，双螺杆挤出机的产率高于单螺杆挤出机。

（2）接枝反应

在挤出机反应器中发生的接枝反应包括熔融高分子与一种或多种能够在高分子主链上生成接枝链的单体进行的反应。自由基引发剂常用于引发接枝反应，有时也会使用空气或电离辐射来引发接枝反应。能够进行接枝反应的挤出机反应器具有强力混合段，以及能够使高分子以最大的表面积与接枝试剂接触而专门设计的螺杆元件。

(3) 链间共聚物

链间共聚物的形成可以定义为两种或两种以上的高分子形成共聚物的反应。通过链断裂-再结合的反应过程形成链间共聚物，已被作为利用反应性挤出生成无规或嵌段共聚物的一种方法，但只有少数反应实例能够制备出有用的材料。在大多数情况下，键间共聚物的形成涉及到一种高分子的反应性基团与另一种高分子的反应性基团的结合，生成的产物分子量大致等于这两种高分子的分子量之和。

(4) 偶联/交联

偶联反应包括单个大分子与缩合剂、多官能团偶联剂或交联剂的反应，从而通过键的增长或支化来提高分子量，或者通过交联增加熔体黏度。具有能与缩合剂、偶联剂或交联剂发生反应的端基或侧链的高分子适于参与这样的偶联或交联反应。适用于偶联/交联反应的挤出反应器通常都有若干个强力混合段。在某些情况下，低黏度高分子发生偶联或交联反应而形成的高黏度产物挤出反应体系，其黏度梯度与在挤出机内的本体聚合的黏度梯度相似。因此，用于偶联/交联反应的挤出机的整体结构与用于本体聚合的挤出机相似。

9.5.3 共聚-共混

共聚-共混制取高分子共混物是一种化学方法，通常有接技共聚-共混与嵌段共聚-共混之分。在制取高分子共混物方面，接枝共聚-共混法更为重要，其制备过程为：首先制备一种高分子 (高分子组分1)，随后将其溶于另一高分子 (高分子组分2) 的单体中，形成均匀溶液后再依靠引发剂或热能的引发使单体与高分子组分1发生接枝共聚，同时单体还会发生均聚作用。上述反应产物为高分子共混物，通常包含三种主要高分子组分，即高分子1、高分子2以及高分子1为骨架接枝上高分子2的接枝共聚物。接枝共聚组分的存在促进了两种高分子组分的相容，所以接枝共聚-共混产物的相畴尺寸较机械共混产物的相畴尺寸细微。影响接枝共聚-共混产物性能的因素很多，其中主要有原料高分子组分1和2的性质、比例，支链的长短、数量等。接枝共聚-共混法制得的高分子共混物的性能通常优于机械共混法的产物，所以近年来发展很快，应用范围逐渐推广。接枝共聚-共混法生产高分子共混物所使用的设备与一般的聚合设备相同，即间歇式聚合签或签式、塔式等连续操作设备。在操作方式上除本体法外，还有本体-悬浮法、乳液法等。

9.5.4 互穿高分子网络

互穿高分子网络 (IPN) 中的每一种高分子都是网状结构。每种高分子必须在另一种高分子存在下直接进行聚合或交联或者既聚合又交联。互穿高分子网络包括多种形式：顺序 IPN 是先合成交联的高分子Ⅰ，然后把单体Ⅱ和交联剂、引发剂溶胀到高分子Ⅰ里，并在Ⅰ里面聚合；同时互穿网络 (simultaneous interpenetrating network, SIN) 是把两种单体和它们各自的交联剂混合成共有溶液，然后互不干扰地同时进行逐步聚合和连锁聚合；互穿弹性体网络 (interpenetrating elastomeric network, IEN) 是把两种线型高分子胶乳混合和共凝结，使两个组分同时交联。图 9-11 为两种高分子组分之间不同组合方式。

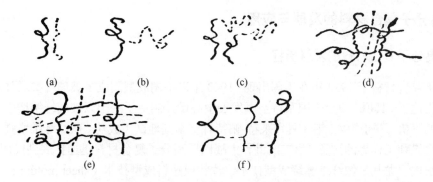

图 9-11 两种高分子组分间不同组合方式
(a) 机械共混；(b) 接枝共聚；(c) 嵌段共聚；(d) 半-IPN；(e) IPN；(f) 交联型共聚

9.6 高分子复合材料概述

9.6.1 基本概念

高分子复合材料(polymer-matrix composites, PMC)是以有机高分子为基体(热固性树脂、热塑性树脂)，以纤维(连续纤维、短纤维、纳米纤维、晶须)或颗粒为增强体，附以具有特殊功能的功能体(电、磁、热)经复合而制成的一种性能有别于组成材料的新材料。其中，基体起着黏合增强体、传递与均衡载荷的作用，增强体起着承担荷载的作用，功能体则发挥着赋予高分子复合材料具有除力学性能外的特殊功能的作用。各组分材料无论是在宏观上还是在微观上或亚微观状态上都相互作用，产生协同效应(线性或非线性效应)，使得高分子复合材料结构与性能协同相长。

9.6.2 高分子复合材料的分类

根据增强原理分类，有弥散增强型复合材料、粒子增强型复合材料和纤维增强型复合材料；根据复合过程的性质分类，有化学复合的复合材料、物理复合的复合材料和自然复合的复合材料；根据高分子复合材料的功能分类，有电功能复合材料、热功能复合材料和光功能复合材料；根据基体材料类型分类，有热塑性高分子复合材料、热固性高分子复合材料；根据增强纤维类型分类，有碳纤维增强高分子复合材料、玻璃纤维增强高分子复合材料、有机纤维增强高分子复合材料、硼纤维增强高分子复合材料和混杂纤维增强高分子复合材料；根据增强物的外形分类，有连续纤维增强高分子复合材料、短纤维增强高分子复合材料和纤维织物或片状材料增强高分子复合材料。

9.6.3 高分子复合材料的特性

与传统材料相比，高分子复合材料在结构上表现出可设计性、各向异性、非均质等特点；在材料上表现出可设计性、高比强度、高比模量、耐疲劳性、过载安全性，以及减震性能、耐烧蚀性能好等特点。但是，作为一种新材料，高分子复合材料尚未达到十全十美的程度，所表现出的特性并不全是优点，还需要不断地改进和提高。高分子复合材料具备了一系列传统材料所不具备的优点，因而在国民经济和国防建设设备领域，首先在航空航天领域得到了广泛的应用。

9.6.4 高分子复合材料的发展与应用

9.6.4.1 高分子复合材料的发展历程

高分子复合材料于 1932 年在美国出现，1940 年以手糊成型制成了玻璃纤维增强聚酯的军用飞机的雷达罩。其后不久，美国莱特空军发展中心设计制造了一架以玻璃纤维增强树脂为机身和机翼的飞机，并于 1944 年 3 月在莱特-帕特森空军基地试飞成功。从此纤维增强复合材料开始受到军界和工程界的注意。第二次世界大战以后高分子复合材料迅速扩展到民用，风靡一时，发展很快。尤其是像纤维缠绕成型技术、片状模塑料成型技术（sheet molding compound，SMC）、树脂反应注射成型（reaction injection molding，RIM）技术和增强树脂反应注射成型（reaction injection molding，RRIM）技术等新的生产工艺的不断出现极大地推动了高分子复合材料工业的发展。进入 20 世纪 70 年代，一批如碳纤维、碳化硅纤维、氧化铝纤维、硼纤维、芳纶、高密度聚乙烯纤维等高性能增强材料的开发，并使用高性能树脂材料为基体，制成了先进高分子复合材料。这种先进高分子复合材料具有比玻璃纤维复合材料更好的性能，是用于飞机、火箭、卫星、飞船等航空航天飞行器的理想材料。

从高分子复合材料的发展历史可以看出，迄今为止高分子复合材料的发展主线一直在美国、欧洲和日本。这固然与这些国家的科学技术发展水平有关，毕竟主要的增强纤维和基体材料都是在这些地方被发明出来的。这种局面同时也与高分子复合材料最初的使用领域有关，因为当时的先进材料价格昂贵并且研制保密，在欧美首先用于军事，尤其是军用飞机。日本一直对高性能纤维领域非常重视，维持了高强度投资和相当大的研究规模，但是由于第二次世界大战后同盟国对其军事发展的限制，日本将大部分资源投入民用领域的复合材料，以至日本在建筑、交通和运动器材等领域长期领先。同时，日本的碳纤维产量是世界第一，芳纶产量（主要是帝人公司的 Twaron 纤维）也仅次于美国。在复合材料的历史中，我国早期的情况不容乐观，目前碳纤维的原料、生产工艺和设备都需要进一步升级；先进复合材料的制造技术、成型加工技术还在遭遇巨大的工程技术瓶颈，总体上离世界一流水平差距较大，需要广大业内人士和新生代的科学、工程技术人员不懈努力。

9.6.4.2 高分子复合材料的应用

（1）航空航天领域

自 20 世纪 60 年代以来，高分子复合材料以其独有的特性在全球获得了迅速的发展，已成为现代航空航天最重要的、不可缺少的材料之一。在航空方面，高分子复合材料主要用作战斗机的机翼蒙皮、机身、垂尾、副翼、水平尾翼、雷达罩、侧壁板、隔框、翼肋和加强筋等主承力构件。美国第四代战斗机 F-22 采用了约 24%的碳纤维复合材料，从而使该战机具有超高音速巡航、超视距作战、高机动性和隐身等特性。我国歼-20（图 9-12）要达到超音速巡航，除需使用性能优异的大推力发动机外，使用碳纤维复合材料实施减重，也会对性能指标的实现有极大的帮助。空重 17t 的歼-20 战斗机如果使用 30%以上的复合材料，减轻的重量可以增加载油量或载弹量。

在航天方面，先进高分子复合材料屡建奇功，现在已经成为这一领域重要的主体结构材料。运载火箭自重（不包括燃料）的 60%来自燃料罐和氧化剂罐，传统的制罐材料是铝合金，如果换为碳纤维复合材料，可以减重 30%，这样可以大大增加有效载荷，或者在同样载荷下减少一个推进发动机或一个助推火箭,意义重大。在各种卫星中,为了实现减重的目标,几乎没有不使用先进高分子复合材料的地方。例如载有太阳能设备的卫星或空间探测器,其太阳翼框架几乎都是采用碳纤维复合材料制造的。国际空间站(international space station)是另一个应用先进复合材料的典范。空间站几乎所有的桁架结构和压力容器都是碳纤维复合材料制造的。我国的"天宫一号"空间站(图9-13)也充分利用了先进复合材料,其许多结构件,包括推进舱、光学仪器安装台等,都有碳纤维复合材料的身影。

图 9-12 大量使用碳纤维复合材料的歼-20 战机

图 9-13 大量使用碳纤维复合材料的"天宫一号"空间站

(2)军事领域

对爆炸物损失具有特殊防护功能的高分子复合材料在反恐战争中起到了重要作用。为了使新的战时建筑物具有很强的防护能力,或者需要对原有的墙体或掩体进行方便有效的加固时,芳纶树脂复合材料固化后的保护层极其坚固,在外部爆炸物的攻击下能有效保护内部人员。现代军舰的上层结构、隐形舰艇的主体结构也都大量使用先进高分子复合材料。先进高分子复合材料还能帮助军事舰艇工程师实现一些独特的设计,如船体采用新型碳纤维共固化三明治结构,并且不与甲板直接连接,这样既减轻了重量又加强了行驶稳定性。碳纤维复合材料可广泛用于制造各种类型的雷达罩,特别是大型雷达罩,如图9-14。这些雷达罩的弧形面由多块碳纤维三明治结构拼制而成,背面支撑由碳纤维实心层件制成。

高分子复合材料是迄今为止能够全部或部分替代钢材的优良防弹材料。用碳纤维预成型体同超高分子量聚乙烯共模塑而成的军用头盔,与上一代的由芳纶和酚醛树脂复合材料制成的头盔(advanced combat helmet)相比,重量略有减轻,但防弹功能提高了10%,见图9-15。新优化的高分子复合材料将碳纤维、芳纶、玻璃纤维或其他纤维合纺或叠加使用,新的纤维编织方式如 3D 织物也显现出了独特的优势,这样制成的复合材料不仅防弹性能得到提高,重量和制造成本也将进一步减少。高分子复合材料还有很多其他军事用途,包括用以制造各种枪托的高韧性耐火复合材料,用以制造高精度轻型子弹弹壳(sabot)的碳纤维材料,用于电磁炮滑膛的碳纤维材料等。

(3)汽车和轨道交通领域

高分子复合材料自诞生起,就开始在大众交通中得到应用,如最早的由酚醛木屑/电木制成的高档汽车仪表盘。当玻璃纤维增强复合材料出现后,通过注塑、挤出、层压、手糊、SMC、团状模塑(BMC)等成型方法制造的复合材料,以各种不同形式应用在汽车和轨道交通车辆中,以及附属设施如交通标志、地铁电缆支架、疏散平台、枕轨等,数不胜数。用高分子复合

图 9-14　高分子复合材料制造的雷达罩　　　　图 9-15　高分子复合材料制造的防弹头盔和防弹衣

材料制造的汽车部件较多,如车体、驾驶室、挡泥板、保险杠、引擎罩、仪表盘、驱动轴、板簧等。用高分子复合材料制造火车部件是最好的选择,如制造高速列车的车厢外壳、内装饰材料、整体卫生间、车门窗和水箱等,如图 9-16。

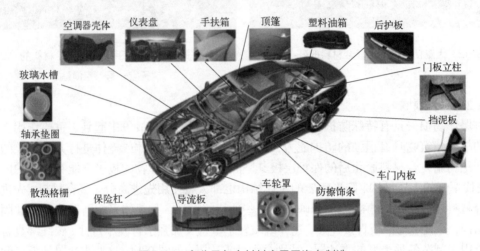

图 9-16　高分子复合材料应用于汽车制造

（4）能源化工领域

除了传统的陆地和海洋油气应用的高分子复合材料,如管道、抽油杆、平台、浮筒等,近年来先进高分子复合材料用于能源领域比较多的有风能、太阳能、车用电池和拉挤电缆芯等方面。

风力发电机组的叶片大都采用玻璃纤维增强的高分子复合材料制造,已经有几十年的历史。高分子复合材料电缆芯是近年来才发展起来的新技术,传统的高压电缆芯主要是钢,有少量铝合金。其主要缺点是太重,因此下垂严重,尤其是增加载荷的情况下更明显,使用碳纤维复合材料是一个很好的解决方案。

在化学工业方面,高分子复合材料主要用于制造防腐蚀性制品,具有优异的耐腐蚀性。例如,在酸性介质中,高分子复合材料的耐腐蚀性比不锈钢优异得多,用其可以制造大型贮罐、各种管道（图 9-17）、烟囱、风机、地坪、泵、阀和格栅等。玻璃钢复合材料已成为制造燃煤电厂烟气脱硫排烟冷却塔烟道、喷淋管、除雾器、浆液管道等设备的最好选材。

（5）制造领域

在机械制造工业中,高分子复合材料用于制造各种机械部件,如齿轮、皮带轮和防护罩等。用高分子复合材料制造齿轮具有工艺简单的优点,并且在使用时具有较低的噪声,特别适用于纺织机械。高分子复合材料是一种优异的电绝缘材料，广泛用于电机、电工器材的制造，如绝缘板、绝缘管、印制电路板（图 9-18）、电机护环、槽楔、高压绝缘子、带电操作工具等。

图 9-17　高分子复合材料制成的管道

图 9-18　高分子复合材料制成的印制电路板

（6）建筑领域

在建筑上，玻璃钢被用作承力结构、围护结构、冷却塔、水箱、卫生洁具和门窗（图 9-19）等。用高分子复合材料制备的钢筋代替金属钢筋制造的混凝土，可建造具有极好耐海水性的码头、海防构件等，也适用于建造电信大楼等建筑。另一个应用是建筑物的修补。当建筑物、桥梁等因损坏而需要修补时，用高分子复合材料作为修补材料是理想的选择。因为用高分子复合材料对建筑进行修补后，能恢复其原有的强度，并有很长的使用寿命。常用的高分子复合材料是碳纤维增强环氧树脂基复合材料。

（7）船舶舰艇领域

玻璃钢用于制造各型游艇、游船已有相当长的历史，至今仍然是该领域使用的主要材料。碳纤维复合材料因其制造成本的改善，也开始迅速进入船舶舰艇领域。最明显的是用于桅杆和甲板的制造，不仅能达到减重效果，而且能通过降低重心大大增加船艇的稳定性和操控性。同样的优势也体现在大型游船和集装箱船的上层结构上。

迄今为止，大型船体和船的上层建筑等结构多采用玻璃纤维复合材料，而高性能船舶和重要军用舰艇（图 9-20）的承载及结构将逐渐由先进高分子复合材料制造。与船用钢材和木材相比，高分子复合材料具有更多的优势，如质轻、高强、耐海洋大气和海水老化、能吸收冲击载荷、无磁性、介电性能优良、热导率低及易成型等。

图 9-19　高分子复合材料制成的门窗型材

图 9-20　碳纤维复合材料军用舰艇

（8）体育领域

在体育用品方面，高分子复合材料被用于制造赛车（如图9-21）、赛艇、皮艇、划桨、撑杆、球拍、弓箭和雪橇等。

图9-21 中航复材联合清华大学研制的新一代高分子复合材料电动方程式赛车

9.7 高分子复合材料的基体与增强体

复合材料中，基体材料由高分子组成的称为高分子复合材料，相应的基体称为高分子基体。能提高基体材料力学性能的物质称为增强材料，是复合材料的重要组成部分。在选择高分子复合材料基体和增强体时，首先应在充分了解和掌握高分子基体的种类、性能基础上选择最适宜的增强材料。

9.7.1 高分子基体的种类与作用

高分子复合材料的基体有多种分类方法，按其中高分子的热行为可分为热固性和热塑性两类。按树脂特性和用途可分为一般用途树脂、耐热性树脂、耐候性树脂及阻燃树脂等。按成型工艺可分为手糊用树脂、喷射用树脂、胶衣用树脂、缠绕用树脂及拉挤用树脂等。

高分子复合材料是由增强材料和基体材料复合而成的。在高分子复合材料的成型过程中，高分子基体会经过一系列物理、化学变化，与增强体复合成一定形状的整体。高分子基体主要有三个作用：①基体通过其与纤维间的界面以剪应力的形式向纤维传递载荷；②保护纤维材料免受外界环境的化学作用和物理损伤；③将纤维彼此隔开，阻止单根纤维断裂时裂纹扩展到其他纤维。

9.7.2 增强体的种类与作用

高分子复合材料的增强材料可以起到提高基体强度、弹性模量、韧性、耐磨性等性能的作用。高分子复合材料的性能在很大程度上取决于增强材料的性能、含量和排布。增强材料的种类众多，按增强体的形状分为纤维类增强体、颗粒料增强体、晶须类增强体和片状物增强体；按纤维组成成分分为无机非金属纤维、有机纤维及金属纤维等。高分子复合材料的性能受增强材料几何形态、表面形态以及性质、物理化学性质直接影响。

9.8 高分子复合材料的复合原理

高分子复合材料的重要特点之一是不仅会保持原有组分的部分优点，而且具有原组分不具备的特性；高分子复合材料区别单一材料的一个显著特性是材料的可设计性。可通过对原材料组分的选择、各组分分布设计和工艺条件的控制等，保留原组分材料的优点，同时利用高分子复合材料的复合效应使其出现新的性能，最大限度地发挥复合的优势。

9.8.1 高分子复合材料的复合效应

复合效应是高分子复合材料特有的效应，可分为两大类：一类是线性效应；另一类是非线性效应。非线性效应又可归纳为混合效应和协同效应。结构复合材料基本上通过线性效应起作用，而功能复合材料不仅能通过线性效应起作用，更重要的是可利用非线性效应设计出许多新型的功能复合材料。

9.8.2 高分子复合材料的界面

9.8.2.1 界面的形成

在组成高分子复合材料的两相中，一般总有一相以溶液或熔融的流动状态与另一相接触，然后经过固化反应使两相结合在一起，形成复合材料，界面也在这一过程中形成。这一形成过程一般可分成两个阶段。第一阶段是基体与增强体的接触及浸润过程。增强体对基体分子的各种基团或基体中各组分的吸附能力不同，体现在增强体会吸附那些能降低其表面能的物质，并优先吸附那些能较多地降低其表面能的物质，因此界面高分子层在结构上与高分子本体是不同的。第二阶段是高分子的固化过程。在此过程中，高分子会通过外界物理或化学环境的变化而发生固化，形成固定的界面层。固化过程受第一阶段的影响，同时直接决定着所形成的界面层的结构。

9.8.2.2 界面的结构

界面层的结构大致包括：界面的结合力、界面区域的厚度和界面的微观结构等几方面。界面结合力存在于两相之间，并由此产生复合效果和界面强度。界面结合力又可分为宏观结合力和微观结合力。前者主要指材料的几何因素，如表面的凹凸不平、裂纹、孔隙等所产生的机械咬合力；后者包括化学键和次价键，这两种键的相对比例取决于界面的组成成分及表面性质。化学键结合是最强的结合，可以通过界面化学反应而产生。通常进行的增强体表面改性就是通过共价或非共价作用以增大界面结合力而达到的。值得注意的是，水的存在通常会减弱界面结合力，尤其是玻璃纤维表面吸附的水会严重削弱其与树脂基体之间的界面结合力。

9.8.2.3 界面的作用机理

增强体和基体通过界面层形成一个整体，并通过界面层传递应力。若增强体与基体之间的相容性不好，界面不完整，则应力的传递面仅为增强体总面积的一部分。因此，为使复合材料内部能够均匀地传递应力，达到增强目的，要求在复合材料的制造过程中有一个完整的界面层。界面对复合材料的性能，尤其是力学性能起着极为关键的作用。从复合材料的强度和刚性来考虑，界面结合牢固和完善可以明显提高横向和层间拉伸强度以及剪切强度，也可适当提高横向和层间拉伸模量、剪切模量。对于碳纤维等韧性较差的纤维，如果界面很脆、断裂应变很小而强度很大，则纤维的断裂可能引起裂纹沿垂直于纤维方向扩展，诱发相邻纤维相继断裂，这种复合材料的断裂韧性较差。在这种情况下，如果界面结合强度较低，则纤维断裂引起的裂纹可以改变方向而沿着界面扩展，遇到纤维缺陷或薄弱环节时，裂纹会再次跨越纤维，继续沿界面扩展，形成曲折的路径，这样就需要较多的断裂功。因此，如果界面和基体的断裂应变较低时，从提高断裂韧性的角度出发，适当减弱界面强度和提高纤维延伸率是有利的。

9.8.3 高分子复合材料的界面改性

在高分子复合材料的制备过程中，对增强体表面进行适当处理，通过化学反应或物理方法使其表面极性接近所填充的高分子树脂，改善其相容性是十分必要的。同时，在高分子基体中引入部分易与增强体表面结合的化学基团，也可增加复合材料的界面黏结力或改善增强体在高分子基体中的分散效果。因此，高分子复合材料的界面改性包括增强体的表面改性和高分子基体的增容改性。

9.8.3.1 增强体表面改性

增强体表面改性的作用机理基本上有两种类型：一是表面物理作用，包括表面涂覆（或称为包覆）和表面吸附；二是表面化学作用，包括表面取代、水解、聚合和接枝等。前一类增强体表面与改性剂的结合是分子间作用力，后一类增强体表面是通过产生化学反应而与改性剂相结合。在进行增强体表面处理时，从增强体的种类、性质、高分子种类、性能及加工工艺以及改性剂种类及处理工艺出发，应遵循如下原则：

① 增强体表面极性与高分子极性相差很大时，应选择增强体表面处理后极性接近高分子极性的处理剂，如果改性剂的化学成分与高分子键类型相同或相近，则其极性与溶解度参数也较相近，但经验表明，改性剂的极性和溶解度参数与高分子完全一样时，效果未必比相近的好。

② 增强体表面含有反应性较大的官能团时，应选择能与这些官能团在处理或填充工艺过程中能发生化学反应的改性剂，增强体表面的单分子层吸附水或其他小分子物质也应考虑加以利用，因此增强体改性时应适当控制其含水量等微量吸附物质，以达到最好的改性效果。如果增强体表面的反应性官能团及可利用的单分子吸附物质不多，则应选用一端有较强极性物质的改性剂，以增加其在填料表面的取向和结合力。

③ 增强体表面如呈酸（或碱）性，则处理剂应选用碱（或酸）性的；如增强体表面呈氧化（或还原）性，则处理剂应选用还原（或氧化）性的；如增强体表面具有阳离子（或阴离子）交换性，则处理剂应选用可与其阳离子（或阴离子）进行置换的类型。

④ 对改性剂而言，能与增强体表面发生化学结合的比不能发生化学结合的效果好；长链基的比同类型短链基的效果好；改性剂链基上含有能与高分子发生化学结合的反应基团的比不含反应基团的效果好；处理剂链基末端为支链的比同类型末端为直链的效果好。此外应选用在高分子加工工艺条件下不分解、不变色以及不从增强体表面脱落的改性剂。

9.8.3.2 高分子基体的增容改性

为了改善高分子复合材料的界面相容性，除了对增强体进行适当的表面改性外，还可对高分子基体进行某些增容改性，以改善增强体在基体中的分散性，增加界面结合力，从而形成适当的界面层结构，获得良好的综合性能。在高分子复合材料的制备中，对高分子基体的增容改性通常有两种方法：一是在高分子基体中加入高分子表面活性剂或者增容剂，形成共混物型基体；二是对高分子基体进行化学改性，引入某些特定的化学基团。

（1）物理增容改性

高分子基体的物理增容改性就是在高分子基体中通过物理共混方法引入少量的特定高分子组分，形成合金化改性基体，其作用是改善复合材料的性能。从物理增容改性的功能看，高分子基体改性方法主要有乳化、界面强化和界面韧化三类。

（2）化学改性

高分子本身是一种化学合成材料，易于通过化学的方法进行改性。化学改性的方法一般通过聚合反应进行。在聚合方法中主要是通过共聚反应实现，包括无规共聚、交替共聚、接枝共聚及嵌段共聚，其中以接枝共聚和嵌段共聚尤为重要。

9.9 高分子复合材料的性能

9.9.1 高分子复合材料的力学性能

高分子复合材料的力学性能是工程应用上对材料进行选择与结构设计的重要依据。高分子复合材料具有比强度高、比模量大、抗疲劳性及减振性好等优点，用于承力结构的复合材料必然会充分利用高分子复合材料的这些优良的力学性能，而利用各种物理、化学和生物功能的功能高分子复合材料，在制造和使用过程中也必须考虑其力学性能，以保证产品的质量和使用寿命。与金属及其他材料相比，纤维增强高分子复合材料（FRP）的力学性能具有比强度、比模量高，各向异性、抗疲劳性、减振性好，可设计性强、弹性模量和层间剪切强度低、性能分散性大等特点。

9.9.1.1 刚度

高分子复合材料的刚度由组分材料的性质、增强材料的取向和所占体积分数决定。对复合材料的力学研究表明，对于宏观均匀的高分子复合材料，弹性的复合是一种混合效应，表现为各种形式的混合规律，而刚度的复合是组分材料刚性在某种意义上的平均，界面缺陷对其作用不明显。应用较多的刚度公式是哈尔平-蔡（Halpin-Tsai）方程，公式中含有经验性参数，对横向弹性模量、剪切模量和泊松比等公式的改进和研究一直持续至今。此外，该方程还可用于单向短纤维增强复合材料。由于制造工艺、随机因素的影响，在实际复合材料中不可避免地存在各种不均匀性和不连续性，残余应力、空隙、裂纹、界面结合不完善等都会影响材料的弹性。此外，纤维（粒子）的外形、规整性、分布均匀性也会影响其弹性。但总体而言，高分子复合材料的刚度是相材料稳定的宏观反映，理论预测相对于强度问题要准确得多，成熟得多。

9.9.1.2 强度

高分子复合材料强度的复合是一种协同效应，可从组分材料的性能和复合材料本身的细观结构导出其强度性质。事实上，对于最简单的情形，即单向复合材料的强度和破坏的细观力学研究也还不成熟。其中研究最多的是单向复合材料的轴向拉伸强度，但仍然存在许多问题。单向复合材料的轴向压缩问题比拉伸问题复杂，其破坏机理也与拉伸不同，它伴随有纤维在基体中的局部屈曲。单向复合材料的面内剪切破坏是由基体和界面剪切所致，这些强度数值的估算都需依靠试验取得。短纤维增强复合材料尽管不具备单向复合材料轴向上的高强度，但在横向拉、压性能方面要比单向复合材料好得多，在破坏机理方面具有自己的特点。编织纤维增强复合材料在力学处理上可近似看作两层的层合材料，但在疲劳、损伤、破坏的微观机理上要更加复杂。至于颗粒填充体系的强度问题，同样存在着非常复杂的影响因素。对于不同的复合体系，应力集中、损伤、破坏的模式各不相同，如在颗粒填充的高分子体系中，硬填料-软基体、软填料-硬基体、硬填料-硬基体等各种体系的强度复合效应有着显著的不同，材料强度的定量计算存在困难。

高分子复合材料强度问题的复杂性可能来自其各向异性和不规则的分布；诸如通常的环境效应，也来自上面提及的不同的破坏模式，而且同一材料在不同条件和不同环境下，断裂有可能按不同的方式进行。这些包括基体和纤维（粒子）的结构变化，例如由局部的薄弱点、空穴、应力集中引起的效应。除此之外，对界面黏结性的强弱、堆积的密集性、纤维的搭接、纤维末端的应力集中、裂缝增长的干扰以及塑性与弹性响应的差别等都有一定的影响。复合材料的强度和破坏问题有着复杂的影响因素，且具有一定的随机性。近年来，强度和破坏问题的概率统计理论正日益受到人们的重视。

9.9.1.3 拉伸

对于单向增强 FRP 而言，沿纤维方向的拉伸强度及弹性模量均随纤维体积分数的增大而呈正比例增加。对采用短切纤维毡和玻璃布增强的 FRP 层合板来说，其拉伸强度及弹性模量虽不与纤维体积分数成正比例增加，但仍随纤维体积分数的增加而提高。一般来说，等双向 FRP 其纤维方向的主弹性模量大约是单向 FRP 弹性模量的 50%~55%；随机纤维增强 FRP 近似于各向同性，其弹性模量大约是单向 FRP 弹性模量的 35%~40%。而且，即使纤维体积分数相同，但方向不同，其拉伸特性也大不相同。

9.9.1.4 压缩

高分子复合材料的压缩特性的理论分析及试验结果与拉伸特性的情形类似。在应力很小、纤维未压弯时，压缩弹性模量与拉伸弹性模量接近：玻璃布增强 FRP 的压缩弹性模量大体是单向 FRP 的压缩弹性模量的 50%~55%；纤维毡增强 FRP 的压缩弹性模量则大致为单向 FRP 的 40%。与拉伸破坏不同，压缩破坏并非纤维拉断所致。因此，尽管单向 FRP 的压缩强度也有随着纤维体积分数增加而提高的趋势，但并非成比例增长。

9.9.1.5 弯曲及剪切

FRP 的弯曲强度及弹性模量都随纤维体积分数上升而增加。纤维制品类型及方向不同，则弯曲性能也不同。FRP 的剪切强度与纤维的拉伸强度并无较大关系，而与纤维-树脂界面的黏结强度及树脂本身强度有关。因此，FRP 的剪切强度与纤维体积分数有关，常取值为 100~130MPa。研究表明，随纤维体积分数的增大，FRP 的剪切弹性模量上升，FRP 的剪切特性也随之呈现方向性。

9.9.1.6 疲劳

影响 FRP 疲劳特性的因素是多方面的。静态强度高的 FRP，其疲劳强度也高。若以疲劳极限比（疲劳强度/静态强度）表示，应力交变循环 10^7 次时，其比值为 0.22~0.41。短切纤维毡增强 FRP 层合板，尽管静态强度低，但强度保持率较高。一般来说，静态强度随纤维体积分数增加而提高，但疲劳强度则不一定。试验结果表明，每种 FRP 都存在一个最佳纤维体积分数，如无捻粗纱布增强 FRP 层合板的最佳纤维体积分数为 35%，缎纹布增强 FRP 层合板的最佳纤维体积分数为 50%。实际上，纤维体积分数低于或高于最佳值，FRP 的疲劳强度都会下降。就方向性而言，试验表明，随加载方向与纤维方向的夹角由 0° 上升到 45°，FRP 的疲劳强度就会急速下降。此外，当 FRP 上存在孔洞或沟槽等缺陷时，将产生应力集中，导致疲劳强度下降。环境温度上升，也会导致 FRP 疲劳强度下降。

9.9.1.7 蠕变

即使常温下 FRP 也存在蠕变现象。如果定义经 10000h 使 FRP 产生 0.1%的蠕变变形的应力为蠕变极限，则 FRP 的蠕变极限约为静态强度的 40%。

9.9.1.8 冲击

FRP 的冲击特性主要取决于成型方法和增强材料的形态。不同成型法的制品的冲击强度范围如下：注射成型制品小于 20kJ/m；BMC 制品为 10~30kJ/m；SMC 制品为 50~100kJ/m；玻璃毡增强 FRP 制品为 100~200kJ/m；玻璃布增强 FRP 制品为 200~300kJ/m；纤维缠绕制品约为 500kJ/m。试验表明，纤维体积分数上升，FRP 冲击强度随之提高；而疲劳次数增加，冲击强度随之降低。

9.9.2 高分子复合材料的物理性能

高分子复合材料的物理性能主要有热性能、电性能、磁学性质、光学性质、摩擦性质等。对主要利用其力学性质的非功能复合材料来说，要考虑在特定的使用条件下材料对环境的各种物理因素的响应，以及这种响应对复合材料的力学性能和综合使用性能的影响。而对于功能性复合材料，所注重的则是通过多种材料的复合而满足某些物理性能的要求。

9.9.2.1 热性能

（1）热传导

高分子复合材料大多数情况下有热性能的各向异性，有的组分材料也呈现出热性能的各向异性。另外，同种材料在不同密度时也具有不同的导热性能。高分子复合材料热传导的影响因素包括组分材料、复合状态及复合材料的使用条件。

（2）比热容

高分子复合材料的使用范围极其宽广，不同的使用场合对其比热容有不同的要求。如：对于短时间使用的高温防热复合材料，希望其具有较高的比热容，以期在使用过程中吸收更多的热量；而对于热敏功能复合材料却希望其具有较小的比热容，以便具有更高的敏感度。高分子复合材料比热容的复合效应与其复合状态无关，而只与组分材料有关，表现为最简单的平均效应。

（3）热膨胀系数

高分子复合材料的结构设计中常常使用各向异性的二次结构，那么热膨胀系数及其方向性就显得尤其重要。高分子复合材料的热膨胀系数也主要受组分材料、复合状态及复合材料的使用条件的影响。

（4）耐热性

高分子复合材料在温度升高后，首先是产生热膨胀和一定的内应力，当温度升高的幅度进一步加大时，复合材料的组分材料会逐步发生软化、熔化、分解甚至燃烧等一系列变化，而使复合材料的机械性能急剧降低。复合材料抵抗其性能因温度升高而下降的能力称为复合材料的耐热性。一般可以用其温度升高时的强度和模量保留率来表征。复合材料的耐热性不仅与组分材料的耐热性有直接关系，而且还与组分材料间热膨胀系数的匹配情况密切相关。高分子基体的耐热性往往不如增强材料或填料，因此高分子复合材料的耐热性主要取决于其高分子基体的耐热性，用玻璃化转变温度来表征。高分子复合材料的耐热性受填料种类和含量影响。

9.9.2.2　电性能

高分子复合材料的电性能一般包括介电常数、介电损耗角正切值、体积和表面电阻系数、介电强度等。高分子复合材料的电性能随着高分子基体品种、增强体类型以及环境温度和湿度的变化而不同。此外，FRP 的电性能还受频率的影响。FRP 的电性能一般介于纤维的电性能与树脂的电性能之间。因此，改善纤维或树脂的电性能对于改善 FRP 的电性能是有益的。FRP 的电性能对于纤维与树脂的界面黏结状态并不敏感，但杂质尤其是水分对其影响很大。当 FRP 处于潮湿环境中或在水中浸泡之后，其体积电阻、表面电阻以及介电强度会急速下降。

9.9.2.3　阻燃性及耐火性

当 FRP 接触火焰或热源时，温度升高，进而发生热分解、着火、持续燃烧等现象。阻燃性 FRP 即采用阻燃、自熄或燃烧无烟的树脂制造的 FRP，其阻燃性主要取决于树脂基体。随着 FRP 用途的不断扩大，人们对于不饱和聚酯树脂的阻燃性要求越来越高，特别在建筑设施、电器部件、车辆、船舶等领域。阻燃型树脂可分为反应型和添加型，一般是在树脂中引入卤素或者添加锑、磷等化合物以及难燃的无机填料等。当向聚酯引入卤素时，溴用量只要氯用量的一半，便具有同等阻燃效果。三氧化二锑单独使用时无阻燃作用，但与卤素并用时，效果却很显著。磷化合物单独用作阻燃剂时，由于用量很大，成本和物性都不理想，若与卤素并用，则具有显著的加和效果。在阻燃性无机填料中，氢氧化铝和水合氧化铝效果最佳，若与卤素共用，则效果愈加显著。与其他塑料相比，FRP 燃烧发烟量少，这是受不燃烧纤维影响的结果。

9.9.3　高分子复合材料的化学性能

大多数高分子复合材料在大气环境中使用，有的浸在水或海水中，有的埋在地下，有的作为各种溶剂的贮槽，因此在空气、水及化学介质、光线、射线及微生物的作用下，其化学组成和结构及其性能会发生变化。在许多情况下，温度、应力状态对一些化学反应有着很重要的影响。特别是航空航天飞行器及其发动机构件在更为恶劣的环境下工作，要经受高温的作用和高热气流的冲刷，化学稳定性至关重要。

高分子复合材料的化学分解可以按不同的方式进行，既可通过与腐蚀性化学物质作用而进行，又可间接通过产生应力作用而进行。高分子基体本身是有机物质，可能被有机溶剂侵蚀、溶胀、溶解或者引起体系的应力腐蚀。根据基体种类的不同，基体材料对各种化学物质的敏感程度不同，例如常见的玻璃纤维增强塑料耐强酸、盐、酯，但不耐碱。

水可导致高分子复合材料的介电强度下降，也可使材料的化学键断裂时产生光散射和不透明性，对力学性能也有重要影响。未上胶的或仅热处理过的玻璃纤维与环氧树脂或聚酯组成的复合材料，其拉伸强度、剪切强度和弯曲强度都会明显受沸水的影响，使用偶联剂可明显地降低这种损失。水及各种化学物质对高分子复合材料的影响与温度、接触时间有关，也与应力的大小、基体的性质及增强材料的几何组织、性质和预处理有关，此外还与复合材料表面的状态有关。

高分子复合材料的老化是热降解、辐射降解、生物降解和力学降解等因素综合作用的结果，只不过在不同使用环境下，起主导作用的因素不同而已。

9.10 高分子复合材料的制造工艺

9.10.1 手糊成型

手糊成型工艺是所有高分子复合材料成型工艺中最简单、最常用的成型方法。近几年随着高分子复合材料工业的发展，各种新工艺方法不断涌现，手糊成型工艺所占的比例正逐年降低。但是，手糊成型工艺具有其他工艺不可替代的特点，尤其是在生产大型制品方面，该工艺目前仍占重要地位。手糊成型时，为使高分子复合材料表面光滑、无孔洞，同时达到美学要求，首先要在敞开的模具上涂刷含有固化剂的胶衣涂层。当胶衣涂层达到合适的固化程度时，在其上面铺贴一层纤维织物等增强材料，然后将树脂均匀地涂刷到增强材料上，用压辊或其他工具挤压织物，以排出气泡。铺层的数量和增强体的种类根据设计者的要求而定，其中使用较多的为短切纤维，但使用织物可以增加40%~60%的纤维质量，能大幅度提高复合材料的强度。手糊成型工艺使用的树脂可以在室温或低温下固化。

手糊成型工艺使用较早，优点较多，其设备简单、成本低，且尺寸、强度和结构的设计较灵活。该工艺最大的优点是可以制作大型的、形状复杂、强度较高且成本较低的复合材料，其他的优点包括可加入夹心材料、颜色可选择性、方便制作，在特定区域可赋予足够的强度。手糊成型工艺中最大的缺点为：产品受人为因素影响大，质量不易控制，产品性能离散性较大；同时，该工艺劳动强度大，每一个部件的质量都依赖操作者的技能水平；有机树脂体系产生的挥发性物质难以管理，作业环境差，生产效率也较低。手糊成型工艺中选用的增强材料应满足三点要求：第一，对树脂的浸润性好；第二，随模性好，能满足形状复杂的制品成型要求；第三，满足高分子复合材料制品的主要性能要求。常用的增强材料为表面毡、短切毡和纤维织物。

9.10.2 喷射成型

喷射成型工艺是利用喷枪将纤维切断、喷散，再将树脂雾化，并使两者在空间混合后沉积到模具上，然后用压辊压实的一种成型方法。该工艺是在手糊工艺基础上发展起来的，借助机械的手工操作工艺，因此也称半机械手糊法。影响喷射成型的因素包括：

（1）黏度

对于喷射成型工艺，要求树脂易喷射、易雾化、易浸润玻璃纤维、易脱泡，若树脂黏度大，则无法进行喷射成型。

（2）触变性

触变性在喷射成型和手糊成型中很重要，因为在成型大型玻璃钢制品或者在垂直面操作时，树脂容易向下流动，如果单纯采用高黏度树脂，一方面不易浸渍玻璃纤维制品，树脂中的气泡也不易排出；另一方面工艺无法进行，所以需要控制树脂的触变性。

（3）促进剂

促进剂采用钴盐时，可显著地降低树脂的黏度触变性，同时也容易使树脂流失，作业时必须注意。

（4）固化特性

因制品的形状、大小、作业时的温度、树脂的黏度不同，树脂的喷射量、脱泡作业时间不同，应选择具有合适固化特性的树脂。

（5）稳定性

对于双喷头喷射机，树脂的稳定性特别重要，所以含有固化剂的料罐和含有促进剂的料罐要保持一定的温度。

（6）浸渍脱泡性

要求树脂对玻璃纤维的浸润性好，且易脱泡。

9.10.3 模压成型

模压成型工艺是将一定量预浸料放入金属模具的对模腔中，利用带热源的压机产生一定的温度和压力，合模后在一定的温度和压力作用下使预浸料在模腔内受热软化、受压流动、充满模腔成型和固化，从而获得复合材料制品的一种方法。模压成型可用于热固性塑料、热塑性塑料和橡胶材料。模压成型工艺是复合材料生产中一种最古老而又富有无限活力的成型方法，是将一定量的预混料或预浸料加入对模内，经加热、加压固化成型的方法。

模压成型工艺的特点是在成型过程中需要加热，加热的目的是使预浸料中树脂软化流动，充满模腔，并加速树脂基体材料的固化反应。在预浸料充满模腔过程中，不仅树脂基体会流动，增强材料也会随之流动，树脂基体和增强材料会同时填满模腔的各个部位。只有树脂基体黏度很大、黏结力很强，才能与增强材料一起流动，因此模压工艺所需的成型压力较大，要求金属模具具有高强度、高精度和耐腐蚀，并要求采用专用的热压机来控制固化成型的温度、压力、保温时间等工艺参数。模压成型方法生产效率较高，制品尺寸准确、表面光洁，尤其对于结构复杂的复合材料制品一般可一次成型，不会损坏复合材料制品的性能。其主要不足之处是模具设计与制造较为复杂，初次投入较大。尽管模压成型工艺有上述不足之处，目前模具成型工艺方法在复合材料成型工艺中仍占有重要的地位。

模压成型工艺按增强材料的物态和模压料品种可分为如下几种：

（1）纤维料模压法

纤维料模压法是将经预混或预浸的纤维状模压料投入到金属模具内，在一定的温度和压力下成型制得复合材料制品的方法。该方法简便易行，用途广泛。根据具体操作的不同，分为预混料模压和预浸料模压法。

（2）碎布料模压法

碎布料模压法是将浸过树脂胶液的玻璃纤维布或其他织物，如麻布、有机纤维布、石棉布或棉布等的边角料切成碎块，然后在模具中加温加压成型制得复合材料制品的方法。

（3）织物模压法

织物模压法是将预先织成所需形状的两维或三维织物浸渍树脂胶液，然后放入金属模具中加热加压成型为复合材料制品的方法。

（4）层压模压法

层压模压法是将预浸过树脂胶液的玻璃纤维布或其他织物裁剪成所需的形状，然后在金属模具中经加温加压成型制得复合材料制品的方法。

（5）缠绕模压法

缠绕模压法是将预浸过树脂胶液的连续纤维或布（带），通过专用缠绕机提供一定的张力和温度，缠在芯模上，再放入模具中进行加温加压成型制得复合材料制品的方法。

（6）片状塑料（SMC）模压法

片状塑料（SMC）模压法是将 SMC 片材按制品尺寸、形状、厚度等要求裁剪下料，然后将多层片材叠合后放入金属模具中加热加压成型的方法。

（7）预成型坯料模压法

预成型坯料模压法是先将短切纤维制成形状和尺寸相似的预成型坯料，将其放入金属模具中，然后向模具中注入配制好的黏结剂（树脂混合物），在一定的温度和压力下成型的方法。

9.10.4 拉挤成型

拉挤成型就是将浸过树脂胶液的连续纤维，通过具有一定截面形状的成型模具，并在模腔内固化成型或在模腔内凝胶，出模后加热固化，在牵引机构拉力作用下，连续抽拔出无限长的型材制品。拉挤成型由三个顺序、连续进行的自动化过程组成，即增强材料的预成型、树脂浸渍预成型体和把由预成型体转变的固体层合板的树脂固化。拉挤成型的设备本身并不是制品成功的关键，它可以是任何能实现加持、拉拔使材料通过上述三个过程的任何一种机械。原材料从进料口一端进入拉挤设备，经过一定的成型过程，在设备的另一端得到固化完全的复合材料制品。这种工艺最适于生产各种断面形状的型材，如棒、管、工字梁、槽型梁、叶片等。拉挤成型技术是一种以连续纤维及其织物或毡类材料增强型材的工艺方法。基本工艺过程就是增强材料在外力的牵引下，经浸胶、预成型、热模固化，在连续出模下经定长切割或一定的后加工，得到型材制品。拉挤成型工艺可实现连续性和自动化，相比于劳动密集型制造方法，这种方法大大节约了成本。

9.10.5 热压罐成型

热压罐成型是一种用于成型先进复合材料结构的工艺方法，是一个具有整体加热系统的大型压力容器，工程上采用率较高。这是因为由这种方法成型的零件、结构件具有均匀的树脂含量、致密的内部结构和良好的内部质量。由热固性树脂构成的复合材料，在固化过程中，作为增强剂的纤维是不会发生化学反应的，而树脂却经历了复杂的化学过程，从黏液态、高弹态到玻璃态等阶段。这些反应需要在一定温度下进行，更需要在一定的压力下完成。

热压罐成型的主要优点之一就是适用于多种材料的生产，只要是固化周期、压力和温度在热压罐极限范围内的复合材料都能生产。另一优点是对复合材料制件的加压灵活性强。通常将制件铺放在模具的一面，然后装入真空袋中，施加压力到制件上使其紧贴在模具上，制件上的压力就可通过袋内抽真空而进一步被加强。因此，热压罐成型技术可以生产不同外形的复合材料制件。由于上述优点，热压罐被广泛用于航空航天先进复合材料制件的生产。

9.10.6 缠绕成型

纤维缠绕成型是在控制纤维张力和预定线型的条件下，将连续的纤维粗纱或者布带浸渍树脂胶液，然后连续地缠绕在相应制品内腔尺寸的芯模或内衬上，然后在室温或加热条件下使其固化而制成一定形状制品的方法。纤维缠绕成型工艺按其工艺特点，通常分为以下三种：

（1）干法缠绕成型

干法缠绕成型是将连续的玻璃纤维粗纱浸渍树脂后，在一定温度下烘干一定时间，除去溶剂，并使树脂胶液发生一定程度的反应形成预浸带。然后经络纱制成纱锭，缠绕时将预浸带按给定的缠绕规律直接排布于芯模上的成型方法。

（2）湿法缠绕成型

湿法缠绕成型工艺是将连续的玻璃纤维粗纱或玻璃布带浸渍树脂胶后，直接缠绕到芯模或内衬上而形成增强塑料制品，然后再经固化的成型方法。

（3）半干法缠绕成型

半干法缠绕成型工艺与湿法相比增加了烘干工序，与干法相比缩短了烘干时间，降低了胶纱烘干的程度，可在室温下进行缠绕。这种成型工艺既除去了溶剂，提高了缠绕速度，又减少了设备，提高了制品质量。

9.10.7 树脂传递模塑成型

树脂传递模塑成型（resin transfer molding，RTM）是指低黏度树脂在闭合模具中流动、浸润增强材料并固化成型的一种工艺技术，属于复合材料的液体成型或结构液体成型技术范畴。RTM 法一般是指在模具的成型腔里预先设置增强材料（包括螺栓、螺母、聚氨酯泡沫塑料等嵌件），夹紧后，从设置于适当位置的注入孔，在一定温度及压力下，将配好的树脂注入模具中，使树脂与增强材料一起固化，最后起模、脱模，从而得到成型制品。RTM 成型工艺流程主要包括模具清理、脱模处理、胶衣涂布、胶衣固化、纤维及嵌件等安放、合模夹紧、树脂注入、树脂固化、起模、脱模（二次加工）。

RTM 工艺无需胶衣涂层，即可为构件提供光滑的表面，能制造出具有良好表面品质的、高精度的复杂构件，产品成型后只需做小的修边；模具制造与材料选择的机动性强，不需要庞大、复杂的成型设备就可以制造复杂的大型构件，设备和模具的投资少；空隙率低（0~0.2%），纤维体积分数高，便于使用计算机辅助设计（CAD）进行模具和产品设计；模塑的构件易于实现局部增强，并可方便制造含嵌件和局部加原构件；成型过程中散发的挥发性物质很少，有利于身体健康和环境保护。

RTM 成型无需制备、运输、储藏冷冻的预浸料，无需烦琐和高劳动强度的手工铺层和真空袋压过程，也无需热压处理时间，操作简单。RTM 技术现在已经广泛应用于新产品的开发和生产中。RTM 是一种分批成型法，具有增强材料与基体的组合自由度大、赋形性高、增强材料的不同形态组合的自由度宽等特征。但是，RTM 也存在一些不足，如加工双面模具最初费用较高，预成型坯的投资大，对模具中的设置与工艺要求严格。

9.10.8 热塑性高分子复合材料的制造工艺

热塑性复合材料的成型工艺和热固性复合材料的成型工艺相比有其自身的特点，所以很多工艺虽然原理一样，但实际的加工工艺却相差很远。对于短纤维增强热塑性复合材料的成型，一般用注射成型工艺和挤出成型工艺。对于连续纤维及长纤维增强热塑性复合材料的成型，一般有：①片状模塑料冲压成型工艺；②预浸料模压成型工艺；③片状模塑料真空成型工艺；④预浸纱缠绕成型工艺；⑤拉挤成型工艺。

缠绕、拉挤等成型工艺和热固性复合材料成型的原理是一样的，但由于热塑性和热固性树脂的差异较大，最终导致工艺有较大区别。热塑性复合材料成型工艺中，一种具有良好发展趋势的工艺是长纤维增强热塑性复合材料成型工艺（long-fiber reinforce thermoplastic，LFT），即长纤维增强热塑性塑料或长纤维增强热塑性复合材料。LFT 是一个广义的塑料专用词汇，在汽车复合材料工业中有一个非正式但却约定俗成的定义，即指长度超过 10mm 的增强纤维与热塑性高分子进行混合而成的制品。LFT 与短纤维增强热塑性复合材料相比具有明显的优点：①纤维长度较长，明显提高制品的力学性能；②比刚度和比强度高，抗冲击性好，特别适用于汽车部件；③耐蠕变性提高，尺寸稳定性好，部件成型精度高；④耐疲劳性优良；⑤在高温和潮湿环境中的稳定性更好；⑥成型过程中纤维可以在成型模具中相对移动，纤维损伤小。

拓展阅读一

四川大学在利用动态保压注射成型技术控制聚烯烃共混物的形态、取向和结晶结构等方面取得了突出的研究成果，获得了超高强度和韧性的聚烯烃工程塑料。通过控制乙丙橡胶（EPDM）在聚丙烯（PP）中的形态，他们首次发现了橡胶增韧塑料的脆-韧-脆转变的现象，提出了橡胶增韧不仅与橡胶粒子的离间距有关（WU 氏判据），而且与橡胶粒子周围的应力场分布有关的理论。特别是高剪切下，某些高分子共混物的最低临界相容温度（LCST）可以提高 50~100℃；而在低剪切下，冷却固化发生相分离的重要发现为可通过剪切力场控制共混物相形态，以获得高性能共混材料，开辟了新的思路和新途径。

利用反应性增容剂提高不相容共混物的相容性，一直是高分子成型加工研究的重要课题。反应型增容剂的增容原理在于熔融共混过程中原位生成的"接枝高分子"处于两相界面，会降低界面张力，提高两相间黏合力，从而抑制粒子聚并，达到增容效果。然而由于传统线型增容剂分子原位反应后形成的接枝分子结构的不对称性，在熔体加工的剪切作用下接枝分子极易被"拉进"或"拉出"，从而远离界面，形成胶束，对增容没有贡献。为解决这一科学问题，杭州师范大学的研究团队从反应型增容剂的分子设计入手，进行了深入研究，取得了一系列进展。

在通用材料成型加工领域，杂化高分子材料多功能改性是提高本体高分子综合性能和拓展其应用领域的重要方法。多相多组分高分子体系研究已成为高分子材料科学的一个重要分支，具有极为广阔的发展前景。多相多组分体系的微观形态结构对其宏观性能具有决定性的影响，提高各组分之间的混合分散效果与相容性是提升制品最终性能的关键。华南理工大学的研究团队基于体积拉伸形变的多组分塑料体系高效共混增容改性关键技术，强化了杂化高分子材料各组分之间的界面相互作用，并提高了混合分散效果，减免了昂贵低效的多级分拣过程，降低了成本和能耗，实现了杂化高分子材料的高效低成本合金化改性。

拓展阅读二

高分子力化学是研究应力诱导高分子化学反应和结构变化的一门学科（传统化学反应通常靠加催化剂或引发剂、热、光等方式引发）。20世纪50年代，徐僖教授提出用物理方法实现高分子材料高性能化的学术思想，在国内开创了高分子力化学的研究工作，建立了高分子力化学交叉学科。采用力化学方法可制备常规化学方法难以合成的接枝和嵌段共聚物，为高分子材料的制备和高性能化提供了新理论和新途径。

国际上早期力化学着重研究应力对物质的破坏效应，局限于均相溶液，且力作用形式单一。徐僖先生率先系统研究了高分子固相、液相、熔体体系力化学，将力化学原理和自由基共聚合理论相结合，建立了基于力化学的高分子合成与制备理论，发展了多种力化学新技术，率先在高分子非均相溶液、熔体及固体等体系中得到了成功应用。徐僖先生还合成了一系列用常规化学方法难以合成的聚合物，如氧化乙烯系列和丙烯酰胺系列等新型嵌段或接枝共聚物，高性能的高分子纳米复合材料如聚丙烯酸酯/纳米复合材料等。这些聚合物及材料具有无需外加化学引发剂，绿色环保的优点。其研究成果获1987年国家自然科学二等奖。

根据力化学的新理论和新方法，徐僖先生创建了高分子材料加工新技术，破解了高黏度难加工的一类高分子材料加工难题，在国际上率先实现了高分子材料应力反应的工业应用。2006年国家技术发明二等奖获奖项目"固相力化学反应器及其在高分子材料制备和加工中的应用"是徐僖先生在耄耋之年做出的成就。采用力化学方法还发明了聚氯乙烯自增塑技术、固相力化学脱硫技术、超声熔融挤出加工和动态保压成型技术、超声力场制备新型接枝或嵌段共聚物和纳米材料等。这些高效、简便、环境友好的高分子材料制备和加工新技术产生了显著的经济效益和重大的社会效益，有力推进了我国高分子材料工程学科和交叉学科的发展。

拓展阅读三

热塑性硫化橡胶（thermoplastic vulcanizate，TPV），确切地讲为热塑性动态硫化橡胶（thermoplastic dyamic vulcanizate），加了"动态"二字更说明了生产这种热塑性硫化橡胶的工艺——动态硫化，这种工艺指在橡胶和热塑性塑料熔融共混过程中使橡胶硫化，当然在橡胶硫化的同时也不断与热塑性塑料相混合，因此被硫化了的橡胶是作为分散相分布在热塑性塑料连续相中的。

TPV的制备方法通常有三种，即熔融共混法、溶液共混法、胶乳共混法。其中熔融共混法是最常见的，所采用的设备主要有两种，混炼机和双螺杆挤出机。根据工艺的不同，可以单独使用一种设备，或者两种都使用。在工业上，因双螺杆挤出机可以连续化生产，所以考虑到质量稳定，双螺杆挤出机成为最为通用的动态硫化设备。

动态硫化的具体步骤如下：首先在密炼机内将橡胶和塑料熔融共混，当达到充分混合后加入硫化剂，此时边混合、边硫化，如果硫化速度越快，那么混合程度也必须越激烈，以保证共混物具有良好的加工性能。因为有颗粒状的橡胶出售，所以可以不用密炼机混合塑料与橡胶，而采用双螺杆挤出机混合。在具体的工艺上，动态硫化可以分两步，塑料可以分两次加入与橡胶混合，以保护塑料在动态硫化时受到硫化剂的氧化作用。

这种交联橡胶颗粒使共混物获得弹性，模量和强度增加。与之共混的结晶性树脂大大提高了材料的刚性与强度，并维持了共混物热塑加工与成型的能力。大量研究表明，TPV 的性能与其组分的动态剪切模量、树脂的拉伸强度、树脂的结晶度、临界表面张力和橡胶相大分子的临界缠结间距等特性密切相关。当组成 TPV 的橡胶和塑料材料确定后，其性能主要受橡塑并用比、橡胶相的交联程度、橡胶相的粒径、配合体系的组成、共混方式及加工条件等因素影响。

作为一种兼具高弹性和热塑性的可重复加工利用的绿色橡胶材料，TPV 可部分或全部代替常用的传统热固性橡胶材料，是最具发展前途的高分子材料品种之一。但此前在全球却只有极个别国际大企业能够生产。2004 年，北京化工大学张立群院士团队与道恩集团合作，基于自主开发的专利技术，建立了国内第一条具有自主知识产权的年产 3000t TPV 的生产线，我国由此成为第三个拥有 TPV 技术的国家。此后道恩集团又逐渐形成万吨级规模的生产和销售，并出口到美国、日本等 10 多个国家，打破了国际垄断，实现了国际并跑，产品知名度排名世界前三。这一在绿色橡胶领域的重大突破，在 2008 年获得了国家技术发明二等奖。

参考文献

[1] 吴培熙，张留成. 高分子共混改性 [M]. 北京：中国轻工业出版社，1996.
[2] 陈绪煌，彭少贤. 高分子共混改性原理及技术 [M]. 北京：化学工业出版社，2011.
[3] 王国全. 高分子共混改性原理与应用 [M]. 北京：中国轻工业出版社，2007.
[4] （美）D. R. 保罗，（英）C. B.巴克纳尔. 聚合物共混物：组成与性能 [M]. 殷敬华，译. 北京：科学出版社，2004.
[5] Freed K F. Phase Behavior of Polymer Blends [M]. Springer Berlin：Heidelberg, 2005.
[6] 沃丁柱. 复合材料大全 [M]. 北京：化学工业出版社，2000.
[7] 益小苏，杜善义，张立同. 中国材料工程大典：第 10 卷 复合材料工程 [M]. 北京：化学工业出版社，2006.
[8] 顾书英，任杰. 高分子复合材料 [M]. 北京：化学工业出版社，2007.
[9] Srikanta M，Bibhuti B S，Arpan K N，et al. Polymer composites：fundamental and applications [M]. Singapore：Springer，2024.
[10] 李仲伟. 高分子纳米复合材料 [M]. 北京：化学工业出版社，2020.

思考题

1. 简述高分子共混形态的基本类型及其特点。
2. 简述判断高分子共混材料是否为均相的方法。
3. 简述影响共混过程的主要因素。
4. 简述什么是相容性，以什么作为判断依据。
5. 简述反应共混的概念及反应机理。
6. 简述共混材料界面层的形成步骤。
7. 简述提高高分子共混材料相容性的方法。
8. 简述增强体表面处理时应遵循的原则。
9. 简述高分子复合材料的制造工艺。
10. 简述高分子基体的增容改性的方法。